ANNALEN DER METEOROLOGIE
(Neue Folge)

Nr. 20

Deutsche Meteorologen-Tagung 1983

vom 16. bis 19. Mai 1983 in Bad Kissingen

(Aus Anlaß des 100jährigen Bestehens der
Deutschen Meteorologischen Gesellschaft)

Offenbach am Main 1983
Selbstverlag des Deutschen Wetterdienstes

Die für die Veröffentlichung als Vorabdruck zur Meteorologen-Tagung Bad Kissingen 1983 eingesandten Manuskripte stellen erweiterte Zusammenfassungen oder Kurzfassungen der Vorträge dar. Für ihren Inhalt sind die Verfasser verantwortlich. Die Wiedergabe dieser Zusammenfassungen nimmt eine spätere ausführliche Darstellung der Vorträge und ihre Veröffentlichung durch die Autoren an anderer Stelle nicht vorweg.

ISSN 0072-4122
ISBN 3-88148-207-5

Herausgeber und Verlag:
Deutscher Wetterdienst, Zentralamt, Frankfurter Straße 135
6050 Offenbach am Main

Redaktionsschluß: 25. März 1983

Inhalt

Vorwort VII

WIPPERMANN, F.: Die Entstehung von Strukturen — Synergetische Probleme in der Meteorologie (Festvortrag) 1

1 Regional- und Lokalklimatologie

Vorträge

KRAUS, H.: Meso- und mikro-skalige Klima-Systeme (Einführungsvortrag) 4

EGGER, J.: Kanalisierung des Windes in breiten Tälern 8

FREYTAG, C.: Ausbildung thermischer Windsysteme im Inntal während MERKUR 11

SCHALLER, E.: Mesoskalige turbulente Flüsse: Eine Fallstudie für das Küstenexperiment PUKK 14

ETLING, D.; DETERING, H. W.: Parametrisierung turbulenter Flüsse in numerischen Modellen zur Überströmung von Topographien 16

KOTTMEIER, Chr.; LEGE, D.; ROTH, R.: Ein Beitrag zur Klimatologie und der Synoptik der Grenzschichtstrahlströme über der norddeutschen Tiefebene 18

KERSCHGENS, M. J.: An energetic view of urban atmosphere 20

BÖHM, R.: Die aktuelle Entwicklung der urbanen Wärmeinsel in Wien: Zeichnet sich eine Trendwende ab? 22

MAYER, H.: Stadtklima Bayern — ein anwendungsorientiertes Forschungsvorhaben 24

VENT-SCHMIDT, V.: Klimaschutz. Anforderungen und Realisierbarkeit in der Regionalplanung 26

NEUMANN-HAUF, G.: Lokale und regionale Unterschiede in der Klimatologie der Ausbreitungsverhältnisse 28

GROLL, A.; AUFM KAMPE, W.: Ausbreitung luftfremder Beimengungen über Land und See 30

GROLL, A.; AUFM KAMPE, W.: Zur Ausbreitung luftfremder Beimengungen: Ergebnisse MESOKLIP und MERKUR 32

SCHÖNWIESE, Chr.-D.: Die Nicht-Stationarität klimatologischer Daten 34

GOSSMANN, H.: Liefern Satelitten-Thermalaufnahmen einen Beitrag zur Klimaforschung im Mesoscale? 36

Poster

KOST, W.-J.: Experimentelle Untersuchung zur Ausbreitung von Luftbeimengungen in einem Talsystem 38

SCHMIDT, H.; HENNEMUTH, B.: Das thermische Windsystem in einem kleinen Alpental 41

TETZLAFF, G.; SCHMIDT, R.; TRAPP, R.; HOFF, A.: Untersuchung zur Beschreibung des Windfeldes an Hügeln 43

WITTICH, K.-P.; ROTH, R.: Ein Beitrag zur Bestimmung der turbulenten Flüsse von Impuls und Wärme innerhalb der stabilen planetaren Grenzschicht 45

CZEPLAK, G.: Darstellung der Turbulenzenergie durch die mittleren Felder von Wind und Temperatur und der Strahlungsbilanz 47

KASTEN, F.: Parametrisierung der Globalstrahlung durch Bedeckungsgrad und Trübungsfaktor 49

VOGEL, B.: Ein objektives Analyseverfahren für die MESOKLIP-Vertikalschnitte 51

KATZSCHNER, L.: Wirkung der Baustruktur auf das kleinräumige Klima einer Stadt 54

STOCK, P.; BECKRÖGE, W.: Synthetische Klimafunktionskarten für das Ruhrgebiet 57

GROSS, G.: Die Beeinflussung einer städtischen Wärmeinsel durch nächtliche Kaltluftabflüsse — ein numerisches Simulationsexperiment 59

HEIMANN, D.; WILCKE, F.: Numerische Simulation regionaler Wind- und Immissionsfelder in der Region Untermain 62

KRAMM, G.: In situ-Messungen mit einer Fesselballon-Sonde über dem Stadtgebiet von Köln 64

	Seite
Bründl, W.; Noack, E.-M.: Stadtklima Bayern – die Wirkung stadtnaher Wälder bei einer spätsommerlichen Hochdruckwetterlage auf das Klima in München	66
Wilmers, F.: Geländekartierung als Grundlage für mikrometeorologische Standortsbewertungen – gezeigt an stadtklimatologischen Problemen	68
Otte, U.: Regionalklimatologische Untersuchung im Regierungsbezirk Düsseldorf als Grundlage der Gebietsentwicklungsplanung	70
Scharrer, H.: Die Praxis meteorologischer Gutachten in der Raumplanung	73
Lux, G.; Leykauf, H.: Arbeitsweise und Einsatzmöglichkeiten der Wetter-Meßzüge aufgezeigt an klimatologischen Untersuchungen am Unfallschwerpunkt Ostheimer Senke – BAB A7 (Kassel-Hattenbach)	76
Gutsche, A.: Die Andauer von Inversionen an den aerologischen Stationen der Bundesrepublik Deutschland	79
Krames, K.: Flugzeugsondierungen der horizontalen und vertikalen Dunstausbreitung über Mitteleuropa	82
Rudolf, B.: Modellrechnungen zur regionalen und zeitlichen Verteilung der Kühlturmschwadenausbreitung auf der Basis von aerologischen Daten des Deutschen Wetterdienstes	84
Strobel, B.: Statistisch gestütztes Bewertungsverfahren von Trajektorien	86
Neuber, E.; Schönwiese, Chr.-D.: Statistische Charakteristika lokaler Niederschlagsschwankungen in Mitteleuropa seit 1735	88
Neuwirth, F.: Die Charakterisierung des Klimas in ausgewählten Orten Österreichs nach Thornthwaite	90
Behr, H. D.: Analyse des außergewöhnlichen Witterungsverlaufs des Jahres 1982 unter dem Gesichtspunkt der Strahlungsenergie	92
Maheras, P.; Balafoutis, Chr.: Factorial analysis of the aridity index in Greece – climatograms	94
Beyer, R.: Die Anwendung der Weibull-Verteilung zur Abschätzung des Windenergieangebotes verschiedener Standorte in Norddeutschland	96
Küsters, E. R.: Zur Witterungsabhängigkeit der organischen Wassertrübung in der Deutschen Bucht	99
Bergholter, U.: Meise – ein automatisches Meßwerterfassungssystem	101
Fimpel, H. P.: Messungen von Temperatur- und Feuchteprofilen mit dem meteorologischen Forschungsflugzeug Falcon 20 der DFVLR	103
Hauf, Th.; Jochum, M.: Messung der Konzentration und des Spektrums von Wolkentropfen mit einer Heißfilmsonde	105

2 Biometeorologie

Vorträge

Baumgartner, A.: Biometeorologie (Übersichtsvortrag)	107
Höppe, P.: Die menschliche Energiebilanz unter verschiedenartigen Klimabedingungen	108
Jendritzky, G.: Die thermische Komponente im Bioklima einer Stadt	110
Balafoutis, Chr.; Maheras, P.: The bioclimatic conditions over Greece by using air-enthalpy	113
Dehne, K.: Neue Berechnungen zur Klimatologie der erythemwirksamen UV-Globalstrahlung	115
Winkler, P.: Saurer Niederschlag – eine Trendanalyse	117
Schrödter, H.: Agrarmeteorologie als integraler Bestandteil einer biophysikalisch orientierten Ökosystemforschung (Übersichtsvortrag)	119
Braden, H.: Ergebnisse eines biophysikalischen Modells des Systems Boden-Pflanze-Atmosphäre	123
Friesland, H.: Ein biometeorologischer Modellansatz zur Simulation und Vorhersage von Schädlingsbefallsverläufen in Winterweizen	125
Hild, J.: Neue Anwendungsgebiete der Tier- und Pflanzenphänologie	127

	Seite
Szasz, G.: Klimapotential und landwirtschaftliche Pflanzenproduktion in Ungarn	*
Löpmeier, F.-J.: Methodik und Problematik agrarmeteorologischer Vorhersagen witterungsabhängiger Tierkrankheiten	129
Vaitl, W.: Meteorologische Untersuchungen im Forschungsprojekt „Agrotherm Gundremmingen"	131

Poster

Bucher, K.; Sönning, W.: Zur Neufassung des medizin-meteorologischen Informationsdienstes im Deutschen Wetterdienst	133
Machalek, A.: Bioklimatische Forschung in Österreich am Beispiel der Meteoropathologie der Wiener Bevölkerungsstruktur	135
Staudinger, M.: Die Beziehung zwischen aktueller und potentieller Verdunstung an zwei Hochgebirgslagen während der Sommermonate	137
Rehwald, W.; Ambach, W.: Messung des jahreszeitlichen Verlaufs der erythemwirksamen Dosis der solaren UV-B-Strahlung	139
Puls, K. E.: Pollenflug-Vorhersage in Nordrhein-Westfalen — ein Feldversuch	141
Amtmann, R.; Mayer, H.: Windinduzierte Baumschwingungen im Hinblick auf die Sturmgefährdung der Wälder	143
Brechtel, H.-M.; Rapp, H.-J.; Scheele, G.: Der Einfluß des Waldes und der Landnutzung auf die Schneeansammlung und Schneeschmelze in den hessischen Mittelgebirgen. Ergebnisse eines forstlichen Schneemeßdienstes	145
Riedinger, F. P.; Ehrhardt, O.: Der Einfluß eines Buchenhochwaldes auf die Global- und die photosynthetisch aktive (PAR) Strahlung	147
Kaminski, U.; Winkler, P.: Saure Aerosolpartikeln und Nebel und ihre Wirkung auf die Biosphäre	149
Brumme, B.; Eggers, H.: Evapotranspiration im Gewächshaus	151
Raden, H. van: EDV-gestützte Vogelschlagrisiko-Vorhersage	153

3 Regionale und lokale Wetteranalyse und -vorhersage

Vorträge

Malberg, H.: Ansätze zur lokalen Wettervorhersage auf physikalisch-statistischer Basis (Übersichtsvortrag)	155
Kirchhofer, W.: Entwicklung statistischer Prognoseverfahren auf der Basis großräumiger Höhendruckfelder	161
Pander, R. v.: Eine Untersuchung zur Anwendung der Regressionstechnik auf die statistisch-numerische Modellinterpretation	163
Pistorius, H.-J.: Lokale Temperaturvorhersage auf statistisch-numerischer Basis	167
Strüning, J.-O.: Wahrscheinlichkeitsvorhersage für das Auftreten von Gewittern mit einem statistischen Regressionsverfahren	169
Paulus, R. F.: Wetterberatung bei interaktiver Zusammenarbeit zwischen Meteorologe und Datenverarbeitung	171
Engels, M.; Gemein, H. P.; Schiessl, D.; Skade, H.: Ein operationelles Interaktives Graphisches System (IGS)	173
Weingärtner, H.: Verifikation lokaler Vorhersagen im Hinblick auf deren zeitabhängigen Informationsgehalt	175
Dreissigacker, R.; Fleer, H.: Verifikation und Verbesserung der BKF-Niederschlagsvorhersagen für die Anwendung in einem Flußgebietsmodell	177
Kurz, M.: Zur Wetterwirksamkeit von Fronten und Frontalzonen	179
Böjti, B.: Sturmwarnung am Balaton	181

Bei dem mit * gekennzeichneten Vortrag lag das Manuskript zum Redaktionsschluß nicht vor.

	Seite
REIMER, E.: Diagnose einer Genua-Zyklone: objektive Analyse	183
FRENZEN, G.; SPETH, P.: Diagnose einer Genua-Zyklone: Energie- und Vorticity-Haushalt	185
QUECK, H.; REINHARDT, M. E.; PELECHATY, J.: Vergleichende Windbestimmung von Rapid-Scan-Daten METEOSAT und Radiosonden- bzw. Flugzeugmessungen während des ALPEX-Feldexperimentes	188
TETZLAFF, G.; LAUDE, H.; HAGEMANN, N.; ADAMS, L. J.: Windgeschwindigkeitsmaxima in der nächtlichen Grenzschicht während PUKK	190
BAUMÜLLER, J.; HOFFMANN, U.; REUTER, U.: Analyse der Smogsituation in Stuttgart im Januar 1982	192
FISCHER, G.: Regionalmodelle für Wettervorhersagen. Ein Überblick (Übersichtsvortrag)	194
BEHR, H.; ROECKNER, E.: Numerische Vorhersagen von Sturmflutwetterlagen mit Hilfe regionaler Modelle	198
EDELMANN, W.: Bemerkungen über numerische Niederschlagsvorhersagen	200
BECKER, H. G.: Vorhersagen für Mitteleuropa mit Hilfe eines mesoskaligen Vorhersagemodells	202
MÜLLER, E.: Parametrisierte Niederschlagsprozesse in einem regionalen Wettervorhersagemodell	204
JACOBSEN, I.: Verwendung von regionalen Wettervorhersagemodellen in der Ausbreitungsrechnung	208

Poster

GEB, M.: Troposhärische Fronten: ideale Strukturen – reale Prozesse?	210
BAUER, E. L.: Eine Fallstudie zu orographischen Einflüssen auf das Wetter im Alpenraum	213
EMEIS, S.; HANTEL, M.: Diagnose einer Genua-Zyklogenese: subsynoptische Vertikalflüsse	215
EMEIS, S.: Das Gewitter vom 5. 6. 1982 – ein „mesoscale convective complex" über Europa	217
SKADE, H.; GEMEIN, H. P.: Das IGS als modernes Hilfsmittel bei der Wetterüberwachung; Nutzen eines IGS bei der manuellen Konstruktion von Wetterkarten	219
CAPPEL, A.; LUX, G.: Beitrag des Deutschen Wetterdienstes zum Smog-Warndienst	221
KLAPHECK, K.; WINKLER, P.; KAMINSKI, U.: Luftbeimengungen und Lidarbeobachtungen während winterlicher Inversionen	223
PIETZNER, B.; ROTH, R.; WITTICH, K.-P.: Die Horizontalsicht zwischen 2 und 300 Meter Höhe über der norddeutschen Tiefebene in Abhängigkeit von Tagesgang und Wetterlage	225
SCHWIRNER, J.-U.; MÜLLER, E.; LINK, A.; MAJEWSKI, D.: Physikalisch-numerische Struktur des Europa-Modells	227

Autorenverzeichnis ... 229

Tagungen der Deutschen Meteorologischen Gesellschaft 1883–1983 ... 230

Vorwort

Die **Deutsche Meteorologische Gesellschaft e.V.** (DMG) wurde 1883 — vor genau 100 Jahren — in Hamburg gegründet. An dieses Ereignis will die Deutsche Meteorologentagung 1983 erinnern, die im Regentenbau des Bayerischen Staatsbades Bad Kissingen stattfinden wird. Die Wahl dieses Tagungsortes hat einen besonderen Grund:

Während des Krieges 1939–1945 erloschen die Aktivitäten der DMG weitgehend, und mit Ende dieses Krieges hörte auch der Reichswetterdienst auf zu bestehen. Aber schon bald nach dem Kriege wurde in Bad Kissingen das Zentralamt des Deutschen Wetterdienstes in der US-Zone eingerichtet. Viele Meteorologen fanden auf diese Weise für eine Reihe von Jahren hier eine Heimat. Die wiedererwachten wissenschaftlichen Aktivitäten dieser Kollegen, das Verlangen nach nationalem und internationalem Austausch von Arbeitsergebnissen und neuem Wissen, führten zur Gründung der **Meteorologischen Gesellschaft Bad Kissingen.** Sie verstand sich von Anbeginn als Zweigverein einer größeren DMG, die alle Regionalverbände einschließen sollte und die sich zunächst 1964 unter dem Namen **Verband Deutscher Meteorologischer Gesellschaften** (VDMG) und schließlich ab 1974 in der DMG e.V. etablierte. In den Jahren 1949 und 1951 fanden in Bad Kissingen Meteorologentagungen statt, die für viele Meteorologen zu Wiedersehensfeiern nach langen Jahren wurden, die aber darüber hinaus Aufbruchsstimmung erkennen ließen und den Teilnehmern Mut zum Engagement für die Meteorologie als einer der interessantesten Naturwissenschaften mitgaben. Mancher war darunter, der in unterbezahlter Stellung arbeitete oder überhaupt keine feste Anstellung hatte. Aber für jeden, der dabei war, ging Hoffnung von diesem Treffen der Meteorologen aus; nichts wünschen sich die Veranstalter der diesjährigen Tagung mehr, als daß auch die jungen, noch nicht fest angestellten Kollegen unserer Tage ebenfalls die Hoffnung auf eine ihrer Ausbildung gemäße Aufgabe von hier mitnehmen können.

Die Ausrichtung der Tagung oblag dem Zweigverein Frankfurt der DMG. Den Herren *Dipl.-Met. Cappel* und *Pander* sowie zahlreichen Helfern gebührt dafür unser besonderer Dank. Für die Auswahl der Vortragsveranstaltungen war der Programmausschuß zuständig, dem die Herren *Prof. Dr. Reiser* (Offenbach), *Prof. Dr. van Eimern* (Göttingen), *Prof. Dr. Georgii* (Frankfurt), *Prof. Dr. Malberg* (Berlin) und *Dipl.-Met. Schlegel* (Offenbach) angehörten; auch ihnen sei für die Übernahme dieser nicht leichten Aufgabe Dank gesagt. Ebenso sei der Stadt- und Kurverwaltung Bad Kissingen für die Unterstützung bei der Tagungsvorbereitung und dem Freistaat Bayern für die verständnisvolle Hilfe in wirtschaftlich schwieriger Zeit herzlich gedankt.

Die Anmeldung einer großen Zahl von Vorträgen ist ein erfreuliches Zeichen wissenschaftlicher Aktivität. Allen sei gedankt, die mit einer Vortragsanmeldung ihr Interesse an dieser Tagung bekundet haben. Leider konnten nicht alle eingereichten Vorträge in das Programm aufgenommen werden. Die Auswahl der Beiträge richtete sich nach dem Ziel der Tagung, die ganze Breite des Spektrums meteorologischer Arbeit und die Nutzanwendung ihrer Ergebnisse sichtbar zu machen. Denn das ist — im Gegensatz zu den meist internationalen Symposien zu Spezialthemen — die Aufgabe der „großen" Meteorologentagungen, die für Meteorologen aller Fachrichtungen Informationen vermitteln und der Öffentlichkeit insbesondere den Nutzen der angewandten Meteorologie aufzeigen sollen.

Dem Deutschen Wetterdienst und seinem Präsidenten, Herrn *Prof. Dr. E. Lingelbach,* sei besonders dafür gedankt, daß es wiederum möglich war, diesen Sammelband der ausführlichen Zusammenfassungen rechtzeitig vor Tagungsbeginn an die Teilnehmer auszugeben. Die Annalen der Meteorologie (N.F.) sind seit Jahren zum unentbehrlichen Wegweiser durch die wissenschaftlichen Veranstaltungen des Deutschen Wetterdienstes und der DMG geworden.

Wer die Vortragsthemen durchsieht, wird feststellen, daß die Meteorologie ganz eng mit fast allen Gebieten des täglichen Lebens verflochten ist. Hiervon geben die Vorträge dieser Tagung Kunde, die sich in drei Themenkreise gliedern:

— Regional- und Lokalklimatologie
— Biometeorologie sowie
— Regionale und lokale Wetteranalyse und -vorhersage.

Die ausführlichen Zusammenfassungen geben über den Inhalt der Fach- und Postervorträge gleichermaßen Auskunft.

Die Posterdarstellungen laden während der gesamten Tagung zum Studium ein; eine Diskussion mit den Autoren ist während der Postersitzung möglich, die fest ins Programm aufgenommen wurde und während der keine Fachvorträge im Plenum gehalten werden. Eine Ausstellung meteorologischer Instrumente kann ebenfalls während der gesamten Tagung besichtigt werden; sie rundet das Informationsangebot dieser Tagung ab.

Ich wünsche der Tagung einen erfolgreichen angenehmen Verlauf.

Traben-Trarbach, den 15. März 1983

Dipl.-Met. Dr. S. Uhlig
Vorsitzender der Deutschen Meteorologischen Gesellschaft e.V.

DIE ENTSTEHUNG VON STRUKTUREN   -   SYNERGETISCHE PROBLEME IN DER METEOROLOGIE

F. Wippermann

Institut für Meteorologie, Technische Hochschule Darmstadt

Seit der Mitte der 70er Jahre beschäftigt man sich in der Physik in zunehmendem Maße mit dem Chaos; zum Teil meint man sogar, daß hier eine wissenschaftliche Revolution im Gange sei, erwartet man doch Aussagen über eine gewisse Nichtberechenbarkeit der Welt (und zwar ausdrücklich in Dimensionen oberhalb derer des Mikrokosmos).

Das hier behandelte Chaos ist zwar deterministisch, die chaotischen Abläufe und Felder entziehen sich aber einer Vorhersage dadurch, daß die jeweiligen Anfangsbedingungen und äußeren Parameter niemals ganz genau angegeben werden können; das Chaos ist geradezu dadurch charakterisiert, daß selbst eine verschwindend kleine Abweichung in den Anfangsbedingungen bereits zu gänzlich anderen Abläufen führt.

Diese hohe Sensitivität gegenüber den Anfangsbedingungen muß für den Meteorologen im Zusammenhang mit dem Problem der Vorhersagbarkeit von besonderem Interesse sein. Als Beispiel für diese Sensitivität werden zwei Vorausberechnungen atmosphärischer Strömungsfelder über 10 Tage mit einem barotropen Modell gezeigt, die von Ausgangsfeldern starten, welche einen nur ganz geringfügigen, kaum erkennbaren Unterschied aufweisen (LANGE 1983). Im Falle des Chaos würden derart unterschiedliche Felder auch dann vorhergesagt werden, wenn sich die Anfangsbedingungen noch viel weniger unterscheiden (z.B. nur durch die in verschiedenen Computern verschieden vorgenommenen Rundungen).

Zwischen dem Chaos und der Ordnung mit ihren Strukturen besteht allerdings nur ein gradueller Unterschied. Im allgemeinen sind es ein oder mehrere ä u ß e r e Parameter, bei deren Variation sich immer wieder andere Strukturen und schließlich das Chaos einstellen.

Dieser Sachverhalt läßt sich an einem meteorologisch relevanten Beispiel, den sogenannten Annulusexperimenten besonders schön zeigen. Hierbei handelt es sich um Laborexperimente zur Allgemeinen Zirkulation, die mit einem flüssigkeitsgefüllten Tank durchgeführt werden und die für zwei äußere Parameter (Rotationsgeschwindigkeit des Tanks und radiales, d.h. "meridionales", Temperaturgefälle) die Zirkulationsstrukturen erkennen lassen (HIDE und MASON 1975).

Ganz allgemein versucht man, den Übergang von einer Struktur zur andern bei der Variation des oder der äußeren Parameter mit der Existenz von Verzweigungen in den Lösungen der den Prozess beschreibenden nicht-linearen Differentialgleichungen zu erklären. Solche Verzweigungen bedeuten, daß bei gleichen äußeren Parametern mehrere Gleichgewichtslösungen möglich werden, von denen jede einer anderen Struktur entspricht; dabei bleibt es dem "Zufall" (Fluktuationen, ggf. sogar Rundungsfehler im Computer) überlassen, welche von zwei (stabilen) Gleichgewichtslösungen ausgewählt wird.

Hier scheint sich eine eigene Disziplin, die S y n e r g e t i k , zu etablieren, die sich hauptsächlich mit solchen Übergängen befaßt. Dabei sind in der Synergetik die Untersuchungen über die Entstehung von Strukturen keineswegs auf die Physik (z.B. Laser) oder die Hydrodynamik (bei der man u.a. die Entstehung der Turbulenz zu erklären hofft) beschränkt, sondern schließen auch die Chemie, die Biologie und sogar Wissenschaftsgebiete wie die Volkswirtschaft oder Soziologie mit ein. Durch die überraschend oft mögliche Übertragung der in einer Disziplin gewonnenen Ergebnisse auf eine andere darf man mit vielseitigem Fortschritt rechnen. Auch für die Meteorologie liegt hier eine Chance, die genutzt werden sollte.

An einem extrem einfachen, null-dimensionalen Klimamodell (FRAEDRICH 1978,1979) läßt sich gut zeigen, wie durch zwei Verzweigungspunkte derjenige Bereich des äußeren Parameters, hier der Solarkonstanten, abgegrenzt wird, in welchem 3 verschiedene Lösungen und damit 3 verschiedene Gleichgewichtslagen des Klimas möglich sind. Indem man untersucht, ob es sich um stabile oder instabile Gleichgewichte handelt, läßt sich auch gleich der Begriff des Attraktors einführen, also derjenigen Gleichgewichtslösung (d.h. in diesem Falle desjenigen Klimas), welchem das System bei festgehaltenen äußeren Parametern und gegebenen Anfangsbedingungen zustrebt.

Daß es sich bei der Entstehung von neuen Strukturen um den Übergang von einem stabilen Gleichgewichtszustand in einen andern ebenfalls stabilen Gleichgewichtszustand handelt, wird vielleicht noch deutlicher an jener von EGGER (1982) durchgeführten Untersuchung zur Entstehung von Großwetterlagen unter dem Einfluß der Orographie. Mit einem ebenfalls radikal vereinfachten Strömungsmodell werden zwei punktförmige Attraktoren erhalten, d.h. bei konstanten äußeren Parametern zwei Gleichgewichtspunkte im Phasenraum; auf einen von beiden stellt sich das System ein, welcher es ist, hängt von den Anfangsbedingungen ab. Es handelt sich um zwei "Großwetterlagen", von denen eine einer High-Index Situation (zügige Westdrift) und die andere einer Low-Index Situation (starkes meridionales Mäandern) entspricht. Einer der äußeren Parameter ist in diesem Beispiel die Wellenlänge der sinusförmig angesetzten Orographie.

Die Einzugsbereiche der beiden Attraktoren sind bei gleichbleibendem äußeren Parameter durch die sogen. Separatrix abgegrenzt, welche - für die Trajektorie, also den "Weg" der Lösung im Phasenraum undurchdringlich - eine Strukturänderung, d.h. eine Änderung der Großwetterlage unmöglich macht. Dies vermag EGGER jedoch dadurch zu ändern, daß er statt einem konstanten einen statistisch schwankenden Antrieb von der Art eines weißen Rauschens verwendet. Ein solches könnte als Ersatz für die nicht-linearen Wechselwirkungen mit allen in dem Modell nicht berücksichtigten höheren Moden verstanden werden, also jener Wellen, die man nach einem synergetischen Prinzip bei Selbstorganisierungsvorgängen als "versklavt" ansieht.

Wie die Übergänge selbst erfolgen, nämlich durch Einschwingen in den neuen Zustand, kann man gut an den Ergebnissen der Arbeiten von CHARNEY und DEVORE (1979) und von HART (1979) erkennen; in beiden Arbeiten ist die Problematik und auch das verwendete Modell ganz ähnlich der- bzw. demjenigen der EGGERschen Untersuchung.

Die zuvor erwähnten Attraktoren sind nur bei so einfachen Strukturen (hier: "Großwetterlagen"), wie das genannte Modell sie eben zuläßt, derart einfach. Bei komplizierteren Strukturen und im Chaos schließlich ergeben sich ganz seltsame Gebilde als Attraktoren ("strange attractors"). Als erster hat der Meteorologe am M.I.T. in Cambridge, Mass., E. LORENZ 1963 einen solchen seltsamen Attraktor beschrieben, den er für ein ganz einfaches Modell der thermischen Konvektion erhielt; mit dieser Arbeit wurde die Chaos-Forschung eingeleitet.

In der Tat ist die thermische Konvektion ein weiteres gutes Beispiel aus dem Bereich der Meteorologie, welches die Änderung von Strukturen bei der Variation eines äußeren Parameters (hier z.B. des Temperaturunterschiedes Wasser - Luft) erkennen läßt. Man kann die sich in Wolkenstraßen äußernden longitudinalen Wirbelrollen beobachten, deren Aufbrechen durch ein überlagertes Rollensystem, geschlossene und offene Zellen, und als Chaos schließlich die völlig unregelmäßige Benard-Konvektion. Es könnte für die Meteorologie noch eine Vielzahl von Strukturbildungen genannt werden, wobei diese nicht auf Strömungsprobleme beschränkt zu sein brauchen, wie z.B. die Entstehung von Eiskristallen.

Literatur

CHARNEY, J.G., DEVORE, J.G.	1979	Multiple Flow Equilibria in the Atmosphere and Blocking J. Atm. Sci. 36, 1205 - 1216
EGGER, J.	1982	Stochastically Driven Large-Scale Circulations with Multiple Equilibria J. Atm. Sci. 38, 2606 - 2618
FRAEDRICH, K.	1978	Structural and stochastic analysis of a zero-dimensional climate system Quart. J. Roy. Met. Soc. 104, 461 - 474
FRAEDRICH, K.	1979	Catastrophes and resilience of a zero-dimensional climate system with ice-albedo and greenhouse feedback Quart. J. Roy. Met. Soc. 105, 147 - 167
HAKEN, H.	1982	SYNERGETIK - Eine Einführung Springer-Verlag Berlin, Heidelberg, New York, XIV + 382 Seiten
HART, J. E.	1979	Barotropic Quasi-Geostrophic Flow over Anisotropic Mountains J. Atm. Sci. 36, 1736 - 1746
HIDE, R., MASON, P.J.	1975	Sloping Convection in a Rotating Fluid Adv. in Phys. 24(1), 47 - 100
LANGE, H.J.	1983	Dynamik und Energetik der großräumigen Reibungswechselwirkung zwischen der planetarischen Grenzschicht und der freien Atmosphäre Habilitationsschrift F.U. Berlin, Theor. Meteorol., Febr. 1983, 234 S.
LORENZ, E.N.	1963	Deterministic nonperiodic flow J. Atm. Sci. 20, 130 - 141

(Der Verfasser beabsichtigt, den vollständigen Vortrag einschl. des Bildmaterials bei der Zeitschrift "promet" zur Veröffentlichung einzureichen)

MESO- UND MIKRO-SKALIGE KLIMA-SYSTEME

Helmut Kraus

Meteorologisches Institut der Universität Bonn
Auf dem Hügel 20
5300 Bonn 1

Das Problem der Meteorologie ist, daß wir Phänomene in 4 Dimensionen (x, y, z, t) beobachten, deren charakteristische Skalen (= Größenordnungen) sich (a) nach Raum und Zeit unterscheiden, (b) auch innerhalb der 3 Raumkoordinaten recht verschieden sein können und (c) alle miteinander wechselwirken. Das Ganze vollzieht sich über etwa 10 Größenordnungen im Raume und über weit mehr als 10 Größenordnungen in der Zeit.

Im Prinzip beschreiben die hydrodynamischen Grundgleichungen die Felder, die zu den Phänomenen gehören. Aber die Integration dieser Gleichungen, d.i. die Berechnung dieser Felder, gestaltet sich als extrem schwierig wegen der meist unklaren Anfangs- und Randbedingungen und wegen des "Parametrisierungsproblems".

100 Jahre DMG - glaubten wir im größten Teil dieser 100 Jahre nicht, zumindest in der "Regional- und Lokalklimatologie" weit weg zu sein von den eben geschilderten Problemen, die man vielfach den Theoretikern zuordnet? Wir sind es aber nicht! Diese Probleme haben in den letzten 20 Jahren alle meso- und mikroskaligen Betrachtungen stark beeinflußt und befruchtet. Und die Wechselwirkung der Skalen in einer Atmosphäre ohne "gaps" macht es so schwer zu sagen, was überhaupt Regional- und Lokalklima ist, und wie dieses von größerskaligen (z.B. synoptisch-skaligen) Prozessen gesteuert wird oder auf diese zurückwirkt.

Wir wollen deshalb zunächst versuchen, etwas Klarheit in die Definitionen zu bringen.

A DEFINITION DES BEGRIFFES "SPEZIFISCHE KLIMATE"

Kurz gesagt verstehen wir darunter "Klimate bedingt durch spezifische Oberflächenstrukturen". "Spezifisch" meint "spezifische Oberfläche". Beispiele seien das Tal-Klima, das Küsten-Klima oder das Klima einer Wald-Lichtung. Anhand einiger Übersichtsbilder sei dieser Begriff in den Rahmen unserer Gesamt-Klima-Definition gestellt.

Die allgemeinste Klimadefinition (Bild 1) geht davon aus, daß wir bei jeder meteorologischen Untersuchung zunächst die Zeit- und Raumskalen der Betrachtungsweise festlegen müssen. So ist Klimatologie keine eigene Wissenschaft, sie ist nur eine spezielle Betrachtungsweise innerhalb der Meteorologie, und zwar die mit einer sehr langen Zeitskala. So ist Klima das Verhalten der Atmosphäre charakteristisch für ein sehr großes Zeitintervall. Charakteristisch heißt dabei, daß statistische Werte irgendwelcher Art über diese lange Zeit den Zustand oder die Prozesse charakterisieren. Entsprechend der gewählten Zeitskala muß man "Perioden" definieren wie das gesamte eben genannte Zeitintervall T_R, einen Zeitabstand der Einzelbeobachtungen T_S und externe und interne Zykluszeiten, bei letzteren spielt der Grundzyklus (z.B. der Tagesgang bei Land-See-Wind) eine besondere Rolle.

Sosehr der Klimabegriff auch auf die Zeitskala hin orientiert ist, ohne Festlegung der Raumskala kommt man nicht aus. Dies geschieht vielfach durch Zusatzworte wie makro, synoptisch, meso, mikro und topo. Dazu gehört auch regional oder lokal. In Bild 1 sind die Zusatzworte mit definiert. Ein Problem bei der Raumskala ist, daß häufig Klimawerte für bestimmte Orte angegeben werden, z.B. das Klima von Prag oder das eindimensionale (d.h. nur z- und t-abhängige) Klima eines (unendlich ausgedehnten) Hanges. Hier wird keine charakteristische horizontale Skala L definiert, und es gibt so keine Einordnung in das Schema, das von mikro bis makro (global) reicht. Es wäre gut, dafür auch einen Ausdruck zu haben, und am besten geeignet scheinen mir dafür die Werte topo und lokal zu sein - auch wenn sie in der Literatur in vielfältigster Weise bereits mit den Begriffen des Mikro- und Meso-Klimas vermengt sind.

Klarheit muß auch geschaffen werden über die Zuordnung der Zeit- und Raumskalen. Das ist einfach dort, wo die charakteristischen Zeiten T und Längen L durch charakteristische Geschwindigkeiten U=L/T verbunden sind. Dies betrifft die atmosphärischen Bewegungsformen, aber man muß sich darüber im klaren sein, daß deren T meist viel kleiner ist als das T_R unserer Klimadefinition, und daß so den gewählten

KLIMA – DEFINITION

Die grundlegende Definition
erfolgt entsprechend der

ZEIT-SKALA: <u>Klima ist das Verhalten (Zustand, Prozesse) der Atmosphäre charakteristisch für ein großes Zeitintervall</u>

RAUM-SKALA: | makro | synoptisch | <u>meso</u> | <u>mikro</u> | topo |

L in km $4 \cdot 10^4$ $5 \cdot 10^3$ $1 \cdot 10^2$ 1   0

KLIMA BESTIMMTER GEBIETE

die Betrachtung über ein großes Zeitintervall gilt für ein festliegendes Gebiet oder einen festen Ort

z.B.

- Topo-Klima = Klima an einem festen Ort ohne Angabe einer Längenskala oder eines Gebietes

- **SPEZIFISCHE KLIMATE** = Klimate bedingt durch spezifische Oberflächenstrukturen unterteilt in:
  - ⤳ Orographische –
  - ⤳ Bio   – Klimate
  - ⤳ Urbane   –

KLIMA ATMOSPHÄR. BEWEGUNGSFORMEN

die Betrachtung über ein großes Zeitintervall gilt für ein System, das sich im Raum bewegt

z.B. für
- globale Wellen
- Zyklonen
- mesoskalige Störungen

Statistik erfolgt
- durch Zusammenfassung vieler Fälle
- in einem mitbewegten Koordinatensystem

BEOBACHTUNG

<u>ZEITLICH KONTINUIERLICH</u>

z.B. - lange Reihen von Prag, Berlin...
       - Zeitreihe des Temp.-Unterschiedes zwischen Stadt und Land

<u>IN DISKRETEN ZEITINTERVALLEN</u>

z.B. - in bestimmten Entwicklungsphasen einer Störung
       - zu Zeiten eines "idealen" Talwindes

Bild 1   Definition von "Klima" und "Spezifische Klimate". Die dick ausgezogenen Linien zeigen, wo der Begriff "Spezifische Klimate" in der Gesamtklimadefinition angesiedelt ist.

Zeitskalen T_R meist keine Raumskalen L eindeutig zugeordnet werden können. In der Klimadefinition sind L und T_R frei wählbar.

Allerdings spielen die atmosphärischen Bewegungsformen doch eine Sonderrolle in der Klima-Betrachtung: Ihr Klima ist das charakteristische Verhalten von bewegten Systemen, und das statistische Vorgehen ist ein anderes als das bei der Betrachtung von ortsfesten Strukturen (s. wiederum Bild 1). Meso-Klimatologie (z.B.) läßt sich für das eine und das andere treiben: Im ersten Falle heißt es dann "Klima mesoskaliger Zirkulationen" (s. das Buch von ATKINSON, 1981), im zweiten Falle gelangen wir zu den hier zu besprechenden "Spezifischen Klimaten". Dasselbe gilt für das Mikro-Klima. Die spezifischen Klimate sind das, was man auch unter den Namen Regional- und Lokalklimatologie behandelt.

Die Beobachtung der durch spezifische Oberflächenstrukturen entstehenden Klima-Unterschiede kann nur dann erfolgen, wenn der Effekt klar heraustritt. Das ist z.B. beim Seewind an einige Voraussetzungen externer Art (s. Bild 3) geknüpft. So ist allgemein bei klimatologischen Beobachtungen zu unterscheiden zwischen einer zeitlich kontinuierlichen Beobachtung und der Beobachtung in diskreten Zeitintervallen.

Will man den Gesamtproblemkreis der spezifischen Klimate untersuchen (Bild 2), so muß man sich befassen mit den spezifischen Oberflächenstrukturen

```
┌─────────────────────────────────────────┐
│ I    SPEZIFISCHE OBERFLÄCHENSTRUKTUR    │
└─────────────────────────────────────────┘

    ┌──────────────────────────────┐    kommen zur Geltung
    │ II   PHYSIKALISCHE GESETZE   │    entsprechend I
    └──────────────────────────────┘
          sie bedingen bestimmte
    ┌──────────────────┐         ┌───────────────────────────────┐
    │ III  PHÄNOMENE   │   und   │ IV  FELDER VON KLIMA-ELEMENTEN│
    └──────────────────┘         └───────────────────────────────┘
          diese zusammen bilden ein
    ┌──────────────────────────┐
    │ V   SPEZIFISCHES KLIMA   │
    └──────────────────────────┘
```

Unterteilung der "Spezifischen Klimate"

(a) <u>Orographische Klimate</u>

  z.B. Berg-Klima
       Tal-Klima
       Klima von Hohlformen (Täler, Becken, Dolinen ...)
       Küsten-Klima
       Insel-Klima

(b) <u>Bio-Klimate</u>

  z.B. Wald-Klima (incl. Waldlichtungen, Waldränder)
       Oasen-Klima
       Klima von unterschiedlich bewachsenen freien Feldern

(c) <u>Urbane Klimate</u>

  z.B. Stadt-Klima
       Klima eines Industriegebietes
       Klima um ein Kraftwerk

Bild 2   Gesamtproblemkreis und Unterteilung von "Spezifische Klimate"

(Geomorphologie), den physikalischen Prinzipien, die die beobachteten Phänomene hervorrufen (z.B., warum gibt es einen Führungseffekt des Windes im Rheintal bei rein senkrechter Anströmung?) und mit der Beschreibung der Phänomene und Felder, die zusammen das betreffende "Spezifische Klima" bilden. Eine Unterteilung der "Spezifischen Klimate" in orographische Klimate (bei orographisch bedingten Oberflächenstrukturen), Bioklimate (bei biologisch bedingten Oberflächenstrukturen) und urbane Klimate (bei durch den Menschen geschaffenen Baustrukturen) bietet sich an.

Beim globalen Klima betrachtet man das Gesamtklimasystem, bestehend aus Atmosphäre, Ozean, Kryosphäre, Landflächen und Biomasse. Beim spezifischen Klima läßt sich etwas Vergleichbares einführen (Bild 3). Die Atmosphäre mit ihren spezifischen Eigenschaften bei spezifischer Oberflächenstruktur (das ist die Atmosphäre in der Nähe des Erdbodens, mesoskalig die Atmosphärische Grenzschicht = Ekman-Schicht, mikroskalig oft wohl nur die Prandtl-Schicht) kann nicht unabhängig vom Boden (bis z.B. 1 m Tiefe) und der Vegetation oder den vom Menschen geschaffenen Baustrukturen betrachtet werden. Alle 3 Komponenten bilden ein intern wechselwirkendes Klimasystem = "System eines spezifischen Klimas", das nichts anderes ist als das, was die Ökologen ein Ökosystem oder einen Ökosystemkomplex nennen. Externe Wechselwirkungen gibt es mit den nahezu invariablen Lagegegebenheiten und der Freien Atmosphäre. Letztere ist in einem anderen Sinne extern als die Lage: die Vorgänge in der Freien Atmosphäre gehören zu anderen Zeit- und Raumskalen als die des spezifischen Klima-Systems. Die Wirkungen *auf* die externen Komponenten sind

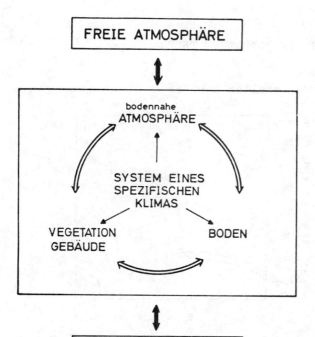

Bild 3   Das meso- oder mikro-skalige Klimasystem = Ökosystem = System eines spezifischen Klimas mit seinen internen ⟷ und externen ⟷ Wechselwirkungen. Die dünnen Pfeile → zeigen, aus welchen Komponenten das System besteht.

extrem schwach, man könnte so in den vollen Doppelpfeilen die auf Freie Atmosphäre und Lage weisenden Pfeilspitzen auch weglassen. In mesoskaligen Modellen werden sie auch vernachlässigt. Die Wechselwirkungen innerhalb des Systems sind sehr stark: ein mesoskaliges Modell muß diese und die Variabilität der Zustandsgrößen aller 3 Komponenten voll simulieren. Die in Bild 3 gezeichneten Doppelpfeile beinhalten die gesamte komplexe Physik unseres Problems.

B   PHYSIKALISCHE GESETZE

Im Sinne des Bildes 2 müßte man nun die Physik behandeln. Sie ist am klarsten geordnet in den hydrodynamischen Grundgleichungen, ergänzt um die Randbedingungen (z.B. Energiebilanzgleichung von Oberflächen) und die entsprechenden Haushaltsgleichungen für den Boden, die Vegetation und die "Gebäude".

Diese Gleichungen in ihrer allgemeinen Form enthalten zwar die Beschreibung aller Prozesse, die uns hier interessieren, aber zunächst stark verborgen eben in der sehr großen Allgemeinheit. Spezialisiert man dieses Gleichungssystem auf Einzelfälle (z.B. auf den katabatischen Wind), dann lassen sich viel durchsichtigere Gleichungssysteme herleiten, die dann entweder zu einfachen Modellen führen oder sogar dem Praktiker teilweise quantitative Aussagen über spezifische Klima-Systeme erlauben. Natürlich ist die Mannigfaltigkeit solcher speziellen Formalismen sehr groß. *Als Beispiele* seien erwähnt:

(a) die vielen Formulierungen der Energiebilanz einer Oberfläche (unterschiedliche Energiebilanzen werden häufig herangezogen, um Unterschiede von spezifischen Klimaten zu erklären)
(b) Einfache Gleichungssysteme zur Erklärung der Änderung des Wind- und Temperaturfeldes an einer überströmten Kante
(c) die PRANDTLschen Gleichungen zur Beschreibung eines Hangwindsystems
(d) die BALLsche Gleichung zur Beschreibung des katabatischen Windes (einer gut durchmischten kalten Bodenschicht unter einer abgehobenen Inversion)
(e) die atmosphärische Energie-Haushaltsgleichung für den städtischen Lebensraum.

C   BEISPIELE VON PHÄNOMENEN "SPEZIFISCHER KLIMATE"

Anhand von einer Reihe von Bildern werden Beispiele besonderer Phänomene spezifischer Klimate gezeigt und erläutert. Dabei wird Bezug genommen auf die Skalen des Phänomens, die Gesetze, denen es seine Entstehung verdankt, und das Klimasystem, zu dem es gehört.

KANALISIERUNG DES WINDES IN BREITEN TÄLERN

Joseph Egger

Meteorologisches Institut Universität München

EINLEITUNG

Es ist selbstverständlich, daß Windrosen in engen, tief eingeschnittenen Tälern stark ausgeprägte Maxima in Talrichtung aufweisen. Bei breiten Tälern wird man diese Kanalisierung nicht erwarten, zumal wenn die Kammhöhe der angrenzenden Berge und Hügel gering ist. Doch konnten WIPPERMANN und GROSS (1981) nachweisen, daß im Oberrheingraben bei Mannheim, der an die 30 - 50 km breit ist und wo sich die seitlich begrenzenden Höhenzüge kaum mehr als 300 m über den Talboden erheben, eine deutliche Kanalisierung auftritt. Für geostrophische Winde aus SSW bis WNW findet man in Mannheim bodennahe Winde um SSO, für geostrophische Winde aus N bis SSO hat man bodennahen Wind um N zu erwarten (Fig. 1). Darüber hinaus konnten WIPPERMANN und GROSS dartun, daß diese Kanalisierung auch in einem zweidimensionalen mesoskaligen Modell auftritt, sobald es auf die Simulation der Strömung in einem Talquerschnitt des Oberrheingrabens angesetzt wird. Verstünde man nun gar noch, warum diese Art von Kanalisierung im Oberrheingraben auftritt, so wäre ein Schritt in Richtung auf eine theoretische Regionalklimatologie gelungen.

2. GRUNDGLEICHUNGEN

Eine Erklärung der Strömungsverhältnisse im Oberrheingraben ist nicht ohne Rückgriff auf die Grundgleichungen möglich. Wir verwenden hier die Boussinesqgleichungen für flache Konvektion in der f-Ebene, wobei ein geostrophi-

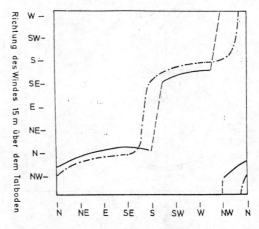

Figur 1. Häufigste Windrichtung in Mannheim, welche bei einer vorgegebenen Richtung des geostrophischen Windes auftritt (ausgezogene und teils strichlierte Linie nach WIPPERMANN und GROSS, 1981). Analytische Lösung gemäß (3.4), (3.5) in der Talmitte (strichliert-punktiert; Dα= 3/2).

scher Wind $\underset{\sim}{v}_g = (u_g, v_g)$ vorzugeben ist. An Anlehnung an WIPPERMANN und GROSS wählen wir eine zweidimensionale Fassung der Gleichungen, wobei die x-Achse quer zum Tal nach Osten weist. Nichtlineare Transportterme werden unterdrückt. Die typischen Geschwindigkeiten des geostrophischen Windes liegen im Bereich 5 - 8 ms^{-1} (WIPPERMANN und GROSS, 1981), so daß diese Maßnahme leicht zu rechtfertigen ist. Anstelle einer realistischen Orographie betrachten wir eine vereinfachte Situation, wo ein Tal der Tiefe D in eine Ebene eingeschnitten ist (Fig. 2).
Für die Situation, wie sie in Fig. 2 angegeben ist, wurde ein numerisches Modell erstellt, das auf der Vorticitygleichung, dem ersten Hauptsatz und der zweiten Bewegungsgleichung als prognostischen Gleichungen fußt.

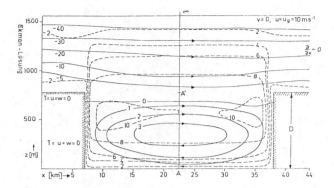

Figur 2. Quasistationäre Strömung quer zu einem Tal der Tiefe D=780 m und Breite 30 km. Stromfunktion in $10^2 m^2 s^{-1}$ (starke, ausgezogene Linien) und Strömungsgeschwindigkeit v längs des Tals (strichliert). $D\alpha = 1.74$. Siehe Text für weitere Erläuterungen.

3. STRÖMUNG IN DER TALMITTE - EINDIMENSIONALE THEORIE.

Man betrachte nun die Verhältnisse längs der Geraden durch A und A' in der Talmitte (Fig. 2). Man habe zum Beispiel $u_g > 0$. Folglich weist der großräumige Druckgradient, der den geostrophischen Wind definiert, längs der Talachse nach Süden und sucht die Luft im Tal nach Norden zu beschleunigen. Nimmt man nun an, daß die Strömung in der Ebene nicht ins Tal durchgreift, so kann im Tal kein nach Osten gerichteter Massentransport stattfinden und dementsprechend kann sich im Tal keine Ekmanschicht aufbauen. Statt dessen muß sich ein Druckfeld p(x) etablieren, das den Ausgleich der Kräfte ermöglicht. Die Breite des Oberrheingrabens legt nahe, in der Talmitte alle x-Ableitungen ausser der des Druckgradienten zu vernachlässigen. Damit hat man bei Stationarität das Gleichungssystem

$$-fv = -fv_g - \frac{1}{\rho_0}\frac{\partial p}{\partial x} + K\frac{\partial^2 u}{\partial z^2} \qquad (3.1)$$

$$fu = fu_g + K\frac{\partial^2 v}{\partial z^2} \qquad (3.2)$$

im Tal $(0 \leq z \leq D)$ mit der Zusatzbedingung

$$\int_A^{A'} u \, dz = 0 \qquad (3.3)$$

Um (3.1), (3.2) lösbar zu machen, müssen wir annehmen, daß der Druckgradientterm in (3.1) nicht von z abhängt. Es liegt nahe, für $z > D$ ein Ekman-Regime anzunehmen mit $u = u_g$, $v = v_g$ für $z \to \infty$. Das entstehende Gleichungssystem kann analytisch gelöst werden. Nimmt man $D\alpha > 1$ an, so gibt es eine recht einfache Näherungslösung. Dabei ist

$$\alpha^{-1} = (2K/f)^{1/2} \qquad (3.4)$$

die Skalenhöhe der Ekmanschicht. Setzt man für den Oberrheingraben D=300 m an, so ist die Bedingung $D\alpha > 1$ für $K < 4.5$ $m^2 s^{-1}$ erfüllt, d.h. die folgende Näherungslösung ist für den Oberrheingraben wohl brauchbar. Man erhält für den Tangens der Windrichtung in Bodennähe

$$\left.\frac{\frac{\partial v}{\partial z}}{\frac{\partial u}{\partial z}}\right|_{z=0} = \frac{v_g + u_g(1 + 4D\alpha)}{-v_g + u_g(5 - 4D\alpha)} \qquad (3.5)$$

Man sieht sofort, daß für geostrophischen Südwind (Nordwind) ein Bodenwind aus SO (NW) zu erwarten ist. Bodenwind längs der Talachse hat man für $v_g = u_g(5 - 4D\alpha)$. In Fig. (1) ist das Verhältnis von Bodenwindrichtung und geostrophischem Wind gemäß (3.5) eingetragen. Die Übereinstimmung von Theorie und Beobachtung ist recht gut. Speziell bildet (3.5) den Kanalisierungseffekt bestens nach. Die größte Diskrepanz zwischen Theorie und Beobachtung tritt bei geostrophischen Winden um NW auf, wo (3.5) südliche Talwinde sehen möchte, der Bodenwind aber NW bevorzugt.

4. ZWEIDIMENSIONALE STRÖMUNGSBILDER

Will man die Strömungsfelder genauer studieren, so kommt man um eine numerische Integration der Grundgleichungen nicht herum. Fig. 2 zeigt ein typisches Strömungsbeispiel, das sich nach vier Stunden Rechenzeit bei Vorgabe eines geostrophischen Westwinds eingestellt hat. Man sieht, daß sich im Tal eine abgeschlossene Zirkulation gebildet hat, daß also (3.3) gut erfüllt ist. Man hat Ostwinde am Boden und Westwinde bei $z = D$. Die v-Profile zeigen flache Grenzschichten im Tal. Der Südwind hat sein Maximum dicht unterhalb des Niveaus $z = D$. Die Ekman-Strömung oberhalb des Tals ist gestört.

5. SCHLUSSBEMERKUNG

Man kann sich des Eindrucks nicht erwehren, daß ein strömungsdynamisches Verständnis des Kanalisierungseffektes nun in Reichweite ist. Insbesondere haben sich die eindimensionalen Rechnungen als erstaunlich realitätsnah erwiesen.
WIPPERMANN, F.; GROSS, G.: On the construction of orographically influenced wind roses for given distributions of the large-scale wind.
Contr. Atm. Phys. 54, 492-501,(1981).

Ausbildung thermischer Windsysteme im Inntal während MERKUR

Carl Freytag

Meteorologisches Institut der Universität München
Theresienstraße 37, D-8000 München 2

ZUSAMMENFASSUNG
Anhand von Messungen während MERKUR werden einige Ergebnisse zum zeitlichen Ablauf in der Entwicklung thermischer Windsysteme in einem großen Alpental dargestellt. Es zeigt sich, daß Unregelmäßigkeiten des Talverlaufs die Ausprägung dieser Systeme stark beeinflussen.

ABSTRACT
Using measurements during the MERKUR experiment some results on the development of thermal windsystems in a large alpine valley are presented. It can be seen that irregularities of the valley have great influence on the development in time and on the structure of these systems.

1. EINLEITUNG
Anders als in kleinen Tälern, wie etwa dem im Experiment DISKUS untersuchten Dischmatal (s. FREYTAG u. HENNEMUTH 1981, 1982), wo ein relativ homogenes Tal einheitlichen synoptischen Verhältnissen ausgesetzt war, führen Unregelmäßigkeiten im Talverlauf (Schwankungen in der

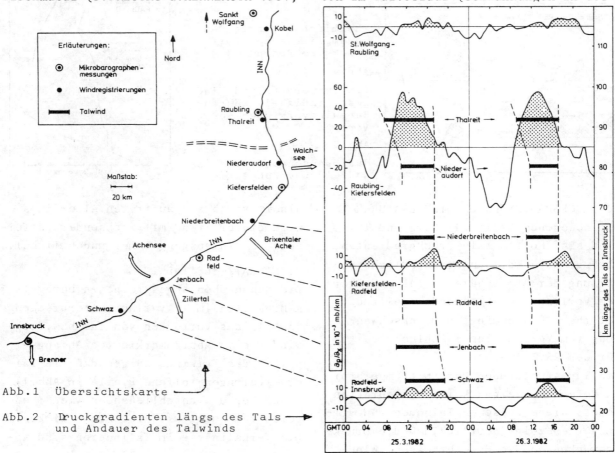

Abb.1 Übersichtskarte

Abb.2 Druckgradienten längs des Tals und Andauer des Talwinds

Querschnittsfläche um den Faktor 10 im Abschnitt Talausgang - Innsbruck, große Seitentäler), die im Verhältnis zur charakteristischen Geschwindigkeit mesoskaliger Prozesse schon recht große Längenausdehnung und die unterschiedlichen synoptischen Verhältnisse längs des Tals bei großen Tälern, wie etwa dem Inntal, zu markanten Unterschieden im zeitlichen Ablauf und in der Ausprägung der thermischen Windsysteme.

Hier sollen dazu einige Ergebnisse anhand der Messungen während der 1.Intensivmeßphase von MERKUR (25./26.3.1982) angegeben werden (s.SEMMLER et.al.1982).

system antreiben, durch die Atmosphäre in größerer Höhe bestimmt werden: In etwa 700 m über Grund - im Bereich des Maximums von Berg-und Talwind - beträgt die Tagesamplitude der Lufttemperatur im Tal (Radfeld) etwa 4.5 K, über dem Vorland (Kobel) nur etwa 0.5 K.

Aus den Mikrobarographenmessungen von 5 Stationen (s.Abb.1) wurden horizontale Druckgradienten $\partial p/\partial x$ längs des Tals berechnet, deren Tagesgang in Abb.2 wiedergegeben ist. Man sieht, daß die stärksten Gradienten unmittelbar am Talausgang auftreten (Raubling - Kiefersfelden) und daß die Extrema weiter ins Tal

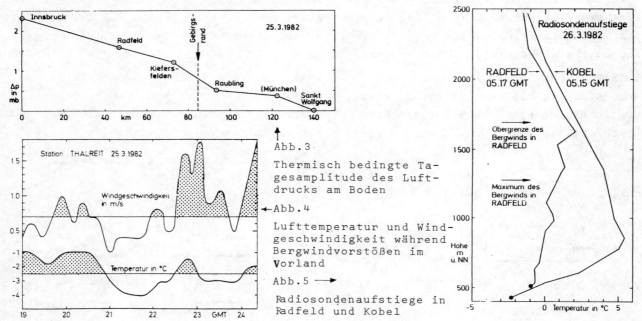

Abb.3
Thermisch bedingte Tagesamplitude des Luftdrucks am Boden

Abb.4
Lufttemperatur und Windgeschwindigkeit während Bergwindvorstößen im Vorland

Abb.5
Radiosondenaufstiege in Radfeld und Kobel

2. DRUCKGRADIENTEN UND TEMPERATUREN

Die bewegende Kraft für Berg-und Talwind sind horizontale Druckgradienten, erzeugt durch die unterschiedliche Erwärmung der Atmosphäre im Tal und über dem Vorland. Die zunehmende Amplitude der thermisch bedingten Druckschwankung vom Vorland ins Tal hinein zeigt für den 25.3.1982 Abb.3.

Die Tagesamplituden der Lufttemperatur in Bodennähe zeigen keine ausgeprägten Unterschiede zwischen Talboden und Vorland. Dies zeigt deutlich, daß die Druckschwankungen, die das thermische Wind-

hinein verzögert auftreten. Allerdings wird dieser Trend mit wachsender Entfernung vom Talausgang immer undeutlicher.

3. EINSATZ DES TALWINDS

Die schon oben angesprochenen Unregelmäßigkeiten im Talverlauf unterbrechen jeweils das Vorrücken von Tal-bzw.Bergwind. Die in Abb.2 markierten Anfangszeiten des Talwinds zeigen, daß die Talerweiterungen (offene Pfeile in Abb.1) gegenüber dem anschließenden wieder engeren Tal quasi wie eine Ebene wirken. Die Verhältnisse im Talinneren sind somit von den Verhältnissen am Talausgang entkoppelt. Ein durchgehender Talwind stellt sich erst später ein.

Der Talwind in den ungestörten Abschnitten rückt - bei einer Windgeschwindigkeit von etwa 4 ms^{-1} in Bodennähe - mit einer Geschwindigkeit von etwa 1.5 ms^{-1} frontartig voran.

4. FEINSTRUKTUR DES BERGWINDS

Auch die periodischen Vorstöße des Bergwinds am Gebirgsrand (s.Abb.4) lassen sich nicht sehr weit ins Tal hinein zurückverfolgen.

Bemerkenswert ist, daß die Schübe am Boden relativ warm und trocken erscheinen. Die Ursache läßt sich anhand von Abb.5 erklären.

Der Bergwind ist in seinem Kern deutlich kälter als die Luft über dem Vorland ($\Delta T \sim 5$ K), wie Radiosondenaufstiege in Radfeld (ausgeprägter Bergwind mit 6.5 ms^{-1}) und Kobel (kein Bergwind) zeigen.

In Zeiten mit geringer Windgeschwindigkeit bildet sich im Vorland in Bodennähe eine kräftige Inversion aus. Ein ankommender Schwall des Bergwinds führt zu besserer Durchmischung der bodennahen Luftschicht und so zu einer relativen Erwärmung.

5. SCHLUSSBEMERKUNG

Die hier wiedergegebenen Ergebnisse beruhen auf nur einem Teil der MERKUR-Messungen und müssen daher als vorläufig bezeichnet werden.

Die Reichweite der thermischen Winde in der Höhe und hinaus ins Vorland, der Ablauf in allen Höhen und vor allem die Kopplung von Temperatur-, Druck- und Windfeld werden Gegenstand weiterer Untersuchungen mit den gesamten Daten sein.

LITERATUR

C. FREYTAG, B. HENNEMUTH "DISKUS - Gebirgswindexperiment im Dischmatal - Datensammlung " Teile 1 und 2
   Wiss.Mitt.Met.Inst.Univ.München Nr. 36, 46 (1981, 1982)

H. SEMMLER, C. FREYTAG, B. HENNEMUTH "MERKUR - Ein mesoskaliges Unterprogramm von ALPEX"
   Ann.Met. NF 19 (1982) 92-94

Die Untersuchungen während MERKUR wurden von der DFG unterstützt, wofür hier gedankt werden soll.

Zeichnungen: H. Wendt.

MESOSKALIGE TURBULENTE FLÜSSE: EINE FALLSTUDIE FÜR DAS KÜSTENEXPERIMENT PUKK

Eberhard Schaller

Meteorologisches Institut, Universität Bonn
Auf dem Hügel 20, D-5300 Bonn 1, FRG.

1 EINLEITUNG

Turbulente Transporte von Impuls sowie von latenter und fühlbarer Wärme durch die Grenzschicht beeinflussen die atmosphärischen Vorgänge auf unterschiedlichen Skalen. Für die Verbesserung existierender bzw. die Entwicklung neuer Regionalmodelle bedeutet dies, daß diese Transporte möglichst genau bekannt sein sollten, damit eine verlässliche Parametrisierung erreicht werden kann. Die dabei zu untersuchenden mesoskaligen Prozesse (lokale Änderungen, horizontale Advektion und mittlere vertikale Transporte der Zustandsgrößen) zeigen eine intensive Wechselwirkung sowohl mit kleiner- als auch mit größerskaligen Vorgängen. Eine strenge Skalentrennung ist dabei nicht möglich, so daß auf eine sorgfältige Festlegung der gerade betrachteten (Horizontal-)Skala geachtet werden sollte.

In den zurückliegenden vier Jahren sind in der Bundesrepublik eine Reihe mesoskaliger Experimente (z.B. MESOKLIP, PUKK) mit dem Ziel durchgeführt worden, das Verständnis der mesoskaligen Prozesse zu verbessern. In diesem Beitrag wird dabei über erste Ergebnisse aus einem Teilprogramm des Küstenexperimentes PUKK berichtet, das zum Ziel hat, die räumliche und zeitliche Variation der turbulenten Transporte von fühlbarer und latenter Wärme sowie von Impuls zu bestimmen.

2 DIE FALLSTUDIE FÜR DAS KÜSTENEXPERIMENT

Eine Periode von 16 Stunden während der Nacht vom 29./30.9.1981, in der der Einfluß eines sich entwickelnden synoptischen Systems auf die planetarische Grenzschicht zu sehen ist, soll diskutiert werden. Der turbulente Fluß latenter Wärme dient dazu als Beispiel. Abbildung 1 zeigt Ausschnitte aus den Bodenkarten für den 29.9.81, 12Z (Teil (A)) und den 30.9.81, 12Z (Teil (B)). Man sieht, daß sich in diesem Zeitraum zwischen dem nach Osten abziehenden Frontensystem eines Mittelmeertiefs und einem atlantischen Tief ein Zwischenhoch aufbaut. Diese Hochdruckzelle weist am Mittag des 30.9. eine abgeschlossene Isobare mit 1020 mbar auf; der Kern liegt etwas südöstlich des Experimentgebietes. Aufgrund dieser beiden Wetterkartenausschnitte ist leicht vorstellbar, daß advektive Prozesse bei der Entwicklung der Grenzschicht im PUKK-Gebiet eine Rolle gespielt haben.

Dies zeigt im Detail Abbildung 2. Für die Station Klein Meckelsen ist hier in einem Polardiagramm der horizontale Windvektor in 425 m über Grund für einen Zeitraum von 24 Stunden, beginnend mit dem 29.9.81, 10Z (der entsprechende Punkt ist einfach mit "10Z" markiert), darge-

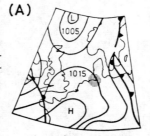
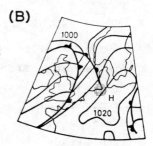

Abbildung 1: Ausschnitte aus den synoptischen Bodenkarten für Mittwoch, 29.9.81, 12Z (Teil (A)) und Donnerstag, 30.9.81, 12Z (Teil (B)) auf der Basis des Europäischen Wetterberichts des DWD. Die Entwicklung eines Zwischenhochs an den ersten beiden Tagen der zweiten Intensivmeßphase von PUKK ist zu sehen. Der schattierte Kreis deutet das Experimentgebiet an.

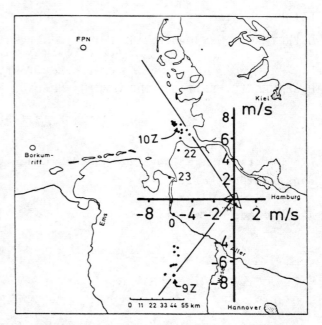

Abbildung 2: Polardiagrammdarstellung des horizontalen Windvektors in 425 m über Grund an der Station Klein Meckelsen. Die Punkte haben einen zeitlichen Abstand von einer Stunde, beginnend am 29.9.81, 10Z und endend am 30.9.81, 9Z. Man sieht deutlich die Winddrehung in den Stunden kurz vor und kurz nach Mitternacht. Ursache für diese Winddrehung ist die in Abb. 1 dargestellte synoptische Entwicklung.

stellt. Diese Station liegt etwa 80 km von der Nordseeküste entfernt. Die Daten, die dieser Abbildung zugrunde liegen, stammen von den stündlichen Fesselsondierungen, die in diesem Gebiet an drei Stellen mit einem horizontalen Abstand von ca. 20 km durchgeführt wurden. Während der ersten 12 Stunden schwanken sowohl die Windgeschwindigkeit als auch die -richtung nur wenig. Bei einer mittlerer Windrichtung von ca. 320 Grad bedeutet dies, daß die herantransportierten Luftmassen über die Nordsee geführt wurden. Innerhalb von 4 Stunden dreht der Wind um mehr als 90 Grad und hat danach eine mittlere Richtung von etwa 220 Grad, was eine Advektion über das Land bedeutet. Etwa um Mitternacht dürfte sich somit der Charakter der herantransportierten Luftmasse am Meßort im Landesinneren verändert haben.

Abbildung 3 zeigt diesen Sachverhalt. Zugrunde liegen erneut die eben beschriebenen Fesselsondierungen; ein Aufstieg pro Stunde an allen drei Stationen liegt vor. In dieser Abbildung sind die Einzelprozesse dargestellt, die aufgrund der Haushaltsgleichung für die spezifische Feuchte $\bar{q}$

$$\nabla \cdot \mathbf{IE} = -L\left[\bar{\rho}\frac{\partial \bar{q}}{\partial t} + \bar{\rho}\bar{w}\frac{\partial \bar{q}}{\partial z} + \bar{\rho}\;\bar{\mathbf{v}}_H \cdot \nabla_H \bar{q}\right] \quad (1)$$
$$\phantom{\nabla \cdot \mathbf{IE} = -L\Big[}\text{LC}\text{VT}\text{HA}$$

die Divergenz des Flusses latenter Wärme IE bestimmen. (Die Notation ist Standard. Die beteiligten Prozesse sind: LC lokale Änderungen, HA Horizontaladvektion, VT mittlerer vertikaler Transport.)

In Bezug auf die Abbildung 2 ist zunächst die Kurve HA von Interesse. Man sieht, daß diese Kurve gegen Mitternacht deutlich abnimmt und um 1Z erstmals das Vorzeichen wechselt. Dabei ist anzumerken, daß negative Werte der HA-Kurve mit der Advektion trockenerer Luft und positive Werte mit der Advektion feuchterer Luft verknüpft sind. Weiter erkennt man in Abbildung 3, die die Verhältnisse in 387.5 m über Grund darstellt, daß die Horizontaladvektion feuchterer Luft in der ersten Nachthälfte betragsmäßig größer als die Beiträge aus den beiden anderen Prozessen ist und so die Divergenz des Flusses latenter Wärme wesentlich bestimmt. In der zweiten Nachthälfte dagegen sind alle drei Prozesse vom Betrag her vergleichbar. Mit Hilfe der Serie von Fesselsondierungen sowie dem Bodenfluß latenter Wärme E_o erhält man bei Verwendung von Gleichung (1) das Vertikalprofil des turbulenten Flusses E(z) aus der Integration

$$E(z) = E_o + \int_0^z \frac{\partial E_{z'}}{\partial z'}dz' \quad (2).$$

Abbildung 4 zeigt das Ergebnis für den 16-stündigen Zeitraum zwischen 29.9.81, 16Z und 30.9.81, 8Z und die untersten 425 m der Grenzschicht. Man erkennt die hohen turbulenten Flüsse latenter Wärme (bis 200 W/m²) in der ersten Nachthälfte als Folge der ausgeprägten Feuchteadvektion. Dieses Bild zeigt somit die Reaktion des unteren Teils der Ekman-Schicht auf einen synoptisch bedingten Prozess. Infolge des sich aufbauenden Zwischenhochs kam eine ausgeprägte Winddrehung während der Nacht zustande. Diese änderte den Charakter der herantransportierten

Luft. Als Folge davon änderte sich der turbulente Fluß latenter Wärme in der zweiten Nachthälfte: zuerst fand in 425 m eine Abnahme von über 200 W/m² auf etwas mehr als 60 W/m² statt; bei einem Bodenfluß von ca. -20 W/m² bedeutete dies jedoch immer noch eine Zunahme des turbulenten Flusses mit der Höhe. Gegen Morgen setzte sich die Abnahme in der Höhe fort bis auf Werte von -60 W/m², d.h. der Fluß nahm dann sogar mit der Höhe ab.

Ähnliche Effekte sind auch beim Fluß fühlbarer Wärme zu beobachten. Die Ergebnisse sind ausführlich in Schaller (1983) zusammengefaßt.

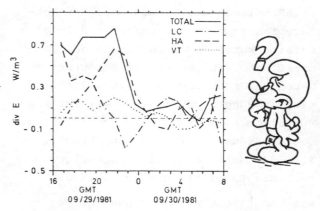

Abbildung 3: Zeitreihe für die Divergenz des Flusses latenter Wärme in 387.5 m über Grund an der Station Klein Meckelsen. Die mit "TOTAL" bezeichnete Kurve ist die Summe aus den beteiligten Einzelprozessen: lokale Änderungen (LC), Horizontaladvektion (HA) und mittlere vertikale Transporte (VT).

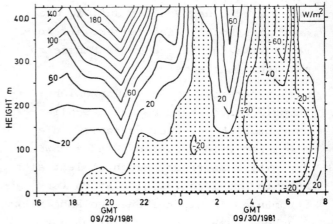

Abbildung 4: Zeit-Höhenschnitt des turbulenten Flusses latenter Wärme für das PUKK-Dreieck (mittlere Seitenlänge: 19.2 km), das ca. 80 km hinter der Küstenlinie aufgebaut war, und die 16-stündige Periode der Fallstudie (Beginn: 29.9.1981, 16Z).

3   LITERATUR

Schaller, E., 1983: Synoptic forcing of the planetary boundary layer: A case study from the PUKK experiment. Erscheint in Beitr. Phys. Atmosph..

PARAMETERISIERUNG TURBULENTER FLÜSSE IN NUMERISCHEN
MODELLEN ZUR ÜBERSTRÖMUNG VON TOPOGRAPHIEN

D. Etling und H.W. Detering

Institut für Meteorologie und Klimatologie
Universität Hannover

1. PROBLEMSTELLUNG

Bei Problemen des Klimas oder der Wettervorhersage im regionalen und lokalen Bereich kommt der Topographie der Erdoberfläche eine besondere Bedeutung zu. Neben der thermisch bedingten Zirkulation an Hängen und in Tälern wirkt hier vor allem eine dynamische Modifizierung der großräumig aufgeprägten Strömung, z.B. die Umströmung einzelner Hügel oder die Kanalisierung durch Täler.

Die numerische Modellierung der Überströmung lokaler Orographien ist in letzter Zeit verstärkt in Angriff genommen worden, wobei auch praktische Gesichtspunkte, z.B. Simulation der Windverhältnisse für Windernergienutzung, eine Rolle spielten. Dabei tritt immer wieder das Problem auf, wie die durch das Modell nicht direkt erfaßbaren subskaligen turbulenten Flüsse zu parameterisieren sind.

Dieses bereits aus der Grenzschichttheorie hinreichend bekannte Schliessungsproblem der Gleichungen für die mittleren Feldvariablen (Windgeschwindigkeit, Temperatur, Feuchte) läßt sich auch in Modellen zur Simulation von Strömungen in nicht-ebenem Gelände nicht umgehen, zumal hier der Einfluß der Grenzschicht viel stärker hervortritt, als dies z.B. für die Wettervorhersage im synoptischen Bereich der Fall ist.

Aus der Modellierung horizontal homogener Grenzschichten sind zwar bereits zahlreiche Ansätze zur Lösung des Schließungsproblems bekannt (siehe z.B. WIPPERMANN 1973), jedoch ist z.Z. noch unklar, ob diese ohne weiteres auf eine Strömung über topographisch gegliederten Gelände übertragen werden können. Hierzu soll in der vorliegenden Arbeit eineUntersuchung durchgeführt werden.

2. VORGEHENSWEISE

Der Einfluß unterschiedlicher Parameterisierungen turbulenter Flüsse auf die Simulationsergebnisse für die Überströmung von Topographien soll mit Hilfe eines zweidimensionalen, nicht-hydrostatischen numerischen Modells für eine inkompressible Strömung untersucht werden. Die Beschreibung der Modellgleichungen findet man bei ETLING (1980) hier soll lediglich auf die Parameterisierung näher eingegangen werden.

Zunächst soll nur eine thermisch neutrale Atmosphäre betrachtet werden, so daß man sich auf die turbulenten Schubspannungen beschränken kann. Hierzu sollen nur Schließungsmethoden erster Ordnung, also mit einem Gradientansatz untersucht werden, da Schließungen höherer Ordnung, z.B prognostische Gleichungen für die turbulenten Flüsse, z.Z. für die lokale Modellierung noch zu rechenaufwendig erscheinen.

Der übliche K-Ansatz für die turbulenten Impulsflüsse $\overline{u'_i u'_k}$ lautet:

$$\overline{u'_i u'_k} = - K \left(\frac{\partial \overline{u}_i}{\partial x_k} + \frac{\partial \overline{u}_k}{\partial x_i} \right) \quad (1)$$

Hierbei ist K der turbulente Diffusions

Koeffizient für Impuls, welcher der Einfachheit halber als isotrop angenommen werden soll, aber noch von den Ortskoordinaten (hier x,z) und bei zeitabhängigen Problemen von der Zeit t abhängen kann. Es werden folgende Ansätze für den Diffusionskoeffizienten verwendet und jeweils in die Beziehung (1) eingesetzt:

$$K = l^2 \left|\frac{\partial \overline{v}}{\partial z}\right| \quad (2a)$$

$$K = l\, a\, E^{1/2} \quad (2b)$$

$$K = c\, \frac{E^2}{\varepsilon} \quad (2c)$$

Hierbei sind l der Mischungsweg, E die turbulente kinetische Energie und ε die Energiedissipation. Der Mischungswegansatz (2a) und die Prandtl-Kolmogorov Beziehung (2b) sind bereits in zahlreichen Grenzschichtmodellen, und auch in vielen Modellen zur Simulation von Topographieüberströmungen angewandt worden. Bei letzteren stellt sich das Problem, welchen Ansatz man für die allgemein akzeptierte Höhenabhängigkeit des Mischungsweges macht. Hier soll zunächst der aus ebenen Problemen bekannte Mischungsweg von Blackadar als der Topographie folgend angenommen werden; eine der Orographie angepaßte Modifikation von l soll das spätere Ziel der hier dargestellten Modellversuche sein.

Diese à priori Festlegung des Mischungsweges wird bei der als E-ε Methode bezeichneten Beziehung (2c) vermieden, indem statt des Mischungsweges eine prognostische Gleichung für die Energiedissipation ε verwendet wird. Dieses Verfahren wird vor allem in der Strömungsmechanik angewandt, siehe z.B RODI (1980). Die bei Verwendung von (2b) bzw. (2c) benötigte zusätzliche Gleichung für die Turbulenzenergie bzw. die Energiedissipation hat folgende Struktur:

$$\frac{d\emptyset}{dt} = \text{PROD}(\emptyset) + \text{DIFF}(\emptyset) + \text{DISS}(\emptyset) \quad (3)$$

$$\emptyset = E, \varepsilon$$

Auf der rechten Seite von (3) stehen jeweils Produktion, Diffusion und Dissipation von E bzw. ε, die genaue Zusammensetzung der einzelnen Terme kann man in der zitierten Arbeit von RODI finden.

Das letztere Verfahren der Parameterisierung (2c) und (3) erfordert zwar zwei zusätliche prognostische Gleichungen im Modell, jedoch wird erwartet, daß die Turbulenzstruktur sich besser den orographisch bedingten Strömungsverhältnissen anpassen kann als bei Anwendung der Ansätze (2a) und (2c).

Das weitere Vorgehen ist wiefolgt: ES werden bei jeweils gleichen vorgegebenen äußeren Parameter wie geostrophischer Wind und Rauhigkeitslänge und derselben Topographie Strömungssimulationen mit den verschiedenen Parameterisierungsmethoden (2a-c) durchgeführt und die sich ergebenden stationären Felder der Geschwindigkeitskomponenten u,v,w sowie der Turbulenzenergie und des Diffusionskoeffizienten miteinander verglichen. Eine Beurteilung über die geeignete Parameterisierungsmethode muß anhand von Beobachtungsmaterial aus Feldexperimenten getroffen werden.

3. LITERATUR

ETLING,D.: Simulationsmodelle in der mesoskaligen Meteorologie. Annalen der Meteorologie,NF 16,98-107,1980.

RODI,W.: Turbulence Models and their application in hydraulics. IAHR Publications,Delft,1980.

WIPPERMANN,F.: The planetary boundary layer. Annalen der Meteorologie,NF 7,pp 346, 1973.

EIN BEITRAG ZUR KLIMATOLOGIE UND DER SYNOPTIK DER GRENZSCHICHTSTRAHLSTRÖME ÜBER DER
NORDDEUTSCHEN TIEFEBENE

Chr. Kottmeier, D. Lege, R. Roth

Institut für Meteorologie und Klimatologie
Universität Hannover

1 EINLEITUNG

In den Jahren 1978-1980 wurden in 72 nächtlichen Meßkampagnen mithilfe von an den Sendemasten Gartow und Sprakensehl auf- und abtransportierten Fesselsonden die Ausbildung von Grenzschichtstrahlströmen (GS) untersucht. Erste Ergebnisse sind in den Arbeiten von Roth et al. (1979, 1981), Kottmeier et al. (1980) und Kottmeier (1982) zu finden.

Unter Zugrundelegung von ca. 2000 synchron gemessenen Wind- und Temperaturprofilen -bis in 300m Höhe aufgelöst in 5m-Stufen- konnte eine für Norddeutschland gültige Häufigkeitsverteilung von GS-Situationen erstellt und synoptische Vorhersagekriterien für die Entstehung von Grenzschichtstrahlströmen formuliert werden.

Bedeutung erlangt die Prognose von Grenzschichtstrahlströmen u.a. in der Luftfahrt, wo während der Start- und Landephasen es aufgrund hoher Windscherungen zu kritischen Flugzuständen kommen kann.
Ferner kann die Ausbreitung von Luftbeimengungen in den unteren 200m der Atmosphäre wegen der im Bereich der Inversionsobergrenze auftretenden Windrichtungsänderungen nur mit großer Unsicherheit angegeben werden.

2 SYNOPTISCHE BEDINGUNGEN BEIM AUFTRETEN VON GS

Die meisten der in den Meßkampagnen erfaßten GS traten bei Hochdrucklagen (vgl. Abb. 3.1) auf, deren Druckzentren häufig östlich, nordöstlich oder südöstlich vom Meßgebiet lagen.
Die mit der großräumigen Absinkbewegung einhergehende Wolkenauflösung muß, damit der GS in seiner ganzen Entwicklung beobachtet werden kann, zu einem Bedeckungsgrad $\leq$ 3/8 bis 250 km stromauf führen.
Strahlungsbedingte Abkühlungsraten von $\frac{\partial T}{\partial t} \leq -0.5$ K/h in Bodennähe (2m) führen zum Aufbau von zeitweise mehrschichtig-strukturierten Bodeninversionen charakteristischer Stärke ($\frac{\partial T}{\partial z} > $ 1K/100m), die für die Entstehung von ausgeprägten Windmaxima in den unteren 300m der Atmosphäre Voraussetzung sind. Hohe Temperaturgradienten leisten einen Beitrag zum Überschreiten der kritischen Richardson-Zahl, so daß die Reibung zumindest schichtweise verschwindet.
Die Analyse der Druckgradienten läßt einen geostrophischen Bodenwind von 6-11 m/s als günstig für die Ausbildung eines GS erscheinen. Höhere geostrophische Winde führen zur Zunahme der Produktion von dynamischer Turbulenz, womit die typische übergeostrophische Ausprägung des Windprofils verhindert wird.
Das Auftreten eines GS war häufig mit einer dem geostrophischen Bodenwind entgegengesetzten thermischen Windkomponente verbunden, worauf eine Temperaturzunahme in Richtung des Geopotentialgefälles in 850 mbar hindeutet.

Diese synoptischen Vorhersagekriterien wurden an unabhängigen Fällen getestet. Lediglich 2 von 11 Nächten mit gut ausgeprägtem GS ($v_{max} \geq 1.5\ v_{go}$) konnten von dem Vorhersageschema nicht erfaßt werden. Somit kann davon

ausgegangen werden, daß bei Erfüllung der fünf
oben genannten Kriterien ein GS sehr wahr-
scheilich ist.

3 ABSCHÄTZUNG DER HÄUFIGKEIT VON GS ÜBER NORDDEUTSCHLAND

Anhand der aus den Messungen gewonnenen Er-
kenntnissen über die synoptischen Randbedingungen für das Auftreten von GS wurde die
Häufigkeit des Phänomens abgeschätzt. Hierbei
fanden nur ausgeprägte Fälle mit $v_{max} \geq 1.5\ v_{go}$
Berücksichtigung.
Die Hochrechnung von GS bei einzelnen Wetterlagen auf langjährige mittlere Verhältnisse
ergab eine Gesamthäufigkeit von 10.4 %.
Im Zeitraum April 1979 bis März 1980 trat der
geostrophische Wind in dem charakteristischen
Geschwindigkeitsbereich 6-11 m/s mit einer
Häufigkeit von 35.8 % auf. Nächte mit Inversionen und geostrophischem Wind zwischen 6 und
11 m/s erreichten eine Häufigkeit von 18.9 %,
Nächte mit Inversionen $\frac{\partial T}{\partial z} \geq 1K/100m$ und ent-
sprechendem geostrophischen Wind hatten eine
Häufigkeit von 7.9 %. Im Jahr 1979-1980 waren
demnach sehr gute Bedingungen für die Entstehung
von GS in etwa 8 % der Nächte gegeben.

Die in Abb. 3.1 erwähnten sieben für die Ausbildung eines GS günstigen Großwetterlagen
haben eine mittlere jährliche Häufigkeit von
28.8 % mit einem Maximum im Herbst und Winter.
Sich häufig im Winter ausbildende Sc-Decken
dämpfen jedoch den für die Ausbildung eines GS
erforderlichen Tagesgang der Stabilität.
Bezieht man Strahlungsnächte in die Häufigkeitsverteilung mit ein, so ergibt sich ein ausgeprägtes Maximum in den Monaten September und
Oktober und ein sekundäres Maximum in den Monaten April bis Juni.

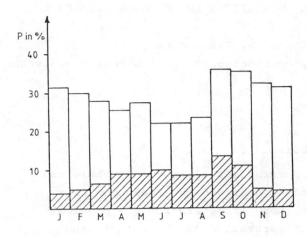

Abb. 3.1   Jahresgang der Häufigkeit der für GS günstigen GWL: HM, BM, SEA, HFA, HNFA, TRW im langjährigen Mittel.

Jahresgang der Häufigkeit des gleich-
zeitigen Auftretens von Strahlungsnächten und den oben genannten GWL
bei der Annahme, daß Strahlungsnächte über alle GWL gleichverteilt
sind. Mittlere jährliche Häufigkeit: 7.8 %.

LITERATUR

Kottmeier, Chr., Lege, D., Roth, R.: Nächtliche Windmaxima in der Grenzschicht über der Norddeutschen Tiefebene.- Analen der Meteorologie, Nr. 16, 93-95, 1980.

Kottmeier, Chr.: Die Vertikalstruktur nächt-licher Grenzschichtstrahlströme.- Berichte des Inst. f. Met. u. Klimat. der U Hannover, Nr. 21, 1982.

Roth, R., Kottmeier, Chr., Lege, D.: Die lokale Feinstruktur eines Grenzschichtstrahlstroms. Meteorol. Rdsch., 32, 65-72, 1979.

Roth, R., Kottmeier, Chr., Lege, D, David, F.: Abschlußbericht an das Bundesministerium der Verteidigung zum Forschungsvertrag T/RF 35/71527/71331, 1981.

AN ENERGETIC VIEW OF URBAN ATMOSPHERE

Michael J. Kerschgens
Meteorologisches Institut der Rheinischen Friedrich-Wilhelms Universität Bonn

ABSTRACT

The turbulent fluxes of sensible and latent heat and the radiation flux are key parameters for the physical interpretation of the heat island effect of a town. The measurement and computation of these fluxes in Bonn have been the targets of two experiments in July 82 and February 83.

1 INTRODUCTION

The specific mesoscale climate of a town originates from a great variety of reasons. The essential external parameter which is different between urban and rural environment is the physical shape of the surface. Fig.1 gives a rough idea of the different surface structure. This ground texture acts via reflectivity, emissivity, heat conductivity, heat capacity and roughness on the turbulent and radiative fluxes in the atmosphere.

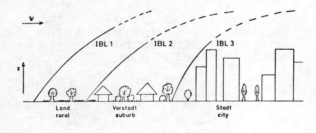

Fig. 1 Typical urban surface texture

Every surface texture induces it's own characteristic turbulent and radiative fluxes which act as lower boundary condition for the heat budget of the atmosphere above. In this way every change in surface texture produces it's own internal boundary layer. Therefore it should be possible to measure under special synoptic situations the dependence of these fluxes from the underlying surface. This is the main conception of the experiments presented here.

2 THEORY

The behaviour of a parcel of air can be described by

$$\rho c_p \frac{\partial \bar{\theta}}{\partial t} = -\rho c_p \nabla \cdot (v \bar{\theta}) + \frac{\partial Q}{\partial z} - \frac{\partial H}{\partial z} \quad (1)$$

and

$$\rho L \frac{\partial \bar{q}}{\partial t} = -\rho L \nabla \cdot (v \bar{q}) - \frac{\partial E}{\partial z} \quad (2)$$

The notation is standard. Q, H and E are the fluxes of net radiation, turbulent sensible heat and turbulent latent heat. $\bar{\theta}$ and $\bar{q}$ are the mean potential temperature and mean specific humidity; ρ, c_p, L are the air density, the specific heat of air at constant pressure and the heat of vaporisation. The equations hold for an air parcel in the free, turbulent structured atmosphere without phase change. Eq. (1) and Eq. (2) must be integrated over the volume of air above a surface of specific texture to get an information of the fluxes above this surface. The turbulent fluxes of sensible (H_o) and latent heat (E_o) and the radiation flux (Q_o) in an arbitrary height (e.g. just above mean roof level) are the boundary conditions for this integration. The resultant equations are

$$H_u = -\int_V \rho c_p \nabla \cdot (\mathbf{v}\bar{\theta})dV + Q_u + (H_o - Q_o) - \int_V \rho c_p \frac{\partial \bar{\theta}}{\partial t}dV \quad (3)$$

and

$$E_u = -\int_V \rho L \nabla \cdot (\mathbf{v}\bar{q})dV + E_o - \int_V \rho L \frac{\partial \bar{q}}{\partial t}dV \quad (4)$$

describing the turbulent fluxes of heat (H_u, E_u) at the upper boundary of the considered volume of air.

3 CLASSIFICATION OF URBAN SURFACES

The evaluation of Eq. (3) and (4) demands a classification of characteristic surfaces above which the integration over the air volume is performed. For this experiments Bonn was subdivided in 20 different regions using a classification scheme similiar to that of AUER (1976). The meteorological land use mosaic was established by using airborne photography. Table 1 gives an example how these classified surfaces are composed.

TYPE OF SURFACE	CITY	SUBURB
ASPHALT (roofs and pavement)	33.5	26.1
TILE	36.9	16.8
PLANTS	17.4	45.2
SOIL	0.0	3.7
BRIGHT SURFACES (gravel roofs, parking lots)	12.2	8.2

Table 1 Fractional composition of urban surfaces in percent.

4 EXPERIMENTAL AND THEORETICAL EVALUATION OF FLUXES

The solution of Eq. (3) and (4) was carried out by a mixture of theory and measurement. H_o and E_o were measured on a small tower immediately above roof level, Q_u and Q_o were calculated from radiative transfer theory (KERSCHGENS et al. 1978), using structure-modified albedofunctions according to AIDA et al. (1982), and $\partial\bar{\theta}/\partial t$ and $\partial\bar{q}/\partial t$ were determined from tethersonde and radiosonde flights. H_u and E_u have been measured directly by a powered glider of the DFVLR (cf. Hacker 1982). The advective terms in Eq. (3) and (4) can also be determined from the tethersonde measurements or can be calculated as residue.

5 REFERENCES

AIDA, M.; GOTOH, K.:
Urban albedo as a function of the urban structure - a two-dimensional numerical simulation. Boundary layer Meteorol.,23 (1982),S. 425 - 424

AUER, JR., A. H.:
Correlation of land use and cover with meteorological anomalies. Journ. of Appl. Meteor., 17 (1978), S. 636 - 643

HACKER, J., M.:
First results of boundary layer research flights with three powered gliders during the field experiment PUKK. Beitr. Phys. Atmosph., 55 (1982), S. 383 - 402

KERSCHGENS, M., PILZ, U., RASCHKE, E.:
A modified two-stream approximation for computations of the solar radiation budget in a cloudy atmosphere. Tellus, 30 (1978),S. 418 - 429

DIE AKTUELLE ENTWICKLUNG DER URBANEN WÄRMEINSEL IN WIEN:
ZEICHNET SICH EINE TRENDWENDE AB ?

Reinhard Böhm
Zentralanstalt für Meteorologie und Geodynamik, Wien

Verschiedene Modellrechnungen geben Einblick in die physikalischen Ursachen des Aufbaus und der Intensität der Wärmeinsel einer Stadt, die neben den chemischen Veränderungen der Stadtluft wohl die am besten bekannte und erforschte, menschlich verursachte Klimamodifikation darstellt. Als diesen Effekt generierende Faktoren (siehe z.B. ATWATER, 1972) erwiesen sich dabei die direkten Wärmequellen (Heizung, Industrieabwärme,etc), die veränderten Bodenkonstanten, die höhere Rauhigkeit der Stadt, die verminderte Verdunstung, u.a. Dabei ist der einfache Schluß sehr naheliegend, alle diese Faktoren in direkte Abhängigkeit von der Einwohnerzahl zu bringen und somit, wie OKE, 1973, sogar zu linearen Abhängigkeiten zwischen urbaner Übertemperatur und Einwohnerzahl zu gelangen.

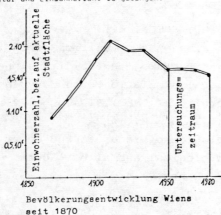

Abb.1: Bevölkerungsentwicklung Wiens seit 1870

Das für Wien zur Verfügung stehende Material an meteorologischen- und Stadtentwicklungsdaten bietet sich dafür sozusagen als Gegenprobe an: Wie Abb.1 zeigt, hat Wien, im Unterschied zu den meisten anderen Großstädten der Erde, seit Ende des 2.Weltkriegs eine abnehmende Einwohnerzahl. Trotzdem weist diese Stadt (Wärmeinselhäufigkeitsdaten dazu in Abb.2), wie BÖHM, 1979 zeigen konnte, 1952-1976 einen signifikant ansteigenden Temperaturunterschied gegenüber ihrer Umgebung auf, der nicht auf natürliche Klimaschwankungen zurückgeführt werden kann. Eine scheinbar einfache Lösung dieses Widerspruchs bieten die Stadtentwicklungsdaten (zusammen mit der aus 4 Urbanstationen gemittelten städtischen Übertemperatur in Abb.3): In der Zeit der starken Wirtschaftsentwicklung seit 1950 stiegen trotz fallender Einwohnerzahl der Gesamtenergieverbrauch (entspricht etwa dem Faktor direkte Wärmequellen) auf das ca.2,5-fache und die befestigten Verkehrsflächen (veränderte Bodenkonstanten) auf das 1,5-fache. Die Kurve 4 des Wärmeinseltrends paßt logisch zu diesen Kurven (1,2).

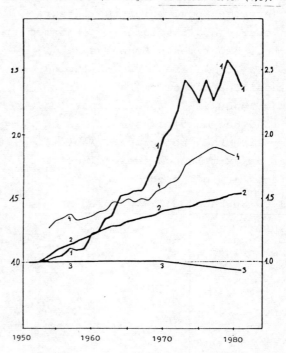

Abb.3: Wien seit 1952, Stadtentwicklungsdaten und mittlere urbane Wärmeinsel
(Relativwerte, bezogen auf 1952)
Kurve 1: Gesamtenergieverbrauch
Kurve 2: Befestigte Verkehrsflächen
Kurve 3: Einwohnerzahl
Kurve 4: Mittlere urbane Übertemperatur
(4 Stadtstationen - 2 Agrarstationen)

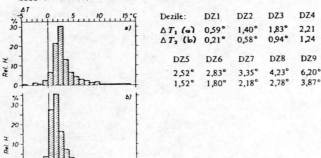

Dezile:	DZ1	DZ2	DZ3	DZ4
ΔT_1 (a)	0,59°	1,40°	1,83°	2,21
ΔT_2 (b)	0,21°	0,58°	0,94°	1,24
	DZ5	DZ6	DZ7	DZ8	DZ9
	2,52°	2,83°	3,35°	4,23°	6,20°
	1,52°	1,80°	2,18°	2,78°	3,87°

Abb.2 Häufigkeitsverteilung der Temperaturdifferenzen zwischen Zentrum und Umgebung für die drei Repräsentativstationen der unterschiedlichen Umgebungsregionen Wiens um 7 Uhr im Winter. a) Temperaturdifferenz zwischen Zentrum und Wienerwald. b) Temperaturdifferenz zwischen Zentrum und Ebene von Nordost bis Südost.

Eine detailliertere Betrachtungsweise zeigt jedoch, daß die tatsächlichen Verhältnisse nicht so einfach sind, und die urbane Wärmeinsel keine im ganzen Stadtgebiet einheitlichen Trends aufweist, wie auch die Stadtentwicklung Wiens in den letzten 30 Jahren regional sehr unterschiedlich verlief. Abb.4 zeigt ein starkes Absinken der Wohnbevölkerung der Innenbezirke bis zu -45% und ein gleichzeitiges starkes Ansteigen in einigen Außenbezirken bis zu 97%. In diesen unterschiedlichen Entwicklungszonen reagierten nun die urbanen Temperaturen ganz charakteristisch: (siehe Abb.5)

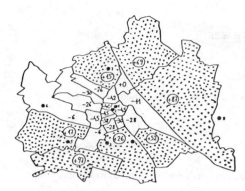

Abb.4: Änderung der Wohnbevölkerung der einzelnen
Wiener Bezirke zwischen 1951 und 1981 (%)

●1-●8 Meteorologische Stationen mit Temperatur=
trenddaten 1952-1982

Station 1 im dicht verbauten Stadtzentrum mit fallender
Einwohnerzahl (die allerdings in der City durch Büros etc.
teilweise kompensiert wird) hat eine konstante urbane Über=
temperatur von etwa 1,5 K im Jahresmittel, keinen Trend.

Interessant für Grünraumplaner die Station 2, die in
einer Parkanlage in geringer Entfernung von Station 1 ge=
legen ist: Geringere Übertemperaturen (also ist durch Ver=
bauungsauflockerung etwas erreichbar) allerdings ein schwach
ansteigender Trend (von etwa 0,8 K um 1950 auf etwa 1,2 K um
1980) für den, speziell im Vergleich zu Station 1, keine
einfache Erklärung vorliegt.

Die Stationen 3 und 4 hingegen liegen in typischen
Stadterweiterungszonen und zwar die Station 3 mit eher
industrieller Entwicklung und die Station 4 mit eher Wohn=
bauentwicklung. Beide zeigen signifikante Trends:
Bei Station 4 ein lineares Ansteigen von ca. 0,7 K um 1950
auf ca. 1,5 K um 1970 und ein stagnierendes Verhalten auf
dieser Marke seither (thermische "Sättigung" erreicht? vergl.
Station 1) und bei Station 3 (im Industrieentwicklungsgebiet)
eine verblüffende, geradezu "zu gute" Übereinstimmung mit der
Energieverbrauchskurve und somit der Wirtschaftsentwicklung
(Kurve 1 in Abb.3).

Die Stationen 5 und 6 im locker verbauten westlichen
Stadtrandgebiet zeigen den anscheinend für die Wiener Grün=
gebiete typischen schwachen Trend (vergl.Station 2), aller=
dings absolut heruntergedrückt auf z.T.negative Werte, durch
die Wienerwaldnähe, durch die diese Stadtteile mit Frisch=
und Kaltluft versorgt werden (Wien scheint ein gutes Beispiel
für das in deutschen Raumplanungsstudien oft verwendeten
Ausgleichs-Wirkungszonen Konzept zu sein mit dem geschützten
Wienerwaldgebiet als Ausgleichszone im Luv der westlichen
Bezirke als Wirkungszonen).

Der unsignifikante Trend der Station 7 wurde zur Beruhigung
der Spezialisten für säkulare Klimaschwankungen in die Dar=
stellung aufgenommen. Station 7 ist die Station Wien-Hohe Warte
mit der in vielen Untersuchungen verwendeten langen Wiener
Temperaturreihe. Sie befindet sich anscheinend doch weit genug
von urbanen Entwicklungszonen entfernt und ist in den letzten
30 Jahren mit starker Wirtschaftsentwicklung in hohem Grad
homogen geblieben.

Station 8 liegt in einem sehr kleinen Ort ohne direktem
Zusammenhang mit dem verbauten Gebiet Wiens, der aber auch
schon den anscheinend typischen "Schwellenwert" von schwach
0,5 K Übertemperatur gegenüber den rein ländlichen Agrar=
stationen des Marchfeldes (die in dieser Arbeit als ungestörte
Vergleichsstationen verwendet werden) aufweist. Vergl. z.B.
LANDSBERG, 1975.

Alles in allem legt das hier dargestellte Wiener Daten=
material auf Jahresmittelbasis(detailliertere Untersuchungen
sind derzeit im Gang) folgende Schlüsse nahe:
1) Die von der Theorie her geforderten Abhängigkeiten der
urbanen Übertemperaturen von den Faktoren direkter Wärmeinput
(Heizung, Industrie...) und von den geänderten Bodenkonstanten
bestätigen sich durch die Wiener Daten, aber:

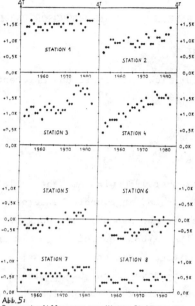

Abb.5:
Temperaturdifferenzen von Wiener Stationen zur
homogenen Ebene im Osten der Stadt (Marchfeld)
Jahresmittel von 1952-1982

1...Stadtzentrum, dicht verbaut
2...Stadtzentrum, Park
3...Entwicklungszone (eher industriell)
4...Entwicklungszone (eher Wohngebiet)
5,6..Einflußzone des Wienerwaldes
7,8..Stadtrand ohne starke Änderungen

2) Die urbane Wärmeinsel reagiert auf die Stadtentwicklung
nicht in einem Scale, der der Gesamtstadt entspricht, sondern
in kleineren Maßstäben, sodaß bei scheinbar einfachen Zu=
sammenhängen bezüglich der Gesamtstadtentwicklung oder
andererseits aufgrund von Temperaturvergleichen von nur 2
Stationen (der typische Vergleich City-Airport in vielen
Untersuchungen) große Vorsicht geboten ist.
3) Stadtentwicklung scheint weniger den zentralen Spitzenwert
der urbanen Übertemperatur anzuheben. Es wird anscheinend im
Stadtzentrum bereits bei relativ geringer Stadtgröße ein
"Sättigungswert" erreicht (Verhinderung eines weiteren Temp=
eraturanstieges durch Ausbildung urbaner Konvektionszellen?)
und die weitere Stadtentwicklung vergrößert eher die künstlich
erzeugte Gesamtwärmemenge über größeren Flächen.

Punkt 3 ist allerdings durch das Wiener Datenmaterial
nicht gut abgesichert, es könnte auch die negative
Bevölkerungsentwicklung im Zentrum und die stagnierende
Wirtschaftsentwicklung ab 1974 in den Stadterweiterungszonen
zur Erklärung der derzeit nicht mehr ansteigenden städtischen
Übertemperaturen herangezogen werden. Interessant wären
Vergleiche mit anderen Großstädten mit anderer Entwicklung
(z.B. nordamerikanische Städte mit 3-4 mal so hohem pro Kopf
Energieverbrauch). Der derzeitige, sehr unterschiedliche
Aufbereitungsstand von urbanklimatischen Daten läßt solche
Vergleiche nach Ansicht des Autors in seriöser Art und Weise
leider noch nicht zu.

Literatur:

ATWATER,M.A.: Thermal Effects of Urbanization and Industrial=
ization in the Boundary Layer: A Numerical Study.
Boundary Layer Met.3 (1972),229-245.

BÖHM,R.: Stadtentwicklung und Trend der Wärmeinselintensität.
Arch.Met.Geophys.Biokl.,B,27 (1979),31-46.

LANDSBERG,H.: Atmospheric Changes in a Growing Community.
(The Columbia, Maryland Experience.) Inst.Fluid
Dyn.Appl.Math.,Univ.of Maryland,T.N.BN 823.(1975)

OKE,T.R.: City Size and Urban Heat-Island.Atmosph.Env.7,(1973)
769-779.

STADTKLIMA BAYERN – EIN ANWENDUNGSORIENTIERTES FORSCHUNGSVORHABEN

Helmut Mayer

Lehrstuhl für Bioklimatologie und Angewandte Meteorologie der Universität München

1 EINLEITUNG

Seit dem Dezember 1980 wird am Lehrstuhl für Bioklimatologie und Angewandte Meteorologie der Universität München das Forschungsvorhaben STADTKLIMA BAYERN bearbeitet. Das allgemeine Ziel dieses Forschungsvorhabens, zu dem der Auftrag vom Bayerischen Staatsministerium für Landesentwicklung und Umweltfragen gegeben worden ist, lautet: "Quantifizierung des Einflusses von Bebauung und Bewuchs auf das Klima und die lufthygienischen Verhältnisse in bayerischen Großstädten".

STADTKLIMA BAYERN, ein im wesentlichen experimentelles Forschungsvorhaben, ist in zwei Teilbereiche gegliedert:

a, "Thermalkartierungen";
b, "Klimamessungen München".

2 THERMALKARTIERUNGEN

Zum Zwecke der Erstellung von Thermalbildern erfolgten in Zusammenarbeit mit dem Institut für Optoelektronik der DFVLR in Oberpfaffenhofen Meßflüge über den Ballungsgebieten

- Augsburg,
- München,
- Nürnberg/Fürth/Erlangen/Schwabach,

und zwar in den Jahreszeiten

- Herbst 1981 bzw. Frühjahr 1982,
- Winter 1981/1982,
- Sommer 1982.

Je Jahreszeit und Ballungsgebiet wurden bei austauscharmen Hochdruckwetterlagen drei Meßflüge hintereinander, zur Mittagszeit, abends nach Sonnenuntergang und morgens vor Sonnenaufgang, durchgeführt.

Bei den Meßflügen wurden die Oberflächen der Ballungsgebiete in sich an den Rändern überlappenden Flugstreifen zeilenweise in 11 verschiedenen Wellenlängenbereichen (= Kanäle) abgetastet. Im Hinblick auf die Mittagsflüge verliefen die Flugstreifen in N-S - bzw. S-N - Richtung. Die Flughöhe lag immer bei etwa 2500 m über Grund; dadurch und durch den Öffnungswinkel des Meßsystems im Flugzeug, eines BENDIX M^2S - Scanners, konnte bei den "Bildern" von den Oberflächen der Ballungsgebiete eine Auflösung der Bildpunkte von etwa 7 m x 7 m im Nadir erreicht werden. Der Kanal 11 umfaßte den Wellenlängenbereich von 8 bis 13 μm und wird deshalb, da dort die von den Oberflächen emittierte Strahlung empfangen wird, häufig "thermischer Kanal" genannt.

Während der Meßflüge sind vom Lehrstuhl an mehreren, vorher sorgfältig ausgewählten Kontrollflächen am Boden, den sogenannten Paßpunktflächen, systematisch dessen Oberflächentemperaturen über tragbare Infrarotthermometer (Typ KT 15 der Firma Heimann) sowie weitere meteorologische "Hintergrundsgrößen" gemessen worden. Das hauptsächliche Ziel dieser begleitenden Bodenmessungen war die Gewinnung von Meßwerten zur Elimination des atmosphärischen Zwischenschichteinflusses aus den Flugzeugdaten des thermischen Kanals. Dieses Korrekturverfahren, KO-THERM-FLUG genannt, wurde bei STADTKLIMA BAYERN theoretischen Methoden vorgezogen; in den Berichten zu STADTKLIMA BAYERN ist es ausführlich erläutert (u.a. BAUMGARTNER et al. 1982 a und b).

Von den Flugzeugdaten wird zunächst nur der thermische Kanal am DIBIAS der DFVLR ausgewertet. Durch die Anwendung von KO-THERM-FLUG können für jedes Ballungsgebiet quantifizierte flächendeckende Thermalbilder zu jeweils drei Tageszeiten in drei Jahreszeiten erstellt werden. Durch die große Anzahl der Meßflüge ist es möglich, die tages- und jahreszeitliche Dynamik in der Abkühlung verschiedener Oberflächenarten zu analysieren.

Parallel zur Auswertung der Flugzeugdaten erfolgt am Lehrstuhl die Interpretation der Thermalbilder. Sie ist vor deren Anwendung, z.B. bei Stadtplanungs- oder Stadtsanierungsaufgaben, bzw. vor der Weitergabe an Interessenten unbedingt erforderlich, da Thermalbilder zahlreiche Probleme enthalten (BAUMGARTNER et al. 1983), wie z.B. hinsichtlich der unterschiedlichen Werte für das Emissionsvermögen oder des Scanwinkels.

3 KLIMAMESSUNGEN MÜNCHEN

Im Rahmen von STADTKLIMA BAYERN werden in München in Ergänzung der bestehenden Meßnetze zwei temporäre Meßnetze für mindestens drei Jahre betrieben. Im Meßnetz "Bodenniveau" wird an 17 Meßplätzen kontinuierlich die Lufttemperatur und die relative Luftfeuchtigkeit über Hygro-Thermographen in großen Wetterhütten gemessen. Im Meßnetz "Dachniveau" werden an 5 Meßplätzen kontinuierlich die Windrichtung, die Windgeschwindigkeit, die Trocken- und Feuchttemperatur sowie alle herkömmlichen Strahlungsflußdichten gemessen und vor Ort über eine elektronische Datenerfassungsanlage auf Magnetkassetten als 10-Minuten-Mittelwerte (bei der Windrichtung: der häufigste Wert je 10-Minuten-Intervall) gespeichert.

Zusätzlich werden mit einem Forschungswagen Profilfahrten - gemessen werden an ausgewählten Punkten die Trocken- und Feuchttemperatur in 0.5, 1.0 und 2.0 m über Grund sowie die Oberflächentemperatur - in der Stadt auf vorgegebenen Routen bei austauscharmen Hochdruckwetterlagen durchgeführt. Dabei wird jede Route mehrmals hintereinander befahren, um primär die tageszeitlichen Unterschiede in der Luftabkühlung an den einzelnen, genau klassifizierten Meßpunkten zu erfassen.

Energiebilanzuntersuchungen über urbanen Oberflächenarten sowie eine Intensivmeßphase mit Vertikalsondierungen im Mai 1983 dehnen die experimentellen Arbeiten bei STADTKLIMA BAYERN in die dritte Dimension aus. Die für lufthygienische Aussagen erforderlichen Immissionsdaten werden vom Bayerischen Landesamt für Umweltschutz zur Verfügung gestellt.

Großen Wert wird bei STADTKLIMA BAYERN, im Gegensatz zu anderen umfangreichen Stadtklimauntersuchungen wie z.B. METROMEX, auf eine humanbioklimatologische Bewertung von verschiedenen urbanen Mikroklimaten gelegt. Sie erfolgt sowohl über herkömmliche thermische Indizes als auch über die menschliche Energiebilanz, wobei dann konkrete Umgebungsbedingungen und konkrete Menschen, also kein "Mittelmensch" wie etwa der "Klima-Michel", zugrunde gelegt werden.

4 SCHLUSSBEMERKUNG

Die experimentellen Arbeiten bei STADTKLIMA BAYERN sollen bis zum Jahr 1985 andauern. Deshalb wird sich erst in einigen Jahren zeigen, inwieweit die angestrebte Zielsetzung erreicht worden ist.

LITERATURVERZEICHNIS

BAUMGARTNER, A.; MAYER, H.; BRÜNDL, W.; NOACK, E.-M.: Jahresbericht 1981 zu STADTKLIMA BAYERN, 1982 a.

BAUMGARTNER, A.; MAYER, H.; BRÜNDL, W.; HÖPPE, P.; NOACK, E.-M.: Kurzmitteilung Nr. 3 zu STADTKLIMA BAYERN, 1982 b.

BAUMGARTNER, A.; MAYER, H.; BRÜNDL, W.; NOACK, E.-M.: Jahresbericht 1982 zu STADTKLIMA BAYERN, 1983.

KLIMASCHUTZ

ANFORDERUNGEN UND REALISIERBARKEIT IN DER REGIONALPLANUNG

Volker Vent-Schmidt

Deutscher Wetterdienst - Zentralamt, Abteilung Klimatologie, Offenbach am Main

1 EINLEITUNG

Der Zusammenhang zwischen Klima und Planung ist nach einem Expertentreffen in Bern zwischen Raumplanern und Klimatologen wie folgt definiert worden /1/:

"Klimatologisches Planen ist jegliche Aktivität zur Erhaltung optimaler Klimagunst, wobei es auf ein zeitgerechtes Erkennen des klimabedingten Risikos ankommt."

Dieses Ziel wird durch die gesetzgeberischen Maßnahmen des Bundes im: Bundesraumordnungsgesetz (1965), Bundesimmissionsschutzgesetz (1974), Bundeswaldgesetz (1975), Bundesbaugesetz (1976), Bundesnaturschutzgesetz (1976) u.a., zum Teil explizit formuliert. So unterscheidet das Bundesraumordnungsprogramm nach 5 Freiraumfunktionen zur Ausweisung von Vorranggebieten, von denen aus klimatologischer Sicht "Flächen mit besonderer ökologischer Ausgleichsfunktion" die größte Bedeutung haben. Kleinräumig sollen darunter Freiflächen fallen, die für den Ausgleich bzw. die Regeneration des Lufthaushaltes von besonderer Bedeutung sind.

Aus dieser Vorstellung leitet sich der K l i m a s c h u t z ab, da diese Flächen in ihrer Funktion zu erhalten sind /2/.

2 FRAGESTELLUNGEN DER PLANER UND KLIMATOLOGISCHES GRUNDLAGENMATERIAL

Zur Erfüllung der gesetzlichen Forderungen tritt der Planer mit Vorgaben und Zielvorstellungen an den Klimatologen heran, die mit dem vorhandenen Grundlagenmaterial nicht abgedeckt werden können. In allen Ebenen der Planung klafft zwischen den Vorstellungen der Planer und den aus klimatologischer Sicht vertretbaren Aussagen eine erhebliche Lücke, die auch mit einem hohen Kosten- und Arbeitsaufwand nicht einfach geschlossen werden kann /3/.

Für flächendeckende kleinräumige Aussagen sind deshalb in der Regel temporäre Meßprogramme und Sonderuntersuchungen erforderlich, die aber zunächst nur eine genauere Erfassung des Lokalklimas ermöglichen /4/. Die anschließende Umsetzung in Planungsaussagen ist nur anhand der Zielvorstellungen erreichbar.

Für eine Untersuchung zur weiteren Entwicklung der Städte und Gemeinden im Filderraum südlich von Stuttgart formulierte das zuständige Ministerium folgende Fragen an den Deutschen Wetterdienst:

- Wo sind Luftregenerationsflächen?
- Wo sind Kaltluftentstehungsgebiete?
- Wo sind Kaltluftabflußbahnen oder sonstige Luftaustauschsysteme?
- Wo sind besonders belastete Gebiete?

Als Ziel sollte die Untersuchung Hinweise auf Gebiete "mit besonderen klimatischen Ausgleichsfunktionen" für den Planungsraum geben und Gebiete ausweisen, die wegen ihrer "ungünstigen Exposition" von einer Bebauung freigehalten werden sollen.

Bereits die verwendeten Begriffe lassen erkennen, daß in der Raumplanung ein Defizit an fachlichem Wissen über klimatologische Zusammenhänge vorhanden ist. Primäre Aufgabe ist es daher, in einem Dialog mit dem Planer zunächst die Fragestellungen zu präzisieren und die Ziele mit den realisierbaren Aussagen aufeinander abzustimmen, um spätere Enttäuschungen zu vermeiden.

In der Regel ist es zweckmäßig, zunächst das großräumig vorherrschende Klima anhand des Grundlagenmaterials aus den bestehenden meteorologischen Netzen zu beschreiben und die wichtigsten klimatologischen Zusammenhänge für den jeweiligen Anwendungszweck zu erläutern. Meßnetzdichte und Aussagekraft machen dem Planer klar, daß ohne zusätzliche Untersuchungen eine detaillierte Analyse nicht möglich ist.

3 SONDERUNTERSUCHUNGEN

Zur Verdichtung der räumlichen Information und zur Erfassung lokalklimatischer Besonderheiten stehen eine Reihe von Methoden zur Verfügung, auf die nicht näher eingegangen werden soll /3/. Da nicht in jedem Raum umfangreiche Messungen stattfinden können, werden in zunehmendem Maße Modelle benötigt, wie sie z.B. im Rahmen der mesoklimatischen Feldversuche im Oberrheingebiet getestet wurden.

Zur Beantwortung der in Abschnitt 2 aufgeworfenen Fragen wurde neben geländeklimatischen Untersuchungen erstmalig eine topographische Analyse vorgenommen, die in dieser Form auch in anderen Gebieten anwendbar ist. Auf der Basis der topographischen Karte 1 : 25 000 wurden zunächst analog zur hydrologischen Arbeitsweise die Hauptkammlinien und soweit ausgeprägt die Nebenkammlinien festgelegt, weil diese Linien natürliche Grenzen des Lokalklimas bilden. Innerhalb der jeweiligen Einzugsgebiete wurde nach folgenden Nutzungsarten unterschieden: Siedlungs- bzw. Gewerbefläche, Freifläche und Wald. Für jede Freifläche wurde anschließend die Hangneigung aus der Reliefenergie abgeschätzt, indem niedrigster und höchster Geländepunkt in Planquadraten von 1 km² bestimmt wurden. Die Hangneigung berechnet sich nach folgender Zuordnung:

0-2° ≙	0-25 m/km²	6-12° ≙	75-150 m/km²
2-6° ≙	25-75 m/km²	> 12° ≙	> 150 m/km²

Diesen Hangneigungen lassen sich nach Rauchpatronenversuchen /5/ theoretisch mögliche Kaltluftflüsse zuordnen, die durch Pfeile in Stärke und Richtung unterschieden wurden.

Neben den Kaltlufteinzugsgebieten (KEG) wurden die Konvergenzzonen in den Talbereichen als Kaltluftsammelgebiete (KSG) ausgewiesen und an vermuteten Hindernissen für den Kaltluftabfluß ein Kaltluftstau angedeutet.

Somit entstand eine Karte der lokalklimatischen Gegebenheiten. Die Aussagen in dieser Karte wurden durch Rauchpatronenversuche, Befragungen und eine intensive vierwöchige Beobachtung des Auftretens von Nebel, Frost und

Schwachwind durch Landwirte und Forstleute im Gelände überprüft.

Anhand dieser Unterlagen konnten detaillierte Karten der mittleren Obergrenze des Talnebels und der Häufigkeit des Auftretens von Schwachwind gezeichnet werden. Die mittlere Anzahl der Sommertage wurde flächendeckend aus einer linearen Regressionsbeziehung gewonnen.

4 PLANUNGSAUSSAGEN

Um Planungen aus klimatologischer Sicht sinnvoll zu steuern, müssen die Zielvorstellungen konkretisiert werden. Im vorliegenden Fall sollten bei weiteren Siedlungsplanungen die Belastungen minimiert werden. Abbildung 1 veranschaulicht den Zusammenhang zwischen möglichen Belastungen und den Einflußgrößen aus klimatologischer Sicht. Die angeführten Parameter können nur angenähert den gesamten Wirkungskomplex beschreiben, genügen jedoch den Ansprüchen für eine Abschätzung der klimatischen Auswirkungen der geplanten Maßnahmen.

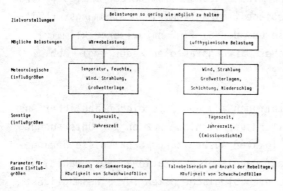

Abb. 1: Zusammenhang zwischen möglichen Belastungen und dominierenden Einflußgrößen zur Bewertung von Siedlungsplanungen aus klimatologischer Sicht

Um die Gebiete mit möglichen Belastungen festlegen zu können, werden Entscheidungskriterien benötigt, die in Abbildung 2 die mögliche Wärmebelastung beschreibt, ohne daß eine derartige Parametrisierung dem vollen medizinmeteorologischen Aspekt gerecht werden kann.

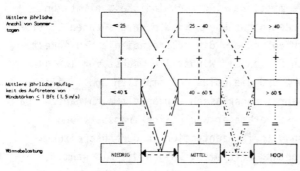

Abb. 2: Entscheidungskriterien zur Ermittlung von Gebieten mit möglicher Wärmebelastung

In Abbildung 3 sind die Kriterien aufgeführt, die eine mögliche lufthygienische Belastung belegen. Die gewählten Parameter erfassen nur den klimatologischen Teil, weil die Luftreinheit, bzw. die Belastung der Luft mit Luftbeimengungen nur in wenigen Gebieten flächendeckend vorliegt.

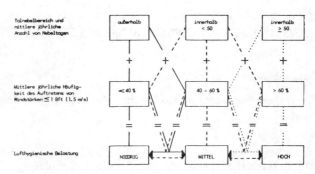

Abb. 3: Entscheidungskriterien zur Ermittlung von Gebieten mit möglichen lufthygienischen Belastungen

Die Anwendung dieser Schemata führt zu synthetischen Karten der potentiellen Belastung.

Gemeinsam mit der in Abschnitt 3 vorgestellten Karte der lokalklimatischen Gegebenheiten können damit besonders gefährdete oder konfliktträchtige Flächen angegeben werden, in denen das bestehende Lokalklima wegen der besonderen Bedeutung der Kaltluftflüsse zu schützen ist.

Der Schutz des Klimas kann je nach Planungsziel sehr unterschiedlich ausfallen, indem einerseits ein Vorbehalt gegenüber, andererseits Empfehlungen für Maßnahmen ausgesprochen werden können /6/. Durch die Rückkopplung über die anthropogenen Einflußfaktoren treten Veränderungen auf, die vom Klimatologen nur schwer abgeschätzt werden können.

Die Erarbeitung von Klimaschutz-, Klimavorbehalts- und Klimaeignungskarten ermöglicht jedoch einen wichtigen Einblick in das Wirkungsgefüge. Durch Modelle sollte es in Zukunft gelingen, die Veränderungen des lokalen Klimas durch Nutzungsänderungen im Raum besser abzuschätzen.

LITERATUR

/1/ HADER, F.: Klimagerechtes Planen
Klima und Planung 79, S. 42-46, Bern 1980

/2/ FINKE, L.: Funktionsräumliche Arbeitsteilung aus ökologischer Sicht
ARL, Forsch. u. Sitz. Ber. Band 138, Hannover 1981

/3/ KALB, M.; SCHMIDT, H.: Regionalplanung
PROMET 4, S. 17-20, Offenbach a.M. 1980

/4/ VENT-SCHMIDT, V.: Eine synthetische Karte der lokalklimatischen Struktur im Großraum Pforzheim
Natur und Landschaft 56, Nr. 1, S. 8-11, Bonn 1981

/5/ KING, E.: Untersuchungen über kleinräumige Änderungen des Kaltluftflusses und der Frostgefährdung durch Straßenbauten
Berichte des DWD Nr. 130, Band 17, Offenbach a.M. 1973

/6/ SCHIRMER, H.: Schutzbereiche und Schutzabstände in der Raumordnung
ARL, Forsch. u. Sitz. Ber. Band 141, Hannover 1982

LOKALE UND REGIONALE UNTERSCHIEDE IN DER KLIMATOLOGIE DER AUSBREITUNGSVERHÄLTNISSE

Gesa Neumann-Hauf

Kernforschungszentrum Karlsruhe, Abteilung für Angewandte Systemanalyse, Postfach 3640,
7500 Karlsruhe 1

Die allgemeinen Strömungsverhältnisse und die Verteilung der klimatologischen Wirkungsfaktoren führen zu einer räumlichen Gliederung der Bundesrepublik Deutschland hinsichtlich der atmosphärischen Ausbreitungsverhältnisse, die der geographischen 3-Teilung in das Flachland nördlich der Mittelgebirge, die Mittelgebirge und das Alpenvorland und die Alpen entspricht. Für Stationen der 3 genannten Bereiche wurden jeweils über das Jahr 1973/74 verteilt 2024 Einzelemissionen in ihrem regionalen Ausbreitungsverhalten auf einem Gebiet zwischen 10° W und 20° O sowie 44° und 62° nördlicher Breite untersucht. Die Berechnungen wurden für einen 250 m hohen Emittenten mit Hilfe des Trajektorien-Puffmodells MESOS durchgeführt. Die Analyse der Häufigkeitsverteilung über die Zugrichtungen von Trajektorien in unterschiedlichen Entfernungen vom Emittenten zeigt den Einfluß der Alpen als natürlichen klimatologischen Wirkungsfaktor auf die Strömung. Während in 700 km Entfernung von Hamburg die Häufigkeitsverteilung der Trajektorienzugrichtungen eine Umlenkung der Trajektorien mit Zugrichtung Süden nach Südwesten und Westen nur schwach erkennen läßt, ziehen bereits in 100 km Entfernung von der Station München nur noch ca. 15 % aller Trajektorien in Richtung Südosten und Süden. Dieselbe Häufigkeitsverteilung weist für die südlicher gelegenen Stationen in 100 km Entfernung vom Emittenten neben einem Maximum für die östlichen Zugrichtungen ein zweites Maximum für Trajektorien mit Zugrichtung Südwesten auf. Das heißt, daß bereits über den Mittelgebirgen der Einfluß von kontinentalen Hochdruckwetterlagen deutlich zunimmt, während die mit westlichen Winden herangetragenen Tiefdruckgebiete vorwiegend über Nordwestdeutschland hinweg nach Osten ziehen. Immissionsprognosen im regionalen Skale als Funktion der Quellentfernung integriert über die Ausbreitungsrichtungen liefern für die untersuchten Stationen keine signifikanten Unterschiede. Die räumliche Verteilung der auf eine freigesetzte Schwefelmenge normierten Langzeitwerte der Immission pro m^2 spiegelt die allgemeinen Strömungsverhältnisse und den Einfluß natürlicher klimatologischer Wirkungsfaktoren wider (vgl. Abb. 1 und 2).

8 Stationen aus den 3 Bereichen ähnlicher Ausbreitungsverhältnisse wurden zur Untersuchung der lokalen Ausbreitungsverhältnisse herangezogen. Dabei wurden Stationen ausgewählt, deren meteorologische Daten für eine möglichst große Umgebung repräsentativ sind. Die statistische Analyse der Häufigkeitsverteilung der Ausbreitungsbedingungen läßt in den Parametern mittlere Windgeschwindigkeit, Fälle mit Windstille und den stabilen und labilen Ausbreitungsklassen einen Nord-Südeffekt erkennen. Die mittlere Windgeschwindigkeit nimmt von Norden nach Süden für die untersuchten Stationen auf nahezu die Hälfte ab, die Häufigkeit von Fällen mit Windstille wächst von 1 % auf 20 % und diejenige der stabilen und labilen Ausbreitungsklassen verdoppelt sich nahezu. Da diese Parameter wesentlich Transport und Schadstoffkonzentration in der Ausbreitungsrichtung bestimmen, zeigen die Flächenmittelwerte der Langzeitausbreitungsfaktoren (auf die freigesetzte Schadstoffmenge normierte zeitlich integrierte Luftkonzentrationen) von 20×20 km^2 großen Flächen um die Emittenten eine Zunahme von 100 auf maximal 150 %. Die Rechnungen wurden mit einem Gaußschen Ausbreitungsmodell für Aerosolemissionen aus 200 m

hohen Emittenten durchgeführt. Rechnungen für Stationen im süddeutschen Raum mit lokalen Besonderheiten zeigen Zunahmen des Flächenmittelwertes auf 200 %.

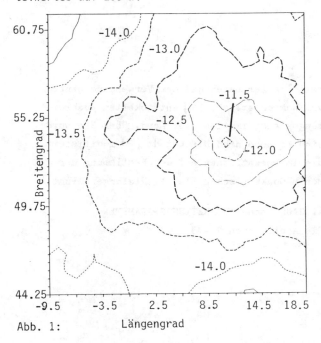

Abb. 1:   Längengrad

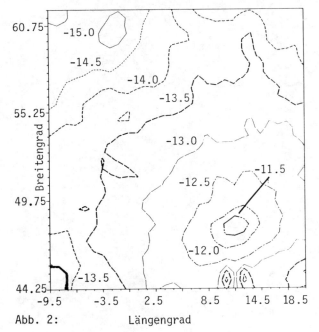

Abb. 2:   Längengrad

Abb. 1 und 2:
Räumliche Verteilung der Langzeitwerte der Immission pro m^2 normiert auf die emittierte Schwefelmenge aus einem 250 m hohen Emittenten an den Stationen Hamburg (Abb. 1) und München (Abb. 2). Die Zahlenwerte an den Isolinien bezeichen den Exponenten zur Basis 10.

Untersuchungen der Ausbreitungsverhältnisse für einzelne Stationen, wie sie hier durchgeführt wurden, ersetzen jedoch keineswegs die für industrielle und energiepolitische Planungsstudien verlangten flächendeckenden Untersuchungen der Klimatologie der Ausbreitungsverhältnisse über der Bundesrepublik Deutschland und den angrenzenden Staaten.

Literatur:

ApSimon, H.M., Goddard, A.J.H., Wrigley, J.:
Estimating the Possible Transfrontier Consequences of Accidental Releases; the MESOS Model for Long Range Atmospheric Dispersal. Proc. C.E.C Seminar - Radioactive Releases and their Dispersion in the Atmosphere Following a Hypothetical Reactor Accident - 22-25 April 1980, Risø, Denmark

Bundesministerium des Innern:
Klimaatlanten der deutschen Bundesländer: Schleswig-Holstein, Niedersachsen (Hamburg, Bremen), Nordrhein-Westfalen, Rheinland-Pfalz, Hessen, Baden-Württemberg, Bayern. Selbstverlag des Deutschen Wetterdienstes, Offenbach

Halbritter, G., Bräutigam, K.-R., Fluck, F.-W., Leßmann, E., Neumann-Hauf, G.:
Beitrag zu einer vergleichenden Umweltbelastungsanalyse am Beispiel der Strahlenexposition beim Einsatz von Kohle und Kernenergie zur Stromerzeugung. Kernforschungszentrum Karlsruhe, KfK 3266, 1982

Neumann-Hauf, G., Halbritter, G.:
Site and Season-specific Variations of the Atmospheric Pollutant Transport and Deposition on the Local and Regional Scale. Atmospheric Pollution 1982, Studies in Environmental Science 20, Elsevier Scientific Publ. Comp., Amsterdam, 1982

AUSBREITUNG LUFTFREMDER BEIMENGUNGEN ÜBER LAND UND SEE

Arno Groll, Welfhart aufm Kampe
Amt für Wehrgeophysik

1. EINLEITUNG

Die folgenden Daten und Ergebnisse beruhen auf den Feldexperimenten MESOKLIP, MERKUR und GEOMAR. MESOKLIP und MERKUR waren Diffusionsexperimente in gegliedertem Gelände im Oberrheingraben und Voralpenland mit jeweils 7 bzw. 8 Meßtagen. GEOMAR waren Ausbreitungsexperimente in der Nordsee, die sich über eine Spanne von 4 Jahren über insgesamt 105 Meßtage erstreckten.

2. DATEN

Die GEOMAR-Daten wurden unter den verschiedensten Gesichtspunkten sorgfältig geprüft und alle zweifelhaften Daten eliminiert. Es verblieben von ursprünglich über 3000 Konzentrationsprofilen 2500 Konzentrationsprofile, die für die statistische Auswertung zur Verfügung standen, die Ergebnisse können als statistisch gesichert angenommen werden. Bei MESOKLIP und MERKUR sind aufgrund der erheblich geringeren Zahl der Meßtage statistisch gesicherte Ergebnisse praktisch nur für Windgeschwindigkeiten kleiner als 10 kn und neutrale Stabilitätsverhältnisse zu erwarten. Beim Vergleich der Ausbreitung über Land und See wird in dieser erweiterten Zusammenfassung des Vortrags deshalb nur auf Windgeschwindigkeiten kleiner 10 kn bei neutraler Schichtung Bezug genommen. Alle anderen Daten, insbesondere die Parameter der Funktionen

$$\sigma_y = F x^f \quad \text{und} \quad \sigma_z = G x^g$$

(σ_y, σ_z = Gauß'sche Ausbreitungsparameter) über See, liegen beim Amt für Wehrgeophysik vor.

3. AUSBREITUNGSKLASSE

Für die o.a. Ansätze für die Gauß'schen Ausbreitungsparameter ergab sich die beste Separation aller Daten bei der Verwendung einer von Wamser et. al. [1] entwickelten Ausbreitungsklassifikation über Land. Über See wurde eine Methode nach Nieuwstadt [2] modifiziert, die im wesentlichen auf der Bestimmung der Monin-Obukkov'schen Stabilitätslänge beruht.

4. GAUSS'sche AUSBREITUNGSPARAMETER

Die Abbildungen 1 - 3

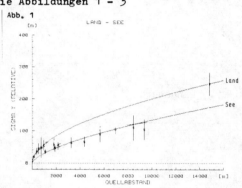

Abb. 1

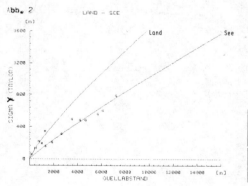

Abb. 2

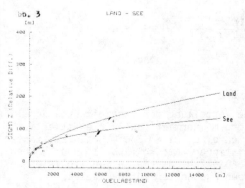

Abb. 3

zeigen die Gauß'schen Ausbreitungsparameter
für relative und TAYLOR Diffusionen (siehe z.B.
Sheih [3]).

Die Funktionsverläufe zeigen den erwarteten
Zusammenhang: Die Parameter der TAYLOR Diffusion sind fast um eine Größenordnung größer
als die der relativen Diffusion; über Land ergeben sich bei vergleichbaren Schichtungsverhältnissen größere Ausbreitungsparameter als
über See. Die durch die Datenpunkte gelegten
analytischen Funktionen sind für "Land" wahrscheinlich in einen nicht mehr gültigen Bereich hinein extrapoliert, denn jenseits eines
- grob durch den Legrangèschen Time Scale
festgelegten - Bereiches müßten die Parameter
für relative und TAYLOR Diffusion ineinander
übergehen.

5. ZUGWEITEN VON SCHADSTOFFEN

Als Beispiel für die Zugweiten von Schadstoffen
unter Verwendung der so gefundenen Parameter
sei das Gauß'sche Ausbreitungsmodell auf das
Verbrennungsgebiet der Nordsee angewandt. Bei
einer Freisetzung von etwa 10 t/h Abgasmenge
[4], einer effektiven Quellhöhe von 50 m und
einer Depositionsgeschwindigkeit von 1 cm/sec
wird in 10 km Entfernung bei einer mittleren
Windgeschwindigkeit über See von 10 km/h eine
Konzentration von 1,95 mg/m^3 angetroffen. Die
gleiche Quelle an Land ergibt eine Konzentration von 0,78 mg/m^3 (Tabelle);

6. LITERATUR

C. Wamser; J. Schröter; K. Hinrichsen:

Nieuwstadt, F.T.M.:

Sheih, C.M.:

Wamser, C.; Hotzler, I.; Müller, W.J.;
Salfeld, H.C.; Klapheck, K.:

Tabelle

Konzentrationswerte (mg/m^3)

Entfernung (km)	See	Land	See *)	Land **)
10.00	1.9506	.7793	.9447	.0124
30.00	.4826	.1451	.2559	.0296
50.00	.2230	.0645	.1343	.0211
100.00	.0575	.0205	.0517	.0094
200.00	.0066	.0060	.0163	.0032

Quellstärke: 10000 (kg/h)
Freisetzungshöhe: 50 (m)
Windgeschwindigkeit: 10 (km/h)
Depositionsgeschwindigkeit: .01 (m/s)

*) Windgeschwindigkeit: 20 (km/h)
**) Freisetzungshöhe: 460 (m), Quellstärke: 4000 (kg/h)

diese Zahlen sollen lediglich den Einfluß der
unterschiedlichen Ausbreitungsparameter über
Land und See verdeutlichen.

Realistischere Zahlen, wenn man das Gauß'sche
Ausbreitungsmodell überhaupt für Quellentfernungen von 200 km ansetzen will, sind eine
Jahresbelastung von 0,83 g/m^{2}a an der S/H-
Küste aus dem Verbrennungsgebiet Nordsee;
hierbei wurde eine mittlere Windgeschwindigkeit von 30 km/h über See angesetzt und eine
Häufigkeit von 40 % mit Winden um West; oder
5,4 g/m^{2}a an der holländischen Küste bei 30 %
Winden um NW.

Für ein 600 MWatt Kraftwerk an Land, einer
Schornsteinhöhe von 280 m, einer mittleren
Windgeschwindigkeit von 10 km/h, einer effektiven Quellhöhe von 180 m und einem Ausstoß
von 4000 kg/h SO$_2$ ergibt sich in 200 km Entfernung eine Jahresbelastung von 0,32 g/m^2
bei 32 % Winden um West, und in etwa 30 km
Entfernung von etwa 3 g/m^2.

Darstellung und Anwendung eines verbesserten,
universell gültigen Ausbreitungskriteriums,
Staub-Reinhalt. Luft, 40 (1980)

The Dispersion of Pollutants over a Water Surface, 8th International Technical Meeting on
Air Pollution Modelling and its Applecations,
Louvain-La-Neuve (1977)

On Lateral Dispersion Coefficients as Functions of averaging Time, J. Appl. Meteor. 19,
557-561 (1980)

Über den Einsatz von Fernerkundungsmessystemen
im Verbrennungsgebiet der Nordsee, Bericht
zum F + E-Vorhaben des Umweltbundesamtes
(1982)

ZUR AUSBREITUNG LUFTFREMDER BEIMENGUNGEN: ERGEBNISSE MESOKLIP UND MERKUR

A. Groll, W. aufm Kampe
Amt für Wehrgeophysik, Traben-Trarbach

Während der Feldexperimente MESOKLIP und MERKUR wurden vom Amt für Wehrgeophysik, unterstützt durch die Wehrwissenschaftliche Dienststelle der Bundeswehr und die DFVLR, Ausbreitungsversuche durchgeführt. Ziel der Versuche war die Bestimmung der Ausbreitungsparameter σ_y und σ_z zur Verwendung in einfachen Gauß'schen Ausbreitungsmodellen.

VERSUCHSAUFBAU:
Als Tracer wurde Schwefelhexafluorid (SF_6) verwendet, das über ein Durchflußrotameter als konstante punktförmige Dauerquelle über mehrere Stunden freigesetzt wurde. Die Quelle befand sich auf einem LKW und konnte je nach Windverhältnissen positioniert werden. VW Pritschenwagen dienten als Meßfahrzeuge. Auf ihnen waren Infrarotanalysatoren bzw. Flammenphotometer installiert, mit denen kontinuierliche Konzentrationsspektren quer zur Ausbreitungsrichtung vermessen wurden. 3 bis 4 Fahrzeuge fuhren auf Straßen oder Feldwegen in verschiedenen Entfernungen von der Quelle durch die abdriftende SF_6 Fahne. Jedes Konzentrationsprofil wurde innerhalb von 1-3 Minuten aufgenommen. Marken an den Wegstrecken wurden beim Vorbeifahren auf dem Meßschrieb eingetragen und ermöglichten eine genaue räumliche Zuordnung der gemessenen Profile sowie die Bestimmung der Fahrtgeschwindigkeit.

AUSWERTUNG:
Die Meßschriebe wurden digitalisiert und nach der Methode der kleinsten Quadrate unter Variation von σ_y und der Position des Medianwertes ($\bar{y}$) durch eine Gaußverteilung approximiert. Die Bestimmung von σ_z erfolgte indirekt aus der Fläche unter der Konzentrationskurve. Für σ_y und σ_z wurden die bekannten Ansätze:

$\sigma_y = F x^f$ und $\sigma_z = G x^g$ gemacht, wobei nur solche Werte zugelassen wurden, für die $0.5 < \sigma_y/\sigma_z < 5$ gilt, da in diesem Bereich weitgehend sichergestellt ist, daß die Konzentration annähernd normal verteilt ist.

Die zugehörigen Werte für σ_w, die als Maß für das Ausbreitungsverhalten dienen, wurden nach dem von Wamser et. al. /1/ entwickelten Kriterium aus synoptischen Parametern bestimmt. Die gemessenen Profile werden nach Tabelle 1 zu σ_w-Klassen zusammengefaßt.

Tabelle 1:

Klasse	σ_w-Klassen [m]
1	0.84 - 1.0
2	0.63 - 0.84
3	0.45 - 0.63
4	0.26 - 0.45
5	0.16 - 0.26
6	0 - 0.16

Die angewandte Meßtechnik erlaubt eine Unterscheidung zwischen sogenannter relativer Diffusion, die die momentane Ausbreitung relativ zum Fahnenschwerpunkt berücksichtigt (kurze Probenahmezeit) und der "single particle" oder Taylor Diffusion, die auch das Mäandrieren der Fahne einbezieht (lange Probenahmezeit) /2/.

Die aus den Einzelprofilen gewonnenen σ_y und σ_z Werte werden als repräsentativ für die relative Diffusion angesehen, während die σ_y Werte für die Taylor Diffusion aus der Streuung der Positionen der Maximalkonzentrationen um die mittlere Ausbreitungsrichtung für 2 Stunden Zeiträume ermittelt wurden. Abb. 1 zeigt die Positionen der Maximalkonzentrationen für die σ_w Klassen 3 und 4.

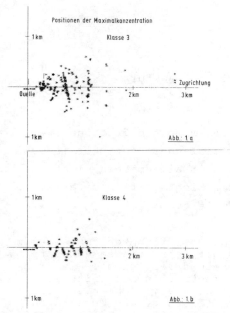

Abb.: 1 a

Abb.: 1 b

ERGEBNISSE:

Da die Auswertung der beiden Meßunternehmungen noch nicht völlig abgeschlossen ist, müssen die Ergebnisse noch als vorläufig betrachtet werden. Die σ_z Werte der relativen Diffusion zeigen eine deutlichere Abhängigkeit von der σ_w Klasse als die σ_y Werte (Abb. 2).

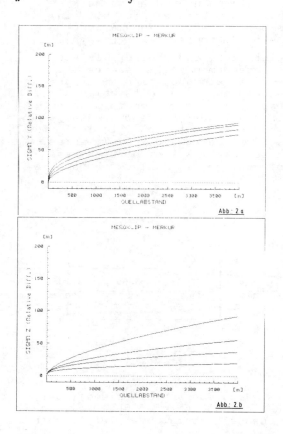

Abb.: 2 a

Abb.: 2 b

Der Unterschied zwischen den σ_y Werten für relative und Taylor Diffusion zeigte sich deutlich bei allen Klassen. Abb. 3 zeigt als Beispiel Klasse 4.

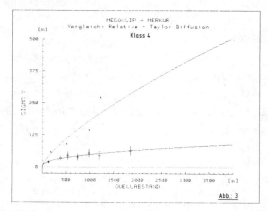

Abb.: 3

Abb. 4 zeigt den Vergleich der gemessenen σ_y Werte bei Taylor Diffusion mit den theoretisch ermittelten Werten nach Wamser et. al.

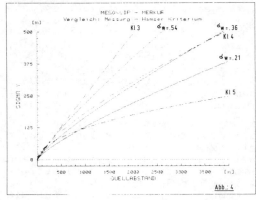

Abb.: 4

LITERATUR:

Wamser, C. et.al.

Darstellung und Anwendung eines verbesserten universell gültigen Ausbreitungskriteriums, Staub-Reinhalt. Luft 40, 253-257 (1980)

Sheih, C.M.

On Lateral Dispersion Coefficients as Functions of Averaging Time, J. Appl. Meteor. 19, 557-561 (1980)

DIE NICHT-STATIONARITÄT KLIMATOLOGISCHER DATEN

Christian-Dietrich Schönwiese

Institut für Meteorologie und Geophysik der Universität Frankfurt

ZUSAMMENFASSUNG

Bei vielen klimatologischen Bearbeitungen und Aussagen wird die Stationarität der zugrundeliegenden Daten vorausgesetzt. Am Beispiel langer deutscher Temperaturreihen läßt sich zeigen, daß diese Voraussetzung im allgemeinen nicht berechtigt ist. Verschiedene Verfahren zum Nachweis der Nicht-Stationarität sowie die sich daraus ergebenden Konsequenzen werden diskutiert.

1 STATISTISCHE ERWARTUNG

Die statistische Analyse von Klimadaten, die Klimamodellierung sowie die Interpretation der Ergebnisse einschließlich Klimagutachten setzen häufig die Stationarität der zugrundeliegenden Klimadaten voraus. Sind solche Interpretationen bzw. Gutachten mit Vorhersagen verknüpft - z.B. mit (mittleren, extremen) Erwartungswerten von Temperatur, Niederschlag, Wind usw. eines bestimmten Standorts (Lokalklimatologie) - so wird im statistischen Sinn einer empirisch gefundenen Häufigkeitsverteilung eine Wahrscheinlichkeitsdichtefunktion angepaßt, die Aussagen über derartige Erwartungswerte erlaubt.

Ändern sich die Parameter der Wahrscheinlichkeitsdichtefunktion im Laufe der Zeit, was bei Nicht-Stationarität der Fall ist, so ändern sich damit auch die Erwartungswerte. Dies bedeutet, daß klimatologische Aussagen über einen Standort möglicherweise selbst für die nahe Zukunft nicht mehr gelten.

2 NACHWEIS DER NICHT-STATIONARITÄT

Im strengen Sinn bedeutet Stationarität, daß die Stichprobenmomente bei Erweiterung des Stichprobenumfanges n innerhalb der betreffenden Populations-Mutungsbereiche verbleiben. Die wichtigsten Momente sind der arithmetische Mittelwert $\bar{a}$ (1. Moment), die Varianz s^2 (2. zentrales Moment) sowie die Momentkoeffizienten von Schiefe (3. zentrales Moment) und Kurtosis (Exzeß, 4. zentrales Moment) [1,2,3].

In der Abb. 1 sind die für schrittweise vergrößertes Intervall (n=30,..., 200 Jahre) errechneten Mittelwerte der Hohenpeißenberger Temperaturreihe und von Zufallsdaten gleicher Anzahl und vergleichbarer Varianz dargestellt. Die senkrechten Balken markieren die zugehörigen Mutungsbereiche Mu = f(s,n;p), p=Wahrscheinlichkeit, in denen der zugehörige Populations-Parameter "vermutet" wird [1,2,3].

Es zeigt sich, daß die Zufallsdaten mit wachsendem n selbst den relativ groben 80%-Mutungsbereich nicht verlassen und ab ca. n=60 "stabil" sind, während im Fall der Temperaturdaten ein "Herauswandern" aus den Mutungsbereichen festzustellen ist: Indiz für Nicht-Stationarität des 1. Momentes. Entsprechendes läßt sich für höhere Momente zeigen (im Fall der Hohenpeis-

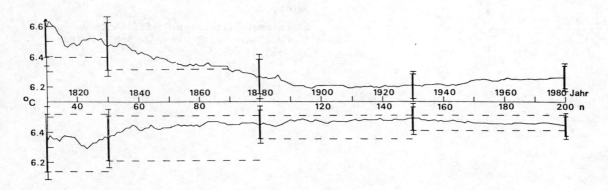

Abb. 1: Mittelwerte als Funktion des schrittweise vergrößerten Mittelungsintervalles und 80/90%-Mutungsbereiche (senkrechte Balken, 80% engerer Bereich); oben Jahresmittel 1781-1980 der Temperatur auf dem Hohenpeißenberg, unten Zufallsdaten.

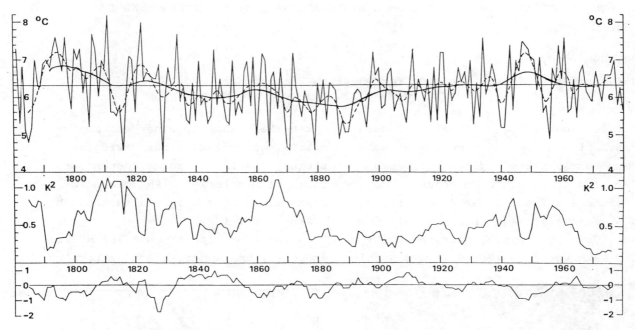

Abb. 2: Jahresmittel 1781-1980 der Temperatur auf dem Hohenpeißenberg (obere dünne Kurve), tiefpaßgefilterte Werte mit Unterdrückung der Periodenbereiche T<10 a (obere gestrichelte Kurve, a=Jahre) und T<30 a (obere dicke Kurve) sowie zehnjährig übergreifende Werte der Varianz (Mitte) und Verteilungs-Schiefe (unten).

senberger Temperaturreihe jedoch nur für die Varianz und weniger signifikant).

Anschaulicher sind Intervallbetrachtungen, die eine Beurteilung des Zeitreihenverhaltens innerhalb abgeschlossener Intervalle erlauben. In der Abb. 2 (oben) sind die Jahresmittelwerte der Hohenpeißenberger Temperaturreihe sowie tiefpaßgefilterte Werte dargestellt (Gaußscher Tiefpaß [2,5]). Letztere zeigen die Nicht-Stationarität des Mittelwertes an. Diese läßt sich von Intervall zu Intervall statistisch testen [2,3,6,7]. Entsprechendes gilt wiederum für Varianz, Schiefe und Kurtosis.

Für die Beurteilung der Nicht-Stationarität von Klimadaten kommen außerdem noch Varianzspektren, Varianzspektren der Varianz sowie eine Reihe weiterer statistischer Testverfahren (z.B. χ^2-Anpassungstest) in Frage [2,3,7]. So sind beispielsweise in [4] die sehr unterschiedlichen Charakteristika von Varianzspektren gleicher Temperaturreihen aber unterschiedlicher Bezugsintervalle dargestellt.

3 KONSEQUENZEN

Als notwendige Konsequenzen ergeben sich:
a. Die Tatsache der Stationarität bzw. Nicht-Stationarität von Klimadaten ist zu prüfen und hinsichtlich der einzelnen Momente quantitativ festzulegen.
b. Mögliche Ursachen der Nicht-Stationarität (externe Einflüsse auf das Klimasystem wie z.B. Vulkanismus oder interne Umstellungen der atmosphärischen Zirkulation) müssen bei der Interpretation der Klimadaten berücksichtigt werden.

Im Fall der Nicht-Stationarität des Mittelwertes kann versucht werden, eine quasistationäre Komponente durch Hochpaßfilterung von der verbleibenden nicht-stationären (entsprechend tiefpaßgefilterten) zu separieren [6,7]. Für Zukunftsprojektionen ist jedoch die Kenntnis der Verursachung der letzteren Komponente notwendig, so daß hier globale Aspekte in die Lokal- und Regionalklimatologie hineinreichen.

LITERATUR

1 CREUTZ,G.; EHLERS,R.: Statistische Formelsammlung. Thun: Deutsch 1976
2 DWD: Promet 1/2'83, im Druck
3 SACHS,L.: Angewandte Statistik. Berlin: Springer 1974
4 SCHÖNWIESE,C.D.: Annalen Meteorol. (N.F.) 9(1974), S.51-54.
5 -: Meteorol. Rdsch. 31(1978), S.73-84.
6 -: Northern hemisphere temperature statistics and forcing. Arch.Met. Geoph.Biokl., in print.
7 -: Climatic non-stationarity. In prep.

LIEFERN SATELLITEN-THERMALAUFNAHMEN EINEN BEITRAG ZUR KLIMAFORSCHUNG IM MESOSCALE?

Hermann Goßmann

Universität Freiburg, Institut für Physische Geographie

Bei der Auswertung von Thermalbildern haben sich in den letzten Jahren mehrere Fortschritte ergeben, die auch der klimatologischen Forschung neue Aspekte eröffnen. Einer davon ist, daß aus der zweijährigen Aufnahmezeit der Heat Capacity Mapping Mission (HCMM) der NASA von 1978-1980 erstmals Satelliten-Thermalbilder einer solchen geometrischen Auflösung zur Verfügung stehen, daß in den abgebildeten Strukturen klimatologische Phänomene im regionalen und subregionalen Maßstab erfaßt sind.

Dies zeigt bereits ein nur leicht vergrößerter und kontrastverstärkter Aus-

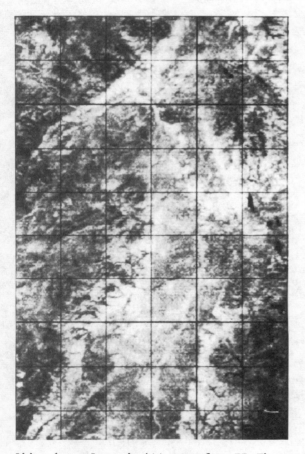

Abb. 1 a: Ausschnitt aus der IR-Thermalaufnahme des HCMM-Satelliten vom 30.5.78, 3.13 MEZ. Die Oberrheinebene und ihre Rahmenhöhen. Hell = warm, dunkel = kalt.

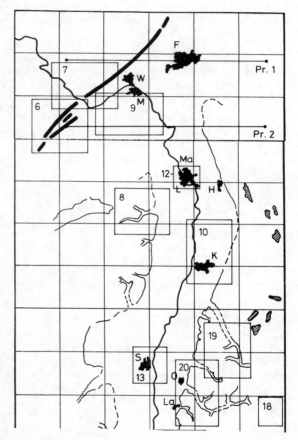

Abb. 1 b: Übersichtsskizze der Oberrheinebene mit den Rändern der Mittelgebirge und den größeren Städten.
La Lahr, O Offenburg, S Straßburg, K Karlsruhe, Ma Mannheim, M Mainz, W Wiesbaden, F Frankfurt.

schnitt aus einer HCMM-Aufnahme (Abb. 1). In dieser Nachtaufnahme bilden sich u.a. ab:
- Die "warme Hangzone" der stark verfirsteten rheinzugewandten Bereiche von Schwarzwald, Vogesen, Odenwald etc.;
- die kalten, unter einer Inversion liegenden Talgründe aller Flüsse dieser Mittelgebirge;
- die stark ausgekühlten Hochflächen auf der rheinabgewandten Seite der Mittelgebirge;
- die Wärmeinseln größerer Städte.

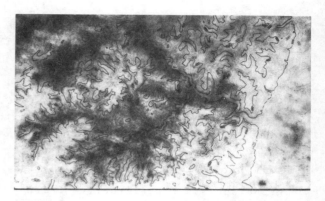

Abb. 2: Kalte Oberflächen unter der nächtlichen Kaltluftfüllung eines Talsystems am Rande des Pfälzer Waldes (Speyerbachtal bei Neustadt an der Weinstraße). Abbildung des Kaltluftreservoirs des nächtlichen Bergwindes am Talausgang.

Die digitale geometrische Entzerrung und die anschließende fotografische Überlagerung mit Auszügen topographischer Karten zeigen, daß diese Phänomene nicht nur erfaßt, sondern mit hoher Detailtreue abgebildet werden (Abb. 2 und 3). So können z.B. Aussagen über den Einfluß der Reliefform und der Waldverteilung auf die nächtlichen Oberflächentemperaturen gewonnen werden. Aus diesen wiederum können unter geeignet gewählten Randbedingungen weitere geländeklimatologisch relevante Größen erschlossen werden (Strahlungsbilanz, Luftbewegung, Bergwinde etc.).

Die digitale Überlagerung der entzerrten HCMM-Bildausschnitte mit anderen, an dasselbe Koordinatensystem angepaßten Daten, z.B. mit einer Landnutzungskarte aus LANDSAT-Daten erlaubt die rechnerische Überprüfung der Frage, in welchem Maße die Verteilung der Oberflächentemperaturen durch die Landnutzung bestimmt wird.

GOSSMANN, H.: Satelliten-Thermalbilder. Ein neues Hilfsmittel in der Umweltforschung? Fernerkundung in Raumordnung und Städtebau 16 (1983).

Abb. 3: Thermischer Schweif im Lee einer Großstadt. HCMM-Daten des Umlandes von Straßburg bei einer geringmächtigen NW-Strömung (Straßburg-Entzheim: 320°; 2,0 m/sec).

EXPERIMENTELLE UNTERSUCHUNG ZUR AUSBREITUNG VON LUFTBEIMENGUNGEN IN EINEM TALSYSTEM

Werner-Jürgen Kost
Meteorologisches Institut der Universität Karlsruhe

1. Einleitung

Orographisch stark gegliedertes Gelände weist oft eine typische tagesperiodische Zirkulation auf. Ihre Wirkung auf einen vor dem Ausgang eines Talsystemes gelegenen Industrieraum wurde in einem 14-tägigen Feldexperiment im Sommer 1981 untersucht. Neben bodennahen Messungen und Vertikalsondierungen wurden Immissionsmessungen an verschiedenen Stellen des Talsystemes und davor durchgeführt.

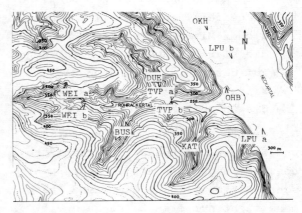

Abb. 1: Lage der Meßstellen und Topographie (54° und 9°15')

2. Geländestruktur und Durchführung

Das Windfeld des ins Neckartal mündenden Rohrackertales bei Stuttgart (Abb.1) wurde vom 23.6.-6.7.81 durch 7 kontinuierlich (WEI a, BUS, DUE, TVP a, KAT, OKH und LFU a) und 3 temporär arbeitende Meßstellen, sowie durch Fesselballonsondierungen erfaßt. Die Immissionsmessungen wurden für CO, SO_2, NO_x und NO am Meßplatz OKH, für CO, O_3 und SO_2 am Meßplatz LFU a kontinuierlich und für O_3, NO_x, NO und SO_2 bei WEI b, TVP b und OHB temporär vorgenommen. Die Länge des Rohrackertales beträgt rund 2.5 km und die Breite ca. 0.8 km.

3. Allgemeine Wettersituation

Während der Meßphase herrschte eine druckgradientschwache Wetterlage vor, die nur durch den Durchzug einer Tiefdruckrinne am 28.6. und in der Nacht vom 2.7.-3.7. unterbrochen wurde. Die erste brachte nur Niederschlag, die zweite zusätzlich heftige Gewittertätigkeit. Die Fesselballonsondierungen wurden am frühen Abend des 2.7. begonnen und mußten in der Nacht zum 3.7. abgebrochen werden.

4.1 Ergebnisse der meteorologischen Messungen

Aus der Windregistrierungen konnte auf einen nächtlichen Kaltluftstrom und auf einen etwas schwächeren Talwind tagsüber geschlossen werden (Abb. 2). Der Der Unterschied der Windrichtungsverteilungen an den Meßstellen WEI a und WEI b ist in den verschiedenen Standorten zu suchen und durch kleinräumige Geländeunterschiede bedingt. Wenn auch am Meßort OHB nur 5 Tage lang gemessen wurde, so ist doch das Ausströmen im Vergleich von Tag- und Nachtstunden gut zu erkennen. Aus den Vertikalsondierungen mittels der Fesselsonde zeigte sich, daß selbst bis kurz bevor die Tiefdruckrinne passierte der Bergwind aufrechterhalten wurde (Abb. 3). Er wurde im Mittel mit 65 m Mächtigkeit und einer Stärke von 2 ms^{-1} gemessen. Aus den Fesselballondaten wurde ein Luftdurchsatz am Tal-

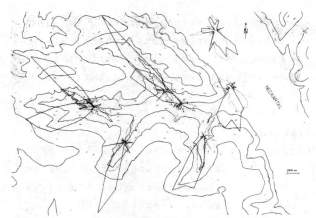

Abb. 2: Windrichtungsverteilung im Rohrackertal
(--- Tag, —— Nachtstunden in 10° Sektoren)

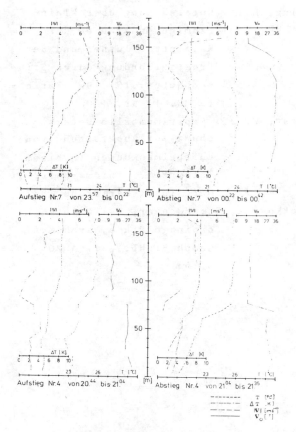

Abb. 3: Vertikalsondierungen am Meßort TVP

querschnitt bei TVP von 3.25×10^4 m^{3}s^{-1} berechnet. Legt man diesen Durchsatz auf das Kaltluft produzierende Einzugsgebiet um, so erhält man eine Produktionsrate von 13.8 m^{3}m^{-2}h^{-1} entsprech-end einem vertikalem Fluß von 0.004 ms^{-1}. Diese Werte sind in guter Übereinstimmung mit Ergebnissen von King (1973). Eine theoretische Abschätzung des Kaltluftabflusses nach Petkovšek (1971) erbrachte einen Durchsatz von 3.76×10^4 m^{3}s^{-1}. Auch sie stimmt mit den Messungen gut überein. Mittels eines graphischen Strömungsmodelles (Kost 1982) wurde der Kaltluftstrom dargestellt. Hierbei wurde das Einzugsgebiet in 150 m x 150 m große Quadrate aufgeteilt und durch Addition der Flächenelemente der Fluß als Breite wiedergegeben.

4.2 Ergebnisse der Immissionsmessungen

Für die Immissionsmeßplätze wurden neben den Tagesgängen der einzelnen Komponenten Immissionsrosen erstellt, aufgespalten nach Tag- und Nachtstunden. Wegen der großen Anzahl dieser Graphiken sei auf die ausführliche Bearbeitung (Kost 1982) verwiesen. Die Wirkung des Talsystemes auf den Industrieraum zeigt der Tagesgang vom 3.7.81 von Windrichtung, Windgeschwindigkeit und O_3, NO, NO_x und NO_2 in Abb. 4.

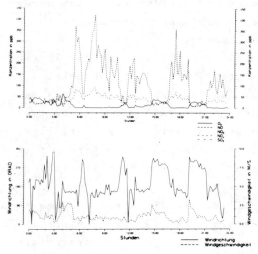

Abb. 4: Tagesgang vom 3.7.81 an der Meßstelle OHB (10 min-Mittel und Zeit in MEZ)

Es handelt sich hierbei nicht um einen Kaltluftabfluß, sondern um eine postfrontale Westlage, bei der hin und wieder der Wind durch das Rohrackertal hindurch in das Neckartal blies. Die Konzentration der Stickstoffoxide bei westlichen Windrichtungen sinkt deutlich ab, und dafür steigt die O_3- Konzentration an. Der Anstieg des Ozons ist ein Indiz dafür, daß aus diesen Richtungen keine primäre Stickstoffoxidimmission zu erwarten ist. Für die Wechselwirkungen zwischen O_3 und NO sei auf Crutzen (1982) verwiesen.

5. Diskussion und Bemerkungen

Der Meßzeitraum betrug nur 14 Tage und bei den temporären Meßpunkten nur 4 Tage. Dies führt dazu, daß die temporären Meßpunkte nur bedingt untereinander vergleichbar sind. Ideal wäre ein wesentlich längerer Meßzeitraum und ein paralleler Betrieb der Stationen gewesen. Wünschenswert wäre auch die Beobachtung gleicher Komponenten über dem Meßgebiet gewesen. Unter diesen Einschränkungen lassen sich folgende Aussagen treffen:

i) Im Rohrackertal ist ein lokales Windsystem vorhanden, das selbst unter dem Einfluß einer ausgeprägten synoptischen Strömung sich durchsetzt.
ii) An dem Windsystem sind das Tiefenbachtal (WEI), das Bußbachtal (BUS), das Dürrbachtal (DUE) und das Katzenbachtal (KAT) mit eigenen typischen Windverteilungen beteiligt.
iii) Der Bergwind wurde im Kern mit rund $2\ ms^{-1}$ und einer Mächtigkeit von 65 m erfaßt.
iv) Profilfahrten in einem Vorexperiment ergaben im Rohrackertal eine um 2 K bis 3 K niedrigere Temperatur als im Industrieraum des Neckartales.
v) Der Bergwind gewährleistet die Zufuhr von kühlerer und weniger stark belasteter Luft ins Neckartal und trägt somit dort zu einer besseren lufthygienischen Situation bei. Der Talwind, der weitaus weniger stark ausgeprägt ist, transportiert in geringem Maße belastete Luft talaufwärts.

Literatur:

Ahrens, D.: Windgeschwindigkeits- und Windrichtungsverteilung am Rhenus-Hochhaus. LfU Karlsruhe unveröff. 1980

Crutzen, J.P.: The role of fixed nitrogen in the atmospheric chemistry. Phil.Trans.R.Soc. London 1982 Vol.296 S.531

King, E.: Untersuchung über kleinräumige Änderungen des Kaltluftabflusses und der Frostgefährdung durch Straßenbauten. 1973 DWD-Berichte Bd. 17 Nr. 130

Kost, W.-J.: Experimentelle Untersuchung zur Ausbreitung von Luftbeimengungen in einem Talsystem. Diplomarbeit, Met. Inst. Karlsruhe 1982

Petkovšek, Z.; Hočevar, A.: Night drainage winds. Arch.Met. Geoph.Biokl.,1971 A 20 S.353

DAS THERMISCHE WINDSYSTEM IN EINEM KLEINEN ALPENTAL

H. Schmidt und B. Hennemuth

Meteorologisches Institut Universität München

1 EINLEITUNG

Im August 1980 bot das Gebirgswindexperiment DISKUS Gelegenheit, während zweier Intensivmeßphasen die für eine Beschreibung des Schönwetterwindsystems wichtigen Größen in hoher zeitlicher und räumlicher Auflösung zu messen. Die Verteilung der Meßeinrichtungen einschließlich der Flugrouten der Meßflugzeuge ist in Abb.1 dargestellt; nähere Informationen zum Experimentaufbau findet man in den beiden Datensammlungen FREYTAG und HENNEMUTH (1981,1982).

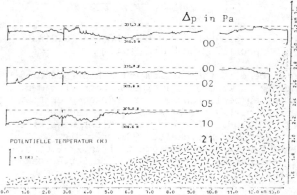

Abb.2: Potentielle Temperatur und Druckdifferenzen in Tallängsrichtung am 6.8.80 um ca. 14 Uhr 30 nach REINHARDT und WILLEKE (1982).

2.2 ABSCHÄTZUNG DES TALWINDES

Aus den Temperatursondierungen wurde der Druck für Talausgang und Talende hydrostatisch berechnet, beginnend in Kammhöhe, wo ausgeglichene Verhältnisse herrschen sollten. Die Druckdifferenz auf 10km Distanz ist in Abb.2 eingetragen. Sie geht als Antrieb ein in die Bewegungsgleichung

$$\frac{\partial \bar{u}}{\partial t} = -\frac{1}{\rho_0}\frac{\partial p}{\partial x} + \frac{\partial}{\partial z}K(z)\frac{\partial \bar{u}}{\partial z} \quad (1)$$

in der $\bar{u}$ den mittleren talparallelen Wind bedeutet und der turbulente Diffusionskoeffizient mit

$$K_{(z)} = f \cdot z \quad (2)$$

angesetzt wird. Der Wert für die freie Konstante f wird so gewählt, daß nach einer Einstellzeit von 1 Stunde der stationäre Endzustand bis auf 1/e erreicht wird. Mit f=0.12m/s wird ein Geschwindigkeitsprofil erreicht, das gut mit beobachteten Profilen übereinstimmt (s.Abb.3).

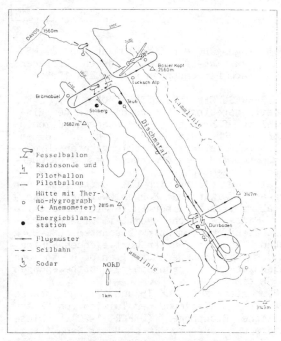

Abb.1: Meßeinrichtungen bei DISKUS nach FREYTAG und HENNEMUTH 1982.

2 TALWIND

In einem Hochgebirgstal kommt der für den Talwind verantwortliche Druckgradient dadurch zustande, daß im Talverlauf die Energieumsatzflächen steigen. Abb.2 zeigt, wie als Folge davon die Temperatur in jeweils gleichen Höhen im Talverlauf zunimmt.

2.1 BEOBACHTUNGEN

Dieser Talwind, der zwischen 15 und 16 Uhr am stärksten ausgeprägt war, erreichte maximale Geschwindigkeiten von ca. 6m/s in etwa 300m ü.Gr. Seine obere Grenze lag bei stabiler Schichtung etwas über Kammhöhe, konnte jedoch bei Annäherung an adiabatische Verhältnisse auch erheblich höher liegen.

3 HANGAUFWIND

3.1 BEOBACHTUNGEN

Hangaufwinde fanden sich im Dischmatal häufig als Komponenten zu einem talparallelen Wind. Es kam aber auch vor, daß innerhalb einer wohldefinierten Schicht reine Hangaufwinde auftraten; dies war am ENE-Hang zwischen 9 und 10 Uhr der Fall, wenn dort die Einstrah-

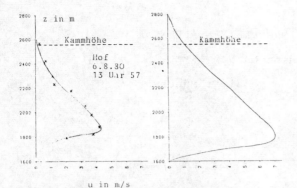

Abb.3: Beobachtetes und berechnetes Talwindprofil. (SCHMIDT (1983))

lung bereits ihr Maximum erreichte (s.Abb.5) und der Talwind erst im Aufbau begriffen war, am gegenüberliegenden Hang hingegen erst am Spätnachmittag bei bereits wieder nachlassendem Talwind. Die Hangwindschicht wies eine mittlere Schichtdicke von 90m auf, die mittlere Maximalgeschwindigkeit betrug 2.6m/s. Ein solches Hangwindprofil ist in Abb.4 dargestellt.

Abb.4: Beispiel für einen Hangaufwind.

3.2 ABSCHÄTZUNG DES VOLUMENSTROMS

Geht man davon aus, daß der Strom fühlbarer Wärme L vollständig der Hangwindschicht zugute kommt und somit an deren Obergrenze verschwindet, so kann man mit dem 1.Hauptsatz die Gleichung

$$\varrho c_p \frac{\partial \overline{\theta}}{\partial t} \delta = -\overline{v}_s \varrho c_p \frac{\partial \overline{\theta}}{\partial s} - L_0 \qquad (3)$$

herleiten, in der $\overline{\theta}$ die potentielle Temperatur, δ die Dicke der Hangwindschicht und $\overline{v}_s$ den Hangaufwind kennzeichnen. Die zeitliche Änderung auf der linken Seite erweist sich als um eine Größenordnung kleiner als die beiden übrigen Terme, die für den Volumenstrom den Ausdruck

$$M = -v_s \delta = -\frac{L_0 \Delta s}{\varrho c_p \Delta \overline{\theta}} \qquad (4)$$

ergeben. Setzt man in diese Beziehung die Meßwerte für die Zeit ein, in der das Profil von Abb.4 beobachtet wurde, so erhält man $M=230 m^2/s$. Dies stimmt gut mit dem beobachteten Befund von $M=196 m^2/s$ überein, was dafür spricht, daß die Berechnung trotz drastischer Vereinfachungen die wesentlichen physikalischen Prozesse erfaßt.

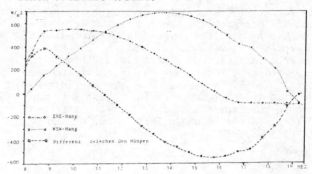

Abb.5: Tagesgang der Strahlungsbilanz am WSW- bzw ENE-Hang sowie deren Differenz nach Berechnungen von KÖHLER 1982.

4 QUERBEWEGUNGEN IM TAGESVERLAUF

Expositionsbedingte Unterschiede in der Einstrahlung führen zu einer unterschiedlichen Erwärmung über den beiden Hängen. Zu den Zeiten maximaler Einstrahlungsunterschiede wurden trotz der Kanalwirkung des Tales Querbewegungen beobachtet.
Am Talgrund vollzog sich die Umstellung von Berg-auf Talwind am Morgen zwischen 8 und 9 Uhr allmählich in einer Phase mit nordöstlichen Winden, welche vom teilweise noch beschatteten WSW- zum stark besonnten ENE-Hang wehten. Auch in den darüberliegenden Schichten der Talatmosphäre stellten sich in der windschwachen Übergangsphase Luftbewegungen aus NE ein.
Am Nachmittag zwischen 15 und 17 Uhr drehte zunächst am Talgrund der Talwind von NW auf westliche Richtungen (URFER 1970). Diese Winddrehung erfaßte im Lauf des Nachmittags auch Schichten bis zu 400m ü.Gr. in der Talatmosphäre und über dem WSW-Hang. Hier wirkten Aufwinde in Hangnähe und eine großräumigere Bewegung von der insgesamt kälteren westlichen zur wärmeren östlichen Hälfte der Talatmosphäre zusammen.

Literatur

Freytag,C.; Hennemuth,B.: DISKUS - Gebirgswindexperiment im Dischmatal - Datensammlung Teil 1: Sondierungen. Wiss. Mitt. d. Met. Inst. München, Nr. 43, 1981

Freytag,C.; Hennemuth,B.: DISKUS - Gebirgswindexperiment im Dischmatal - Datensammlung Teil 2: Bodennahe Messungen und Flugzeugmessungen. Wiss. Mitt. d. Met. Inst. Mü., Nr. 46, 1982

Freytag,C.; Hennemuth,B.: DISKUS - Gebirgswindexperiment im Dischmatal - Das Schönwetterwindfeld in einem kleinen Alpental. Ann. Met. (N.F.), Nr. 19, 1982

Köhler,U.: Gebirgswindexperiment DISKUS - Methode zur Abschätzung der Energiebilanz des Dischmatals. Diplomarbeit am Met. Inst. d. Univ. München, 1982

Reinhardt,M.E.; Willeke,H.: Temperatur-und Feuchtestrukturen in drei Flughöhen im Dischmatal während des Experimentes DISKUS, August 1980. Beitrag in FREYTAG und HENNEMUTH 1982

Schmidt,H.: Windphänomene im Dischmatal während DISKUS. Diplomarbeit am Met. Inst. d. Univ. München, 1983

Urfer-Henneberger,Ch.: Neuere Beobachtungen über die Entwicklung des Schönwetterwindsystems in einem V-förmigen Alpental (Dischmatal bei Davos). Arch. Met. Geoph. Biokl. B 18, 1970

UNTERSUCHUNG ZUR BESCHREIBUNG DES WINDFELDES AN HÜGELN

G. Tetzlaff, R. Schmidt, R. Trapp, A. Hoff
Institut für Meteorologie und Klimatologie
der Universität Hannover

Die Ansätze zur Beschreibung des Windfeldes über Hügeln ergeben ohne Vergleich mit gemessenen Werten nur qualitativ richtige Resultate. Vor allem wird mit der Modellvorstellung von Jackson und Hunt (1975) gearbeitet, die zwischen einer inneren turbulenzreicheren Schicht und einer äußeren turbulenzarmen Schicht unterscheidet. Die innere Schicht ist analog zur Prandtl-Schicht beschreibbar, die Windverhältnisse in der äußeren Schicht werden qualitativ gut von einem Potentialströmungsansatz wiedergegeben. Da Hügel meist inhomogen sind, wird die Ausprägung der Strömung stark von der Windrichtung abhängen.

Die Vermessung des Windfeldes erfordert in Raum und Zeit eine entsprechende Auflösung, wenn die Meßergebnisse zum Vergleich mit Modellergebnissen verwendet werden sollen. Die Umströmung des Hügels Askervein auf den äußeren Hebriden wird mit einem hochauflösenden Modell auf der Grundlage der Jackson und Hunt-Modellvorstellung von Walmsley und Taylor (1981) nachvollzogen. Form und Orientierung der nahezu isoliert gelegenen etwa 120 m hoher Erhebung sind der Abb. 1 zu entnehmen. Die in diesen Breiten sehr häufig auftretenden Südwestwinde bilden eine wegen des ungestörten Luvbereiches ideale Anströmung senkrecht zur Firstlinie B des Hügels. Diese Achse und zwei weitere, A und AA, stellen die Meßlinien dar, auf denen in Abständen von 50 oder 100 m die mittleren und abschnittsweise auch die turbulenten Winddaten in 10 m über Grund aufgenommen werden. Gleichzeitig werden Messungen im ungestörten Luvwindfeld an einer 3 km südwestlich gelegenen Referenzstation RS vorgenommen.

Erste Ergebnisse zeigen, daß die Zunahme im mittleren 10m-Wind von RS bis CP von tags-

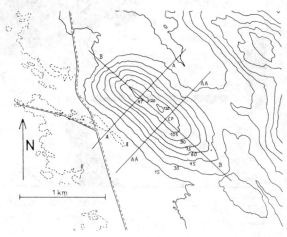

Abb. 1 : Askervein: Topographie. Isohypsen in Metern; mit Linien für Meßgeräteaufbau

über etwa 20-30 % auf nachts bis zu über 120 % ansteigen.

Wird eine umfassende Feldmeßkampagne nicht durchgeführt, bietet sich eine Windkanalsimulation an, ergänzt durch unterstützende Feldmessungen zur Festlegung der Randbedingungen. Dabei sollte das Windfeld im gleichen Maßstab skaliert werden wie das Modell des natürlichen Geländes, um dann ähnliche Reynolds-Zahlen zu erreichen. Dies kann bei der Geländemodellierung nicht eingehalten werden. Es hat sich gezeigt, daß bei Reynolds-Zahlen $Re = \frac{u_* z_0}{\nu}$ größer 5 die Strömungsform nicht mehr von Re selbst abhängt (Plate, 1982). Damit ist es möglich, neutral geschichtete atmosphärische Grenzschichten, deren Untergrund fast immer aerodynamisch rauh ist, durch die Grenzschicht in einem Windkanal zu simulieren. Die das Strömungsfeld bestimmende Länge ist z_0 und wenn sich die beiden Rauhigkeitslängen zueinander verhalten wie die Grenzschichtdicken, sind sich beide Strömungen ähnlich. Ein anderer Ansatz

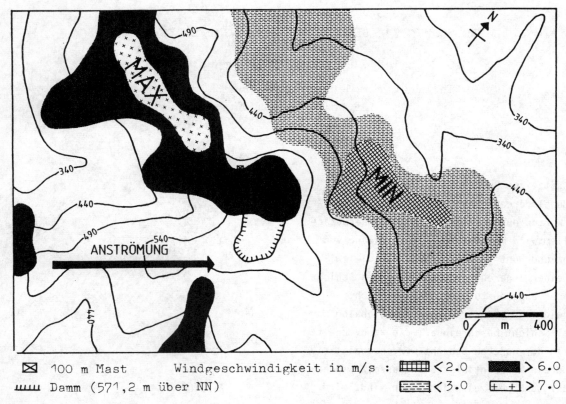

Abb. 2: Dahlberg: Isotachenfelder in 65 m Höhe über Grund aus Windkanalmessungen

stützt sich auf das Potenzgesetz für das vertikale Windprofil. Jeder natürlichen Oberfläche mit einem bestimmten z_o ist darin ein Exponent zugeordnet. Im Windkanal läßt sich das nur von n bestimmte Windgeschwindigkeitsprofil durch das Einbringen von Rauhigkeitselementen erzeugen. Dadurch läßt sich auch das als Anfangsbedingung vorgeschriebene Windgeschwindigkeitsprofil der vom Hindernis unbeeinflußten Strömung herstellen.

Vom Dahlberg (Sauerland) liegen langfristige Messungen des Windfeldes bis 100 m Höhe und die Ergebnisse eines Feldexperimentes für die Randbedingungen eines Windkanalexperimentes vor. Dazu wurde die Umgebung des Standortes im Maßstab 1:2000 nachgebildet. Die topographischen Verhältnisse in Anströmrichtung (Hauptwindrichtung) wurden durch maßstäbliche Vorbauten simuliert. Der Abstand zwischen den Meßpunkten entsprach 100 m im Kernbereich und 300 m im Randbereich.

Die Meßergebnisse (Abb. 2) zeigen, daß sich im Luv eines westlich vorgelagerten Bergrückens mit Streichrichtung E-W ein Windgeschwindigkeitsmaximum ausbildet. Die geringsten Windgeschwindigkeiten treten dagegen im Lee der höchsten Erhebung auf.

Literaturhinweise:

Jackson, P. S. und Hunt, J. C. R.: 1975, 'Turbulent Wind Flow over a Low Hill', Quart. J. Roy. Meteorol. Soc. 101, 929-955.

Plate, E. J.: 1982, 'Wind Tunnel Modelling of Wind Effects in Engineering', in 'Engineering meteorology', Herausg. E. J. Plate, Elsevier Scientific Publishing Company, Amsterdam.

Walmsley, J. L. und Taylor P. A.: 1981, 'Estimates of Wind Speed Perturbation in Boundary-Layer Flow over Isolated Low Hills - Solutions', Boundary-Layer Meteorol. 20, 391-395.

EIN BEITRAG ZUR BESTIMMUNG DER TURBULENTEN FLÜSSE VON IMPULS UND WÄRME INNERHALB DER STABILEN PLANETAREN GRENZSCHICHT

K.-P. Wittich, R. Roth

Institut für Meteorologie und Klimatologie
Universität Hannover

1 EINLEITUNG

Spätestens seit der von Lettau (1950) durchgeführten Analyse des Anfang der dreißiger Jahre gemessenen "Leipziger Windprofils" wird deutlich, daß allein aus der Struktur einer mittleren Strömungsverteilung rechnerisch auf die turbulenten Vertikaltransporte geschlossen werden kann.

In Anlehnung an aus der Literatur bekannte Analysenverfahren wird mithilfe der ageostrophischen Methode und durch Integration der Energiegleichung der Impuls- und Wärmefluß aus einem Kollektiv von 23 Wind- und Temperaturprofilen bestimmt. Diese wurden während der Nacht des 12./13.10.1978, die durch hohe thermische Stabilität und durch Ausbildung eines Grenzschichtstrahlstroms (GS) gekennzeichnet war, am 300m hohen Funkübertragungsmasten Gartow mittels einer auf- und abtransportierbaren Fesselsonde gewonnen. Die Sonde lieferte Meßwerte in einem 5m-Vertikalraster.

2 ERGEBNISSE

Roth et al. (1979) beschrieben bereits die zeitliche Entwicklung und die Struktur der dieser Analyse zugrundegelegten Wind- und Temperaturprofile, so daß hier lediglich auf die entsprechende Publikation verwiesen sei.

Unter Einfluß eines stationären Hochdruckgebietes bildete sich in der fast wolkenlosen Nacht eine Reibungsschicht mit einer mittleren Mächtigkeit von nur 150m aus. Die Kenntnis dieser Höhe liefert bereits Anhaltspunkte für die Bestimmung der in die Rechnung einfließenden Randbedingungen. Ohne weiter auf die Analysenmethode einzugehen, seien hier die Ergebnisse vorgestellt und mit denjenigen des Brost-Wyngaard-Modells (1978) verglichen.

In Abb. 2.1 ist der turbulente Wärmestrom, berechnet für mittlere nächtliche Verhältnisse, in Abhängigkeit von der Höhe dargestellt. Dieser nimmt, ausgehend von seinem Bodenwert $H_o = -15$ W/m^2, betragsmäßig mit der Höhe ab und verschwindet nahezu an der Obergrenze der Reibungsschicht. Der leicht geschwungene Verlauf des Profils ist auf die hohen Abkühlungsraten in der Mitte der Grenzschicht zurückzuführen.

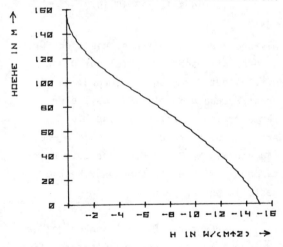

Abb. 2.1 Mittlere Vertikalverteilung des turbulenten Wärmestroms in der Nacht des 12./13.10.1978

Die in Abb. 2.2 eingezeichnete Schubspannung zeigt einen ähnlichen höhenabhängigen Verlauf: Am Boden erreicht sie ihren Maximalwert mit $\tau_o = 0.077$ kg/(m*s^2), was einer Schubspannungsgeschwindigkeit von 0.25 m/s entspricht, und

geht an der Obergrenze der Reibungsschicht auf
den Wert Null zurück. Dieses Verhalten steht
in Einklang mit der Theorie Blackadar's (1957),
in welcher das Verschwinden der turbulenten
Impulsflüsse im Bereich des sich ausbildenden
Windmaximums postuliert wird.

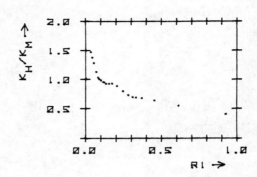

Abb. 2.3   Mittlerer Verlauf des Quotienten
K_H/K_M als Funktion der Richardson-
Zahl für die Nacht des
12./13.10.1978

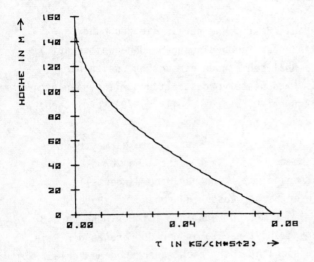

Abb. 2.2   Mittlere Vertikalverteilung des
turbulenten Impulsflusses in der
Nacht des 12./13.10.1978

Die Divergenz des Wärmestroms, die sich für
die untersuchte Nacht im Mittel auf 0.3 K/h
beläuft, bildet die Vergleichsgrundlage mit
dem Brost-Wyngaard-Modell. Dieses liefert für
die Wärmestromdivergenzen 0.2 und 0.5 K/h
u_*-Werte von 0.25 und 0.21 m/s sowie H_o-Werte
von -10 und -18 W/m^2, so daß eine gute Übereinstimmung zwischen Messung und Theorie
festgestellt werden kann.

Ferner ist der von der Ri-Zahl abhängige Verlauf des Verhältnisses der turbulenten Diffusionskoeffizienten für Wärme und Impuls K_H/K_M
(Abb. 2.3) vereinbar mit den bekannten
Theorien und und mit den von Kottmeier (1982)
gefundenen Werten.
Sowohl K_H als auch K_M, die hier nicht dargestellt sind, erreichen zwischen 20 und 35m
Höhe ihr Maximum und gehen an der Obergrenze
auf einen Wert nahe Null zurück.

LITERATUR

Blackadar, A. K.: Boundary layer wind maxima
and their significance for the growth of
nocturnal inversions.- Bull. Amer. Meteorol.
Soc., 38, 283-290, 1957.

Brost, R. A., Wyngaard, J. C.: A model of the
stably stratified planetary boundary layer.-
J. Atm. Sci., 35, 1427-1440, 1978.

Kottmeier, Chr.: Die Vertikalstruktur nächtlicher Grenzschichtstrahlströme.- Berichte
des Inst. f. Met. u. Klimat. der U Hannover,
Nr. 21, 1982.

Lettau, H.: A reexamination of the Leipzig
wind profile considering some relations
between wind and turbulence in the friction
layer.- Tellus, 2, 125-129, 1950.

Roth, R., Kottmeier, Chr., Lege, D.: Die
lokale Feinstruktur eines Grenzschichtstrahlstroms.- Meteorol. Rdsch., 32, 65-72,
1979.

DARSTELLUNG DER TURBULENZENERGIE DURCH DIE MITTLEREN FELDER VON WIND UND TEMPERATUR UND DER STRAHLUNGSBILANZ

Gerhard Czeplak

Deutscher Wetterdienst
Meteorologisches Observatorium Hamburg

ZUSAMMENFASSUNG

Es wird die Abhängigkeit der Turbulenzenergie der vertikalen Bewegung von den mittleren Feldgrößen wie der Temperatur, der Windgeschwindigkeit und der Strahlungsbilanz untersucht. Messungen in Bodennähe bei statischer Stabilität zeigen, daß für die Darstellung der Abhängigkeit der Turbulenzenergie von der Windgeschwindigkeit eine Potenzfunktion geeignet ist. Der Einfluß konvektiver Vorgänge auf die Turbulenzenergie kann besser durch die Strahlungsbilanz als durch die Labilität der Schichtung verifiziert werden.

1 EINLEITUNG

In Rechenmodellen der planetaren Grenzschicht spielen die vertikalen turbulenten Diffusionskoeffizienten K eine wichtige Rolle. Wie sich aus theoretischen Überlegungen ergibt, ist K der Turbulenzenergie der vertikalen Bewegung $\bar{E}$ direkt und der statischen Stabilität umgekehrt proportional (KOHLSCHE, 1973). Um praktisch rechnen zu können, müssen die schwer zugänglichen Größen der Turbulenzenergie auf die mittleren Feldgrößen zurückgeführt werden. Als wichtigste Feldgrößen kommen die mittlere horizontale Windgeschwindigkeit $|\overline{W_h}|$ und, über die vertikale Temperaturverteilung, die mittlere Temperatur in Frage. Da bei stabiler Schichtung als Quelle für die Turbulenzenergie nur die Energie der mittleren horizontalen Bewegung eine Rolle spielt, ließ sich ein nichtlineares Anwachsen der Turbulenzenergie mit $|\overline{W_h}|$ vermuten. Um diese Abhängigkeit zu belegen, wurden an der Mikrometeorologischen Meßstation in Quickborn/Holstein von 1980 bis 1982 über mehrere Monate Meßreihen mit Ultraschall-Anemometer-Thermometer durchgeführt. Ihre Messungen erfolgten in den Höhen 2, 12 und 28 Meter.

2 AUSWERTUNG DER MESSUNGEN
2.1 Stabile Schichtung

Die Untersuchungen zeigen, daß für die Darstellung eine Potenzfunktion geeignet ist. Die Messungen wurden nach Klassen der Turbulenzenergie $\bar{E}$ eingeteilt. Für jede Klasse i wurden die Mittelwerte $\overline{w'^2}/2$ und $|\overline{W_h}|$ gebildet. Werden diese Mittelwerte (mit der entsprechenden Streuung) im $\overline{w'^2}/2$, $|\overline{W_h}|$ -Diagramm aufgetragen, entstehen Kurven, die durch Potenzfunktionen dargestellt werden können (Bild 1-3):

$$\overline{w'^2}/2 = a \cdot |\overline{W_h}|^b, \quad |\overline{W_h}| < 4 \text{ ms}^{-1} \quad (1)$$

Eine vergleichende Betrachtung zeigt, daß sich die Kurven für die Höhen 2, 12 und 28 Meter nur wenig unterscheiden. Für $|\overline{W_h}| < 4$ ms^{-1} treten besonders in 28 m Höhe stärkere Abweichungen auf: Die Meßwerte lassen einen schwächeren Anstieg von $\bar{E}$ mit $|\overline{W_h}|$ erkennen. Vermutlich liegt der Grund darin, daß sich bei geringerem $|\overline{W_h}|$ kleine Turbulenzelemente bilden, die sich nur schwach in größere Höhen durchsetzen können. Da sich in den unteren Dekametern der Grenzschicht die vertikale Windverteilung ebenfalls durch eine Potenzfunktion darstellen läßt, nämlich durch

$$|\overline{W_h}| = c_1 \left(\frac{z}{z_o}\right)^{c_2}, \quad (2)$$

erhält K im Gegensatz zu früheren Betrachtungen (CZEPLAK, 1980) nunmehr die Gestalt

$$K = \frac{k_1}{k_2 + \frac{\partial \bar{T}}{\partial z}} \left(\frac{z}{z_o}\right)^{k_3} \quad (3)$$

2.2 Labile Schichtung

Der Einfluß konvektiver Vorgänge auf $\bar{E}$ konnte nicht mit der Labilität der Schichtung als Parameter verifiziert werden. Der Grund hierfür kann im Folgenden zu suchen sein: Die meisten Messungen liegen sowohl im labilen als auch im stabilen Fall in der Nähe der neutralen Schichtung, so daß bei einer Klasseneinteilung nach labilen und stabilen Fällen der Unterschied zwischen Labilität und Stabilität fast vollkommen unterdrückt wird. Außerdem fallen die Meßfehler der Temperatur bei der Ermittlung von d$\bar{T}$/dz in der Nähe der neutralen Schichtung stark ins Gewicht. Deshalb wurde eine Klasseneinteilung von $\bar{E}$ nach der Strahlungsbilanz $\bar{Q}$ und $|\overline{W_h}|$ vorgenommen (Bild 4-o). Bei geringem $|\overline{W_h}|$ bis etwa 4 ms^{-1} ist ein Anstieg von $\bar{E}$ mit $\bar{Q}$ deutlich zu erkennen. Am besten ist diese Tendenz in 28 Meter Höhe ausgeprägt. Offensichtlich können sich konvektive Turbulenzelemente nur bei schwachem Wind ungestört ausbilden. Bei starker horizontaler Strömung dagegen kommen thermische Inhomogenitäten nicht zur Wirkung.

3 SCHLUSSBEMERKUNG

Da das gesamte Datenmaterial noch nicht vollständig bearbeitet worden ist, sind die vorliegenden Ergebnisse nicht als endgültig zu betrachten. Besonders die starken Schwankungen von $\bar{E} = \bar{E}(Q)$ in Bild 4 - 6 beruhen darauf, daß die einzelnen Klassen statistisch noch zu gering belegt sind.

LITERATUR

CZEPLAK, G.: Der turbulente Diffusionskoeffizient in Bodennähe. Annalen der Meteorologie, Nr. 15 (1980).

KOHLSCHE, K.: Betrachtungen zur Frage des Einflusses der Stabilität und des Windes auf den Austausch in der planetaren Grenzschicht. SPAAZ Seminar in Leoni, 1973 (unveröff. Manuskript.

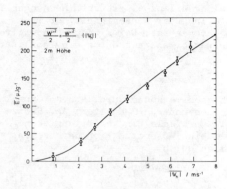

Bild 1

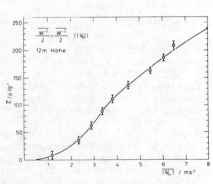

Bild 2

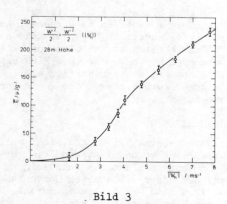

Bild 3

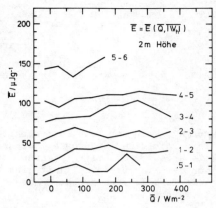

Kurvenparameter: $|\overline{W_h}|/ms^{-1}$

Bild 4

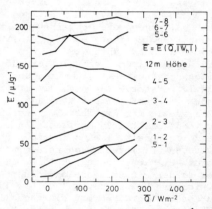

Kurvenparameter: $|\overline{W_h}|/ms^{-1}$

Bild 5

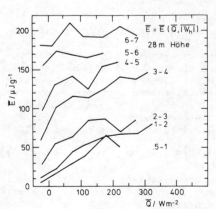

Kurvenparameter: $|\overline{W_h}|/ms^{-1}$

Bild 6

PARAMETRISIERUNG DER GLOBALSTRAHLUNG
DURCH BEDECKUNGSGRAD UND TRÜBUNGSFAKTOR

Fritz Kasten
Deutscher Wetterdienst
Meteorologisches Observatorium Hamburg

1 EINLEITUNG

Die auf die Erdoberfläche auffallende Globalstrahlung läßt sich mit Hilfe der Theorie der Strahlungsübertragung mit beliebiger Genauigkeit berechnen, sofern Art, Menge und räumliche Verteilung der für Streuung und Absorption verantwortlichen Gase, Aerosolpartikeln und Wolkenelemente mit hinreichender Auflösung vorgegeben werden, siehe z.B. DAVE und BRASLAU (1975). Ziel der Parametrisierung ist es, möglichst einfache Beziehungen zwischen der Globalstrahlung und solchen Parametern zu finden, die entweder unmittelbar als meteorologische Beobachtungsgrößen zur Verfügung stehen oder leicht aus ihnen berechnet werden können.

2 GLOBALSTRAHLUNG UND BEDECKUNGSGRAD

Die Bearbeitung einer 10-jährigen vollständigen Reihe von stündlichen Strahlungsmessungen und Wolkenbeobachtungen in Hamburg (KASTEN und CZEPLAK 1980) hatte u. a. ergeben, daß das Verhältnis von Globalbestrahlungsstärke $G(N)$ beim Bedeckungsgrad N zur Globalbestrahlungsstärke $G(0)$ unter wolkenlosem Himmel bei derselben Sonnenhöhe γ unabhängig von γ ist und sich durch die Formel

$$G(N)/G(0) = 1 - a \cdot (N/8)^b \quad (1)$$

beschreiben läßt. Inzwischen wurden 12-jährige Reihen von 8 Strahlungsmeßstationen des DWD entsprechend bearbeitet und die Koeffizienten berechnet, siehe Tab. 1

Tab. 1: a, b in Gl. (1) für 8 Stationen

Station	a	b	Station	a	b
Norderney	0,75	3,4	Würzburg	0,70	3,0
Hamburg	0,75	3,4	Trier	0,70	3,0
Braunschw.	0,70	3,4	Weihenst.	0,70	3,4
Braunlage	0,75	2,6	Hohenpeiß.	0,70	3,4

Aus den Unterschieden der einzelnen a und b geht hervor, daß die mittlere Wolkendicke an den norddeutschen Stationen etwas größer ist als im Süden. Als für das ganze Gebiet repräsentativ sind

$$a = 0,72 \text{ und } b = 3,2 \quad (2)$$

anzusetzen. Die mit diesen Werten nach Gl. (1) berechnete Abnahme der Globalbestrahlungsstärke mit dem Bedeckungsgrad ist in Tab. 2 wiedergegeben. Man erkennt, daß die Globalstrahlung erst ab $N > 4/8$ merklich abfällt.

Tab. 2: Globalbestrahlungsstärke $G(N)$ beim Wolkenbedeckungsgrad N im Verhältnis zum wolkenlosen Himmel, $G(0)$, in %

N	0	2	4	5	6	7	8
$G(N)/G(0)$	100	99	92	84	71	53	28

3 BESTIMMUNG DER TRÜBUNG AUS GLOBAL- UND DIFFUSER SONNENSTRAHLUNG

Um den Einfluß der Trübung auf die Globalstrahlung insbesondere bei wolkenlosem Himmel zu erfassen, benötigt man Trübungsmessungen, die jedoch nur vereinzelt vorliegen. Deshalb wurde zunächst am Beispiel Hamburg ein anderer Weg beschritten. Aus einer 12-jährigen Reihe stündlicher Meßdaten wurden die wolkenlosen Stunden ausgewählt und aus den Stundenmitteln von Globalstrahlung $G(0)$ und diffuser Sonnenstrahlung $D(0)$ die direkte Sonnenstrahlung $I(0)$ nach folgender Gleichung berechnet:

$$I(0) \cdot \sin\gamma = G(0) - D(0), \quad (3)$$

wobei γ = Sonnenhöhe zur Stundenmitte.
Aus $I(0)$ kann der Linke-Trübungsfaktor T_L mit Hilfe folgender Formel berechnet werden (KASTEN 1980):

$$T_L = (0,9 + 9,4 \cdot \sin\gamma) \cdot \ln[I_0/I(0)]. \quad (4)$$

Hierbei bedeutet I_0 die aktuelle extraterrestrische Sonnenstrahlung an dem betr. Tage, die durch den aktuellen Sonnenabstand R und die Solarkonstante $\overline{I_0} = 1,367$ kW m^{-2} gegeben ist: $I_0 = \overline{I_0} \cdot (\overline{R}/R)^2$. Durch die Gleichungen (3) und (4) ist jedem Globalstrahlungswert $G(0)$ bei wolkenlosem Himmel ein wohl definierter Trübungswert T_L zugeordnet, so daß die Meßwerte $G(0)$ mit T_L als Parameter dargestellt werden können, siehe Abb. 1.

4 GLOBALSTRAHLUNG UND TRÜBUNGSFAKTOR

Als analytische Beschreibung der in Abb. 1 dargestellten Meßergebnisse wird die Gleichung

$$G(0) = \overline{I_0} \cdot (\overline{R}/R)^2 \cdot \sin\gamma \cdot A \cdot \exp(-B \cdot T_L/\sin\gamma) \quad (5)$$

vorgeschlagen. Die Güte dieser Parametrisierungsformel kann anhand von Abb. 1 beurteilt werden, in der die ausgezogenen Kurven die eben genannte Formel für $T_L=2$, 3 und 4 darstellen.

Abb. 1: Globalbestrahlungsstärke G(0) unter wolkenlosem Himmel, aufgetragen über dem Sinus der Sonnenhöhe γ und getrennt nach Klassen des Linke-Trübungsfaktors T_L. Ausgezogene Linien: berechnet nach Gl. (5)

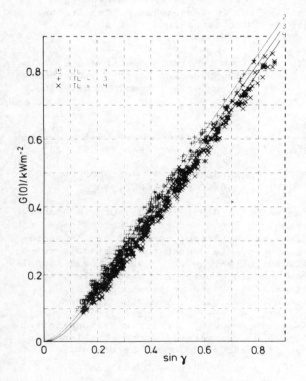

WÖRNER (1972) hat eine Parametrisierung der Form

$$G(0) = \overline{I_0} \cdot (\overline{R}/R)^2 \cdot \sin\gamma \cdot (A + B \cdot \sin\gamma) \quad (5a)$$

angegeben, bei der die Koeffizienten A und B komplizierte Funktionen des Trübungsfaktors T_L sind. SCHMETZ und RASCHKE (1978) haben

$$G(0) = \overline{I_0} \cdot (\overline{R}/R)^2 \cdot \sin\gamma \cdot A \cdot B^{1/\sin\gamma} \quad (5b)$$

angesetzt, wobei die Koeffizienten A und B von der Normsichtweite abhängen. Der Vorteil von Gl. (5) wird darin gesehen, daß sie die Globalstrahlung unter wolkenlosem Himmel explizit als Funktion des Trübungsfaktors beschreibt. A und B sind feste Konstanten, die übrigen Größen astronomisch gegeben.

Um Gl. (5) auf eine breite Basis zu stellen, wurden die Meßreihen von 14 Stationen des Strahlungsmeßnetzes des DWD herangezogen, an denen mindestens seit 1979 gleichzeitig Global- und diffuse Sonnenstrahlung registriert werden. Aus den 4 Jahren 1979 - 1982 wurden 33.998 Wertepaare G(0) und D(0) gewonnen, aus denen nach den Gln. (3) und (4) dieselbe Anzahl Wertepaare G(0) und T_L berechnet wurden. Mit diesem Kollektiv wurden die Koeffizienten A und B in der vorgeschlagenen Parametrisierungsformel (5) durch Regression ermittelt zu

$$A = 0,84 \quad \text{und} \quad B = 0,027. \quad (6)$$

5 SCHLUSS

Die Globalstrahlung wird neben der Sonnenhöhe vor allem von der Bewölkung beeinflußt. Die bereits früher für Hamburg aufgestellte Parametrisierung der Globalbestrahlungsstärke als Funktion des Bedeckungsgrades, Gl. (1), wurde für 7 weitere deutsche Stationen bestätigt und die mittleren Koeffizienten bestimmt, siehe Gl. (2).

Für die Globalbestrahlungsstärke G(0) unter wolkenlosem Himmel wurde eine einfache Parametrisierungsformel gefunden, Gl. (5), die G(0) als explizite Funktion des Linke-Trübungsfaktors darstellt. Die beiden Koeffizienten wurden aus den Meßwerten von 14 Stationen ermittelt, siehe Gl. (6).

Die beiden Gleichungen (1) und (5) stellen gemeinsam eine einfache Parametrisierung der Globalstrahlung durch Bedeckungsgrad, Trübungsfaktor und Sonnenhöhe dar, die für klimatologische Anwendungen als ausreichend genau angesehen wird.

LITERATUR

DAVE, J. V.; BRASLAU, N.: Effect of cloudiness on the transfer of solar energy through realistic model atmospheres. J. Appl. Meteor. 14 (1975) No. 3, S. 388 - 395.

KASTEN, F.: A simple parameterization of the pyrheliometric formula for determining the Linke turbidity factor. Meteor. Rundsch. 33 (1980) Nr. 4, S. 124 - 127.

KASTEN, F.; CZEPLAK, G.: Solar and terrestrial radiation dependent on the amount and type of cloud. Solar Energy 24 (1980) No. 2, S. 177 - 189.

SCHMETZ, J.; RASCHKE, E.: A method to parameterize the downward solar radiation at ground. Arch. Meteor. Geophys. Bioklim., Ser. B, 26 (1978), S. 143 - 151.

WÖRNER, H.: Die Berechnung der Globalstrahlung aus Trübungswert und Bewölkung. Pure Appl. Geophys. 93 (1972), S. 177 - 186.

EIN OBJEKTIVES ANALYSEVERFAHREN FÜR DIE MESOKLIP-VERTIKALSCHNITTE

Bernhard Vogel
Institut für Meteorologie, Technische Hochschule Darmstadt

1 ZUSAMMENFASSUNG

Im September 1979 fand in der Nähe von Mannheim das Meßexperiment MESOKLIP statt. Bei den durchgeführten Vertikalsondierungen fielen umfangreiche Datensätze verschiedener meteorologischer Variablen an, die einen Einblick in die Strömungsverhältnisse in einem mesoskaligen, topographisch strukturierten Gelände ermöglichen. Mit Hilfe eines objektiven Analyseverfahrens, bei dem bewußt auf Modellannahmen weitgehend verzichtet wird, werden konsistente Felder der drei Geschwindigkeitskomponenten, der Temperatur und der spezifischen Feuchte erstellt. Diese können später zur Verifizierung von mesoskaligen Simulationsmodellen herangezogen werden, für deren Skalenbereich es bisher an Messungen fehlte. Das dargestellte Analyseverfahren ist in seiner Anwendung keineswegs auf das MESOKLIP Experiment beschränkt.

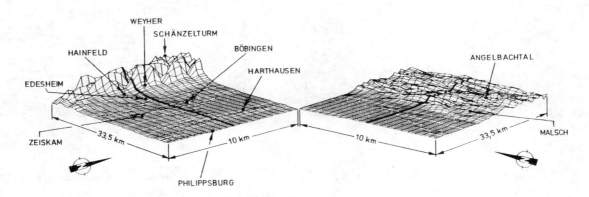

Abb. 1: Das MESOKLIP Meßgebiet

2 DAS MESSGEBIET

Die Abb. 1 zeigt die Topographie des Meßgebietes, in welchem das MESOKLIP Experiment stattfand. Markiert sind die Radiosonden- bzw. Pilotballonstationen. Dick eingezeichnet ist der MESOKLIP Meßpfad, der sich längs 49° 16' N quer durch das Rheintal erstreckt. Die geringe N-S Abweichung der Meßstationen vom Meßpfad legt es nahe, die Auswertung der Meßdaten auf ein zweidimensionales Problem zu reduzieren. Die Topographie wird daher in N-S Richtung gemittelt, die mittlere Topographie dem Meßpfad zugewiesen.

3 DAS ANALYSEVERFAHREN

Mit den zu einem bestimmten Zeitpunkt gewonnenen Meßwerten wird ein Rechengitter aufgefüllt, welches mittels einer Koordinatentransformation der Topographie angepasst ist. Das zur Analyse verwendete Extra- bzw. Interpolationsverfahren wird im folgenden kurz erläutert.

3.1 DAS AUFFÜLLEN DES RECHENGITTERS

Zunächst werden die gemessenen Profile in der Vertikalen linear interpoliert, um die Werte der jeweiligen Variable auf Flächen η=const. zu erhalten (η ist die Vertikalkoordinate im transformierten System). Anschließend werden die Werte in der Horizontalen auf die Gitterpunkte inter- bzw. extrapoliert. Hierbei wird ein von BARNES entwickeltes Verfahren verwendet, welches in mehreren Schritten abläuft. Diese werden solange wiederholt, bis die über alle Messpunkte gemittelte Differenz zwischen gemessenen und interpolierten Werten eine bestimmte Schranke unterschreitet.

3.3 BEISPIELE

Als Beispiele für die Ergebnisse des oben erwähnten Verfahrens sind in den Abbildungen 2 und 3 Felder der Geschwindigkeitskomponente in Talrichtung v dargestellt. An diesem Tag herrschte in der Höhe eine konstante Anströmung des Meßgebietes aus westlicher Richtung. Im Rheingraben selbst ist bis in eine Höhe von etwa 900m deutlich eine Kanalisierung zu erkennen.

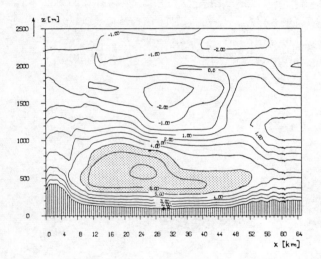
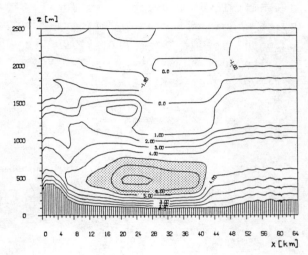

Abb. 2: v-Komp. der Geschwindigkeit 17.09.79 15.00 Uhr

Abb. 3: v-Komp. der Geschwindigkeit 17.09.79 15.30 Uhr

(punktiert: v>5m/sec)

4 DIE ERMITTLUNG DES FELDES DER VERTIKALGESCHWINDIGKEIT

Die Vertikalgeschwindigkeit entzog sich beim MESOKLIP Experiment der direkten Messung. Sie wird deshalb mit Hilfe eines Variationsverfahrens (SASAKI) aus Messungen des Horizontalwindes abgeleitet. Die Kontinuitätsgleichung für ein anelastisches Medium geht hierbei als Nebenbedingung in das Minimierungsproblem ein. Man erhält als Lösung des Variationsproblems ein divergenzfreies Geschwindigkeitsfeld, dessen quadratische Abweichung vom gemessenen Feld, über alle Gitterpunkte summiert, ein Minimum aufweist. Zu diesem Geschwindigkeitsfeld wird die Stromfunktion berechnet. In den Abbildungen 4 und 5 ist die Abweichung der Stromfunktion von deren auf η-Flächen gebildetem Mittelwert für zwei Termine dargestellt.

5 SCHLUSSBEMERKUNG

Zur Vervollständigung des Analyseverfahrens soll mit einem weiteren Variationsverfahren eine Anpassung von Temperatur- und Strömungsfeld erfolgen. Als Nebenbedingung wird hierbei $\nabla\Theta \times \nabla\Psi = 0$ gewählt werden. Physikalisch bedeutet dies, daß sich ein Luftteilchen auf Isentropen bewegt.

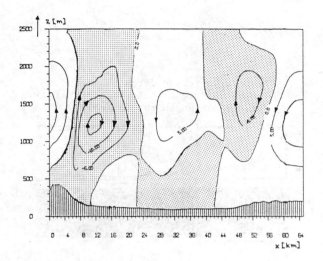

Abb. 4: Abweichung der Stromfunktion vom Mittel auf η-Flächen 17.09.79 15.00 Uhr

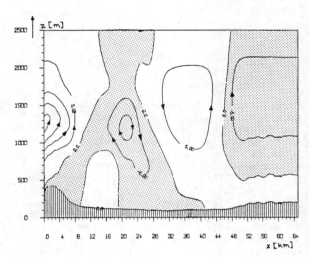

Abb. 5: Abweichung der Stromfunktion vom Mittel auf η-Flächen 17.09.79 15.30 Uhr

(punktiert: $\psi' < 0$)

6 LITERATUR

BARNES, STANLY B.
  A Technique for Maximizing Details in Numerical Weather Map Analysis
  J. Appl. Met. 3 (1958), 396-409

SASAKI, Y.
  An Objectiv Analysis Based on the Variational Method
  J. Met. Soc. Japan, 36 (1958), 77-88

WIRKUNG DER BAUSTRUKTUR AUF DAS KLEINRÄUMIGE KLIMA EINER STADT

Lutz Katzschner

Gesamthochschule Kassel, Fachbereich Stadt- und Landschaftsplanung

1. PROBLEMSTELLUNG

Durch kleinräumige Messungen in Stadtgebieten weiß man, daß das Stadtklima nicht so sehr von der großräumigen Gliederung ganzer Stadtteile geprägt wird, sondern vielmehr von
a) der kleinräumigen Struktur der Baukörper, Straßenräume und Freiräume und
b) der Oberflächenbeschaffenheit, Vegetationsausstattung und Nutzung
der städtischen Räume(Eriksen 1980,S.169).
Erst das Zusammenwirken dieser Faktoren führt zu der bekannten Übertemperatur der Stadt (Landsberg 1981,S.84 und Oke 1973,S.770), wobei die einzelnen kleinräumigen Strukturen recht unterschiedliche Auswirkungen auf die klimatischen Verhältnisse zeigen, welche auch die Dimensionen des Unterschieds Stadt-Land oftmals übersteigen.
Für die physischen Lebensbedingungen der Menschen ist gerade diese Dimension von entscheidender Bedeutung.

2. TEMPERATURVERHÄLTNISSE IM KASSELER BECKEN

Um die Wirkung einzelner Stadtteile mit ihren spezifischen Strukturen genauer erfassen zu können, wurde in Kassel ein Meßnetz mit 12 Stationen aufgebaut, welches sowohl alle Stadtquartiere umfaßt, als auch die topographische Lage berücksichtigt. Ergänzt wurde das Meßnetz durch mobile Messungen, die charakteristische Punkte der Quartiere berücksichtigten.
Abb.1 gibt einen Einblick in das Temperaturverhalten im Kasseler Stadtgebiet wieder. Die Wärmeinsel Stadt ist sowohl im Frühjahr als auch im Sommer deutlich vorhanden. Im Monatsmittel ergeben sich folgende Temperaturdifferenzen: Innenstadt-Stadtrand 2,3°C, Innenstadt-Bergstation 4,0°C und Innenstadt-Karlsaue(einer Parkanlage im tiefsten Punkt des Kasseler Beckens, nur wenige km von der Innenstadt entfernt) 2,6°C für den Juni 82.
Für den März 82 ergibt sich eine Differenz von 2,6°C zwischen Innenstadt und Stadtrand und 3,3°C von der Innenstadt zur Bergstation. Zum einen fällt auf, daß die Temperaturunterschiede im Sommer kaum größer sind als in den Übergangsjahreszeiten was auch die Untersuchungen Baumgartners(1982,S.98) ergaben, der in München im Juli 1,5°C Innenstadt-Stadtrand gemessen hat und im Oktober gar 2,0°C. Dies beweißt auch, daß nicht immer die Größe einer Stadt entscheident ist, sondern,wie auch das Beispiel der Karlsaue zeigt, die topographische Lage und die Oberflächenbe-

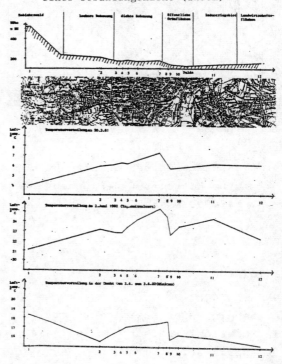

Abb. 1 Temperaturprofile durch das Kasseler Becken im Tagesmittel (oben,mitte) und einer Strahlungsnacht (unten)

Tab. 1 Beschreibung der Meßstationen im Kasseler Meßnetz

Stationsnummer	Stationsname	Lage/Oaurtierstyp
1	Herkules	Bergstation 530 m NN
2	Wahlershausen	Grünfläche eines alten Dorfkerns
3	Herkulesstr	großräumiger Hinterhof eines Geschoßwohnungsbaus
4	Goetheanlage	öffentliche Grünfläche
5	Diakonissenstr.	Hinterhof einer Gründerzeitbebauung
6	Pestalozzistr.	Hinterhof einer Gründerzeitbebauung
7	Friedrich Engels Str	Parkplatz im Cityrandbereich
8	Kölnische Str.	City
9	Karlsaue	öffentliche Parkanlage 160 m NN
10	Moritzstr.	ehemaliges Fabrikgelände
11	Bettenhausen	Industriegelände
12	Lossetal	Landwirtschaftsfläche

schaffenheit über der gemessen wurde. Bei
starker nächtlicher Ausstrahlung (Abb. 1 u.)
bildet sich über den Vegetationsflächen bodennahe Kaltluft. Zudem wird von den Hängen des
Habichtswalds und des Kaufungerwalds Kaltluft
in die bebauten Gebiete zugeführt, die sich
in den öslichen Stadtteilen stark auswirkt,
jedoch die Wärmeinsel der Stadt nicht abbauen
kann. Bei Bewölkung oder bei starken Winden
wirkt sich der Talabwind nicht aus, die
Temperaturgegensätze verschwinden hier jedoch
wegen der turbulenten Durchmischung. Dieselben
Ergebnisse wurden auch für die Stadt Regensburg erzielt (Dittmann 1982,S.108). Auch bei
Profilfahrten durch Ludwigshafen stellten
Fezer und Seitz (1977,S.16) fest, daß in
Strahlungsnächten Grünanlagen deutlich kühler
waren als ihre Umgebung, sich diese Unterschiede aber tagsüber anglichen.
Es wird deutlich, daß bei solchen Unterschieden im Mikroklima die Standorte der Hütten
enorme Bedeutung haben. Um die Representativi-
tät der einzelnen Standorte für das jeweilige
Quartier zu erhalten wurden in der Umgebung
Messungen durchgeführt und mit den Hütten-
werten verglichen. Dabei stellte sich heraus,
daß im Tagesmittel die Unterschiede gering
sind, die Abweichungen in den Extremwerten
aber bis zu 2°C betrugen. Auch sind die
Stationen in den Innenhöfen im Sommer zu
kalt im Winter zu warm (siehe Kap.4).

3. VERGLEICH UNTERSCHIEDLICHER STADTQUARTIERE

Aus dem oben erwähnten wird klar, daß die
hauptsächlichen Auswirkungen der kleinräumigen
Struktur sich auf den Tagesgang beziehen.

Abb.2 Tagesgänge der Lufttemperatur in Kassel
am 4.6.82

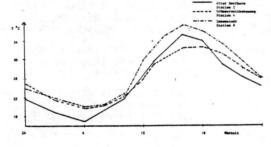

Der geschlossene Hinterhof der Gründerzeitbebauung weißt einen ausgeglichenen Tagesgang
auf. Die verminderten Strahlungsumsätze sind
dafür die Ursache. Demgegenüber hat der alte
Dorfkern im Stadtrandbereich eine große Tagesamplitude. Der Meßpunkt in der Innenstadt war
sowohl im Juni als aber auch im Februar bei
ähnlichen Messungen sowohl im Tageshöchstwert,
als auch in der Nacht der wärmste Punkt. Dies
trifft auch auf Wetterlagen mit starker Bewölkung zu.

4. AUSWIRKUNG DER BAUSTRUKTUR UND DER OBER-
FLÄCHENBESCHAFFENHEIT AUF DIE TEMPERATUR-
VERHÄLTNISSE INNERHALB EINES STADTQUARTIERS

Abb. 3 Temperaturprofile am 15.1.82 15.00Uhr
    a)Gründerzeit-   b)Einzelhausbebau-
    bebauung   ung

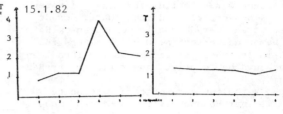

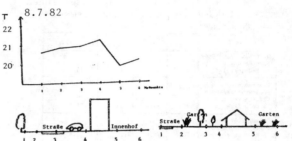

Der geschlossene Hinterhof der Günderzeitbe-
bauung besitzt ein charakteristisches Eigen-
klima. Die starke Zustrahlung der Gebäude verhindert eine nächtliche Abstrahlung wodurch
der Hof warme Nachttemperaturen aufweist. Im
Winter führt die Zustrahlung der Häuser, die
durch die Beheizung noch verstärkt wird, dazu,
daß der Innenhof wärmer ist als der Straßenraum. Dies gilt sowohl für Strahlungstage,
als auch für Nichtstrahlungstage. Im Sommer
drehen sich die Verhältnisse um. Der Innenhof
ist wesentlich kühler. Der Vergleich zu der
Einzelhausbebauung zeigt, daß auch die Temperaturunterschiede kleinräumig stärker ausgeprägt sind. Vor allem im Winter wirkt die Baustruktur dominant gegenüber der Oberflächenbeschaffenheit. Meßpunkt 1 bei der Gründerzeitbebauung ist immer leicht kühler, was
auf die dort vorhandene Baum- und Buschvegetation zurückzuführen ist. Nur in klaren Win-
ternächten führt auch dort eine fehlende Abstrahlung zu einer Erwärmung, was an der eher
einsetzenden Schneeschmelze beobachtet werden
konnte.

Tab.2 Lufttemperaturverteilung im Quartiers-
typ Gründerzeitbebauung, dazu die Som-
merwerte der relativen Feuchte(%) und
der Abkühlungsgröße (mcal/cm² s)

	11.1.82		8.7.82		
	9.00	14.00	9.00	14.00	19.00
Innenhof	-6,7	-3,0	18,4	26,0	24,6
Straßenraum	-7,5	-3,5	19,3	26,3	26,6
Innenhof			77	53	55
Straßenraum	rel.Feuchte		76	46	45
Innenhof				3,3	6,2
Straßenraum	Abkühlungsgröß			2,6	4,5

Die Tab.2 stellt nocheinmal die Verhältnisse des Quartiertyps Gründerzeitbebauung dar. Im Sommer als auch im Winter sind die größten Temperaturgegensätze zwischen Straßenraum und Innenhof nachts. Tagsübergleichen sich die Werte wieder etwas an. Die Wintermessungen wurden bei einer ausgesprochenen Inversionswetterlage durchgeführt. Gerade hier waren die höheren Temperaturen im Hof am bemerkenswertesten. Die Abkühlungsgröße ist im Innenhof, trotz der dort vorhandenen Windschwäche, deutlich höher als im Straßenraum.

Tab.3 Verhalten der Lufttemperaturen bei einer Hochsommerlichen Hitzeperiode vom 4.6.-9.6.82 in der Kasseler Innenstadt. Gemessen mit einem Assmannpsychrometer in 1 m Höhe

	6.00	12.00	20.00 h	Tagesmittel
Öffentliche Gebäude Bezeichnung S (6 Meßpunkte)	17,4	32,2	27,6	25,7
Mischnutzung aus Kleingewerbe/Wohnen Bezeichnung F (5 Meßpunkte)	17,4	32,4	26,9	25,9
Öffentliche Anlage Bezeichnung H (6 Meßpunkte)	16,6	29,6	27,0	24,4

Aufschlüsselung der Einzelmeßpunkte für den 4.6.1982

Beschreibung der Meßstandorte	T_{max} °C	rel.F	T_{min} °C	rel.F.
S_1: Asphalt (Parkplatz)	32,4	31	28,6	45
S_2: Bauschutt (Parkplatz)	32,2	32	26,9	50
S_3: Beifußgestrüpp mit angrenzender Verwaldung	32,2	44	23,8	67
S_4: Asphalt/Hangvegetation	33,0	35	26,2	52
S_5: Plastersteine	33,4	26	28,1	44
S_6: Betonplatten	33,2	21	28,7	42
F_1: Hecke 60 cm hoch	32,6	28	28,8	43
F_2: Betonplatten (Gehweg)	33,6	25	29,6	39
F_3: Asphalt (Hinterhof/Gewerbe)	34,5	21	29,5	40
F_4: Wiese (Hinterhof)	30,7	27	26,3	52
F_5: Asphalt im Wohnbereich	34,1	18	28,4	42
H_1: Wiese am Fuldaufer	31,1	38	26,8	53
H_2: Pflastersteine	30,8	32	28,5	44
H_3: Wiese mit Bäumen	32,0	38	25,7	61
H_4: Wald am Fuldahang	29,1	40	25,5	57
H_5: Platten/Asphalt	31,4	21	27,2	47
H_6: kurzer Rasen	31,9	26	25,0	59

Die Tabelle bestätigt die Tatsache, daß Mittelwerte nicht immer ausreichende Aussagen machen. Alle Meßbereiche liegen in einer Entfernung von ca. 3 km. Im Mittel liegen die öffentlichen Anlagen, die in der Nähe der Fulda sind, in ihren Lufttemperaturen deutlich unter denen der City und des Cityrandgebietes. Die Fuldanähe als auch der überwiegende Anteil der Vegetation sind hier ausschlaggebend. So fand auch Dittmann(1982,S.88), daß dieselben Materialien in Wassernähe und in der Innenstadt von Regensburg anders reagieren. Die Temperaturen waren ca.3°C in der Innenstadt über Pflaster wärmer,als über demselben Material in Donaunähe.

Die höhere Wärmespeicherkapazität der Innenstadt wirkt sich im Mittel doch recht stark aus. Trotzdem waren die höchsten Temperaturdifferenzen ebenfalls in der City. Innerhalb der Buschvegetation auf einer innerstädtischen Brachfläche traten Nachts die kältesten Temperaturen überhaupt auf.

Im Gegensatz zu Sperber(1974,S.175) wurde bei den Messungen in der Innenstadt festgestellt, daß die kurzgemähte Wiese heißer wurde als der benachbarte Parkplatz. Was mit Frühjahrsmessungen übereinstimmt bei denen, wegen der sehr geringen Wärmespeicherkapazität, eine rasche Erwährmung in den Vormittagsstunden gemessen wurde. Im Hinterhofbereich des Cityrandgebietes wirkt sich die Wiese demgegenüber im Juni temperaturerniedrigend aus. Dies wurde im Vergleich zu einem benachbarten Hinterhof mit Kleingewerbe (Meßpunkte F_3 und F_4) herausgefunden.

5. SCHLUSSBETRACHTUNG

Bei den Ausführungen der Messungen wurde gleichzeitig versucht das Verhalten der Bewohner und Passanten zu studieren. Generell kann man davon ausgehen, daß dort wo ein differenziertes Kleinklima vorhanden ist, die Freiräume intensiver genutzt werden. Dies hängt hauptsächlich damit zusammen, weil dort die Menschen schnell ihre Behaglichkeit finden können ohne weite Wege gehen zu müssen. So entscheidet über das positive Bioklima nicht immer die Mitteltemperatur, sondern vielmehr ob klimatische Ausgleichsflächen schnell

LITERATURNACHWEISE

BAUMGARTNER u.a.: Stadtklima Bayern, Lehrstuhl für Bioklimatologie der Universität München, 1983

Dittmann,Ch.: Stadtklima und Luftverunreinigung, Bd 41 Regensburger Naturwissenschaften, 1982

Eriksen,W.: Klimamodifikation im Bereich von Städten, Technische Akademie Wuppertal, 1982

Fezer,Seitz: Gutachten über das Stadtklima von Ludwigshafen, Geograph. Institut Heidelberg, 1977

Landsberg,H.: The urban climate, Int.Geophys. Ser.Vol.28,1981

Oke,T.R.: City size an urban heat island Atm.Environm. 7,1973

Sperber,H.: Mikroklimatisch- ökologische Untersuchungen der Grünanlagen Bonns, Diss.Landw.Fakultät der Universität Bonn, 1974

SYNTHETISCHE KLIMAFUNKTIONSKARTEN FÜR DAS RUHRGEBIET
Peter Stock, Wolfgang Beckröge
Kommunalverband Ruhrgebiet, Kronprinzenstraße 35, 4300 Essen 1

Die konkurrierenden Nutzungsansprüche auf die Flächen im Ballungsraum sind groß. Unter dem Gesichtspunkt der Erhaltung und Verbesserung der natürlichen Lebensgrundlagen im Ruhrgebiet wird eine kleinräumige Darstellung der klimatischen Situation gefordert. Die komplexe Flächennutzungsstruktur im städtischen Raum erfordert deshalb auch eine komplexe und aufwendige Meßtechnik, die im allgemeinen nicht bereitsteht. Beim Kommunalverband Ruhrgebiet werden deshalb die "Synthetischen Klimafunktionskarten" entwickelt. Dabei wurde davon ausgegangen, daß jede Fläche mit homogenen Nutzungsstrukturen und einheitlicher Orographie auch eine ganz spezifische klimatische Funktion erfüllt (Klimatop). Die Klimafunktionen von Freiflächen, Wäldern und Siedlungen und z.B. Tälern sind häufig beschrieben worden (GEIGER 1961).

Ohne flächendeckende Messungen können aber flächenbezogene Aussagen nicht gemacht werden. Deshalb hat der Kommunalverband Ruhrgebiet schon seit 1970 große Teile des Ruhrgebietes mit IR-Scannern aufnehmen lassen (STOCK, PLÜCKER 1978). Durch die flächenhafte Aufnahme und die kurze Aufnahmedauer ist es möglich, Oberflächentemperaturen und thermische Strukturen des aufgenommenen Gebietes zu gewinnen, miteinander zu vergleichen und letztlich zu kartieren (MAHLER 1977, STOCK 1982 b, STOCK 1982 c). Damit aber erhält man erste Informationen über die Klimafunktion, wenn auch nur über Oberflächentemperaturen (GEHRKE 1982). Die Beschreibung dieser Klimafunktion erfordert wenigstens zwei Befliegungen, eine zum Zeitpunkt der maximalen Aufheizung und eine zum Zeitpunkt der maximalen Abkühlung. Die hierfür nötige autochthone Schönwetterlage zur Vegetationsperiode ist nicht nur meßtechnisch Bedingung, sondern wir erwarten auch, daß die Aufnahmen Modellcharakter haben. Darüber hinaus ist der flächenhaften Auswertung der Wärmebilder, z.B. für Essen, eine Meßkampagne (Meßwagen und Stationen) zur Seite gestellt, mit der in abgestufter Form gezielt die zu erwartenden Auswirkungen der Flächen verifiziert und/oder erweitert werden.

Für Essen wurden über 60 Meßfahrten durchgeführt, wobei an ca. 300 Punkten Temperatur, relative Feuchte, Strahlung, Windgeschwindigkeit und -richtung sowie Oberflächentemperaturen mit unserem Meßfahrzeug ermittelt wurden. Für besonders wichtige Bereiche können auch horizontale Temperaturprofile in feinster kontinuierlicher Auflösung erfaßt werden.

Die wichtigen statistischen Informationen über Temperatur, Feuchte, Wind erfassen wir in Essen an 11 Stationen unterschiedlicher Betreiber. Die Lage der Stationen wurde dabei nach Möglichkeit so gewählt, daß sie repräsentative Aussagen für bestimmte Typen von Klimatopen erwarten lassen.

Mit bisher 60 Aufstiegen in und am Rande von Essen sind Temperatur, Feuchte und Windprofile bis in eine Höhe von 2.000 m im Tagesgang an austauscharmen Hochdruckwetterlagen durch das Wetteramt Essen durchgeführt worden. Sie erbringen wichtige Informationen zur Grenzschicht über der Stadt.

Wir sind mit diesen 4 Meßmethoden in der Lage, praktische Fragestellungen sowohl flächenhaft, räumlich als auch im zeitlichen Verlauf zu beantworten. In konzentrierter und verallgemeinerter Form fließen die Ergebnisse der

Messungen in der "Synthetischen Klimafunktionskarte" zusammen. Indem sie die Flächen (Klimatope) durch ihre Klimafunktion beschreibt, können sie auch klar voneinander abgegrenzt werden. Die für die Stadt wichtigsten dynamischen Vorgänge können durch Signaturen, Histogramme etc. in die Karte eingebracht werden.

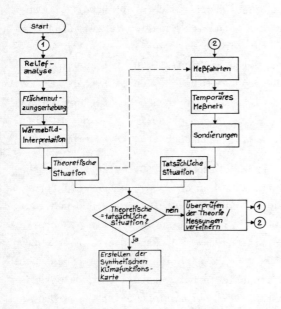

Abb. 1: Ablaufplan zur "Synthetischen Klimafunktionskarte"

Die darüber hinaus je nach Untersuchungsaufwand anfallenden Detailkarten, Tabellen etc. sind so ohne weiteres in den Raum integrierbar. Damit ist nach unserer Ansicht die Problematik aufgelöst, die darin besteht, daß die Messung von Klimaelementen im städtischen Raum nie zu eindeutig abgrenzbaren Gebieten führt und daher für die Raumplanung oft zu diffus bleibt.

GEHRKE, A.: Klimaanylse Stadt Duisburg. Planungshefte Ruhrgebiet, Kommunalverband Ruhrgebiet, Essen 1982

GEIGER, R.: Das Klima der bodennahen Luftschicht. Braunschweig 1961

MAHLER, G.; STOCK, P.: Oberflächentemperaturverhalten städtischer Flächen. Bauwelt Heft 36, 1977

STOCK, P.; PLÜCKER, K.: Wärmeaufnahmen des Ruhrgebietes für die regionale und städtische Umweltplanung. Int.Jahrb.f.Kartogr. XVIII, Bonn - Bad Godesberg 1978

STOCK, P.: Beispiele des Einsatzes von Thermaldaten im Ruhrgebiet. ARL-Beiträge 62, Hannover 1982 (a)

STOCK, P.: Erläuterungen zur synthetischen Klimafunktionskarte Hagen. Kommunalverband Ruhrgebiet, unveröff. Bericht 1982 (b)

STOCK, P.: Untersuchungen zum Stadtklima von Lünen. Kommunalverband Ruhrgebiet, unveröff. Bericht 1982 (c)

DIE BEEINFLUSSUNG EINER STÄDTISCHEN WÄRMEINSEL DURCH NÄCHTLICHE
KALTLUFTABFLÜSSE   -   EIN NUMERISCHES SIMULATIONSEXPERIMENT

G. Groß

Technische Hochschule Darmstadt, Institut für Meteorologie

Mit Hilfe eines nichthydrostatischen, mesoskaligen, numerischen Simulationsmodells wird der Einfluß nächtlicher Kaltluftabflüsse auf die Felder der meteorologischen Variablen wie Temperatur, Wind, etc. über und um eine städtische Wärmeinsel untersucht. Anhand der Ergebnisse mehrerer Simulationen mit gleichen meteorologischen Bedingungen (Stadt in einer Ebene, Stadt in einem Tal, Tal ohne Stadt) wird in Vertikalschnitten gezeigt, welche relativ starken Einflüsse schon sehr schwache Kaltluftströme auf das Stadtklima haben. Aus Rechenzeitgründen mußten die Simulationen auf zweidimensionale beschränkt bleiben.

1. Das Modell

Das verwendete numerische Simulationsmodell FITNAH beschreibt die mesoskaligen atmosphärischen Prozesse durch ein System von gekoppelten partiellen Differentialgleichungen für die Geschwindigkeitskomponenten u, v und w, die Druckstörung p', die potentielle Temperatur ϑ und die spezifische Feuchte s. Zur Aufstellung dieses Systems wurden verwendet die drei Navier-Stokesschen Gleichungen, die Kontinuitätsgleichung mit der anelastischen Approximation, der erste Hauptsatz der Thermodynamik und eine Bilanzgleichung für den Wasserdampf. Subskalige Prozesse werden mit einem Gradientansatz und einer Mischungsweghypothese parametrisiert. Die Temperatur am Erdboden bestimmt sich aus der Energiestrombilanz. Eine vollständige Beschreibung des Modells findet man bei WALLBAUM (1982) und GROSS (1982).

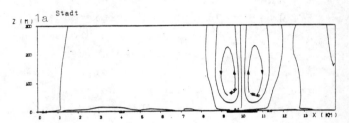

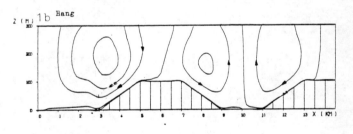

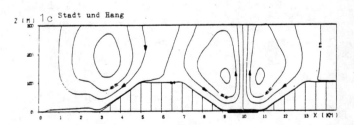

Abb. 1 Stromfunktion in kg $m^{-1}s^{-1}$ 10^{-3}
"Stadt" von x=9.25 km bis x=10.75 km

2. Simulationsergebnisse

Für die numerischen Experimente wird eine Reihe von Eingabegrößen, sowohl meteorologische als auch solche die den Standort beschreiben, benötigt. Erstere werden so gewählt, daß die Verhältnisse einem wolkenlosen Herbsttag entsprechen. Gestartet werden die Simulationen um 18 Uhr mit einer windstillen, stabil geschichteten Atmosphäre. Die "Stadt" wird als Gebiet mit einer erhöhten Rauhigkeit und einer anthropogenen Wärmeproduktion behandelt.

2.1 Die Beeinflussung des Strömungsfeldes

In Abb.1 sind die Felder der Stromfunktion um 6 Uhr für die drei unterschiedenen Fälle in Vertikalschnitten dargestellt. Die Zirkulation einer Wärmeinsel zeigt 1a, während in 1b die Kaltluftabflüsse von den Hängen zu erkennen sind; als Überlagerung der Effekte von 1a und 1b resultiert das Simulationsergebnis 1c. Diese Überlagerung ist noch deutlicher in der Abb. 2b zu erkennen. Hier ist der Verlauf der Horizontalgeschwindigkeitskomponente u in 32 m über Grund um 6 Uhr dargestellt. Positive Werte bedeuten eine Strömung von links (West) nach rechts (Ost).

Die Hangabwinde verstärken den nächtlichen Transport von frischer Luft aus dem Umland in das Stadtgebiet und tragen deshalb zu einer Verbesserung des Stadtklimas bei. Nach Sonnenaufgang wird der Osthang stärker erwärmt als die Westhänge und damit verbunden ist die unterschiedliche Intensität der sich nun einstellenden Hangaufwinde (Abb.2d).

2.2 Die Beeinflussung des Temperaturfeldes

Die sich ausbildenden nächtlichen Kaltluftabflüsse haben einen ganz markanten Einfluß auf die Temperaturverteilung um und in einer Stadt. Selbst bei dem hier betrachteten relativ flachen Hang bewirkt die von

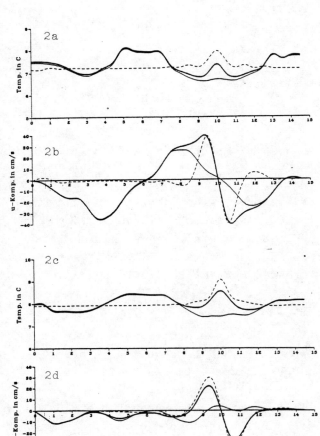

Abb.2 T(x) und u(x) in 32m über Grund um 6 Uhr (2a, 2b) und um 7 Uhr (2c, 2d)

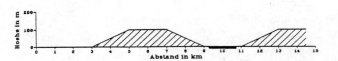

diesem abfließende Luft eine Abkühlung gegenüber dem horizontalen Gelände in der Stadtmitte von 0.6 K um 6 Uhr (Abb.2a). Auch den sog. Cross-Over-Effekt, bei welchem oberhalb einer Höhe von einigen Dekametern (hier ca 100 m) die Temperatur über der Stadt kälter ist als über dem Umland, ist erkennbar, siehe Abb.3.

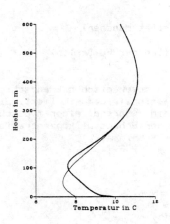

Abb.3 T(z) in Stadtmitte (x=10 km)

      ---- Stadt

      —— Stadt in einem Tal

3. Literaturverzeichnis

GROSS, G.; KRAUS, C.; WIPPERMANN F.: Die numerische Simulation nächtlicher Kaltluftabflüsse. Eine Untersuchung der Sensitivität des Modells FITNAH für extrem schwache Strömungen. Bonnenberg + Drescher, Aldenhoven Ber. zum "Abwärmeprojekt Oberrhein" des Umweltbundesamtes, Nr.25, 1982

LANDSBERG, H.E.: The Urban Climate, Academic Press, New York, 1981

"Stadtklima" promet, Heft 4, 1979, S.1-26

WALLBAUM, F.: Numerische Simulation atmosphärischer Strömungen im Mesoscale-γ
Dissertation, Inst.f. Meteorologie, TH Darmstadt, 1982

NUMERISCHE SIMULATION REGIONALER WIND- UND IMMISSIONSFELDER IN DER REGION UNTERMAIN

Dietrich Heimann
(Meteorologisches Institut der Universität München)
Felicitas Wilcke
(Institut für Geophysikalische Wissenschaften der FU Berlin)

Zusammenfassung:
Mit einem mesoscaligen Zweischichten-Modell der atmosphärischen Grenzschicht werden topographisch beeinflußte Wind- und Immissionsfelder simuliert. Eine exemplarischen Anwendung auf die Region Untermain während einer typischen gradientschwachen Wetterlage zeigt den Tagesgang der Schadstoffkonzentration.

1. EINLEITUNG

Ausbreitungsmodelle haben sich bereits vielfach als nützliche Hilfsmittel bei der Abschätzung der Immissionsbelastung erwiesen. Sie simulieren die Verteilung von Luftbeimengungen bei gegebenen Strömungs- und Turbulenzverhältnissen.
Werden Belastungsgebiete betrachtet, die topographisch gegliedert sind, so sind die Strömungsverhältnisse bedingt durch thermische Zirkulationssysteme, Leitwirkungen oder Kanalisierungen in der Regel inhomogen. Dies hat zur Folge, daß die Ausbreitungsrechnung mit der Simulation der mesoscaligen meteorologischen Strukturen gekoppelt sein muß, und daß die Transportgleichung für Luftschadstoffe unter Berücksichtigung der Inhomogenität und Instationarität zu lösen ist.

2. MODELLBESCHREIBUNG

2.1 Das meteorologische Modell

Für den Zweck der numerischen Simulation der für die Ausbreitungsrechnung relevanten mesoscaligen Felder, d.h. insbesondere des Windes, der Mischungshöhe und der Turbulenzparameter, wurde ein zeitabhängiges Zweischichten-Modell konzipiert (HEIMANN, 1981). Die auf der Erdoberfläche aufliegende Schicht (Prandtl-Schicht) hat eine konstante Mächtigkeit von 50 m, während die darüberliegende Ekman-Schicht eine zeit- und ortsabhängige Obergrenze hat, die ihre Höhe durch Advektion, Konvektion und turbulentes Entrainment ändern kann. Oberhalb der beiden Rechenschichten wird eine stabil geschichtete Atmosphäre mit geostrophischen Windverhältnissen angenommen. Der horizontale Windvektor v und die potentielle Temperatur θ sind innerhalb der jeweiligen Schicht und innerhalb der Gitterquadrate von 4 km Seitenlänge als Volumenmittelwerte definiert.
Im folgenden Gleichungssystem bedeutet der Index $k=1$ die Prandtl-Schicht und $k=2$ die Ekman-Schicht:

$$\frac{\partial v_k}{\partial t} = -v_k \cdot \nabla v_k + f \mathbf{k} \times (v_g - v_k) - c_p \theta_k \nabla \pi_{k+1/2} - g \nabla z_{k+1/2}$$
$$- \frac{\theta_{k+1} - \theta_k}{\theta_{k+1}} g \nabla z_{k+1/2} + \frac{g h_k}{2 \theta_k} \nabla \theta_k + \frac{F_{Mk-\frac{1}{2}} - F_{Mk-\frac{1}{2}}}{h_k} + D_M$$

$$\frac{\partial \theta_k}{\partial t} = -v_k \cdot \nabla \theta_k - w_{1\frac{1}{2}} \delta \frac{\theta_2 - \theta_1}{h_k} + \frac{F_{Hk+\frac{1}{2}} - F_{Hk-\frac{1}{2}}}{h_k} + D_H$$

$$\delta = 1 \text{ für } \begin{cases} k=1 \text{ und } w_{1\frac{1}{2}} < 0 \\ k=2 \text{ und } w_{1\frac{1}{2}} > 0 \end{cases} \quad \delta = 0 \text{ sonst}$$

$$h_1 = \text{const} = 50 \text{ m}$$

$$\frac{\partial h_2}{\partial t} = -v_2 \cdot \nabla h_2 + w_{2\frac{1}{2}} + \left.\frac{\partial h_2}{\partial t}\right|_{\text{entr}} + \left.\frac{\partial h_2}{\partial t}\right|_{\text{conv}}$$

$$w_{k+1/2} = w_{k-1/2} - \nabla \cdot v_k \qquad w_{1/2} = 0$$

Die Exnerfunktion $\pi_k = (p_k/p_0)^{0.28}$, die Vertikalgeschwindigkeit w und die vertikalen Flüsse des Impuls F_M und der Wärme F_H sind jeweils an der Grenzfläche zwischen den Rechenschichten definiert. Die Berechnung von π_k erfolgt hydrostatisch, wobei der Luftdruck in 4 km Höhe konstant gesetzt ist. Die vertikalen Flüße werden über 'bulk'-Ansätze bestimmt. Die diabatische Erwärmung bzw. Abkühlung wird über die Temperatur der Erdoberfläche gesteuert, die in ihrem zeitlichen Verlauf abhängig von der Landnutzung vorgegeben wird.
Das Gleichungssystem wird numerisch mit Gegenstromdifferenzen in den Advektionstermen, zentralen Differenzen in den Druck-, Divergenz- und Diffusionstermen, und Vorwärtszeitschritten gelöst. An allen seitlichen Rändern werden die Normalgradienten Null gesetzt.

2.2 Das Ausbreitungsmodell

Die Bilanzgleichung für die Luftbeimengung (hier Schwefeldioxid) wird im meteorologischen Modell mitgeführt und zusammen mit den übrigen Gleichungen gelöst:

$$\frac{dq_k}{dt} = \frac{F_{Qk+\frac{1}{2}} - F_{Qk-\frac{1}{2}}}{h_k} + \text{Emission} - \text{chem.Umwandl.} - \text{Depos.}$$

q_k ist das Schichtmittel des Schadstoffmischungsverhältnis. Die vertikalen Flüsse werden analog zu denen für Wärme berechnet. Die Emission wird je nach der Höhe der Emittenten der Prandtl-Schicht oder der Ekman-Schicht zugeführt und sofort innerhalb des betroffenen Gittervolumens vermischt. Emittenten, die über die Mischungsschicht hinausragen, bleiben unberücksichtigt. Chemische Abbauprozesse und Deposition sind vorgesehen.
Bei der numerischen Lösung wird für den Advektionsterm ein Schema nach SMOLARKIEWICZ (1982) herangezogen, das nur eine geringe implizite Diffusion verursacht.

3. DAS ANWENDUNGSGEBIET

Das gekoppelte mesoscalige Strömungs- und Ausbreitungsmodell soll auf die Main-Taunus-Region angewandt werden. Dieses Gebiet weist für Testrechnungen günstige Voraussetzungen auf: Es ist topographisch gegliedert (Taunus <bis 880 m>, Main- und Rheintal) und als industrialisierter Ballungsraum (Frankfurt, Offenbach usw.) auch aus lufthygienischer Sicht interessant. Für das 68 x 68 km² grosse Areal werden die topographischen Daten mit einer Auflösung von 4 x 4 km² vorgegeben. In dem 40 x 28 km² großen Teilgebiet "Region Untermain) existiert ein Emissionskataster für Schwefeldioxid (RPU, 1974).

Eine ausführliche Beschreibung der regionalen Klimatologie und der Immissionssituation ist im 6. Arbeitsbericht der RPU (1977) und speziell in Hinblick auf mesoscalige Modellrechnungen bei WILCKE (1981) zu finden.

4. EXEMPLARISCHE SIMULATION

Anhand einer 21-stündigen Simulation eines von starken Temperaturschwankungen geprägten Tages mit leichter Anströmung (v_g = 4 m/s) aus östlichen Richtungen werden die Möglichkeiten des Modells demonstriert.

Abb. 1 zeigt den zeitlichen Verlauf der SO_2-Konzentration der Prandtl-Schicht im Frankfurter Stadtgebiet. Der Anstieg gegen 7 Uhr entspricht einerseits dem Tagesgang der Emission, andererseits fallen die hohen Konzentrationswerte zeitlich mit der Labilisierung der Grenzschicht zusammen, was zu einem Herabmischen stärker belasteter Luft aus der Ekman-Schicht führt.

Abb. 2 stellt die Strömungssituation und die Immissionsverteilung am Vormittag (10 Uhr) dar. Die Windpfeile beziehen sich, wie auch die Immissionswerte, auf das vertikale Mittel der Prandtl-Schicht. Die Strömung ist im westlichen Teil der Region durch die Leitwirkung des Taunus geprägt. Das Maximum der SO_2-Konzentration liegt, der Windrichtung entsprechend, südwestlich Frankfurts. Sechs Stunden später, um 16 Uhr, hat sich die Schichtung weiter labilisiert. Demzufolge weisen die Windvektoren eine zu den Taunushängen gerichtete Komponente auf (Abb. 3). Das Konzentrationsfeld ist im Gegensatz zum Vormittag schwächer ausgeprägt. Dies ist eine Folge der stärkeren vertikalen Durchmischung. Deutlich erkennbar ist die Spur der Abgasfahne eines größeren Emittentenkomplexes südlich von Hanau.

LITERATUR:

HEIMANN, D.   Ein Zweischichten-Modell zur Simulation regionaler Windsysteme als Grundlage für Ausbreitungsrechnungen
Inst.Geoph.Wiss.,FU Berlin, 1981
unveröffentlicht

Regionale Planungsgemeinschaft Untermain (RPU)   Lufthygienisch-meteorologische Modelluntersuchung in der Region Untermain
5.Arbeitsbericht, Frankfurt a.M., 1974

Regionale Planungsgemeinschaft Untermain (RPU)   Lufthygienisch-meteorologische Modelluntersuchung in der Region Untermain
6.Arbeitsbericht, Frankfurt a.M., 1977

SMOLARKIEWICZ, P.K.   A simple positive advection scheme with small implicit diffusion
N.C.A.R., Boulder, USA, 1982

WILCKE, F.   Die Lokalwindzirkulation im Raum Frankfurt am Main und der Versuch ihrer numerischen Simulation
Inst.Geoph.Wiss.,FU Berlin, 1981

Diese Arbeit ist ein Teil des Vorhabens "Untersuchung der Ausbreitung von Luftbeimengungen unter Berücksichtigung von Geländeformen" das vom Umweltbundesamt gefördert wird.

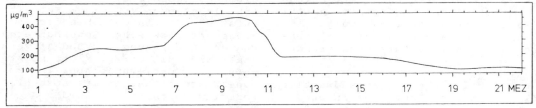

Abb. 1: Simulierter Tagesgang der SO_2-Konzentration im Zentrum Frankfurts

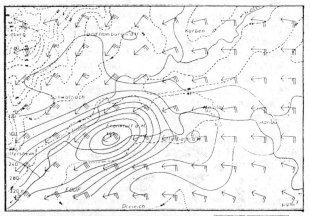

Abb. 2: Wind- und Immissionsfeld der Prandtl-Schicht in der Region Untermain um 10 Uhr

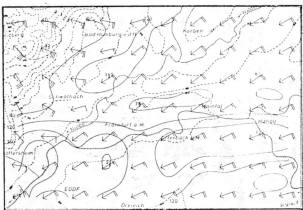

Abb. 3: Wind- und Immissionsfeld der Prandtl-Schicht in der Region Untermain um 16 Uhr

IN SITU-MESSUNGEN MIT EINER FESSELBALLON-SONDE
ÜBER DEM STADTGEBIET VON KÖLN

G. Kramm

Institut für Meteorologie und Geophysik
der Universität Frankfurt/M.

Die Wettersituation der Stadt ist gegenüber der des geringer bebauten Umlandes durch mehr oder weniger stark differierende Zustandsgrößen gekennzeichnet. Dies ist eine Folge der unterschiedlichen Oberflächeneigenschaften wie Albedo, Rauhigkeitshöhe und Bodenkonstanten und dem damit verbundenen Einfluß auf die internen Transportprozesse. Häufig werden diese Änderungen noch durch anthropogen erzeugte Wärme sowie Luftverunreinigungen verstärkt. Besonders markante Effekte sind dabei die im Vergleich zum Umland höhere Temperatur der Stadt (Wärmeinsel) und die Zunahme austauscharmer Wettersituationen mit erhöhten Spurengas- und Aerosolkonzentrationen.

Seit 1976 wird der vertikale Aufbau der atmosphärischen Grenzschicht (ABL) über dem Kölner Stadtgebiet vom Institut für Geophysik und Meteorologie der Universität zu Köln aus in verstärktem Maße experimentell untersucht. Im Rahmen dieser Arbeiten wurden in der Zeit vom 29.8.79 bis zum 1.9.79 Fesselballonmessungen zur diagnostischen Untersuchung der Schichtungs- und Strömungsverhältnisse und zur Verifikation von SODAR-Sondierungen (Sonic Detection And Ranging) vom Beobachtungsdach des Instituts aus durchgeführt.

Die Meßstelle liegt ca. 2 km südwestlich des Kölner Doms, am Rande des inneren Grüngürtels, der die Innenstadt zu den Vororten hin abgrenzt. Das Meßgebiet ist stark inhomogen und aerodynamisch sehr rauh. Die mittlere Bebauungshöhe beträgt ca. 15 m, wobei vereinzelt bis zu 140 m hohe Bauwerke herausragen.

Tabelle 1:

Meßgröße	Einheit	Sensorart	absolute Genauigkeit
Druck	Pa	piezoresistiver Druckwandler	± 50
Temperatur	K	IC-Temperaturwandler	± 0.3
rel. Feuchte	%	Dünnschicht-Kondensator	± 2.5
Windgeschwindigkeit	m/s	Schalenstern-anemometer	± 0.2
Windrichtung	Grad	Magnetkompaß	± 4.1

Bei der Meßwerterfassung wurde eine 5-Kanal-Sonde eingesetzt, die am Kölner Institut entwickelt wurde (KRAMM, 1980). Die in der Sonde verwendeten Meßfühler und deren absolute Genauigkeiten, die auf eigenen Tests basieren, sind in Tabelle 1 aufgelistet.

Das Erfassen und Aufbereiten der Signale sowie das drahtlose Übermitteln der digitalisierten Signalspannungen zur Bodenstation wurde beim Meßvorgang von der Sondenelektronik selbsttätig gesteuert. Dabei betrug das Abfrageinterval 2.2 s, was bei einer mittleren Vertikalgeschwindigkeit des Fesselballons von 0.5 m/s zu einem mittleren Abstand von Meßniveau zu Meßniveau von 1.1 m führte. Die am Boden empfangenen Signale wurden von einem Tischrechner über IEEE-Bus übernommen, gespeichert und nach der Skalierung auf einem Plotter graphisch dargestellt.

Während der Meßkampagne wurden 20 ABL-Sondierungen durchgeführt. Abb. 1 zeigt zwei für die Meßkampagne typische Sondierungsergebnisse. Die Profile in Abb. 1a stammen von einem Fesselballonaufstieg, der in der abendlichen Übergangsphase, zwischen Sonnenuntergang und der Entstehung der Bodeninversion, stattfand. Mit der um Mitternacht durchgeführten Sondierung (Abb. 1b) konnte eine Wettersituation mit ausgebildeter Bodeninversion erfaßt werden.

Die turbulenten Flüsse von Impuls, sensibler und latenter Wärme wurden im Sinne der K-Theorie bestimmt, mit Eddy-Diffusionskoeffizienten für Impuls (K_m), sensibler Wärme (K_h) und Feuchte (K_q) nach Ansätzen von KRAMM und HERBERT (1982). Als Schließungsbedingung wurde BLACKADAR's (1962) Interpolationsformel für den Mischungsweg bei neutraler Schichtung in einer dem Meßgebiet angepaßten Form verwendet. Um mit zunehmender Höhe größere Δz-Schritte für die problematische Gradientbildung der einzelnen Variablen verwenden und dennoch mit gleichen Gitterabständen rechnen zu können, wurde die auf die typischen Verhältnisse der ABL zugeschnittene 'log-lin'-Variablentransformation nach TAYLOR und DELAGE (1971) vorgenommen.

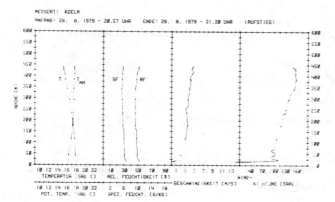

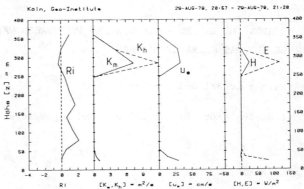

Abb. 2: Berechnete Vertikalprofile der Richardson-Zahl Ri, der Eddy-Diffusionskoeffizienten K_m, K_h und $K_q = K_h$ sowie der turbulenten Flüsse von Impuls (u_*), sensibler und latenter Wärme (H und E)

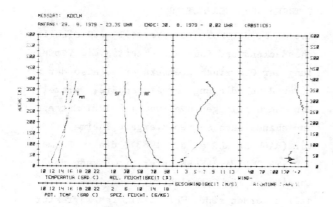

Abb. 1: Fesselballonsondierungen über dem Kölner Stadtgebiet vom 29. 8. 1979
a) 20:57 - 21:20 Ortszeit
b) 23:35 - 00:02 Ortszeit

Die zur Auswertung notwendigen Parameter wie bodennahe Schubspannungsgeschwindigkeit u_{*0}, Rauhigkeitshöhe z_0 und Nullpunktsverschiebung d wurden mit einem Verfahren zur Lösung nichtlinearer Ausgleichsprobleme, das auf den Beziehungen der 'constant-flux'-Theorie basiert, aus den Meßdaten von Wind, Temperatur und Feuchte bis zu einer Höhe von 35 - 40 m bestimmt. Für die in Abb. 1a dargestellte Sondierung wurden z. B. folgende Werte berechnet:

$u_{*0} = 0.268$ m/s; $z_0 = 1.38$ m; $d = 14.08$ m

$\Theta_{*0} = -0.021$ K; $q_{*0} = -0.181$ g/kg

Abb. 2 zeigt die aus den Messungen von Abb. 1a berechneten Vertikalprofile der Richardson-Zahl Ri, der Eddy-Diffusionskoeffizienten K_m, K_h und $K_q = K_h$ sowie der turbulenten Flüsse von Impuls (u_*), sensibler und latenter Wärme (H und E).

Folgende Ergebnisse sind bemerkenswert: Im Vergleich zur neutralen oder instabilen Luftschichtung weisen die Windrichtungsprofile bei stabil geschichteter Luft wegen fehlender konvektiver Prozesse erheblich kleinere Schwankungen auf. Außerdem zeigt sich, daß für stabile, inversionsfreie Wettersituationen der Wind mit zunehmender Höhe mit 60 - 120 Grad für ca. 400 m Höhenunterschied viel stärker nach rechts dreht als bei neutraler oder instabiler Schichtung. Das Entstehen von Bodeninversionen in den Abendstunden führt um Mitternacht zu 'low-level-jet'-ähnlichen Windverhältnissen, mit einem sekundären Windmaximum innerhalb und einem sekundären Windminimum am Oberrand der Inversion. Wie Abb. 1b jedoch zeigt, können auch höherliegende Inversionen solche Windmaxima und -minima erzeugen. Unter- und innerhalb von Inversionen dreht der Wind zunächst nach links; dann jedoch geht er allmählich in eine Rechtsdrehung über, die aber viel kleiner ist als bei den übrigen Wettersituationen mit stabilen Schichtungsverhältnissen.

Teile dieser Arbeit wurden im Rahmen des Sonderforschungsbereich 73, Atmosphärische Spurenstoffe, durch die Deutsche Forschungsgemeinschaft gefördert.

LITERATUR

BLACKADAR, A.K.: The vertical distribution of wind and turbulent exchange in a neutral atmosphere. J. Geophys. Res. 67 (1962), S. 3095 - 3102.

KRAMM, G.: Eine Grenzschichtsonde zur Messung der Vertikalprofile von Wind, Temperatur und Feuchte. Inst. Geophys. u. Meteor., Uni. Köln, 1980

KRAMM, G.; HERBERT, F.: Bestimmung lokaler Transport- und Depositionsraten in der ABL. Annalen der Meteorologie (NF) Nr. 19, 1982

TAYLOR, P.A.; DELAGE, Y.: A note of finite-difference schemes for the surface and planetary boundary layers. Boundary-Layer-Meteorology 2 (1971), S. 108 - 121.

STADTKLIMA BAYERN - DIE WIRKUNG STADTNAHER WÄLDER BEI EINER SPÄTSOMMERLICHEN HOCHDRUCKWETTERLAGE AUF DAS KLIMA IN MÜNCHEN

Werner Bründl und Eva-Maria Noack

Lehrstuhl für Bioklimatologie und Angewandte Meteorologie der Universität München

1 EINLEITUNG

Bei Untersuchungen zum Stadtklima interessieren, vor allem Stadtplaner, immer noch Antworten zu den Fragestellungen, welchen Einfluß üben innerstädtische oder stadtnahe Grünflächen auf das Klima in der Stadt aus. Obwohl es zu dieser Problematik schon zahlreiche Einzelarbeiten gibt, fehlen immer noch funktionelle Ergebnisse in Zahl und Maß, aus denen z.B. entnommen werden kann, wie sich eine variable Grünflächengröße auf das urbane Klima auswirkt. In Zusammenhang mit solchen Grünflächen hört man auch immer Aussagen über deren Wirkung als "Ausgleichsflächen" oder "Luftregenerationszonen".

Beiträge zu dieser Thematik zählen auch zum Inhalt des Forschungsvorhabens STADTKLIMA BAYERN, das im Beitrag von MAYER über "STADTKLIMA BAYERN - ein anwendungsorientiertes Forschungsvorhaben" in diesem Tagungsbericht näher beschrieben ist.

Am Beispiel von München soll in dieser Arbeit untersucht werden, welchen Einfluß die großen Waldgebiete im Süden und Osten von München auf das Klima in der Stadt, speziell auf die thermischen und lufthygienischen Verhältnisse, haben.

Grundlage dafür sind Ergebnisse aus den beiden Teilbereichen von STADTKLIMA BAYERN, den "Thermalkartierungen" und den "Klimamessungen München", sowie Daten aus dem lufthygienischen Landesüberwachungssystem Bayern (LÜB), das vom Bayerischen Landesamt für Umweltschutz betrieben wird.

Ausgewählt wurde für diese Fallstudie der 7.9. 1981, ein Strahlungstag, an dem eine frühherbstliche Hochdruckwetterlage über Südbayern herrschte.

2 THERMISCHE VERHÄLTNISSE

Thermalbilder haben den Vorteil, daß sie flächendeckend und fast gleichzeitig die Verteilung der Oberflächentemperaturen, also der unteren Randbedingung der Atmosphäre, darstellen. Von München liegen u.a. vom 7.9.1981 mittags und abends nach Sonnenuntergang Thermalbilder vor (BAUMGARTNER et al. 1983), die im Rahmen von STADTKLIMA BAYERN unter Mitwirkung des Institutes für Optoelektronik der DFVLR erstellt worden sind. Weil hier eine Korrektur hinsichtlich des Atmosphäreneinflusses über das Korrekturverfahren KO-THERM-FLUG (BAUMGARTNER et al. 1983) vorgenommen worden ist, können aus den Thermalbildern Zahlenangaben für die Oberflächentemperatur T_0 - exakt die Strahlungsäquivalenttemperatur, weil mit einem Emissionsvermögen von 1.00 gearbeitet worden ist - entnommen werden. Allerdings ist bei der Interpretation der Thermalbilder neben den Einflüssen von Meßsystem und -flugzeug zu berücksichtigen, daß Strahlungsemissionen aus unterschiedlichen Höhenniveaus, wie z.B. bei Straßen, Dächern oder Vegetationsflächen, gemessen werden.

Auf dem Thermalbild vom 7.9.1981 mittags ist ein T_0-Bereich von $<$ 8.0 $^\circ$C bis $>$ 41.0 $^\circ$C in jeweils 3.0 K - Stufen durch 13 Farbstufen abgebildet, während es sich beim Abendbild vom 7.9.1981 nur um einen T_0-Bereich von $<$ 5.0 $^\circ$C bis $>$ 21.5 $^\circ$C in jeweils 1.5 K - Stufen handelt. Auffallend sind beim Mittagsbild die hohen T_0-Werte der versiegelten Flächen (zwischen 32.0 $^\circ$C und $>$ 41.0 $^\circ$C), wobei T_0 von Industrie- und Eisenbahngelände etwas höher

als T_O von Asphalt- oder Betonflächen war.
Verantwortlich dafür sind u.a. die geringen
Wärmekapazitäten der Oberflächenmaterialien
sowie deren kleine Wärmeleitfähigkeiten.
Die Waldgebiete wiesen mittags von allen Vegetationsflächen die niedrigsten T_O-Werte
(zwischen 21.5 °C und 24.5 °C) auf.
Auf dem Thermalbild vom Abendflug ist zu erkennen, daß das T_O-Niveau zwar generell niedriger als zur Mittagszeit war, aber auch jetzt
lagen die T_O-Werte der Waldflächen immer
noch unter denen der versiegelten Flächen;
allerdings war die Differenz wesentlich kleiner als mittags.

Bei der Interpretation von Thermalbildern mit
Waldflächen muß man sich immer vergegenwärtigen, daß bei der radiometrischen Messung über
Waldbeständen nicht nur Strahlung von der Bestandsoberfläche sondern auch Strahlung aus
dem Stammraum und vom Waldboden miterfaßt
wird (LORENZ und BAUMGARTNER 1970). Das bedeutet, daß untertags die T_O-Werte der Bestandsoberfläche etwas über den gemessenen
T_O-Werten liegen, und die des Stammraums und
Waldbodens entsprechend darunter (MAYER und
STADTMÜLLER 1979).

Ob z.B. hinsichtlich des hygrisch-thermischen
Milieus eine "ausgleichende" Wirkung der ausgedehnten Waldflächen um München auf das urbane Klima vorhanden ist, oder ob eventuell
eine Fernwirkung entlang der Isarauen besteht,
ist aus den Thermalbildern allein ohne zusätzliche Messungen nicht erkennbar.

Die Lufttemperatur T_a, die bei STADTKLIMA BAYERN über ein Meßnetz aus 17 großen Wetterhütten mit Hygro-Thermographen kontinuierlich
erfaßt wird, zeigt in München eine flächenhafte Verteilung, die im Prinzip einer generalisierten T_O-Verteilung gleicht. So traten
am 7.9.1981 die höchsten T_a-Werte auch im
dichtbebauten Stadtzentrum auf, während, wie
schon die Thermalbilder zeigen, das thermische
Niveau zum Stadtrand hin und im Bereich der
Isarauen deutlich niedriger lag.

3 WINDVERHÄLTNISSE UND LUFTVERUNREINIGUNG

Wie allgemein bekannt ist, hängt die Ausbildung eines autochthonen Stadtklimas sehr von
den Windverhältnissen ab. Bekannt ist auch,
daß bei windschwachen und austauscharmen Wetterlagen die Belastung der Menschen in der
Stadt aus thermischer und lufthygienischer
Sicht am größten ist.

Die Ergebnisse aus dem Meßnetz "Dachniveau" in
München ergeben für den südlichen Bereich bei
einer solchen windschwachen Wetterlage wie am
7.9.1981:
- die Windrichtungen wechseln tagesperiodisch;
- tagsüber dominieren östliche und nachts südliche bis südwestliche Winde.

Dieses lokale Zirkulationssystem dürfte auf
der Wechselwirkung zwischen den Alpen und der
Münchener Schotterebene beruhen und durch die
großen zusammenhängenden Waldgebiete im Osten
und Süden Münchens noch verstärkt werden.
Daten aus dem LÜB für den südlichen Bereich
Münchens zeigen bei einer solchen Wetterlage
zusätzlich, daß dort die Schadstoffkonzentrationen geringer als im übrigen Stadtgebiet
sind; d.h. die lufthygienische Belastung ist
dort also infolge der Windverhältnisse kleiner.

Daraus folgt, daß gerade bei austauscharmen
Hochdruckwetterlagen im Sommer ein günstiger
Einfluß von den stadtnahen geschlossenen Waldgebieten auf die thermischen und lufthygienischen Verhältnisse im Südteil der Stadt ausgeht.

LITERATURVERZEICHNIS

BAUMGARTNER,A.; MAYER,H.; BRÜNDL,W.; NOACK,
E.-M.: Jahresbericht 1982 zu STADTKLIMA BAYERN,
1983.

LORENZ,D.; BAUMGARTNER,A.: Oberflächentemperatur und Transmission infraroter Strahlung in einem Fichtenwald. Arch. Met.
Geoph. Biokl., Ser. B, 18 (1970),
S. 305-324.

MAYER,H.; STADTMÜLLER,TH.: Oberflächentemperaturen in einem Fichtenhochwald.
Wiss.Mitt.Meteor.Inst.Univ.Münch.,Nr.35

GELÄNDEKARTIERUNG ALS GRUNDLAGE FÜR MIKROMETEOROLOGISCHE STANDORTSBEWERTUNGEN GEZEIGT AN STADTKLIMATOLOGISCHEN PROBLEMEN

Fritz Wilmers
Institut für Meteorologie und Klimatologie, Universität Hannover

1 PLANUNGSPROBLEM

Das Klima eines natürlichen oder künstlichen Standortes besteht aus einem Komplex, in dem die meteorologischen Elemente im Raum- und Zeitkontinuum enthalten sind. Konkretisierungen werden meist aus Anlaß von Planungsaktivitäten erwartet, etwa in der Form, daß bestimmte Gegebenheiten erfaßt werden sollen und zugleich die zu erwartenden Änderungen, die sich bei der Realisierung der Planung ergeben, beurteilt und quantifiziert werden.
Meist handelt es sich um das potentielle Auftreten von Schäden im Zusammenhang mit Luftverschmutzung, Lärm und Abwärme, oder um Frostgefahr, Windschäden und Beschattung. Das Schwergewicht ist von der Nutzungsart der Umgebung abhängig bzw. dem Bauobjekt; städtische Wohngebiete erwarten andere Aussagen als landwirtschaftliche Flächen oder gärtnerische Inte.nsivkulturen (LANDSBERG 1970, YOSHINO 1975).
Bei Straßenbauten ist auch die Gefährdung des Verkehrs durch meteorologische Einflüsse zu berücksichtigen (ROTH u. a. 1980).

2 REALISIERUNGSANSÄTZE

Die Hauptschwierigkeiten bei der konkreten Kartierung liegen darin, daß örtliche Messungen oft nicht in der an sich notwendigen Ausführlichkeit durchführbar sind. Andererseits liegen wesentliche Messungen aus den zu untersuchenden Gebieten nur in Ausnahmefällen vor.
Im allgemeinen müssen die erwarteten Aussagen daher auf zwei Wegen gewonnen werden; es wird untersucht, wie weit und mit welchen Änderungen im Planungsgebiet vorhandene Daten auf den konkreten Fall übertragbar sind.
Zum zweiten werden theoretische Ansätze entwickelt und an anderen Orten durchgeführte Messungen und Berechnungen sinnentsprechend abgeändert und weiterentwickelt (ROTH u. a. 1980, 1982, WILMERS 1979, 1980).

3 BONITIERUNGEN

Erste Punktsysteme wurden für die Frostgefährdung aufgestellt (SCHÜEPP 1947, UHLIG 1954). Weitere Bonitierungen für verschiedene Größen entwickelte BÖER (1952), und KNOCH (1963) führte Beispielskartierungen durch. Dementsprechend können Stationswerte herangezogen werden. Die relative Bestrahlung konnte in gewissem Rahmen nach einer Böschungswinkelkarte bestimmt werden (WILMERS 1979). Für den Kaltluftfluß werden die Kriterien von KNOCH 1963 herangezogen.
Die relative Standortsgunst läßt sich auch in Form von Wärmestufen der Vegetation nach Spektren kartieren (ELLENBERG 1956).

4 DURCHFÜHRUNG ELBMARSCHEN

Für das Gebiet der Elbmarschen ist die Station Kirchwerder repräsentativ, lieferte aber zu wenig $B_e$obachtungen und existiert nicht mehr. Daher wurde die Übertragbarkeit von Hamburg-Fuhlsbüttel untersucht, da synoptische und Extenso-Daten vorliegen (ROTH u. a. 1978).
Besonders wichtig ist hier die Spätfrostgefährdung. Dafür wurden aus 12-jährigen Beobachtungen vom 15. 4.

bis 15. 10. die Fälle ausgezählt, in denen aufgrund großer Ausstrahlung und geringer Windgeschwindigkeit Unterschiede im Lokalklima auftreten mit Temperaturdifferenzen von 2m bis 5 cm von min. 2 K. Das sind etwa 12 % aller Tage. Die weitere Aufbereitung erfaßte Zirkulationstypen nach BAUR (1936) für die Fälle mit Bodenfrost und für potentielle Fälle, mit Temperaturen in 5cm von 1 und $2^{o}C$.

Es zeigte sich, daß nicht nur N-Lagen, sondern auch Lagen mit Ostströmung, wie HM und S-Lagen stark beteiligt waren.

Literatur:

BAUR, F.: Die Bedeutung der Stratosphäre für die Großwetterlagen. Meteor. Z. 53 (1936) S. 237 - 247.

BÖER, W.: Einige Vorschläge zur praktischen Durchführung einer geländeklimatischen Aufnahme unter besonderer Berücksichtigung städtebaulicher Gesichtspunkte. Angew. Meteor. 1 (1952) S. 219 - 222.

ELLENBERG, H.: Wuchsklimakarte von Südwest-Deutschland 1 : 200 000. Stuttgart: Reise-u.Verkehrsverl. 1956

KNOCH, K.: Die Landesklimaaufnahme, Wesen und Methodik. Ber. DWD 12 (1963) Nr. 85. Offenbach: DWD

LANDSBERG, H. E.: Climates and urban planning. WMO Tech. Note No 108 (1970) S. 364 -374.

ROTH, R.; TETZLAFF, G.; WILMERS, F.: Gutachten über das Ausmaß der Beeinflussung des Mikroklimas bei der Einrichtung der südlichen Güterumgehungsbahn Hamburg. Hannover: Inst.f.Met.u.Klimat. 1978

ROTH, R.; TETZLAFF, G.; WILMERS, F.: Geländeklimatologisches Gutachten für die Umgebung der BAB 4 - Rothaargebirge. Hannover: 1980

ROTH, R.; WILMERS, F.: Geländeklimatologisches Gutachten über die klimatischen Wirkungen des Dammes der Neubaustrecke Hannover - Würzburg Ruthe - Sarstedt. Hannover: 1982

SCHÜEPP, W.: Frostverteilung und Kartoffelanbau in den Alpen auf Grund von Untersuchungen in der Landschaft Davos. Schr. phys. Met. Obs. Davos. 23 S. 1947

UHLIG, F.: Beispiel einer kleinklimatologischen Geländeuntersuchung. Z. Meteor. 8 (1954) S. 66 - 75.

WILMERS, F.: Modelle für die Landschaftsökologie Untersuchungen zur Bedeutung des Klimas für die Modelle. Beitr. ARL 21 (1978) S. 163 - 202.

WILMERS, F.: Grundfragen zu einer Kartierung des Landschaftsklimas. Verh. G.f.Ö. 7 (1979) Münster 1978 S. 113 - 119.

YOSHINO, M. M.: Climate in a small area. Tokyo: Univ. of Tokyo Press 1975

REGIONALKLIMATOLOGISCHE UNTERSUCHUNG IM REGIERUNGSBEZIRK DÜSSELDORF ALS
GRUNDLAGE DER GEBIETSENTWICKLUNGSPLANUNG

Ulrich Otte
Deutscher Wetterdienst, Wetteramt Essen

ZUSAMMENFASSUNG

In einem aus 11 temporären Meßstationen bestehenden Stationsnetz wurden im Regierungsbezirk Düsseldorf über 2 Jahre kontinuierlich Wind, Temperatur und Luftfeuchte erfaßt. Die stündlichen Auswertungen nach Mittel- und Extremwerten sowie Häufigkeitsverteilungen waren Basis von Betrachtungen zu bestimmten raumspezifischen Fragestellungen, die von regionalplanerischer Relevanz sind. Wesentliche Ergebnisse werden auszugsweise vorgestellt.

1 EINLEITUNG

Zielsetzung war die räumliche Darstellung ausgewählter Klimaelemente und damit die Beschreibung regional- und - soweit möglich - lokalklimatologischer Phänomene im Untersuchungsgebiet. Wegen seiner Größe und der deshalb an und für sich erforderlichen hohen Zahl von Meßstationen war eine Beschränkung auf Schwerpunktbereiche in der Nachbarschaft der Ballungsgebiete erforderlich. Diese sogenannten Ballungsrandzonen mit zur Zeit noch großen Anteilen von relativ naturbelassenen Freizonen unterliegen in den nächsten Jahren verstärkt konkurrierenden Raumnutzungsansprüchen von landschaftsverbrauchenden Siedlungsformen. Freizonen von klimaökologischer Bedeutung für die benachbarten Ballungsgebiete sollen nach den Vorstellungen der Planungsbehörde freigehalten werden; dazu galt es objektive Entscheidungsgrundlagen zu erarbeiten.

2 MESSNETZ

Das temporäre Meßnetz war vom 01. Oktober 1979 bis zum 30. September 1981 in Betrieb; an allen Temporärstationen wurden Windrichtung und -geschwindigkeit in 10 m, an 6 der 11 Standorte Temperatur und Luftfeuchte in 2 m über Grund gemessen. Außer den DWD-Stationen am Wetteramt Essen und auf dem Flughafen Düsseldorf standen 2 Stationen fremder Betreiber in der Rheinschiene zur Verfügung.

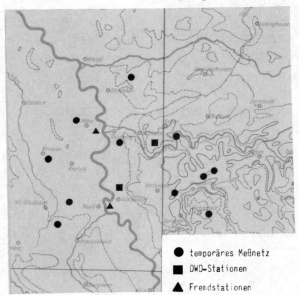

Abb. 1: Das Untersuchungsgebiet mit eingetragenen Stationen

Zusätzlich fanden während ausgewählter Strahlungswetterlagen Vertikalsondierungen zeitgleich am Wetteramt Essen und in verschiedenen Teilräumen des Untersuchungsgebietes statt. Diese Untersuchungen hatten zum Ziel,

Differenzierungen im bodennahen Windfeld, hervorgerufen durch die regional unterschiedlich strukturierte Orographie, auch in der bodennahen Grenzschicht noch nachweisen zu können.

3 ERGEBNISSE

3.1 ALLGEMEINE WINDVERHÄLTNISSE

Im Übergangsbereich zwischen niederrheinischem Tiefland und Bergischem Land dominieren südsüdöstliche Windrichtungen. Dieses Richtungsmaximum wird durch Umlenk- und Leitwirkungen an der Westflanke des Bergischen Landes erzeugt; es ist auch noch linksrheinisch in einem 10 bis 15 km breiten Band bei zugleich abnehmender Intensität feststellbar. Noch weiter westlich entspricht die Windrichtungsverteilung den im nordwestdeutschen Tiefland allgemein üblichen Verhältnissen mit einem südwestlichen Maximum.

Häufigkeitsverteilungen des Schwachwindes unterliegen in der Rheinschiene lokalen Differenzierungen: während im Norden Düsseldorfs nördliche und nordöstliche Richtungen vorherrschen, ist im südlichen Vorfeld Duisburgs die Südrichtung dominant. Fallstudien stützen die Annahme, daß Flurwindeffekte nach Düsseldorf und Duisburg hinein für das Divergieren des Schwachwindfeldes zwischen beiden Ballungszentren verantwortlich sind. Im Bergischen Land sind die Differenzierungen des Windfeldes naturgemäß deutlicher ausgeprägt.

3.2 REGIONALE DIFFERENZIERUNGEN WÄHREND STRAHLUNGSWETTERLAGEN

Die regionale Differenzierung des Windfeldes wird exemplarisch für den 05./06. August 1981 anhand einiger Stationen im Raum Wuppertal demonstriert:

Die Station Wuppertal-Barmen liegt am Nordausgang eines Süd-Nord orientierten Tales und weist konstanten Südwind während der Nacht auf. Schwelm-Linderhausen repräsentiert mit westsüdwestlichen Winden (Bergwind) in allen Nachtstunden gleichfalls die Talorientierung. In Düsseldorf-Lohausen wechseln Nord- und Ostwindintervalle einander ab.

Am hoch gelegenen Wetteramt Essen war während der gesamten Phase ein nordöstlicher Gradientwind zu verzeichnen, der an den Talstationen nur während der Tagesstunden bei ausreichender

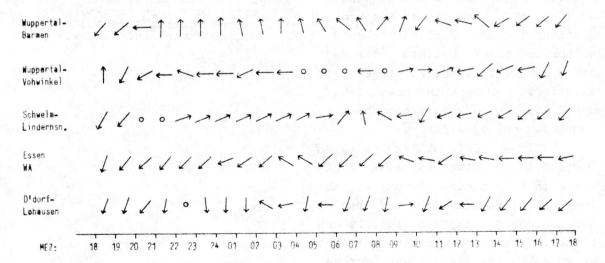

Abb. 2 Tagesperiodischer Gang der Windrichtung (Stundenmittelwert)

Durchmischung gemessen wurde.
Anhand von Vertikalsondierungen in
dem schon zitierten Tal südlich von
Wuppertal-Barmen konnte die vertikale
Mächtigkeit des aus Süden wehenden
Bergwindes bestimmt werden:

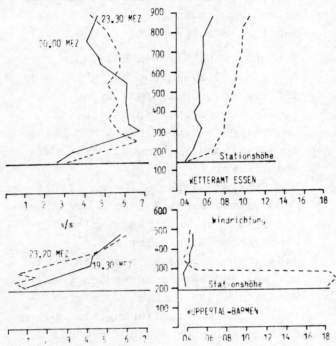

Abb. 3 Vertikale Windprofile am 05.
August 1981 in Essen und
Wuppertal-Barmen

Zur Zeit der Sondierung um 23.20 MEZ
weist er eine Vertikalerstreckung
von ca. 100 m bei Geschwindigkeiten
um 1 m/s auf. Oberhalb dieser vom
Gradientwind entkoppelten Strömung
entspricht die Windrichtung der um
19.30 MEZ gemessenen; zu dieser Zeit
existierte der Bergwind noch nicht,
der Gradientwind konnte noch bis
zum Boden durchgreifen.

3.3 UMSETZUNG IN PLANUNGSEMPFEHLUNGEN

Die Umsetzung klimatologischer Sachverhalte in konkrete Planungsempfehlungen ist problematisch und bedarf der ausführlichen Diskussion mit dem Planer. So ist neben einer möglichst genauen Kenntnis der Planungsvorhaben von Bedeutung, ob luft- oder klimahygienische Aspekte im Vordergrund stehen (werden). Dazu, quasi prophylaktisch, die gesamte Palette klimatologischer Parameter darzustellen, erscheint nicht sinnvoll; die Beschränkung auf gezielt ausgesuchte Elemente wie z.B. Wind, Temperatur und Feuchte in ihrer regionalen Differenzierung und im tagesperiodischen Ablauf ist planungsrelevanter und deckt Fragen nach Räumen mit lokalen oder regionalen Windsystemen, die empfindlich auf Siedlungsmaßnahmen reagieren könnten, und nach unterschiedlichen thermisch-hygrischen Milieus, ab.

Literaturverzeichnis:

Deutscher Wetterdienst, Wetteramt Essen: Untersuchung der klimatischen Verhältnisse im Reg. Bez. Düsseldorf als Grundlage raumspezifischer Aussagen der Regionalplanung, insbesondere für die Ballungsgebiete. Unveröffentlicht (1982)

Institut für Umweltschutz der Universität Dortmund: Regionale Luftaustauschprozesse; Schriftenreihe des BMBau, Heft Nr. 032, (1979)

Munn, R.E.: Airflow In Urban Aereas; WMO Techn. Note 108, Urban Climates (1970)

Regionale Planungsgemeinschaft Untermain: Lufthygienisch-meteorologische Modelluntersuchung in der Region Untermain; Abschlußbericht (1977)

DIE PRAXIS METEOROLOGISCHER GUTACHTEN IN DER RAUMPLANUNG

Hartmut Scharrer

Deutscher Wetterdienst, Wetteramt Frankfurt
Sachgebiet Technische Klimatologie und Umweltschutz

1 EINLEITUNG

Der Begriff "Raumplanung" wird meist verwendet als Oberbegriff für Raumordnung, Landes-, Regional- und Bauleitplanung (SCHÖNHOFER, 1981).

Nach § 2 Abs. 1 Nr. 8 des Bundesnaturschutzgesetzes von 1976 muß das Klima als Bestandteil des Naturhaushaltes und des Umweltbereiches in der Raumordnung und Landesplanung stärker berücksichtigt werden:

"Beeinträchtigungen des Klimas, insbesondere des örtlichen Klimas, sind zu vermeiden, unvermeidbare Beeinträchtigungen sind auch durch landschaftspflegerische Maßnahmen auszugleichen oder zu mindern."

Dieses Rahmengesetz wurde in die entsprechenden Landesgesetze aufgenommen und teilweise durch eine stärkere Akzentuierung der Berücksichtigung des Klimas ergänzt (SCHIRMER, 1982).

Der Meteorologe hat in diesem Zusammenhang den Planern Entscheidungshilfen aus klimatologischer Sicht zu geben.

Anhand mehrerer Beispiele werden die im Deutschen Wetterdienst praktizierten Meßmethoden und Feldmessungen sowie Teilergebnisse vorgestellt.

2 AUSWAHL VON MESSERGEBNISSEN

2.1 LANDSCHAFTSPLAN KASSEL

Die Voraussetzung zur Schaffung planerischer Entscheidungshilfen ist die Entwicklung eines Landschaftsplanes mit dem Ziel:

a) die naturräumlichen Einheiten zu begrenzen und zu erhalten
b) die Nutzungsansprüche der Bevölkerung festzustellen
c) Kriterien zu erarbeiten für die Zuordnung von Pkt. b) zu Pkt. a).

Bei der Entwicklung des Landschaftsplanes Kassel sollten klimatologische Erkenntnisse berücksichtigt werden.

Hierzu wurden in der Region Kassel vom Dezember 1978 bis November 1979 12 Windmeßstationen betrieben (11 Temporärstationen, 1 amtliche Wetterstation). An 8 dieser 11 Stationen wurden zusätzlich die Lufttemperatur und die rel. Feuchte registriert.

Die Meßstellen wurden hauptsächlich im Gebiet zukünftiger Siedlungsschwerpunkte ausgewählt. Mit den meteorologischen Messungen sollen lokale Windsysteme erfaßt werden, um die Frischluftversorgung in den geplanten Siedlungsschwerpunkten beurteilen zu können.

Die Ergebnisse der klimatologischen Untersuchung werden in mehreren Teilberichten separat dargestellt.

Ein erster Teilbericht befaßt sich mit den Windverhältnissen bei austauscharmen Wetterlagen (DWD 1 + 2, 1982).

Die Untersuchung des Windfeldes bei austauscharmen Wetterlagen hat gezeigt, daß in Kassel bzw. im Bereich des Zweckverbandes eine regionale Windzirkulation existiert, die zu einer stadteinwärts gerichteten Strömung führt; damit wird aus nahezu allen Richtungen Frischluft in den innerstädtischen Bereich geführt.

Aus den dargestellten Ergebnissen lassen sich planungsbezogene Aussagen ableiten, wobei diese Aussagen als Rahmenempfehlungen anzusehen sind.

Eine solche Rahmenempfehlung ist z. B. (siehe Abb. 1):

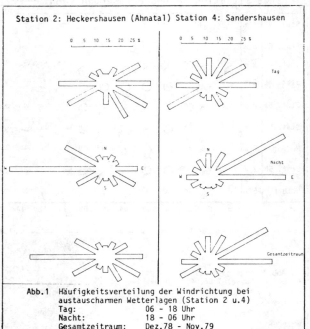

Abb.1 Häufigkeitsverteilung der Windrichtung bei austauscharmen Wetterlagen (Station 2 u.4)
Tag: 06 - 18 Uhr
Nacht: 18 - 06 Uhr
Gesamtzeitraum: Dez.78 - Nov.79

In Sandershausen sollte von einer zusätzlichen Bebauung im Talbereich der Fulda (zwischen Sandershausen und Kassel) abgesehen werden. Nördlich des Fuldatals (zwischen Wolfsanger und Enkeberg/Hasenhecke) wäre aus klimatologischer Sicht eine aufgelockerte Bebauung hangaufwärts möglich, ohne daß die für die östlichen Stadtteile von Kassel wichtige Frischluftzufuhr vom Quellberg und Sandershäuser Berg wesentlich beeinflußt wird.

Weiterhin wird empfohlen, daß in Gebieten mit Entwicklungsschwerpunkten (aktuelle und zukünftige Bebauung jeglicher Art), an denen klimatologisch gesehen "kritische Planungsmaßnahmen erforderlich werden, vertiefende Messungen (Fallstudien) durchgeführt werden sollten, bevor endgültige Maßnahmen beschlossen werden.

Solche kritischen Maßnahmen wären Hangbebauung, Abriegeln einer Frischluftschneise, Trassenführung über Brücke oder Damm, Ansiedeln eines schadstoffemittierenden Betriebes etc.

2.2 FRISCHLUFTZUFUHR LOSSETAL (DWD 3, 1982)

Das Hessische Straßenbauamt Kassel plant eine Erweiterung der BAB - A 7 im Bereich des Lossetals (östlich Kassel) von 4 auf 6 Spuren mit entsprechenden Anschlußbauwerken (B 7). Das Lossetal wird auf einem ca. 6-10 m hohen und etwa 700 m langen Damm überquert.

Für die Zufuhr von frischer Luft, d. h. unbelasteter Luft in Richtung Kassel-Bettenhausen stellt das bestehende Dammbauwerk bereits ein Hindernis dar; deshalb sollte im Rahmen einer Umweltverträglichkeitsprüfung ermittelt werden, ob im Zuge der geplanten Baumaßnahmen die jetzige Situation verbessert werden kann.

Während einer windschwachen Hochdrucklage wurden Fahrzeuge der Wetter-Meßzüge Frankfurt und Essen eingesetzt. Das Meßprogramm umfaßte den Aufbau und Betrieb von Temporärstationen, kleinaerologische Austiege sowie Profilfahrten und Rauchpatronenversuche (s. auch LUX 1983). Windmessungen haben ergeben, daß Kaltluft vor dem Damm zwar gestaut wird, daß sich aber trotzdem auch während der Stagnationsphase der Kaltluft im Luv des Dammes unmittelbar hinter dem Damm im Lee eine stadteinwärts gerichtete Strömung einstellt (Abb. 2). Das bedeutet, daß der Straßendamm als Strömungsbarriere in diesem Fall nur einen geringen Einfluß auf die Frischluftzufuhr hat (z. B. nach Bettenhausen hinein).

Zum gleichen Ergebnis gelangt man unter Berücksichtigung der Zunahme der wirksamen Talquerschnittsfläche in Abhängigkeit von der Höhe der Inversionsobergrenze (Tab. 1). Innerhalb einer halben Stunde ab Beginn der Inversionsbildung liegt deren Obergrenze etwa in 50 m Höhe; der Anteil der Dammquerschnittsfläche an der wirksamen (Frischluft-) Querschnittsfläche geht dabei innerhalb einer halben Stunde von 100% (z.B. Damm mit Lärmschutzwall wirkt voll als Strömungsbarriere) auf ca. 25% zurück. Innerhalb der nächsten 2 Stunden steigt die Inversionsobergrenze auf 90 m an, so daß der Einfluß des Dammes (mit Lärmschutzwall) innerhalb von 2-3 Stunden die 10% - Marke erreicht. Der Autobahndamm durch das Lossetal kann daher als Strömungsbarriere nur 0,5 bis 1,5 Stunden wirksam sein (zur Zeit des Sonnenuntergangs), für den Rest der Nacht ist dann der Einfluß praktisch vernachlässigbar.

Eine weitere Aufständerung der BAB - Trasse würde durch die geringe Talsohlenneigung in diesem Gebiet den Abfluß der Kaltluft nur unwesentlich verbessern und daher keine klimatologischen Vorteile mehr bringen.

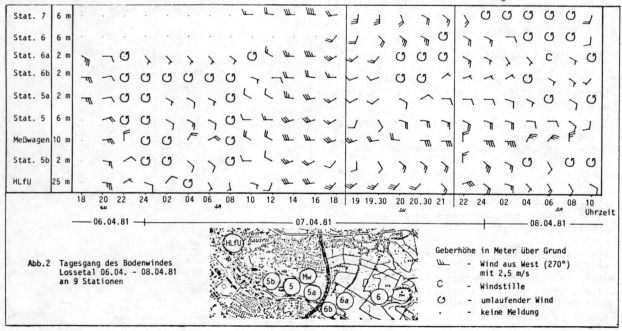

Abb.2 Tagesgang des Bodenwindes Lossetal 06.04. - 08.04.81 an 9 Stationen

Geberhöhe in Meter über Grund
- Wind aus West (270°) mit 2,5 m/s
C - Windstille
↻ - umlaufender Wind
· - keine Meldung

Feste Größen:
Talbreite B = 950 m
natürliche Geländequerschnittsfläche G = 5,8 · 10³ m²
Dammquerschnittsfläche D₁ = 6,5 · 10³ m²
Dammquerschnittsfläche mit 4 m hoher Lärmschutzwand D₂ = 10,3 · 10³ m²

SA: 06.43 MESZ
SU: 20.05 MESZ

Uhrzeit (MESZ)	Höhe der Inversions-obergrenze H_I (m)	Wirksame Querschnitts-fläche $Q = B \cdot H - G$ (10³ m²)	Anteil der Damm-querschnittsfläche D_1 an der jeweiligen Fläche Q $x_1 = \frac{D_1}{Q} \cdot 100$ (%)	Anteil der Damm-querschnittsfläche D_2 an der jeweiligen Fläche Q $x_2 = \frac{D_2}{Q} \cdot 100$ (%)
19.30	noch keine Bodeninversion vorhanden			
19.40	14	8,6	75,5	100,0
19.50	28	20,8	31,3	49,5
20.00	50	41,7	15,6	24,7
21.00	73	63,6	10,2	16,2
22.00	88	77,8	8,4	13,2
23.00	110	98,7	6,6	10,4
24.00	114	102,5	6,3	10,1
01.00	116	104,4	6,2	9,7
02.00	118	106,3	6,1	9,7
03.00	119	107,3	6,1	9,6
04.00	120	108,2	6,0	9,5
05.00	120	108,2	6,0	9,5
06.00	117	105,4	6,2	9,7
07.00	108	96,8	6,7	10,6
07.30	100	89,2	7,3	11,6
08.00	93	82,6	7,9	12,5
08.30	Bodeninversion aufgelöst			

Tab.1 Einfluß des Autobahndammes auf die Frischluftzufuhr im Lossetal in der Meßnacht 07.04./08.04.1981

2.3 ORTSUMGEHUNG B 42 / ELTVILLE

Ziel der noch nicht abgeschlossenen Untersuchung ist die möglichst "parzellenscharfe" Kartierung des Kaltluftflusses und der bereits vorhandenen Kaltluftstaubereiche in der Umgebung der geplanten Trasse.

Es wurden zeitweise 17 Temporärstationen zur kontinuierlichen Messung der Lufttemperatur und der rel. Feuchte errichtet (Meßhöhe vorwiegend 70 cm über Grund).

Außerdem wurden 7 Windmesser (nach Woelfle) eingesetzt sowie mehrere Einsätze mit Fahrzeugen und Gerät des Wetter-Meßzuges durchgeführt. Mittels Radiosondenaufstiegen wurde die vertikale Erstreckung von Kaltluftflüssen (Inversionsmessungen) erfaßt. Durch Profilfahrten und Profilgänge wurde versucht, den horizontalen und vertikalen Temperaturverlauf zu erfassen, wobei jeweils die untersten 60 - 100 m der Atmosphäre (über Grund) von besonderer Bedeutung sind (Abb. 3).

Das Hauptproblem ist nun, jeweils denjenigen Höhenbereich (gemessen vom Talgrund aus) festzulegen, der als Grundlage für eine Weinbau-ökologische- bzw. Entschädigungsrelevante-Aussage genommen werden soll. Hierfür ist noch eine detailliertere Auswertung der geländeklimatologischen und kleinaerologischen Messungen notwendig.

3 SCHLUSSBEMERKUNG

In der Praxis müssen die Planer oftmals aus vielen Einzelgutachten ökologische Zusammenhänge herstellen, bewerten und umsetzen; es werden Maßnahmen beschlossen, die noch weit in das nächste Jahrtausend hineinwirken (Bau von Siedlungen, Gewerbebetrieben, Straßen, Brücken, Schienenwegen usw.).

Die richtige Planung unter Einbeziehung von Umweltaspekten - auch des Klimas - überfordert meist den Einzelnen. Probleme zur Umwelt können daher nur interdisziplinär gelöst werden.

Auch der Meteorologe, der im Bereich der angewandten Klimatologie tätig ist, sollte zukünftig stärker in diesen Planungsprozeß einbezogen werden.

4 LITERATUR

DEUTSCHER WETTERDIENST WETTERAMT FRANKFURT
Klimatologische Untersuchung zum Landschaftsplan Kassel
1. "Instrumentierung" (Meßnetz, Meßmethode, Stationsbeschreibungen) Offenbach a. M. Jan. 1982
2. Ergebnisbericht Teil I "Windverhältnisse bei bei austauscharmen Wetterlagen" Offenbach a. M. Feb. 1982

DEUTSCHER WETTERDIENST WETTERAMT FRANKFURT
3. Meteorologisches Gutachten BAB A 7 Überquerung Lossetal Offenbach a.M. Jun.1982

LUX, G., LEYKAUF, H.: Arbeitsweise und Einsatzmöglichkeiten der Wetter-Meßzüge
Poster-Text zu 100 Jahre DMG Bad Kissingen, 1983

SCHIRMER, H.: Schutzbereiche und Schutzabstände in der Raumordnung, S. 119 ff, Forschungs- und Sitzungsberichte Bd. 141 der Akademie f. Raumforschung und Landesplanung, Vincentz-Verlag, Hannover 1982

SCHÖNHOFER, J.: Daten zur Raumplanung Zahlen - Richtwerte - Übersichten
Teil A: Allg. Grundlagen und Gegebenheiten
Akademie für Raumforschung und Landesplanung, Hermann Schroedel Verlag, Hannover 1981

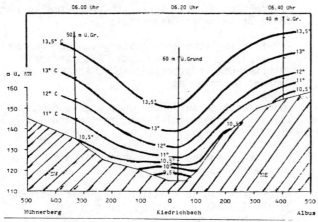

Abb.3 Vertikalprofilmessungen im Kiedrichbach-Tal am 2.9.1981

ARBEITSWEISE UND EINSATZMÖGLICHKEITEN DER WETTER-MESSZÜGE
AUFGEZEIGT AN KLIMATOLOGISCHEN UNTERSUCHUNGEN AM
UNFALLSCHWERPUNKT OSTHEIMER SENKE - BAB A 7 (KASSEL-HATTENBACH)

Gerhard Lux und Herbert Leykauf
Deutscher Wetterdienst - Wetteramt Frankfurt a. M.
Sachgebiet Technische Klimatologie und Umweltschutz

ZUSAMMENFASSUNG

In den letzten Jahren ist in der Öffentlichkeit ein gesteigertes Umweltbewußtsein zu verzeichnen. Zunehmend werden Entscheidungshilfen bei der Verkehrsplanung, der Raumordnung, bei Genehmigungsverfahren u.ä. von den dazu kompetenten Stellen erwartet. Die 3 Meßzüge des Deutschen Wetterdienstes stellen ein wertvolles Instrumentarium für meteorologische und klimatologische Untersuchungen dar. Die Einsatzmöglichkeiten sind vielfältig und decken nahezu alle Bereiche ab, in denen die Meteorologie im Umweltschutz eine Rolle spielt. Volkswirtschaftlich gesehen, sind Untersuchungen auf diesem Gebiet besonders effektiv.

1 EINLEITUNG

Entsprechend dem Umweltprogramm der Bundesregierung ist es Aufgabe des Deutschen Wetterdienstes für langfristige Planungen auf dem Gebiet des Umweltschutzes die meteorologische Feinstruktur der bodennahen Atmosphäre sowie die klimatischen Bedingungen in den Verdichtungsräumen zu analysieren und die Vorgänge bei der Ausbreitung von Luftverunreinigungen in der Atmosphäre zu erforschen.

Der Deutsche Wetterdienst hat, seinem gesetzlichen Auftrag gemäß, diesem Ziel innerhalb des Dienstes durch Einrichtung neuer Arbeitsgebiete entsprochen. Dies sind zum einen eigenständige Referate der Abteilung Klimatologie im Zentralamt Offenbach a. M. und zum anderen die Sachgebiete Technische Klimatologie und Umweltschutz der Wetterämter Essen, Frankfurt a. M. und München.

Da die Netzdichte der Synop- und Klimastationen im Wetterdienst für die geforderten planungsrelevanten Aussagen und Entscheidungshilfen niemals ausreichen wird, mußte ein Weg gefunden werden, diese Netze zeitweise zu verdichten bzw. Fallstudien durchzuführen.

Daher sind seit 1974 bzw. 1975 diesen Sachgebieten mobile Meßzüge nachgeordnet, wodurch inzwischen im Auftrag verschiedener Ministerien, Behörden und Kommunen sowie der Industrie zahlreiche meteorologisch/klimatologische Gutachten und Stellungnahmen erstellt werden konnten.

2 ARBEITSWEISE UND AUSSTATTUNG DER MESSZÜGE

Zu den Aufgaben der mobilen Meßzüge gehören Aufbau und Betrieb von Temporärnetzen oder einzelnen Stationen zur Messung meteorologischer Parameter, wie Temperatur, Feuchte, Windrichtung und -stärke, Strahlungsverhältnisse u. a.

Der meteorologische Zustand der bodennahen Luftschicht wird durch kleinaerologische Sondenaufstiege oder Fesselsondenaufstiege ermittelt.

Profilfahrten, z. B. zur Messung von Temperatur und Feuchte sowie Rauchpatronenversuche, stellen neben anderen Verfahren eine wichtige Ergänzung der übrigen Messungen dar, so daß eine umfassende Interpretation des räumlichen und zeitlichen Verhaltens der relevanten meteorologischen Parameter ermöglicht wird.

Die Fahrzeugausstattung der 3 Meßzüge besteht jeweils aus einem großen Meßwagen (Sattelauflieger) mit modernen meteorologischen Meßgeräten und der Möglichkeit der direkten Datenverarbeitung (EDV), einem mobilen Radargerät zur Bestimmung der Windverhältnisse bis 5000 m Höhe, einem Profilwagen (speziell ausgerüsteter Kleinbus für Temperatur- und Feuchteprofilfahrten) und anderen Begleitfahrzeugen.

3 EINSATZMÖGLICHKEITEN

Die Meßzüge wurden bisher schwerpunktmäßig für folgende Aufgaben eingesetzt:

- Meteorologische Begutachtung von Standorten für geplante Kraftwerke jeder Art, andere emittierende Industriebetriebe, Abraumhalden, Gruben, Deponien etc.

-Grundsatzuntersuchungen über anthropogene Klimaänderungen im lokalen, regionalen und globalen Bereich.

- Stadt-, Regional- und Landesplanung, Fragen der Raumordnung.

- Teilnahme an internationalen Forschungsprojekten (MESOKLIP, GEOMAR, ALPEX, MERKUR, Abwärme Oberrhein).

- Eigene Forschungstätigkeit, z. B. Schaffung der Grundlage zur Entwicklung von Ausbreitungs- oder Stadtklimamodellen.

- Inversionsmessungen im Smog-Warndienst. Die Meßzüge sind Teil des kleinaerologischen Meßnetzes des Deutschen Wetterdienstes.

- Gutachten für die Verkehrsplanung; z. B. für Umgehungsstraßen, Autobahnen, Bahntrassen, Schiffahrtswege. Hierbei werden Untersuchungen über eine eventuelle Beeinflussung des Lokalklimas (Kaltluftflüsse, Lokalwindsysteme, Nebel- und Frostgefährdung) durchgeführt. Schutzmaßnahmen werden empfohlen (Seitenwindgefährdung auf Straßenbrücken u. a.).

In diesem stark gegliederten Gelände der Hessischen Mittelgebirge tritt in den Tallagen häufig und unvermutet dichter Bodennebel auf, der in den letzten Jahren schon zu mehreren katastrophalen Massenunfällen führte. Im Rahmen des dort bevorstehenden Autobahn-Ausbaues wurden von Seiten der Straßenbauämter Überlegungen angestellt, durch Fahrbahnanhebung auf einen Damm oder eine Talbrücke bzw. durch Verlegung der Trasse die Verhältnisse zu verbessern.

Für das Gutachten wurden zwei Methoden angewandt: einmal die direkte Beobachtung der Sichtweiten im Nebel und zum anderen die kleinklimatische Vermessung des Wind-, Temperatur- und Feuchtefeldes bei zwei ausgewählten, typischen Wetterlagen (gradientschwache Hochdruckwetterlage).

Die Sichtweitenbeobachtungen (September 1979 - April 1980) erfolgten freundlicherweise durch Beamte der zuständigen Polizeistation und durch Fahrer der ADAC-Straßenwacht an 13 Beobachtungspunkten entlang des Autobahnabschnittes im Abstand von 200 m (Abb. 1).

Foto: Großer Meßwagen des Wetter-Meßzuges/Wetteramt Frankfurt (Einsatz: Ostheimer Senke vom 21.-22.10.1980)

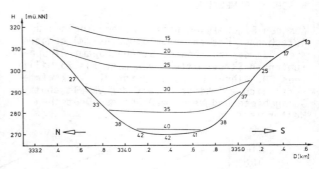

Abb. 1 Zahl der Fälle mit Sichtweiten ≤ 200 m entlang der Autobahntrasse in der Ostheimer Senke. Zeitraum: September 1979 bis April 1980

4 UNFALLSCHWERPUNKT OSTHEIMER SENKE

Auf dem Umweltsektor ist eine Kosten-Nutzen-Analyse besonders schwierig, da hier die Erfolge (oder aus klimatologischer Sicht: die vermiedenen Planungsfehler) meist nicht offensichtlich sind, obwohl jedermann einsichtig.

Ein gutes Beispiel, bei dem der Nachweis des großen volkswirtschaftlichen Nutzens solcher planungsrelevanter Untersuchungen trotzdem gelang, ist das Gutachten über die klimatologischen Verhältnisse am Unfallschwerpunkt "Ostheimer Senke" - BAB A 7 (Kassel-Hattenbach, September 1982), das im Wetteramt Frankfurt - Sachgebiet Technische Klimatologie/Umweltschutz - erstellt wurde.

Mit Hilfe dieser Sichtweitenbeobachtungen und den klimatologischen Aussagen aus den Untersuchungen des Meßzuges zeigte sich, daß die hohe Nebelhäufigkeit in der Ostheimer Senke nicht alleine durch lokale Kaltluftproduktion zu erklären ist. Vielmehr bildet sich bei hinreichend stabiler Schichtung und Wetterlagen mit geringen horizontalen Druckgradienten ein regionales Windsystem aus. In diesem wird aus Gebieten östlich der Autobahn bei entsprechend niedrigen Temperaturen und hoher Feuchte Nebel mit einer Schichtdicke zwischen 30 und 60 m und einer Geschwindigkeit von z. T. über 3 m/s advehiert (Abb. 2 und 3).

Abb. 2 Nächtliche bodennahe Luftströmungen in der Ostheimer Senke bei einer schwachgradientigen Strahlungswetterlage (nach Messungen v. 15.10.80)

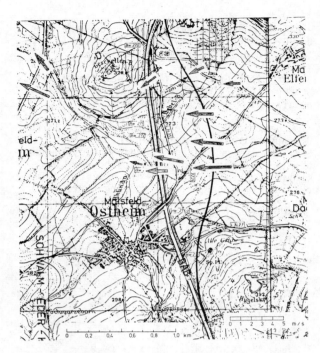

Eine Verbesserung der Sichtverhältnisse durch Führung der Trasse auf einem Damm oder Verlegung wäre daher bei der Mächtigkeit der Nebelschicht nicht zu erwarten. Durch eine Aufständerung der Fahrbahn (40 m hohe Talbrücke) könnte zwar eine Verbesserung der Verhältnisse um 50 % erzielt werden; gleichzeitig würde jedoch die Gefährdung durch Glatteis und Reifglätte insbesondere wegen des fehlenden Bodenwärmestromes spürbar zunehmen.

Die Begutachtung führte deshalb zur Empfehlung einer automatisch arbeitenden Nebelwarnanlage mit entsprechend gesteuerter Beschilderung (Nebelanzeige, Geschwindigkeitslimit, Überholverbot) auf der Basis von Sichtweitenmessungen (Transmission-/Backscatterprinzip) als einzige sinnvolle Möglichkeit.

5 SCHLUSSBEMERKUNG

Aus den Ergebnissen dieses meteorologischen Gutachtens (Kosten: rd. 10.000,-- DM) ergaben sich für das zuständige Straßenbauamt Einsparungen an Steuermitteln von mehr als 25 Millionen DM. Dieses Beispiel zeigt die volkswirtschaftlich effektive Arbeit der Umweltschutz-Sachgebiete und Wettermeßzüge des Deutschen Wetterdienstes.

Die Erhaltung einer gesunden und ausgewogenen Umwelt gehört zu den Existenzfragen der Menschheit. Umweltschutz sollte daher nicht nur auf bereits eingetretene Schäden und planerische Fehler wie im obigen Fall reagieren, sondern muß auch durch Vorsorge und Planungshilfen verhindern, daß in Zukunft Schäden überhaupt entstehen. Hierzu kommt der Meteorologie im Umweltschutz eine bedeutende Rolle zu.

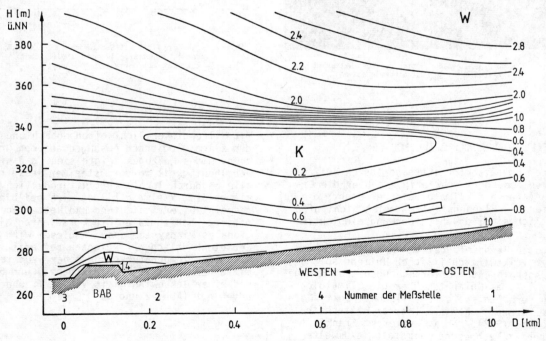

Abb. 3 Räumlicher Querschnitt der Temperaturverteilung in der Ostheimer Senke am 15.10.1980 zwischen 05.30 und 06.30 Uhr morgens

DIE ANDAUER VON INVERSIONEN AN DEN AEROLOGISCHEN STATIONEN DER BUNDESREPUBLIK DEUTSCHLAND

Anneliese Gutsche

Deutscher Wetterdienst - Zentralamt, Abteilung Klimatologie, Offenbach am Main

1 EINLEITUNG

Inversionen der vertikalen Temperaturstruktur stellen Sperrschichten für den Luftaustausch dar. Je länger diese Schichten bestehen bleiben, zu um so stärkerer Schadstoffkonzentration kann es unter bzw. in ihnen kommen. Darum interessieren Häufigkeitsstatistiken der Inversionsandauer für Fragen des Umweltschutzes.

Zur groben Erfassung der Inversionsandauer wurde die Aufeinanderfolge von Radiosondenaufstiegen um 00 und 12 GMT mit niedrig gelegenen Inversionen für einen 17jährigen Zeitraum statistisch bearbeitet. Der Untersuchung liegen die Daten von Markanten Punkten des Vertikalprofils der Temperatur an den aerologischen Stationen des Deutschen Wetterdienstes aus den Jahren 1957 bis 1973 zugrunde.

Die Häufigkeitsauszählungen, in die auch Isothermien einbezogen wurden, berücksichtigten für jeden Aufstieg nur die unterste Inversion (oder Isothermie); unmittelbar aneinandergrenzende Inversionsschichten mit verschiedenen vertikalen Temperaturgradienten wurden dabei jeweils als eine Inversion betrachtet. Die Häufigkeit der Andauer wurde für verschiedene Klassen der Höhenlage der Unter- und Obergrenze, des Temperatursprungs (Temperaturdifferenz zwischen Ober- und Untergrenze) sowie von Kombinationen Temperaturgradient/Mächtigkeit der Inversionen bestimmt. An dieser Stelle kann nur eine Auswahl der Ergebnisse dargeboten werden.

2 GRUNDSÄTZLICHES

Allgemein ist zu sagen, daß der erste Termin einer Folge von Terminen mit niedrig gelegener Inversion in der weitaus überwiegenden Zahl der Fälle ein Nachttermin ist. Deshalb findet größtenteils die Inversionsauflösung im betrachteten Höhenbereich bei einer geradzahligen Folge (z.B. 2, 4 und 6 Termine) im Laufe des Nachmittags, bei einer ungeradzahligen Folge hingegen am Vormittag statt. Ob bei Aufeinanderfolge von Terminen mit Inversion zwischenzeitlich eine Inversionsauflösung stattgefunden hat, konnte bei dieser statistischen Auswertung nicht erkannt werden. Wenn auf einen 00-GMT-Termin mit Inversion ein 12-GMT-Termin mit Inversion folgt, ist aber mit großer Sicherheit anzunehmen, daß die Inversion auch zwischenzeitlich vorhanden war; die Wahrscheinlichkeit einer kurzen Unterbrechung der betreffenden Inversionssituation ist naturgemäß größer, wenn auf einen Termin 12 GMT ein Termin 00 GMT folgt. Solche kurzzeitigen Inversionsauflösungen bringen jedoch zumeist keine markante Besserung der Austauschverhältnisse.

Vernachlässigt man diese möglichen, eher am Nachmittag als am Vormittag auftretenden kurzen Unterbrechungen, so ergeben sich z.B. folgende Zuordnungen:

3 Termine entsprechen etwa 40 Stunden
4 Termine entsprechen etwa 45 Stunden
5 Termine entsprechen etwa 65 Stunden
6 Termine entsprechen etwa 70 Stunden
12 Termine entsprechen etwa 140 Stunden

3 HÄUFIGKEIT DER ANDAUERFOLGEN NACH KLASSEN VON TEMPERATURSPRUNG UND UNTERGRENZE DER INVERSION

Die Abbildungen 1 und 2 zeigen für die aerologischen Stationen Hannover und München die mittlere Häufigkeit der Andauerfolgen A von 2, 3, 4, 5, 6-7, 8-11 und mindestens 12 Terminen für die Temperatursprung-Klassen $\Delta T \geq 0.0$, ≥ 2.0, ≥ 5.0, ≥ 8.0 und $\geq 10.0°C$ sowie die Bereiche der Untergrenze HU < 100, < 300, < 500, < 700 und < 1000 m über Grund. Generell nimmt natürlich die Häufigkeit langer Terminfolgen mit Heraufsetzen des Schwellenwertes von HU zu; damit geht im Winterhalbjahr ab 500 m für $\Delta T \geq 0.0$ eine deutliche Abnahme der Häufigkeit von A = 3 Termine einher. Der Häufigkeitsrückgang infolge Einengung des ΔT-Bereiches ist in Hannover im Winterhalbjahr deutlicher als in München, wo Kaltluftabfluß aus den Alpentälern (GUTSCHE 1980), allgemein bessere nächtliche Ausstrahlungsbedingungen, z.B. infolge lange anhaltender Schneedecke, sowie Föhneffekte in der Höhe die Inversionsbildung und -erhaltung gegenüber Hannover begünstigen (GUTSCHE 1978). Ferner fällt auf, daß im Winterhalbjahr in Hannover fast in jeder Säulengruppe die Fälle A = 2 (meist Abbruch am Nachmittag) häufiger sind als die Fälle A = 3 (meist Abbruch am Vormittag). Bei München ist es in den ΔT-Bereichen ≥ 0.0 und $\geq 2.0°C$ umgekehrt. Es sei erwähnt, daß diesbezüglich sich Schleswig, Emden und Essen ähnlich verhalten wie Hannover und sich Stuttgart (für ΔT-Bereich $\geq 0.0°C$) an München angleicht. Ferner wird darauf hingewiesen, daß sich bei München in beiden ΔT-Bereichen nicht nur A = 3, sondern auch A = 5 mit größerer Häufigkeit gegenüber den benachbarten A-Klassen heraushebt. Daraus kann gefolgert werden, daß an dieser Station Andauerfolgen mit größerer Wahrscheinlichkeit durch einen 00-GMT-Termin als durch einen 12-GMT-Termin verlängert werden.

Die relativ großen Häufigkeiten der sehr kurzen Andauerfolgen A = 2 im Nordteil der Bundesrepublik Deutschland könnten im Zusammenhang stehen mit dem hier gegenüber Süddeutschland wechselvolleren zyklonalen Geschehen.

Lange Andauerzeiten sind in München allgemein häufiger als in Hannover. Folgen A $\geq$ 5 von Inversionen mit HU < 300 m ü.Gr. und $\Delta T \geq 0.0°C$ kommen durchschnittlich in München etwa 10mal, in Hannover 6mal im Winterhalbjahr vor.

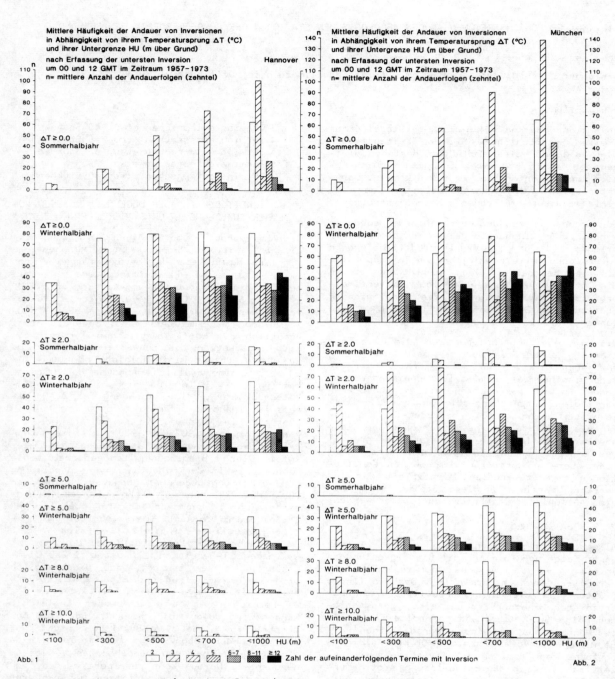

Abb. 1 — Abb. 2 — Zahl der aufeinanderfolgenden Termine mit Inversion

Im Sommerhalbjahr treten Folgen A ≥ 5 nur bei den Inversionsklassen HU < 700 und < 1000 m ü.Gr. noch nennenswert in Erscheinung, bei Ausklammerung der Inversionen ΔT < 2.0 °C jedoch nicht mehr; es nimmt dann auch die Häufigkeit der kurzen Folgen A = 2 bis 4 stark ab. Die Darstellungen geben darum für ΔT ≥ 8.0 und ≥ 10.0°C nur noch Häufigkeiten des Winterhalbjahres.

Der prozentuale Anteil P der mittleren Zahl der einzelnen, keine Folgen bildenden "Inversionstermine" n_e (in Abb. 1 und 2 nicht aufgenommen) an der jeweiligen mittleren Gesamtzahl der "Inversionstermine" n_g nimmt stark mit Heraufsetzen des Schwellenwertes von HU ab, wie nebenstehende Tabelle für das Winterhalbjahr (1957-1973) zeigt:

HU m ü.Gr.	Hannover			München		
	n_e	n_g	P	n_e	n_g	P
	ΔT ≥ 0.0°C					
< 100	61.4	91.1	67	74.6	141.7	53
< 300	50.3	136.9	37	54.4	182.1	30
< 500	40.0	177.9	23	39.3	216.0	18
< 700	33.0	207.1	16	29.6	240.5	12
< 1000	27.3	234.2	12	22.3	263.0	9
	ΔT ≥ 2.0°C					
< 100	34.2	50.4	68	60.9	101.2	60
< 300	32.1	71.6	45	48.9	127.9	38
< 500	31.1	90.0	35	42.3	146.0	29
< 700	29.8	103.1	29	39.9	157.1	25
< 1000	28.6	114.7	25	39.3	164.8	24

4 HÄUFIGKEIT DER ANDAUERFOLGEN VON INVERSIONEN MIT MINDESTENS 200 m MÄCHTIGKEIT

In Abbildung 3 sind analog zu Abbildung 1 und 2 Häufigkeiten der Andauerfolge von Inversionen mit mindestens 200 m Mächtigkeit im Winterhalbjahr für die aerologischen Stationen Schleswig, Emden, Hannover, Essen, Stuttgart und München für HU < 300 und < 700 m ü.Gr. dargestellt - unabhängig von ΔT.

Generell sind die Häufigkeiten der A-Klassen an der Station Emden, in der Nachbarschaft von moorigem, etwas unter dem Meeresspiegel liegendem Wiesengelände, größer als an der auf einer Kuppe befindlichen Station Schleswig (Seehöhe: 47 m über NN), wo seewärts gerichteter Kaltluftabfluß eine Rolle spielen kann.

Landschaftlich bedingte Häufigkeitsunterschiede ergeben sich ebenfalls für die Andauerfolge A = 4 zwischen Hannover (Flughafen) und Essen, wo sich die Station etwa 100 m über der Sohle des benachbarten Ruhrtales befindet. Auch die gegenüber München-Riem geringeren Häufigkeiten der am Rand des Stuttgarter Kessels, 100 m über der Talsohle des Neckars gelegenen Station Stuttgart-Schnarrenberg sind z.T. dadurch zu erklären, daß nächtlicher Kaltluftabfluß in den benachbarten Talraum dem Anwachsen zu großer Inversionsmächtigkeit über der Station entgegenwirkt.

5 EXTREM LANGE ANDAUERFOLGEN

Für jede der 6 Stationen wurden auch spezielle Angaben über extrem lange Andauerfolgen in den HU-Klassen zusammengestellt. Untenstehend wird jeweils die Zahl der aufeinanderfolgenden "Inversionstermine" (A-Werte) von den drei längsten Folgen (bei ΔT ≥ 0.0°C) des Zeitraumes 1957-1973 (Essen: 1966-1973) genannt:

HU (m ü. Gr.)	< 100	< 300
Schleswig	8, 8 und 8	36, 19 und 17
Emden	8, 8 und 7	26, 25 und 23
Hannover	17, 13 und 10	21, 21 und 19
Essen	8, 6 und 6	17, 16 und 14
Stuttgart	13, 13 und 11	27, 19 und 17
München	29, 24 und 15	45, 35 und 26

Diese Folgen waren größtenteils in den Wintermonaten aufgetreten.

Im Januar 1971 wurde an 4 Stationen der jeweils größte A-Wert für HU < 300 m ü.Gr. erreicht. Eine Inversionsuntergrenze unterhalb dieser Schwelle wurde zu den Aufstiegsterminen bei Schleswig vom 3.-20.1., Hannover vom 6.-16.1., Stuttgart vom 6.-19.1. und München vom 2.-24.1. festgestellt; Emden erreichte vom 5.-16.1. seine drittlängste Folge. Essen würde, wie Hannover, eine Folge vom 6.-16.1. aufweisen, wenn nicht am 9. und 11.1. zum 12-GMT-Termin die Untergrenze etwa 100 m zu hoch gelegen hätte, um den Schwellenwert von 300 m ü.Gr. zu unterschreiten.

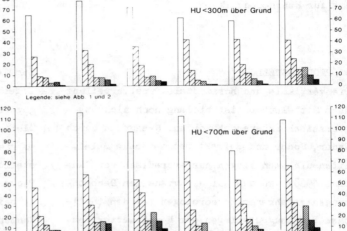

Abb. 3 Mittlere Häufigkeit der Andauer von Inversionen mit einer Mächtigkeit ΔH ≥ 200m im Winterhalbjahr nach Erfassung der untersten Inversion um 00 und 12 GMT im Zeitraum 1957-1973 alle Temperatursprünge zusammengefaßt (ΔT≥0.0°C); n=mittlere Anzahl der Andauerfolgen (zehntel)

Aus den für die 6 Stationen gewonnenen Ergebnissen muß gefolgert werden, daß nicht nur in einzelnen Regionen, sondern sogar im größten Teil der Bundesrepublik Deutschland wochenlang sehr schlechte Ausbreitungsbedingungen herrschen können (vgl. SEIFERT 1963). Näheres über die Wetterentwicklung im Januar 1971, die vom 5. bis 18. in Mitteleuropa überwiegend antizyklonal geprägt war, wurde von GUTSCHE und LEFEBVRE (1981) mitgeteilt. Ihrem Bericht über maximale Mischungsschichthöhen - berechnet aus Mittagsaufstiegen und täglichen Maxima der Lufttemperatur in 2 m ü.Gr. - ist ferner zu entnehmen, daß sich an der Station München vom 2.-24.1.1971 für keinen Tag eine maximale Mischungsschichthöhe größer als 350 m ü.Gr. ergab.

Frau Margot Kratz gebührt Dank für die umfangreichen Programmierarbeiten zur Erstellung der Inversionsandauer-Statistiken.

LITERATUR

GUTSCHE, A.: Inversionen in der unteren Troposphäre nach Radiosondenaufstiegen in der Bundesrepublik Deutschland. Häufigkeitsstatistik der Mächtigkeit und des Temperaturgradienten von Inversionen für Klassen ihrer Untergrenze. Deutscher Wetterdienst, Zentralamt, interner Bericht (1978)

GUTSCHE, A.: Grundlagen und Bearbeitungen der Aeroklimatologie. Promet 10 (1980) H. 3, S. 18-23

GUTSCHE, A.; LEFEBVRE, Ch.: Statistik der "maximalen" Mischungsschichthöhe nach Radiosondenmessungen an den aerologischen Stationen des Deutschen Wetterdienstes im Zeitraum 1957-1973. Ber. d. Dt. Wetterd. Nr. 154 (1981)

SEIFERT, G.: Bemerkungen zur Inversionswetterlage Anfang Dezember 1962 in Westdeutschland. Meteorol. Rundsch. 16 (1963) Nr. 3, S. 82-84

FLUGZEUGSONDIERUNGEN DER HORIZONTALEN UND VERTIKALEN DUNSTAUSBREITUNG ÜBER MITTELEUROPA

Karl Krames
Amt für Wehrgeophysik

1 PROBLEMSTELLUNG

Die vertikale und horizontale Dunstverteilung über Mitteleuropa ist bislang noch nicht systematisch untersucht worden. Messungen durch Radar, Sodar und Refraktometrie sowie Satellitenaufnahmen liegen nur sporadisch vor (MÜLLER, 1968), so daß auf die visuellen Beobachtungen erfahrener Meteorologen bei den täglichen Flugzeugaufstiegen des Reichswetterdienstes von 1936-40 zurückgegriffen werden muß. Das aus mehr als 25.000 Starts gewonnene Material (Flugplätze s. Abb. 1) ist nach Prüfung

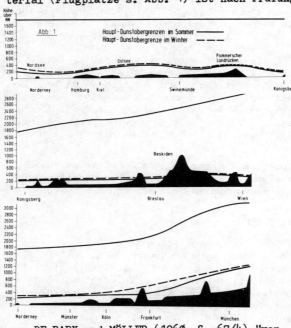

von DE BARY und MÖLLER (1960, S. 67/4) "von einer einmaligen Art und Zuverlässigkeit". Die genannten Autoren haben es deshalb zur Ermittlung der "mittleren vertikalen Verteilung von Wolken in Abhängigkeit von der Wetterlage" benutzt.

Die fast lückenlosen Beobachtungen bieten sich besonders zur Korrelation der Dunstschichten an, wie KRAMES (1979) nachweisen konnte.

Zum leichteren Überblick werden die gewonnenen Ergebnisse in 3 verschiedenen Profilen wiedergegeben (s. Abb. 1). Wegen der horizontalen Gleichförmigkeit der Dunstschichtung ist ebenso wie bei den Wolken eine zusammenfassende Darstellung der Aufstiegsergebnisse sämtlicher Plätze zur Festlegung der mittleren Verhältnisse bei verschiedenen Wetterlagen möglich. Im Rahmen dieses Beitrages können allerdings nicht die zehn verschiedenen Hochdruck- und Tiefdruckwetterlagen von DE BARY und MÖLLER berücksichtigt werden. Es erfolgt lediglich eine Trennung der antizyklonalen und zyklonalen Lagen im Sommer und Winter. Zur Lösung von Problemen der Ausbreitung, der Radiometeorologie und der Flugsicherheit dürften die aerologischen Flugzeugsondierungen von besonderem Interesse sein, zumal sich eine kausale Verknüpfung der Dunst-, Inversions- und Mischungsschichtung ergibt, die vor allem aus den Auswertungen der Radiosondagen von GUTSCHE (1980) gewonnen worden sind.

2 PROBLEMLÖSUNG

Abb. 1 zeigt die Dunstobergrenzen im Winter- und Sommerhalbjahr. In der kalten Jahreszeit dominiert eindeutig der durch die Ausstrahlung verursachte Bodendunst. Wegen des zahlenmäßigen Übergewichts der Morgenaufstiege gilt dies sogar für das warme Halbjahr, in dem allerdings eine zweite Hauptobergrenze im höheren Level an Bedeutung gewinnt. Die Ursache ist im verstärkten konvektiven Austausch zu suchen. Anthropogene Abwärme, Kondensationsprozesse und advektive Vorgänge bewirken allerdings eine deutliche Anhebung der Dunstobergrenze über die rein konvektive Mischungshöhe.

Abb. 2 gibt einen Überblick über die Dunstober-

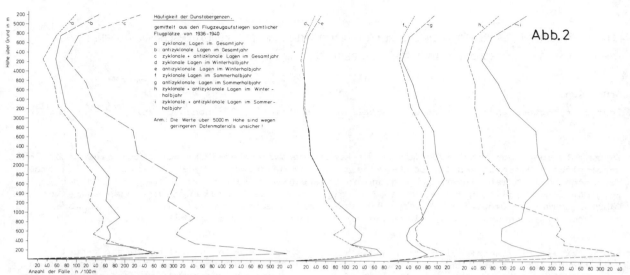

Abb. 2

grenze aller Aufstiegsplätze. Die Kurve c zeigt die Verhältnisse in der gesamten Beobachtungszeit bei allen Wetterlagen. Das Übergewicht der Inversionsobergrenze bei 200 m ist recht markant. Dies gilt sowohl für zyklonale (a) als auch für antizyklonale Verhältnisse (b); bei letzteren treten allerdings höhere Inversionsobergrenzen öfter auf. Auffallend ist die relativ gute Parallelität der Jahreskurven, die für die Signifikanz der Häufigkeitsverteilung spricht. Diese ist sogar noch bei den Halbjahreskurven d-g vorhanden. Überraschend ist, daß generell die Unterschiede zwischen Sommer und Winter größer als zwischen antizyklonalen und zyklonalen Lagen sind.

Allgemein gilt, daß die Obergrenze der Bodendunstschicht in einem engen Höhenintervall, jene der Mischungsdunstgrenze dagegen in weiten Grenzen schwankt. Hierfür dürfte auch die größere Variabilität der Untergrenze der Absinkinversionen verantwortlich sein. Auffallend ist, daß die Aufstiege über 5000 m wieder eine Dunstzunahme anzeigen, die zweifellos durch die Tropopause verursacht wird.

Die Dunstuntergrenze ist fast immer in der Nähe der Lithosphäre zu finden; hierbei bleibt die von GEIGER (1961, S. 514) durchgeführte Differenzierung außer Betracht. Ein sehr schwaches sekundäres Maximum liegt im Sommer in 700 m und im Winter in 500 m. Darstellungen hierüber und über die Jahresgänge finden sich im Poster.

LITERATUR

BARY de, E., MÖLLER, F.: Die mittlere Verteilung von Wolken in Abhängigkeit von der Wetterlage, Ber. d. DWD Nr. 67, Bd. 9, 1960, S. 1 - 28.

GEIGER, R.: Das Klima der bodennahen Luftschicht, Braunschweig 1961

GUTSCHE, A.: Grundlagen und Bearbeitungen der Aeroklimatologie, Promet 3/1980, S. 18 - 23.

KRAMES, K.: Influences of Geophysical Factors on the Pilot-Aircraft-System in HSLLF, AGARD Conf. Proc. No 267, Lisbon, Portugal, 1979, P.2.1 - 2.46

MÜLLER, H.: Messungen der Brechungsindex- u. Temperaturschichtung im Bereich von Richtfunkstrecken, Ber. d. Inst. f. Radiometeorologie u. Maritime Met., Uni Hamburg, Nr. 12, 1968

Anm.: Die Auszählung der Dunstschichten mit ihren verschiedenen Merkmalen nach Station, Wetterlage und Monat wurde im Institut für Geophysik u. Meteorologie der Universität Köln vorgenommen. De Bary und Möller brachten in ihrer o.g. Arbeit eine Wertung des benutzten Materials. Details der aerologischen Flugzeugaufstiege können im Kapitel Meßmethoden des Handbuches der Aerologie von W. Hesse entnommen werden.

MODELLRECHNUNGEN ZUR REGIONALEN UND ZEITLICHEN VERTEILUNG DER KÜHLTURMSCHWADENAUSBREITUNG AUF DER BASIS VON AEROLOGISCHEN DATEN DES DEUTSCHEN WETTERDIENSTES

Bruno Rudolf

Deutscher Wetterdienst - Zentralamt, Abteilung Klimatologie, Offenbach am Main

Zusammenfassung: Das Simulationsmodell für Kühlturmauswirkungen SMOKA wurde auf eine große Zahl aerologischer Daten angewandt, so daß eine statistische Auswertung der berechneten Kühlturmauswirkungen möglich ist. Neben den regionalen Unterschieden werden der Jahresgang und der Tagesgang der Schwadenbildung sowie dessen Abhängigkeit von den Bewölkungsbedingungen sowie von der Kühlturmbauweise aufgezeigt. Auf der Basis der Modellrechnungen für die Kühlturmschwaden wird die durch diese verursachte Verminderung der Sonnenscheindauer ermittelt.

SMOKA ist ein eindimensionales stationäres Modell für die Konvektion über einer Wärme- und Feuchtequelle. Es enthält gewöhnliche Differentialgleichungen für die horizontale und vertikale Komponente des Windvektors, für die Enthalpie, den Gesamtwasser-, den Flüssigwasser- und den Regentropfengehalt sowie für eine Luftbeimengung, die den Zustand der Luft längs der Wolken- bzw. der Kühlturmschwadenachse beschreiben. Berücksichtigt werden die Auftriebs- und Reibungskräfte, die Umwandlung latenter Wärme in sensible, die Verdunstung und die Kondensation sowie der Wasserverlust durch Ausregnen. Durch die Vorgabe einer integrierbaren Funktion für die Verteilung der Zustandsgrößen normal zur Achse und mit den Annahmen der Stationarität, des quasi-hydrostatischen Gleichgewichts und der horizontalen Homogenität der Umgebung können die Modellgleichungen aus den allgemeinen Grundgleichungen hergeleitet werden, wie bereits durch PRIESTLEY und BALL (1954) für trockene Wärmequellen geschehen ist. Die Parametrisierung der Niederschlagsvorgänge beruht auf Ansätzen von KESSLER (1969). Die Berechnung der Vermischung mit Umgebungsluft durch die Windscherung am Rande der Wolke bzw. des Schwadens beruht auf Theorien von MORTON (1957) und von CSANADY (1971), die Vermischung durch die Turbulenz der Umgebungsluft ist nach MELLOR und YAMADA (1974) durch die Richardsonzahl parametrisiert.

Das Modell wurde durch Vergleich der Berechnungsergebnisse mit 105 an verschiedenen Standorten und verschiedenen Kühlturmarten beobachteten Schwaden verifiziert (RUDOLF 1982 und HÜSTER, RUDOLF 1983).

Als Eingabedaten benötigt das Modell neben den Kühlturmdaten die Vertikalprofile der Temperatur, der relativen Feuchte sowie der Windrichtung und der -geschwindigkeit. Eine Sensitivitätsstudie zeigt, daß die Vertikalprofile nicht mit hinreichender Genauigkeit - auch im Hinblick auf eine statistische Auswertung - aus synoptischen Beobachtungen abgeleitet werden können.

Durch eine Klassifizierung von aerologischen Daten und durch die Berechnung eines repräsentativen Schwadens je Klasse können die Kühlturmauswirkungen größenordnungsmäßig abgeschätzt werden. Dieses Verfahren reicht jedoch nicht aus, um regionale Unterschiede hinsichtlich der Kühlturmschwadenausbreitung zu ermitteln. Deshalb wurden Modellrechnungen für jeden einzelnen Aufstieg folgender umfangreicher Kollektive aerologischer Daten, teilweise für verschiedene Kühlturmtypen durchgeführt:

Hannover: Januar 1957 bis Dezember 1973

Schleswig, Emden, Stuttgart und München: März 1959 bis Februar 1964

Berlin: März 1951 bis Februar 1954 und März 1971 bis Februar 1973

Köln: März 1963 bis Februar 1965

Essen: März 1971 bis Februar 1973.

Aus den Ergebnissen der rund 100.000 Modellrechnungen lassen sich folgende Aussagen zusammenfassen:

Für einen großen Naturzug-Naßkühlturm (Bauhöhe 160 m, Abwärme 2500 MJ/s) werden für rund 30 % aller Fälle Schwaden von mehr als 4000 m Länge berechnet.

Im regionalen Vergleich ist die Häufigkeit kürzerer Schwaden (bis 250 m Länge) an den küstennahen Stationen wegen der höheren Luftfeuchtigkeit deutlich geringer als an den süddeutschen Stationen (Abb. 1). Bei den mehr als 4000 m langen Schwaden sind die regionalen Unterschiede hinsichtlich der Schwadenlänge sehr gering. Infolge der im Binnenland (insbesondere an den süddeutschen Stationen) niedrigeren Windgeschwindigkeiten erreichen dort die langen Schwaden jedoch größere Höhen über Grund.

Die Schwadenlänge weist einen deutlichen Jahresgang mit der größten Häufigkeit langer Schwaden im Winter und kurzer Schwaden im Sommer auf. Der mittlere Tagesgang ist nur schwach ausgeprägt. Lange Schwaden treten bevorzugt bei starker niedriger oder mittelhoher Bewölkung auf.

Große Schwankungen ergeben sich auch in der Häufigkeit langer Schwaden von Jahr zu Jahr; für die Einzeljahre wurden relative Häufigkeiten der mehr als 4000 m langen Schwaden zwischen 20 % und 40 % aller Fälle berechnet. Die

Unterschiede von Jahr zu Jahr sind also größer als die regionalen Unterschiede, d.h. Daten aus einem einzelnen Jahr reichen für eine quantitative Beurteilung der Kühlturmschwaden nicht aus.

Etwa um ein Drittel geringer ist die Häufigkeit der mehr als 4000 m langen Schwaden bei einem kleineren Naturzug-Naßkühlturm (Bauhöhe 130 m, Abwärme 1100 MJ/s), nur noch knapp die Hälfte beträgt sie bei einem 80 m hohen Ventilatorkühlturm mit einer Abwärme von 500 MW/s.

Auf der Basis der Daten von Berlin (März 1951 bis Februar 1954) wurde die Verminderung der Sonnenscheindauer durch die Schatten der Kühlturmschwaden berechnet. Da in diesem Zeitraum täglich 4 Radiosondenaufstiege durchgeführt wurden, konnte bei den Berechnungen der Tagesgang der meteorologischen Bedingungen berücksichtigt werden. Während im Sommer die Verminderung der Sonnenscheindauer nur sehr gering ist und hauptsächlich aus der Schattenwirkung des Kühlturmbauwerks resultiert, werden für den Winter jedoch merkbare Sonnenscheineinbußen berechnet. Für die heiteren Tage des Winters ergibt sich eine maximale mittlere tägliche Beschattungsdauer durch den Kühlturm und seinen Schwaden von rund 60 Minuten pro Tag bis zu einer Entfernung von 1500 m (Abb. 2). Die ersten und die letzten beiden Stunden des Tages sind darin wegen der dann niedrig stehenden Sonne nicht enthalten. Im Mittel über alle Tage des Winters ergibt sich eine maximale mittlere tägliche Beschattungsdauer in 1500 Entfernung vom Kühlturm von 15 Minuten pro Tag. Bei den Berechnungen ist die Beschattung durch natürliche Wolken berücksichtigt, d.h. an einem bedeckten Tag kann durch den Kühlturmschwaden kein Schatten verursacht werden. Eine ausführlichere Darstellung der Berechnungsmethode und der Ergebnisse geben RUDOLF und HOFFMANN (1983).

LITERATURVERZEICHNIS:

CSANADY, G.T.: Bent-Over Vapor Plumes. J. Appl. Meteor. 10 (1971) S. 36-42

HÜSTER, H.; RUDOLF, B.: Berechnung der Schwaden von Zellenkühlern mit dem Modell SMOKA; Vergleich von 16 am Kernkraftwerk Isar/Ohu beobachteten Schwaden mit Modellrechnungen. Zur Veröffentl. einger. in Staub (1983)

KESSLER, E.: On the Distribution and Continuity of Water Substance in Atmospheric Circulations. Met. Monogr. Boston/Mass 10 (1969)

MELLOR, G.L.; YAMADA, T.: A Hierarchy of Turbulence Closure Models for Planetary Boundery Layers. J. Atmos. Sci. 31 (1974) S. 1791-1806

MORTON, B.R.: Buoyant Plumes in a Moist Atmospere. J. Fluid Mech. 2 (1957) S. 127-144

PRIESTLEY, C.H.B.; BALL, F.K.: Continuous Convection from an Isolated Source of Heat. Quart. J. R. Met. Soc. 81 (1955) S. 144-157

RUDOLF, B.: The Cooling Tower Model "SMOKA" and it's Application to a Large Set of Data. 13th Intern. Techn. Meeting on Air Pollution Modeling and it's Application. Ile des Embiez (France), 14.-17. Sept. 1982

RUDOLF, B.; HOFFMANN, K.: Modellrechnungen zur Sonnenscheinverminderung durch Kühlturmschwaden. In Vorber. z. Veröffentl. in Meteor. Rdsch. (1983)

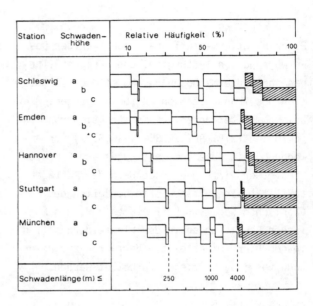

Abb. 1: Relative Häufigkeit (%) der berechneten Schwadenlänge und -höhe für einen Naturzug-Naßkühlturm (Bauhöhe 160 m, Abwärme 2500 MJ/s) für den Zeitraum März 1959 bis Februar 1964
Schwadenhöhe: a) $\leq$ 300 m
b) $>$ 300 m, $\leq$ 500 m
c) $>$ 500 m

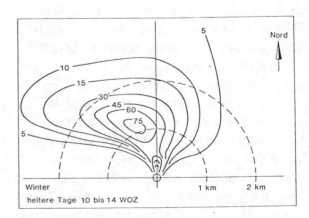

Abb. 2: Berechnete mittlere tägliche Beschattungsdauer (min/d) für einen Naturzug-Naßkühlturm (Bauhöhe 160 m, Abwärme 2500 MJ/s) für Berlin, März 1951 bis Februar 1954, heitere Tage des Winters, 10 bis 14 Uhr Wahre Ortszeit

STATISTISCH GESTÜTZTES BEWERTUNGSVERFAHREN VON TRAJEKTORIEN

Bernd Strobel

GEOMET GmbH Berlin

1. EINLEITUNG

Einen nicht unwesentlichen Anteil an der Beantwortung von lufthygienischen Fragestellungen haben die Methoden und Modelle der Simulation des Transports von Luftbeimengungen. Hierbei kommen Verfahren zur Konstruktion von Trajektorien (z.B. PETTERSSEN 1956,S.27) zur Anwendung. Die Güte der zeit- und raumdiskreten Windfelder wirft die Frage nach der Repräsentativität einer Trajektorie bezüglich des tatsächlichen Wegs von Luftvolumen auf. Die möglichen Abweichungen in den Windfeldern sollen in dem hier vorgestellten Verfahren zur Bewertung von Trajektorien verarbeitet werden.

2. ENTWICKLUNG
2.1 ANSATZ

Die Wahrscheinlichkeitsrechnung ermöglicht quantitative Aussagen über den Ausgang eines zufälligen Ereignisses. Wenn als ein solches das Auftreten eines bestimmten Windwertes angenommen wird, können quantitative Aussagen über den Verlauf einer Trajektorie gemacht werden. Es wird angenommen, derjenige Windwert, der bisher in einem Trajektorienverfahren verarbeitet wurde, sei der Erwartungswert μ der Verteilung. Die Entwicklung soll am Beispiel der Windrichtung durchgeführt werden, da diese im Zusammenhang mit der Trajektorienkonstruktion einer anschaulichen Betrachtung gut zugänglich ist. Unter der Annahme, daß die Windrichtungsfluktuationen normalverteilt sind, kann die Wahrscheinlichkeitsdichtefunktion mit α als einem von μ abweichenden Wert und σ als der Streuung als Gauss'sche Glockenkurve dargestellt werden (SACHS 1978, S. 50)

$$f(\alpha) = \frac{1}{\sigma \sqrt{2\pi}} \exp\left[-\frac{(\mu-\alpha)^2}{2\sigma^2}\right] \qquad (1)$$

Am Beispiel eines homogenen Windfelds wird verdeutlicht, wie bei der Konstruktion von Trajektorien berücksichtigt wird, daß neben dem Erwartungswert auch andere Windrichtungen auftreten können (Fig.1a). Für den ersten Zeitschritt der Trajektorienkonstruktion sind ne-

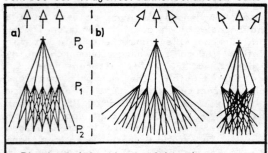

Fig.1: Stichprobentrajektorien

ben der Trajektorie für μ auch solche für $\alpha = \pm\{\sigma, \frac{\sigma}{2}\}$ berechnet worden. Die Punkte $\{P_1\}$ stellen die möglichen Ergebnisse dar. Für den folgenden Zeitschritt wird die gleiche Prozedur ausgehend von jedem möglichen Ergebnis des vorherigen Zeitschritts durchgeführt. Jeder Punkt ist aufgrund des Verlaufs der Trajektorie, die zu ihm führt, mit einer bestimmten Wahrscheinlichkeitsdichte behaftet. Die Inhomogenität des Windfelds führt zu variierenden Strukturen der Punktwolken (Fig.1b). Hierbei ergeben sich erste Interpretationsmöglichkeiten bezüglich der Repräsentativität der Trajektorie, die dem Erwartungswert entspricht.

Da aber bei dieser Methode keine flächendeckenden Aussagen möglich sind, wird von der Konstruktion von Stichproben zu einer integralen Betrachtungsweise übergegangen.

2.2 REALISIERUNG

Auf der Grundlage eines regelmäßigen kartesischen Gitternetzes werden Aussagen nicht mehr für Punkte sondern für jedes der so definierten

Gitterquadrate gemacht. Ausgehend von demjenigen Gitterquadrat P_o, in dem der Ort liegt, für den eine Trajektorie konstruiert wurde, kann durch Integration der Gleichung (1) die Wahrscheinlichkeit W dafür angegeben werden, daß die Trajektorie durch benachbarte Gitterquadrate verläuft (Fig.2).

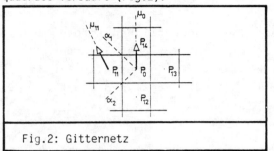

Fig.2: Gitternetz

Denn es existiert jeweils ein Winkelintervall, in dem diejenigen Windrichtungen liegen, mit denen Trajektorien durch das entsprechende Gitterquadrat verliefen. Z.B.

$$W_{11} = \int_{\alpha_2}^{\alpha_1} f(\alpha') \, d\alpha' . \qquad (2)$$

Da es keine Trajektorie geben kann, die nicht durch eines der benachbarten Gitterquadrate verläuft, muß gelten

$$\sum_i W(P_{1i}) = 1 = W(P_0).$$

Für ein Gebiet mit dem Windweg für P_o eines Zeitschritts als Radius wird für jedes Gitterquadrat P_{ni} die bedingte Wahrscheinlichkeit dafür berechnet, daß die durch sie verlaufende Trajektorie durch alle zwischen diesem und P_o liegenden Gitterquadrate P_m gelaufen ist (SACHS 1978, S.32f.).

$$W(P_{ni}) = \mathcal{G}(\, W(P_m), \, W(P_0) \,)$$

In Analogie zu 2.1 wird die oben beschriebene Methode für die folgenden Zeitschritte fortgesetzt. Mit P_p als den den Rand des für einen Zeitschritt bearbeiteten Gebiets bildenden Gitterquadraten gilt während des folgenden Zeitschritts t

$$W(P_{ni})_t = \sum_p \mathcal{G}(\, W(P_m(P_p))_t, \, W(P_p)_{t-1} \,). (3)$$

Mit Gleichung (3) kann für jeden Zeitschritt eine Feldverteilung der Wahrscheinlichkeit berechnet werden.

3. ANWENDUNG
3.1 ANALYSE VON TESTFELDERN

In Fig.3 sind drei nach Gleichung (3) berechnete Wahrscheinlichkeitsverteilungen dargestellt. Die entsprechenden idealisierten Windfelder sind zeitlich homogen und räumlich inhomogen. Die maximalen Wahrscheinlichkeiten liegen für jedes Testfeld auf einer Geraden, die dem Verlauf einer herkömmlichen Trajektorie entspricht. Bei konvergentem Windfeld nimmt die Wahrscheinlichkeit entlang der Trajektorie schneller als bei homogenem oder divergentem Windfeld ab. Quer zur Trajektorie ist die Wahrscheinlichkeitsänderung bei konvergentem Windfeld am geringsten. Dies läßt den Schluß zu, daß der Trajektorienverlauf bei konvergentem Windfeld eine geringere Repräsentativität als bei homogenen oder gar divergentem Windfeld hat.

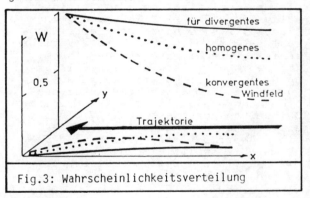

Fig.3: Wahrscheinlichkeitsverteilung

3.2 AUSBLICK AUF WEITERE INTERPRETATIONSMÖGLICHKEITEN

Die Konstruktion einer Trajektorie überhaupt wird entbehrlich, da die Wahrscheinlichkeitsverteilung auch Aussagen liefern kann, wie beliebige andere Orte von Interesse bezüglich der Advektion in Relation zu einem Zielort stehen. Es kann eine Information über die Advektion aus der gesamten Umgebung eines Ortes etwa durch Hinzuziehung eines Emissionskatasters gewonnen werden. Dies sollte der Beantwortung von lufthygienischen Fragestellungen zugute kommen.

4. LITERATUR

PETTERSSEN, S.: Weather Analysis a.Forecasting
   New York, Mc Graw Hill 1956
SACHS, L.   : Angewandte Statistik
   Berlin, Springer 1978

STATISTISCHE CHARAKTERISTIKA LOKALER NIEDERSCHLAGSSCHWANKUNGEN IN MITTEL-
EUROPA SEIT 1735

Elmhart Neuber
Christian-Dietrich Schönwiese

Institut für Meteorologie und Geophysik der Universität Frankfurt

ZUSAMMENFASSUNG

Aussagen zur Niederschlagsvariabilität gehören zu den wesentlichen Informationen klimatologisch-standortlicher Gutachten. Anhand von zehn europäischen Niederschlagsreihen (1864 bzw. 1735-1980) werden spektrale Charakteristika im Periodenbereich von 2 bis maximal 200a aufgezeigt. Kohärenzanalysen ergeben signifikante Kopplungen bei Perioden von 2.14, 3.3 und 5 Jahren (a).

1 DATENBASIS UND METHODIK DER STATISTISCHEN ANALYSE

Zur statistischen Analyse wurden die Jahressummen des Niederschlages von zehn Stationen, im wesentlichen aus dem mitteleuropäischen Bereich, des Zeitintervalles von 1864 bis 1980 sowie von zwei Stationen des Zeitintervalles von 1735 bis 1980 herangezogen (Tab.1). Als Methoden der Zeitreihenanalyse dienten die spektrale Varianzanalyse, die Kreuzspektrum- einschl. Kohärenzanalyse sowie Tiefpaßfilterungen [1,2]. Die Kohärenz wird aus dem Quadrat der Amplitude des Kreuzspektrums und den Varianzspektren zweier Zeitreihen errechnet und ist als der spektral aufgeschlüsselte quadratische Korrelationskoeffizient definiert. Sie stellt eine Maßzahl für die spektrale Kopplung zweier Zeitreihen dar.

2 ERGEBNISSE

Die Ergebnisse der spektralen Varianzanalyse, die den Periodenbereich von 2-100a sowie im Falle der langen Reihen Kew und Zwanenburg von 2-200a erfaßt, sind in Tab.1 zusammengestellt. Sie zeigen, daß in den als kurz, mittel und lang definierten Periodenbereichen signifikant hohe Varianzanteile hervortreten, und zwar in den Bereichen von 2.3-6a, 11-7a und 25-100a.

Die Kreuzspektrumanalyse erfaßt den Periodenbereich von 2-60a. Zur Berechnung der Kohärenz und der anderen Komponenten der Kreuzspektrumanalyse wurden die für unterschiedliche Zeitintervalle vorliegenden Meßreihen auf gleiche Zeitintervalle verkürzt. Die Kreuzspektrumanalyse aller Reihen untereinander ergab, daß signifikante Kopplungen in bestimmten Periodenbereichen zwischen den Meßreihen vorliegen. Signifikante Phasenverschiebungen konnten nicht gefunden werden. Die Häufigkeitsverteilung der signifikanten Kohärenzen zwischen allen Reihen in Abb.1 zeigt deutlich, daß die Perioden ~2.14, ~3.3 und ~5a bevorzugt in den Kopplungen der untersuchten europäischen Stationen auftreten (siehe insbes. $\alpha = 0.05$). Im langperiodischen Bereich (>20a) liegt nur eine geringe Anzahl von signifikanten Kopplungen vor, wobei selbst die Kopplung aller nahegelegenen Sta-

Tab.1: Stationsliste und Ergebnisse der spektralen Varianzanalyse. Unterstrichene Perioden bedeuten Signifikanzniveau α=0.05, sonst α=0.10.

Station	Höhe (m.ü.NN)	Länge	Breite	Zeitintervall	Perioden mit signif. Varianzanteilen im Spektrum		
					lang(>20a)	mittel(10-20a)	kurz(<10a)
Kew	5	0.3 W	51.5 N	1864-1980		<u>12.5</u>,<u>11.1</u>	
Zwanenburg	0	4.9 O	52.2 N			<u>12.5</u>	3.8
De Bilt	0	5.2 O	52.1 N				3.8
Copenhagen	22	12.6 O	55.7 N		<u>100</u>,<u>50</u>,33		
Berlin	58	13.4 O	52.6 N		100		4.1,<u>4.0</u>,3.8
Trier/Petrisberg	273	6.7 O	49.8 N		100		<u>7.1</u>,<u>4.8</u>,4.4
Frankfurt/M	109	8.7 O	50.1 N		<u>100</u>,<u>50</u>		4.4,4.1
Basel/Binningen	318	7.6 O	47.6 N		<u>100</u>,50	<u>14.3</u>	<u>4.8</u>
Zürich	569	8.6 O	47.4 N		<u>50</u>		
Wien/Hohe Warte	212	16.4 O	48.3 N		<u>25</u>		<u>5.0</u>,<u>3.6</u>,<u>3.5</u>,2.6
Kew	5	0.3 W	51.5 N	1735-1980	66,<u>50</u>	<u>12.5</u>	6.2,6.0,3.9,2.3
Zwanenburg	0	4.9 O	52.2 N		<u>100</u>,29	16.6,11.7	<u>4.1</u>

tionen(z.B. Frankfurt/ Trier) in diesem Periodenbereich kaum signifikante Kohärenzen ergeben. In den Kopplungen aller Stationenen ist die Periode von ~2.14a am häufigsten vertreten.
Es ist auffällig, daß signifikante Kohärenz der Periode von ~12a, besonders im Gegensatz zur Periode von ~2.14a, nur regional begrenzt zu finden ist.
Beispielsweise ist in Abb.2 zu sehen, daß die Kohärenz zwischen Frankfurt und Wien das Signifikanzniveau von 0.05 nur im Fall der Periode ~2.14a überschreitet, während die Kohärenz zwischen Frankfurt und Trier auch im Falle der Perioden von ~12a signifikant ist. Dabei fällt auch die hohe Signifikanz der Periode von ~5a auf.

Die Tiefpaßfilterungen ergaben deutliche Schwankungen der langfristigen Varianzanteile, was als Hinweis auf die Nichtstationarität der Mittelwerte interpretiert werden kann (s. hierzu auch [4]). Zur Problematik der Ursachen muß auf die Literatur [1,3] bzw. auf spätere weiterführende Arbeiten verwiesen werden.

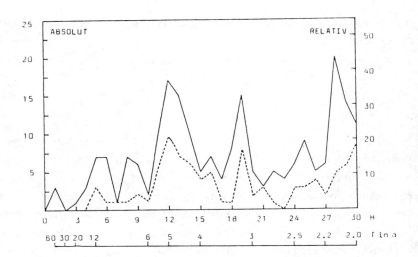

Abb.1: Häufigkeitsverteilung der Perioden mit signifikanter Kohärenz zwischen allen in Tab.1 angegebenen Stationen (Signifikanzniveau α= 0.05 ausgezogen, 0.01 gestrichelt).

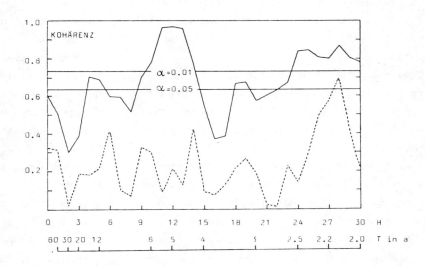

Abb.2: Kohärenz zwischen Frankfurt/Trier (ausgezogen) und Frankfurt/Wien (gestrichelt) im Zeitintervall 1864-1980.

LITERATUR

1 FLEER, H.:		Large-Scale Tropical Rainfall Anomalies. Bonner Meteorol. Abh. Heft 26. Bonn: Dümmler 1981
2 PANOFSKY, H.A.; BRIER, G.W.:		Some Applications of Statistics to Meteorology. University Park: Pennsylvania State Univ. 1958
3 SCHÖNWIESE, C.D.:		Schwankungsklimatologie im Frequenz und Zeitbereich. Wiss. Mitt. Meteorol. Inst. München Nr.24.:1974
4 SCHÖNWIESE, C.D.:		Vorliegender Band

DIE CHARAKTERISIERUNG DES KLIMAS IN AUSGEWÄHLTEN ORTEN ÖSTERREICHS NACH THORNTHWAITE
Fritz Neuwirth
Zentralanstalt für Meteorologie und Geodynamik, Wien, Österreich

1 EINLEITUNG

Versucht man eine Klassefikation des Klimas eines bestimmten Raumes durchzuführen, so ist die Auswahl des geeigneten Klassifikationsschemas schwierig. In der Literatur gibt es eine große Anzahl von Klassifikationsschemata -einen guten Überblick gibt BLÜTHGEN (1964)- die vom Prinzip her zu teilen sind in genetische, die nach dem Zustandekommen der Klimate einteilen, und in effektive, die nach Wirkungen charakterisieren. Mehr durchgesetzt haben sich im Lauf dieses Jahrhunderts die effektiven Klimaklassifikationen, die eine größere Variationsmöglichkeit zulassen als die genetischen.

Innerhalb der effektiven Klassifikationen sind es vor allem die Methode von KÖPPEN (1918) und von THORNTHWAITE (1938,1943) die in der internationalen Fachwelt weite Verbreitung gefunden haben.

In der vorliegenden Bearbeitung wurde dem Klassifikationsschema von Thornthwaite in seiner Fassung aus 1948 - THORNTHWAITE (1948) - der Vorzug gegeben, wobei folgende Gründe ausschlaggebend waren: Dieses Schema, bestimmt ausgehend von den Monatsmitteln der Lufttemperatur und der Monatssummen des Niederschlages nach dem vorgegebenen Formalismus verschiedene Indexwerte, nach derem Wert die den Klimatyp kennzeichnende Kombination von 4 Buchstaben bestimmt wird. Die Ermittlung dieser Indexwerte kann durch elektronische Rechenhilfsmittel durchgeführt werden, sodaß im Gegensatz zu früheren Zeiten die relativ umfangreichen Berechnungen keine besonderen Schwierigkeiten mehr bereiten.

Im Gegensatz dazu erfordert das Schema von W.Köppen zwar keine komplizierten Berechnungen, jedoch ist das Verfahren aufgrund der vielen von Köppen angegebenen Schwell- und Andauerwerte schwieriger automatisierbar und letztlich aus diesem Grund schwerer durchführbar als diese von Thornthwaite. Überdies erfordert die Unterteilung der verschiedenen Klimate nach W. Köppen bisweilen über Temperatur und Niederschlag hinausgehende Angaben wie über Nebelhäufigkeit und Luftfeuchtigkeit, die nicht immer in gewünschtem Ausmaß zur Verfügung stehen.

2 METHODE

Im Mittelpunkt des verwendeten Klassifikationsschemas von C.W. Thornthwaite steht die potentielle Evapotranspiration, das ist jene Wassermenge, die von einer immer mit Wasser ausreichend versorgten Vegetationsfläche verdunstet. Diese potentielle Evapotransporation, die als der Wasserbedarf der Vegetation an dem betreffenden Ort anzusehen ist, wird wie der Niederschlag als klimabestimmender Faktor betrachtet. Indem nun die aus dem Niederschlag verfügbare Wassermenge mit dem tatsächlichen Wasserbedarf, also der potentiellen Evapotranspiration, in den einzelnen Monaten verglichen wird, läßt sich bestimmen, ob das Klima als feucht oder arid zu bezeichnen ist. Dadurch ergibt sich ein Feuchteindex , dem der erste Buchstabe zugeordnet wird. Da die potentielle Evapotranspiration eine Abgabe sowohl von Feuchte als auch von Wärme vom Boden zur Atmosphäre hin darstellt und in erster Linie eine Funktion der zur Verfügung stehenden Sonnenstrahlung ist, ist sie sowohl ein Index für den Wasserverlust als auch für die thermische Wirksamkeit des betreffenden Klimas, d.h. sie vereinigt in sich sowohl die feuchte- als auch temperaturbezogenen Faktoren

des Klimas. Es wird daher der Jahressumme der
potentiellen Evapotranspiration ein Index der
Temperaturwirksamkeit zugeordnet, aus dem sich
der zweite Buchstabe ergibt. Durch die beiden
ersten so ermittelten Buchstaben ergeben sich
die Haupttypen des betreffenden Klimas, das
dadurch hinsichtlich seines allgemeinen
Feuchteverhaltens und der thermischen Gegebenheiten charakterisiert ist. Zwei zusätzliche
Buchstaben, die eine Unterteilung dieser
Haupttypen ermöglichen, geben Angaben über den
jahreszeitlichen Verlauf der Feuchte- und
Temperaturkomponenten des Klimas. Der dritte
Buchstabe charakterisiert den jahreszeitlichen
Verlauf des Wasserhaushaltes, wobei nach Höhe
und Zeitpunkt des Wasserüberschusses oder
Wasserdefizites unterschieden wird. Dazu wird
bei feuchten Klimaten der Ariditätsindex und
bei trockenen Klimaten der Humiditätsindex
berechnet, aus denen sich dann der dritte
Buchstabe ergibt. Schließlich wird das Klima
durch eine Angabe über den jahreszeitlichen
Verlauf des thermischen Verhaltens typisiert.
Dazu wird die sogenannte Sommerkonzentration
der Temperaturwirksamkeit bestimmt, wobei ermittelt wird, wieviel Prozent der Jahressumme
der potentiellen Evapotranspiration die
sommerliche Evapotranspiration (Juni, Juli
und August) beträgt. Hat in jedem Monat das
Mittel der Lufttemperatur denselben Wert, so
ist auch die potentielle Evapotranspiration
in jedem Monat gleich hoch und die drei
Sommermonate tragen 25 % zur Jahressumme der
Evapotranspiration bei; in diesem Fall liegt
ein ideales Klima vor. Treten nur in den
Sommermonaten positive Lufttemperaturen auf,
so ist die sommerliche Evapotranspiration
100 % der Jahressumme, es liegt ein extrem
kontinentales Klima vor, d.h. der vierte
Buchstabe ist ein Maß, wie maritim oder
kontinental das Klima des betreffenden Ortes
ist. Nach diesen dargelegten Bestimmungskriterien ergibt sich schließlich eine
Charakterisierung des Klimatyps durch die
Kombination von vier Buchstaben, versehen mit
Indizes und Apostrophen.

3 ERGEBNISSE

Das geschilderte Verfahren wurde einerseits für
den gesamten Raum Ost- und Südosteuropas angewendet, davon steht im ATLAS DER DONAULÄNDER,
KARTE 141-1 (1980) eine kartographische Darstellung zur Verfügung. Anderseits wurden die in
Österreich vorliegenden Daten für dieses
Klassifikationsschema verwendet. Für Österreich
stehen derzeit die Ergebnisse nur tabellarisch
zur Verfügung.

4 LITERATUR

ATLAS DER DONAULÄNDER, KARTE 141-1 (1980):
Klimatypen nach C.W. Thornthwaite. Österreichisches Ost- und Südosteuropa-Institut.
Wien

BLÜTHGEN, J.: Allgemeine Klimageographie.
Walter de Gruyter & Co. Berlin 1964

KÖPPEN, W.: Klassifikation der Klimate nach
Temperatur, Niederschlag und Jahresverlauf.
Petermanns geogr. Mitt. 64 (1918), S 193-203,
243-248

THORNTHWAITE, C.W.: The climates of the earth.
Geogr. Rev. (1938), S 433-440

THORNTHWAITE, C.W.: Problems in the
classification of climates. Geogr. Rev. 33
(1943), S 233-255

THORNTHWAITE, C.W.: An Approach toword a
rational classification of climate. Geogr.
Rev. 38 (1948), S 55-94.

ANALYSE DES AUSSERGEWÖHNLICHEN WITTERUNGSVERLAUFS
DES JAHRES 1982 UNTER DEM GESICHTSPUNKT DER
STRAHLUNGSENERGIE

H. D. Behr
Deutscher Wetterdienst
Meteorologisches Observatorium Hamburg

1 ZUSAMMENFASSUNG
Das abgelaufene Jahr 1982, insbesondere dessen Sommer, war aus klimatologischer Sicht ungewöhnlich. Für eine klimatisch-statistische Untersuchung wurde die den Erdboden erreichende, kurzwellige Sonnenstrahlung (Globalstrahlung) herangezogen, da sie als Antriebsfunktion der atmosphärischen Zirkulation am besten Aufschluß über die Besonderheiten des verstrichenen Jahres gibt.
Basismaterial sind die Daten des Strahlungsmeßnetzes des Deutschen Wetterdienstes (DWD, 1983). Die Ergebnisse dieses einen Jahres werden mit langjährigen Mittelwerten verglichen, dabei wird versucht, markante Abweichungen meteorologisch zu deuten.

2 EINLEITUNG
Da Hamburg im Juli 1982 302 Stunden Sonnenscheindauer aufwies, d.s. etwa 150% des langjährigen Mittels bzw. 60% der astronomisch möglichen Sonnenscheindauer, war für die breite Öffentlichkeit der Begriff "Jahrhundertsommer" schnell zur Hand. Dies trifft aber sicherlich nicht für ganz Deutschland zu, da z.B. Weihenstephan, in Niederbayern, nur 230 Stunden Sonnenscheindauer, d.s. 100% des langjährigen Mittels bzw. 47% der astronomisch möglichen Sonnenscheindauer aufwies. Eine regional wie jahreszeitlich differenzierende Betrachtungsweise ist daher notwendig.

3 ERGEBNISSE
Die Abb.1 zeigt von der Station Hamburg den Jahresgang des Pentadenmittels der Tagessummen der Globalstrahlung. In Tabelle 1 sind die entsprechenden Monatsmittel des Jahres 1982 (MM82) bzw. des langjährigen Mittels 1949-1982 (MM4982) zusammengestellt. Außerdem ist aufgeführt, wieviel Prozent der extraterrestrischen Strahlung Go in der Atmosphäre verloren gehen (Go/MM82 bzw. Go/MM4982).
Auffällig ist, daß das Jahresmittel der Globalstrahlung im Norden exakt das langjährige Mittel erreicht, im Süden liegt es dagegen um 3,7% darunter. Zur Veranschaulichung sollen zwei Monate herausgegriffen werden:
Januar: in Nordwestdeutschland wurden bis zu 150% des langjährigen Mittels der Sonnenscheindauer erreicht, im Süden dagegen wegen der zum Teil länger anhaltenden Schneefälle nur 80%. Dadurch überschritten in Hamburg die Globalstrahlungswerte des Jahres 1982 den langjährigen Mittelwert um 10%, während es sich in Weihenstephan umgekehrt verhielt.
Juli: Dieser Monat war zum Teil erheblich zu warm und im Norden bei überdurchschnittlicher Sonnenscheindauer zu trocken, im

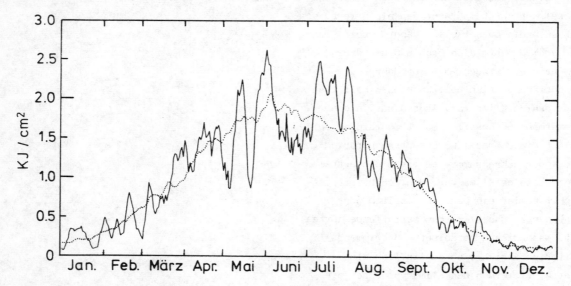

Abb. 1: Jahresgang der Tagessummen der Globalstrahlung in Hamburg
—— 1982,   ········ Mittel aus 1949 - 1982

Süden dagegen örtlich zu naß. Dadurch erreichten von der extraterrestrischen Sonnenstrahlung in Hamburg 51% den Erdboden, im langjährigen Mittel sind es dagegen nur 43%. Im Süden Deutschlands minderte insbesondere in der letzten Julidekade lebhafte Gewittertätigkeit die Globalstrahlung, so daß dort nur 97% des langjährigen Mittels erreicht wurden. Dadurch erhielt Hamburg in diesem Monat absolut 6,5% mehr Globalstrahlung als Weihenstephan. Im langjährigen Mittel sind dagegen die Werte im Süden um 16% größer als im Norden.

Zum Abschluß sollen noch in Abb.2 der Jahresgang des Quotienten der diffusen Sonnenstrahlung D zur Globalstrahlung G gezeigt werden. Je kleiner der Quotient ist, desto geringer ist der Anteil der diffusen Strahlung an der Globalstrahlung, entsprechend gering ist auch der mittlere Bedeckungsgrad. Bewölkungsarmut wiederum bedeutet hohe Einstrahlung.

4 SCHLUSSBEMERKUNGEN

Beim Vergleich der Witterung des Jahres 1982 mit langjährigen Mittelwerten wird deutlich, daß nur deshalb das Jahresmittel der Globalstrahlung nahezu gleich dem langjährigen Mittel ist, weil
- im Norden zur Zeit des Sonnenhöchststandes weit überdurchschnittliche Strahlungswerte erreicht wurden, die die Defizite der Monate Mai, Juni, Oktober und Dezember ausgleichen konnten,
- im Süden insbesondere der Mai die Verluste der Monate Januar, Oktober und Dezember ausgleichen konnte. Da in diesen Monaten die Tageslänge relativ kurz ist, ist die absolute Änderung der Globalstrahlung nicht sehr groß und beeinflußt damit kaum das Jahresmittel.

5 LITERATUR

DWD: Ergebnisse von Strahlungsmessungen in der Bundesrepublik Deutschland sowie von speziellen Meßreihen am Meteorologischen Observatorium Hamburg, Nr. 7, 1982, Hamburg 1983.

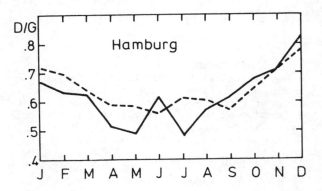

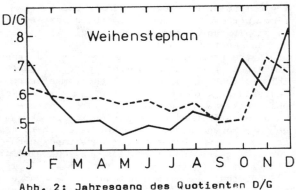

Abb. 2: Jahresgang des Quotienten D/G
——— 1982,   ---- langjähriges Mittel

Tabelle 1

Monatsmittelwerte der Tagessummen der Globalstrahlung (Joule/cm^2)

Hamburg

	Jan	Feb	Mär	Apr	Mai	Jun	Jul	Aug	Sep	Okt	Nov	Dez	Jahr
MM4982	201	419	796	1303	1710	1881	1694	1453	1039	556	243	144	955.8
MM82	222	424	799	1415	1608	1690	2027	1356	1049	454	259	131	955.5
ABW(MM82)	10.3	1.1	0.4	8.6	-6.0	-10.1	19.6	-6.7	1.0	18.3	6.5	-8.7	0
Go/MM4982	-72	-67	-62	-57	-55	-55	-57	-56	-58	-64	-71	-75	-58.8
Go/MM82	-69	-66	-62	-54	-58	-59	-49	-59	-57	-71	-70	-77	-58.8

MM4982   langjähriges Mittel, MM82 Monatsmittel von 1982

AWB(MM82) Abweichungen der Daten von 1982 vom langjährigen Mittel in %

Go/MM4982 Verlust durch Schwächung der extraterrestrischen Strahlung bezogen auf das langjährige Mittel in %

Go/MM82   wie oben bezogen auf die Monatsmittel von 1982

FACTORIAL ANALYSIS OF THE ARIDITY INDEX IN
GREECE - CLIMATOGRAMS.

by
Panagiotis Maheras and Christos Balafoutis
Meteorological and Climatological Institute, University of Thessaloniki-Greece.

1. DATA AND METHOD.

The biological possibilities of every climate can be specified with a certain precision by using bioclimatic indices which usufully are a function of two or more climatic elements, mainly temperature and rain.

The De Martonne's empirical formula,
$I_{year} = \frac{P}{T+10}$ or $I_{month} = \frac{12P}{T+10}$ (P.BIROT,

1968, p.120), known as "aridity index", is being considered as classical and it is widely used because it constitutes a simple climatological relation between climate and vegetation. Moreover, it can be computed very easily and it can be applied on annual (I), seasonal and monthly basis (I').

In the present study, the monthly and annual values of the aridity index were estimated. This estimation was based on the temperature and rain data of 68 climatological stations of the Greek space (period: 1950-1975). Afterwards we attempted to partition the greek space in homogenous sets of stations on the basis of these 13 values of the dryness index without taking into consideration previous similar classifications (P.MAHERAS, 1979, p.4). It is evident that the determination of the homogenous sets or climatological territories is effected on the basis of factor analysis specifically, the technique of factor analysis in principal components was used (L.LEBART, 1975, p. 208).

The program of the analysis is principal components is connected with a program of automatic classification at an ascending hierarchy.

2. THE RESULTS OF FACTORIAL ANALYSIS-CLASSIFICATION OF STATIONS.

According to the results of factorial analysis and automatic classification the Greek space is subdivided in 6 groups of stations or geographical territories which differ in the area covered by them. We think that the mapping of the aridity index" (fig.1) should be based on the results of a classification like the one attempted have. Such a classification does not include empirical criteria while it embodies both, the size and the regime of I' and it is not based on the charting of an annual or a monthly map as it was done in the past.

First group: It includes almost all of the low land and coastal stations with a very low or insignificant altitude, is those of Thrace, Central and Eastern Macedonia, Thessally and also the stations of Lamia and Aliartos (central Greece). The I' values for at least five months are lower than 20 at almost all of the stations included in this group. Moreover, this interval is even larger at some of the stations (6 to 7). Nevertheless, the interval during which I'< 10 is restricted to one or two months.

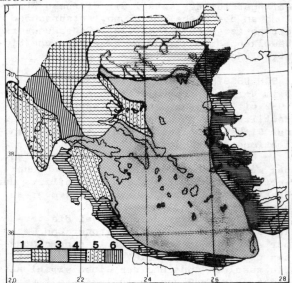

Fig.1. Factorial analysis. Geographical distribution of the aridity index in Greece.

Second group: It includes only five (5) mountainous or semi-mountainous stations located in Central and Eastern Pindos (leeward side). The regime of I' usually shows a double variation with a main maximum in December and a secondary maximum in March or May. The dry period is restricted in two or three months (I'< 20) but values are always greater than 10.

Third group: It includes all of the coastal low land stations of Aegean sea which are southern than the 39th parallel and also the insular stations of North, Central (the stations of Kymi and Skopelos expected) and South Aegean Sea (exept Crete). The result of geographical latitude and the low altitude are followed by an increase of aridity which is extended even up to eight (8) months (I'< 20 from April to November). For the period between April and September, the value of I' is lower than 10 whereas it is I'< 3 for the three months period of June, July and August.

Fourth group: It includes the lowland stations of Western Peloponese and Crete and the insular stations of Eastern Aegean Sea that are located along the coast of Turkey. The values of I' are lower than 20 for a six (6) months interval, and the values of I' are lower than 5 for four (4) months (June to September). However, and this is contrary to the previous group of stations, in this case the values of I' during the winter period are much higher, i.e. I'=100.

Fifth group : It includes the coastal and insular lowland stations of Western Greece that are located northern than Peloponese, the two Aegean Sea stations (Kymi, Skopelos) that are subjected to the intense influence of the orography of Evia and also the mountainous and semi-mountainous stations of Central Peloponese.

The group is being characterized by the very high aridity indices of the winter period which at same stations are as high as $I' > 140$. The period during which $I' < 20$ is extended from 4 to 5 months (May-September) and for the period from June to August we have $I' < 10$. The values of I' increase suddenly in October and they suddenly decrease in April.

Sixth group: It includes the mountainous stations of Western Pindos (windward side) of which the altitude varies from 500 to 1200 m. For the period between October and March the values of I are very high and occasionally are as high as $I > 160$. The interval during which $I' < 20$ extends from two to three months (summer months), however, I' is always higher than 10.

3. CLIMATOGRAMS.

The stations having a represantative position on the first two Factorial axes (F_1 and F_2) were selected for the study of climatograms. On the whole, 9 stations were selected, i.e. one station from each of the 2nd, the 3rd and the 6th group and two stations from each of the remaining groups.

Gaussen's straight line (equation P=2T) and the straight line which intersects the axis of temperature at -10°C (I'=20), are also drawn on the same climatograms (fig.2) (Ch.PEGUY: 1970, p.439, P.MARKOU-IAKOVAKI, 1975, p.65). As before, the real dry period is between the straight line I' and the axis of temperatures.

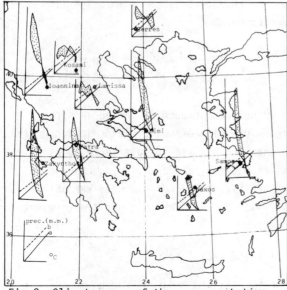

Fig.2. Climatograms of the representative stations.

First group: The dry period according to Gaussen endures for three or four months whereas the real dry period is even more extended (I'=20). In the case of 1a begins from May and it lasts until September (Serres) while in the case of 1b it begins one or two months before (Larissa).

Second group:The dry period according to Gaussen is confined to three months (July-August-September) while for the I'=20 the period for which irrigation is necessary begins in July and it lasts until mid-September (Kozani).

Third group: The main characteristic of the group is the extended duration of the dry period according to Gaussen as well according to I'=20. Actually, even though according to Gaussen the dry period begins in April and it lasts until the end of October (7 months) in the case of the I'=20 even November is considered as a dry month (Naxos).

Fourth group: According to Gaussen, the dry period endures more in Crete and Eastern Aegean Sea than in Western Peloponese. It begins in May and it lasts until the end of September in the case of the stations of sub-group 4a whereas it endures for one month more in the case of those included in sub-group 4b. Also, the real dry period is, according to I'=20, more extended for one month at the stations of Crete and Eastern Aegean Sea.

Fifht group: The fifth group is being characterized by the very high precipitation height of Autumn and Winter. Whereas the dry period according to Gaussen, in the Ionian Sea begins in mid-April and it lasts until the end of October, in the case of the Aegean Sea it begins from the end of April and it last until mid-September. According to I'=20, the real irrigation period of cultivation in the Ionian Sea is also longer, it begins in April and it lasts until early October whereas is the Aegean Sea it begins in the middle of the same month and it lasts until the end of September.

Sixth group: The dry period is very limited according to both, Gaussen and I'=20. It is usually shorter than two months (July-August). It is characterized by the very high precipitation height of the winter period and it usually has its main maximum in December.

REFERENCES.

BIROT P.:	Précis de géographie Physique général. Armad Colin, Paris,1968.
LEBART A. et FENELON J.	Statistiques et informatiques appliquées,$2^{\text{ème}}$ edition. Dunod-Paris, 1975.
MAHERAS P. et KOLYVA-MAHERAS Ph.	Les espaces et les regimes pluviométriques dans la mer Egée. Publ. of the Hell. Met. Soc., vol. 4, n° 3, p.1-17, 1979.
MARKOU-IAKOVAKI and LIOKI TSE-LEPIDAKI	Climatologams and aridity index in Greece. Publ. of the Inst. Climat., Univ. of Athens-Greece, p.79, 1975.
PEGUY Ch.-P.	Précis de Climatologie. Masson et Cie, Editeurs, Paris, 1970.

DIE ANWENDUNG DER WEIBULL-VERTEILUNG ZUR ABSCHÄTZUNG DES
WINDENERGIEANGEBOTES VERSCHIEDENER STANDORTE
IN NORDDEUTSCHLAND

REINHARD BEYER

INSTITUT FÜR METEOROLOGIE UND KLIMATOLOGIE

DER UNIVERSITÄT HANNOVER

D 3000 HANNOVER 21   HERRENHÄUSERSTRASSE 2

1. EINLEITUNG

Die Abschätzung des Windenergiepotentials erfordert die Kenntnis der Verteilung der Windgeschwindigkeiten über einen klimatologisch repräsentativen Zeitraum. Darüberhinaus ist es zweckmäßig, gemessene Verteilungen durch theoretische Verteilungen zu approximieren. Diese Verteilungsfunktionen enthalten charakteristische Parameter, aus deren Kenntnis auf das gesamte natürliche Potential und auch auf das technisch nutzbare Potential geschlossen werden kann. Als am besten geeignete Funktion hat sich die Weibull-Verteilung erwiesen, da diese einen sehr weit gespannten Bereich möglicher Verteilungsformen abzubilden in der Lage ist. Das verwendete Datenkollektiv basiert auf Messungen, die an sechs Punkten im Bereich der deutschen Nordseeküste und des norddeutschen Flachlandes innerhalb von knapp drei Jahren bis zu einer Höhe von ca. fünfzig Metern über Grund durchgeführt wurden.

Abb. 1: Die Lage der Meßstationen

2. DIE VERTEILUNGSFUNKTION

Die Weibull-Verteilung gehört zur Gruppe der Exponentialverteilungen mit zwei Parametern. Je nach Größe der Parameter kann diese Funktion links-schiefe, rechts-schiefe und auch normalverteilte Werte erzeugen. Eine ausführliche Beschreibung der Eigenschaften dieser Funktion wird z. B. von HENNESSEY sowie auch JUSTUS e.a. gegeben. Die Funktion der Dichteverteilung ist gegeben durch

$$f(x) = a\, c\, x^{c-1}\, e^{-a\, x^c} \quad (1)$$

Die Integration dieser Gleichung führt auf die kumulative Verteilungsfunktion

$$F(x) = 1 - e^{-a\, x^c} \quad (2)$$

Das Argument x ist in diesem Falle die Windgeschwindigkeit, die Größen a und c sind die Parameter der Verteilung und bestimmend für die Form. Diese Parameter sind stets positiv und über die Gammafunktion mit dem Mittelwert μ und der Varianz σ^2 der Windgeschwindigkeit verknüpft. Dieser Zusammenhang ist gegeben durch

$$\mu = a^{-1/c}\, \Gamma(1+1/c) \quad (3)$$

$$\sigma^2 = a^{-2/c}\, (\Gamma(1+1/c) - \Gamma^2(1+2/c)) \quad (4)$$

Da in der Abschätzung des Potentials des Windes die Windgeschwindigkeit mit der dritten Potenz eingeht, ist für die Verteilungsfunktion eine Transformation durchzuführen (HENNESSEY, 1977). Sei die neue Variable Y mit $Y=x^3$ so erhält man für die trnsformierten Funktionen

$$f_y(Y) = a(c/3)\, Y^{(c/3)-1}\, e^{-a\, Y^{c/3}} \quad (5)$$

$$F_y(Y) = 1 - e^{-a\, Y^{c/3}} \quad (6)$$

Der Parameter a bleibt dabei unverändert erhalten, während der Parameter c in c/3 übergeht.

3. DAS TECHNISCH NUTZBARE POTENTIAL AM BEISPIEL DES GROWIAN

Sind die Parameter a und c der Verteilungsfunktion bekannt, dann können aus Gleichung (6) die Andauerstunden der einzelnen kubierten Windgeschwindigkeitsklassen entnommen werden. Neben der Verteilungsfunktion ist außerdem die Kenntnis der Charakteristik des GROWIAN, insbesondere des Leistungsbeiwertes, für die Berechnung des technisch nutzbaren Potentials notwendig. Beim GROWIAN handelt es sich um einen Horizontalachswindenergiekonverter mit 100 Meter Nabenhöhe und 100 Meter Rotordurchmesser. Die Arbeitsbereiche gliedern sich wie folgt auf (FEUSTEL e.a., 1978): Teillastbereich zwischen 6.3 m/s und 12 m/s, Vollastbereich zwischen 12 m/s und 24 m/s. Im Vollastbereich wird die Nennleistung von 3 MW abgegeben und durch Regelung konstant gehalten, während im Teillastbereich die Leistungsabgabe zwischen 0 MW und 3 MW schwanken kann. Außerhalb dieser Bereiche, also bei Windgeschwindigkeiten unter 6.3 m/s und oberhalb 24 m/s wird keine Leistung abgegeben.

Mit den hier genannten Randwerten für die Charakteristik des GROWIAN und der Verteilungsfunktion (6) für die kubierte Windgeschwindigkeit wurden die Diagramme der Abbildungen 2, 3, 4 und 5 konstruiert. Sie zeigen die Jahresenergieproduktion in den einzelnen Lastbereichen in Abhängigkeit der Weibull-Parameter a und c. Der günstigste Standort für den GROWIAN im Gesamtbereich (Teillast + Vollast) und auch im Vollastbereich alleine wäre Tating auf der weit in die Nordsee hineinreichenden Halbinsel Eiderstedt mit 14.4 Gwh bzw. 7.5 Gwh pro Jahr. Das Jahresmittel der Windgeschwindigkeit in 100 Metern Höhe wurde wurde in Tating zu 9.5 m/s ermittelt. Tating ist gleichzeitig der einzige Standort, wo der GROWIAN etwas mehr Energie im Vollastbereich als im Teillastbereich produziert. Dies spiegelt sich auch im Verhältnisdiagramm Vollast/Teillast wider. Die Situation ändert sich jedoch, wenn der Teillastbereich für sich betrachtet wird. Hier ist die Gegend von Esens an der niedersächsischen Nordseeküste mit 8 Gwh pro Jahr der günstigste Standort, obwohl das Jahresmittel der Windgeschwindigkeit in 100 Meter Höhe deutlich unterhalb des Wertes für Tating liegt. Der Grund dafür ist in der Regelungscharakteristik des GROWIAN zu suchen, d. h. zu hohe Windgeschwindigkeiten können im Teillastbereich nicht mehr genutzt werden. Das untere Extrem ist in der Station Soltau, ca. 100 km landeinwärts von der Küste entfernt, zu finden. Hier wird mit 4 Gwh pro Jahr weniger als 1/3 der Energie Tatings produziert. Damit beschränkt sich der Einsatzbereich des GROWIAN auf die unmittelbare Küstenlinie oder küstennahe Standorte. Landeinwärts wären die Windenergiekonverter in realen Fällen kleiner zu dimensionieren, um noch einen nennenswerten Anteil des ohnehin schon recht kleinen natürlichen Potentials nutzen zu können.

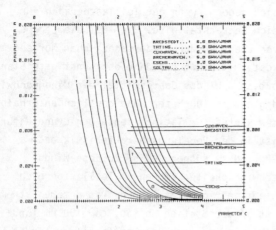

Abb. 2: Mittlere jährliche Energieproduktion des GROWIAN im Teillastbereich (Gwh/Jahr)

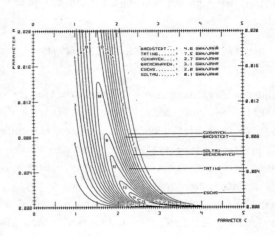

Abb. 3: im Vollastbereich

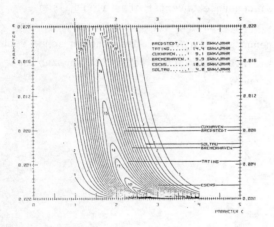

Abb. 4: im Bereich Teillast + Vollast

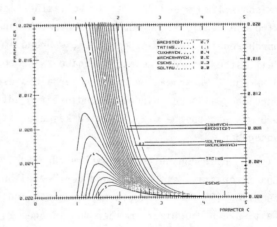

Abb. 5: Verhältnis Vollast/Teillast

Literatur:

Körber, F.: Ausarbeitung baureifer Unterlagen für den GROWIAN, Seminar und Statusreport Windenergie, 1978, Seite 361 - 374

Hennessey, J. P.: Some Aspects of Wind Power Statistics, Journal of applied meteorology, Vol. 16, Nr. 2, 1977, Seite 119 - 128

Justus, C.G. e. a., Nationwide Assessment of Potential Output from Wind - Powered Generators, Journal of applied meteorology, Vol. 15 Nr. 7, Seite 673 - 678

ZUR WITTERUNGSABHÄNGIGKEIT DER ORGANISCHEN WASSERTRÜBUNG IN DER DEUTSCHEN BUCHT

Ekkehard R. Küsters
Amt für Wehrgeophysik, Traben-Trarbach

1. EINLEITUNG

Trotz der Fortschritte auf dem Gebiet der Unterwasserortung ist es in vielen Fällen erforderlich, daß Taucher Gegenstände optisch lokalisieren. Aus diesem Grund sind Informationen über die Intensität der Wassertrübung und über Faktoren, die zu Änderungen der Trübungsverhältnisse führen, von erheblicher Bedeutung bei der Planung von Taucheinsätzen.

Im offenen Ozean wird eine Trübung des Wassers nahezu ausschließlich durch pflanzliches Plankton hervorgerufen, allerdings ist dort die Dichte dieser Organismen stellenweise so gering, daß die Sichttiefe bis über 50 m betragen kann. In den Schelfmeeren dagegen kommen als sichtbeeinträchtigende Faktoren zusätzlich anorganische Schwebstoffe und sog. Gelbstoffe (gelöste organische Verbindungen) infrage; gleichzeitig kann hier, bedingt durch die bessere Nährstoffversorgung, die Planktondichte wesentlich höher liegen.

Auf vier Meßfahrten wurden von 1978 bis 1980 in der Deutschen Bucht Untersuchungen zur Abhängigkeit der Wassertrübung von geophysikalischen Faktoren durchgeführt; zur Methodik s. KÜSTERS (1981).

2. ÄNDERUNGEN DER TRÜBUNGSVERHÄLTNISSE

Die Planktonentwicklung wird durch die Faktoren Nährstoffangebot, Wassertemperatur und Strahlung gesteuert.

Nährstoffe werden entweder mit dem aus den Flüssen in die Deutsche Bucht einströmenden Wasser oder durch Remobilisierung aus dem Sediment zugeführt. Beide Arten der Nährstoffversorgung sind windabhängig: Schwachwindlagen oder Ost- bis Südwinde bewirken ein weites Vordringen des Wassers aus Elbe und Weser in die Nordsee; anhaltende Stürme vermögen das flache Wasser bis zum Grund zu durchmischen und sorgen damit für erneute Nährstoffanreicherung in der trophogenen Zone.

Die Wassertemperatur wird, ebenso wie die Strahlungsintensität, in erster Linie von jahresperiodischen Schwankungen bestimmt, wobei die aktuelle Witterung in gewissem Rahmen eine steuernde Funktion besitzt.

2.1 Saisonale Abhängigkeiten

Bedingt durch die geographische Lage des Gebiets weist die Phytoplanktonentwicklung in der Nordsee im Jahresverlauf zwei Maxima auf, die von Zeiten geringerer Planktondichte unterbrochen werden. Eine erste Planktonmassenentwicklung setzt im Frühjahr ein. Ursachen dafür sind neben steigender Wassertemperatur und zunehmender Beleuchtungsstärke und -dauer auch der verstärkte Einstrom nährstoffreichen Wassers in die Deutsche Bucht durch erhöhte Wasserführung der Flüsse und möglicherweise die abnehmenden mittleren Windstärken.

Der Eintrittstermin der ersten Algenblüte ist so stark von der Witterung abhängig, daß sich zwischen verschiedenen Jahren Differenzen von bis zu zwei Monaten ergeben können (REID, 1978). Bei Bildung eines mehrjährigen Mittels tritt daher das erste Maximum in der Planktonkurve nicht in Erscheinung, die Planktondichte nimmt von März bis Mai kontinuierlich zu und steigt auch im Juni noch leicht an (HAGMEIER, 1978).

Wenn die Windverhältnisse bereits im April die Ausbildung eines Planktonmaximums zulassen, so fällt dies schwächer aus, als ein erst im Mai eintretendes, da die Planktonentwicklung im April noch weitgehend durch das Licht limitiert wird. Durch Plankton kann selbst bei Vorliegen für die Algenentwicklung optimaler

Bedingungen die Unterwassersichtweite Ende April nicht unter 6 m reduziert werden, Anfang April ist die Beeinträchtigung der Sicht noch geringer. Hält nach dem ersten Maximum windarmes Wetter an, so unterbindet die sich stabilisierende Sprungschicht den Nährstoffnachschub aus der Tiefe. Dies führt dazu, daß das Oberflächenwasser nahezu planktonfrei werden kann (Planktondichte im Mai 1978 um fast zwei Zehnerpotenzen geringer als während eines schwachen Frühjahrsmaximums; errechnete Horizontalsicht zeitweise über 50 m).

Das sommerliche Planktonmaximum stellt sich bei ausreichender Nährstoffversorgung klimatisch bedingt (Optimierung des Verhältnisses Wassertemperatur/Licht) im August ein. Es reduziert die Sichtweite oberhalb der Sprungschicht normalerweise bis auf etwa 4 m, unterhalb der Sprungschicht wird die Sicht kaum durch Plankton beeinträchtigt. Extreme Witterungsbedingungen, wie sie z.B. 1968 in Form einer außergewöhnlich langen windarmen Periode vorlagen, können zur Entwicklung solcher Planktonmassen führen, daß die Sicht sogar bis auf weniger als 3 m zurückgeht (HICKEL et al, 1971).

2.2 Kurzfristige Veränderungen

Alle kurzfristigen Veränderungen der Trübungsverhältnisse in der Deutschen Bucht werden durch Windeinflüsse hervorgerufen. Salzgehaltsfronten trennen, ebenso wie Sprungschichten, Wasserkörper unterschiedlicher Dichte und damit meist auch unterschiedlichen Gehalts sowohl an anorganischen Trübstoffen wie an Planktern. Die Untersuchungen erbrachten den Nachweis, daß die Salzgehaltsfronten ihre Lage im Gezeitenrhythmus ändern. Die Stärke der Verlagerung ist abhängig vom Strom sowie von der Windgeschwindigkeit und -richtung. Bei schwachem, frontenparallelem Wind sind Vordringen und Rückverlagerung etwa gleich stark, bei Windrichtungen senkrecht zum Verlauf der Fronten wird der tidenbedingte Versatz in der entsprechenden Richtung verstärkt, so daß sich eine Netto-Verlagerung ergibt. Erfolgt diese Verlagerung von der Küste weg, so bewirkt das Vordringen salzarmen Wassers an der Oberfläche die Entstehung einer horizontalen Salzgehaltssprungschicht.

Anhaltende Starkwinde vermögen sowohl Fronten wie Sprungschichten zu zerstören; sie bewirken eine so starke Zunahme der Trübung durch Sedimentpartikel, daß die organische Trübung daneben nicht mehr ins Gewicht fällt.

Die Dauer von Algenmassenentwicklungen ("Algenblüten") ist wesentlich von der Wassertemperatur und der Strahlungssumme, also von Faktoren abhängig, die die Geschwindigkeit des Vermehrungszyklusses der Algen steuern, sie beträgt normalerweise nicht mehr als 14 Tage, dann erfolgt ein Zusammenbruch der Population, wodurch die Wassertrübung wieder abnimmt.

3. LITERATUR

HAGMEIER, E.: Variations in phytoplankton near Helgoland. Rapp. P.-v. Réun. Cons. int. Expl. Mer 172 (1978), S. 361-363.

HICKEL, W.; HAGMEIER, E.; DREBES, G.: Gymnodinium blooms in the Helgoland Bight (North Sea) during August, 1968. Helgol. wiss. Meeresunters. 22 (1971), S. 401-416.

KÜSTERS, E.R.: Investigations for the development of a forecast system for underwater visibility in the Helgoland Bight. AGARD CP 300 (1981), S. 5-1 - 5-6.

REID, P.C.: Continuous plankton records: large-scale changes in the abundance of phytoplankton in the North Sea from 1958 to 1973. Rapp. P.-v. Réun. Cons. int. Expl. Mer 172 (1978), S. 384-389.

MEISE - EIN AUTOMATISCHES MESSWERTERFASSUNGSSYSTEM

Uwe Bergholter

Deutscher Wetterdienst, Meteorologisches Observatorium Hamburg

1 EINLEITUNG

Der weltweit steigende Bedarf an räumlich und zeitlich gut aufgelösten Strahlungsmeßdaten führte zum Aufbau zahlreicher nationaler Strahlungsmeßnetze. Die MEISE (MeßwertErfassungs-, Integrations- und SpeicherEinheit) wurde 1981 als neues Datenerfassungssystem für das Strahlungsmeßnetz des DWD entwickelt, das von 5 Stationen (1960) auf 28 Stationen (1981) ausgebaut wurde. Das MetObs Hamburg ist nationale Strahlungszentrale.

2 MEISE - KONZEPT

Industriell gefertigte Datenerfassungssysteme genügen wichtigen Forderungen der Strahlungsmeßtechnik nicht, z.B. wegen der wahren Ortszeit (WOZ) als Bezugszeit, bieten dagegen meist viel mehr Funktionen als benötigt und sind sehr teuer. Für die MEISE wurde daher ein frei programmierbarer Heimcomputer als steuernde Zentraleinheit gewählt, für den geeignete Analog/Digitalwandler angeboten werden. Die in BASIC erstellte Software konnte so für die Strahlungsmessungen an Wetterstationen optimal angepaßt werden. Eine Aufzeichnung der Meßwerte auf Magnetbandkassetten ist problemlos möglich. Die Rückgewinnung der Daten im MetObs Hamburg kann mit einem Computer des gleichen Typs erfolgen, ebenso das Überspielen in das Strahlungsdatenarchiv im gemeinsamen Rechenzentrum/Deutsches Hydrograph. Institut. Die Ausrüstung einer größeren Zahl von Stationen wird durch den sehr günstigen Preis der Geräte erleichtert.

3 MEISE - STATION (s.Abb.1)

Der Rechner mit Tastatur, Bildschirm und Kassettenlaufwerk ist über ein Interface zur Potentialtrennung mit dem Analog/Digitalwandler verbunden, in den außer empfindlichen Meßverstärkern Störfilter und Schutzschaltungen eingebaut sind. Zur Störungsmeldung dienen zwei akustische Signalgeber (1: systemabhängig, 2: programmgesteuert). Die Stromversorgung erfolgt über ein Netzentstörfilter.

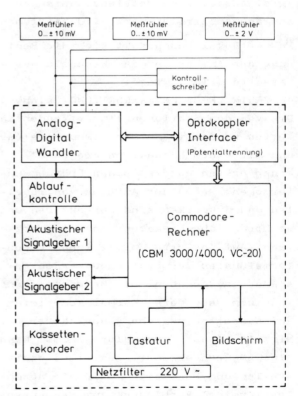

Abb. 1: Blockschaltbild einer MEISE - Station

3.1 WICHTIGE TECHNISCHE DATEN

Meßverstärker: Chopperverstärker
Drift <0.1μV/K, R_E >100MΩ (Intersil)
A/D-Wandler: 3 1/2 Digits, ±0.05%±1 Dig.
Meßfolge max 4 s^{-1} (Systec, Berlin)
Rechner: Commodore CBM 3.0/4.0, VC-20
Speicher 8kB (VC-20 6.5 kB)
Kassetten: handelsübl., z.B.Scotch 835/1

3.2 SOFTWARE

Das Meßprogramm wird von Kassette geladen. Nach Eingabe von Datum und Zeit werden laufend folgende Funktionen ausgeführt:
Kalenderberechnung, Berechnung der WOZ,
Messungen im 10s-Takt, Meßwertprüfung,
Umrechnung in phys. Einheiten,
Bildung von Stundensummen u.Tagessummen,
stündliches Abspeichern auf Kassette,
automatische Nullpunktkorrektur,
Ausgabe aller Daten auf Bildschirm,
Systemkontrolle, Fehleranzeige,
ggfs. Ausgabe von Betriebsanweisungen,
Ausgabe spezieller Werte f.d.Stationen.

In der Regel beschränkt sich die Bedienung der Anlage auf das Wechseln der Kassette alle 10 Tage.

4 ZENTRALE DATENVERARBEITUNG (s.Abb.2)

Die von den Stationen eintreffenden Kassetten werden im MetObs Hamburg gelesen und mit einem "Redaktionsprogramm" einer ersten automatischen Prüfung unterzogen. Neben der Ausgabe von Tabellen und Graphiken sind Korrekturen und nachträgliche Eingaben von Daten möglich. Auf Kassette aufgezeichnete Fehlermeldungen der Stationen werden gesondert ausgegeben. Die Meßwerte werden in einem besonderen Format komprimiert auf Kassetten zwischengespeichert. Mittels eines "Terminalprogramms" kann ein CBM-Rechner über spezielle Schnittstellen und Postleitung wie ein normales Terminal Verbindung zum Rechenzentrum aufnehmen. Dadurch wird es möglich, die Daten von der (nicht genormten) Heimcomputerkassette direkt in den Großrechner einzuspielen. Die Übertragung wird per Programm auf Fehler geprüft und ggf. automatisch wiederholt.

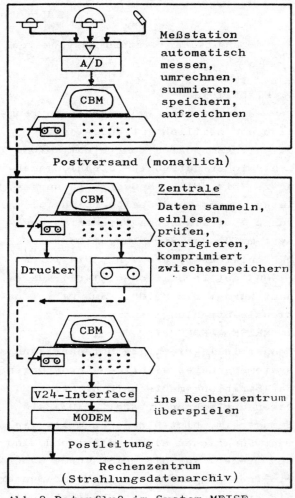

Abb.2 Datenfluß im System MEISE

5 WEITERE ANWENDUNGEN

Die MEISE wird in der Konfiguration von Abb.1 mit kleinen Programmänderungen zum automatischen Eichvergleich von Meßfühlern für das Strahlungsmeßnetz im MetObs eingesetzt. Sie kann mit entsprechenden Programmen an eine Vielzahl von Meßaufgaben angepaßt werden. Die Geräte haben sich im Dauerbetrieb über fast zwei Jahre ausnahmslos bewährt. Als Verbesserung ist zum Schutz gegen Datenverlust bei Stromausfall ein Batteriepuffer vorgesehen.

MESSUNGEN VON TEMPERATUR- UND FEUCHTEPROFILEN MIT DEM METEOROLOGISCHEN FORSCHUNGSFLUGZEUG FALCON 20 DER DFVLR.

Hans P. Fimpel

Deutsche Forschungs- und Versuchsanstalt für Luft- und Raumfahrt (DFVLR)
Institut für Physik der Atmosphäre
Oberpfaffenhofen

1 EINLEITUNG.

Die DFVLR betreibt seit 1976 ein zweistrahliges Jetflugzeug Falcon 20 als Meteorologisches Forschungsflugzeug.

Als Meßfühler für die Temperatur wird ein Gesamttemperaturfühler (TRENKLE, 1973) eingesetzt. In einem speziellen Gehäuse befindet sich ein gekapseltes Platinwiderstandsthermometer, das eine Zeitkonstante $\tau = 0{,}8 - 1{,}3$ s (je nach Flughöhe und damit Luftdichte) hat.

Für die Messung der Feuchte wird ein Dünnfilmkondensator eingesetzt, dessen Kapazität von der Relativen Feuchte abhängt (SALASMAA, 1975). Dieser Fühler hat eine (temperaturabhängige) Zeitkonstante $\tau \sim 0{,}8$ s bei 20 °C.

2 DIE DURCHFÜHRUNG DER MESSUNGEN UND IHRE UMRECHNUNG AUF DIE WERTE IN DER UNGESTÖRTEN ATMOSPHÄRE.

Die Falcon fliegt mit hoher Geschwindigkeit durch die zu messende Luft. Zur Messung wird sie unmittelbar an den Fühlern abgebremst und durch Reibung und Stau erwärmt. Ist T_S die zu messende, ungestörte Temperatur der Luft, so ist die größte Überwärmung die bei adiabatischer Erwärmung. Dabei ergibt sich die 'Gesamttemperatur' T_T:

$$T_T = T_S (1 + 0{,}2\, M_C^2)$$

M_C ist dabei die Machzahl, das Verhältnis der Fluggeschwindigkeit zur Schallgeschwindigkeit. Sie liegt bei den Messungen zwischen 0,3 und 0,7. Dafür ergeben sich die in Tabelle 1 angegebenen adiabatischen Erwärmungen.

Die bei Flugzeugmessungen verwendeten Temperaturfühler werden so ausgelegt, daß T_T möglichst fehlerfrei gemessen wird. Es kann aber nur die 'Recoverytemperatur' T_R bestimmt werden, die T_T sehr nahe kommt. Definiert man den 'Recoveryfaktor'

$$r = (T_R - T_S)/(T_T - T_S),$$

so kann man aus der gemessenen Temperatur, wenn das von M_C abhängige r bekannt ist (Tab.1),

$$T_S = T_R / (1 + 0{,}2\, r\, M_C^2),$$

die unverfälschte Lufttemperatur, bestimmen.

Der Feuchtefühler kann bei den hohen Luftgeschwindigkeiten nicht ungeschützt exponiert werden. Er ist deshalb im Inneren des Flugzeugrumpfes in einem Kanal untergebracht, in den die zu messende Luft geleitet wird. Dies hat zur Folge, daß sich am Ort der Messung die

M_C	0,3	0,4	0,5	0,6	0,7	
$T_T - T_S$	5,40	9,60	15,00	21,60	29,40	K
r	0,932	0,940	0,948	0,958	0,965	

Tabelle 1: Adiabatische Erwärmung $T_T - T_S$ (bei $T_S = 300$ K) und Recoveryfaktor r des bei den Messungen verwendeten Gesamttemperaturfühlers in Abhängigkeit von der Machzahl M_C.

durch Staueffekte erhöhte Temperatur T_F und der erhöhte Druck p_F einstellen, die durch zusätzliche Meßfühler bestimmt werden. Aus den in dem Kanal gemessenen Werten der Relativen Feuchte U_W wird als Ausgangsbasis aller weiterer Berechnungen mit T_F und p_F das Mischungsverhältnis r_W berechnet. Da dieses unabhängig von Temperatur- und Druckänderungen der Luft ist, gilt dieses auch unverändert für die ungestörte Luft. Daraus können dann alle gebräuchlichen Feuchtemaße für die ungestörte Atmosphäre mit der Temperatur T_S und dem Luftdruck p_S berechnet werden.

3 DIE GLÄTTUNG DER GEMESSENEN WERTE DURCH DIGITALE FILTER.

Ein Beispiel eines Temperatur- und Feuchteprofiles, das mit der Falcon gemessen wurde, zeigt Bild 1. Sie stieg dabei etwa 100 km westlich von Bordeaux über dem Meer von knapp über der Meeresoberfläche bis zu ihrer Gipfelhöhe in 240 mb. Dargestellt sind die auf T_S reduzierte Lufttemperatur und der aus dem Mischungsverhältnis errechnete Taupunkt T_D. Die gemessenen Werte wurden dabei in Zeitschritten $\Delta t = 0{,}1$ s registriert.

Man sieht vor allem beim Taupunkt, daß die Einzelwerte streuen. Zur Glättung dieser streuenden Meßwerte verwenden wir Digitale Filter. Sie haben den Vorteil, daß die Filterung rechnerisch durchgeführt wird. Für spezielle Untersuchungen bleiben die Meßwerte in ihrer vollen Auflösung erhalten und werden nicht von vorneherein durch elektrische Filter vor der Registrierung beschnitten.

Allgemein läßt sich ein solches Digitales Filter durch die Formel

$$h_o' = a_{-m} h_{-m} + \ldots + a_{-1} h_{-1} + a_o h_o + a_1 h_1 + \ldots + a_n h_n$$

darstellen. Die h_i ($i = -m, \ldots, n$) sind dabei eine Folge der zu filternden Werte, die in äquidistanten Zeitschritten Δt als diskrete

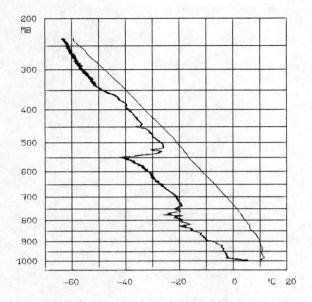

Bild 1: Messungen der Lufttemperatur (rechte Kurve) und des Taupunktes (linke Kurve) mit der Falcon am 11.4.1980 10:47 - 11:04 GMT

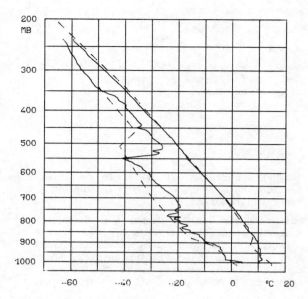

Bild 3: Gefilterte Werte der Messungen der Falcon am 11.4.1980 10:47 - 11:04 GMT (-------) Zum Vergleich Radiosonde Bordeaux 11.4.1980 12:00 GMT (- - - -).

Werte vorliegen müssen. Die a_i sind Koeffizienten, die durch Rechenvorschriften bestimmt werden. h_o' ist dann der gefilterte Wert zur Zeit t_o.

Nach vielen Untersuchungen fanden wir Filter, die von KAISER (1966) angegeben wurden, als am besten geeignet für unsere Zwecke. Ein solches Filter mit m = n = 50, t = 0,1 s und einer Grenzfrequenz f_g = 1,0 Hz stellt Bild 2 dar.

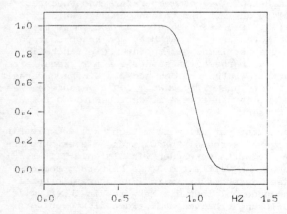

Bild 2: Durchlasskurve eines Tiefpassfilters nach Kaiser (siehe Text).

Die Grenzfrequenz f_g = 1,0 Hz bietet sich für das vorliegende Beispiel an, weil sie im Bereich der Zeitkonstanten sowohl des Temperatur- als auch des Feuchtefühlers liegt.

Die in Bild 1 dargestellten Messungen wurden mit dem in Bild 2 dargestellten Filter gefiltert, das Ergebnis gibt Bild 3. Man sieht deutlich, daß so störende Schwankungen unterdrückt, auf der anderen Seite aber doch vertikal gut aufgelöste Temperatur- und Feuchteprofile erhalten werden.

In Bild 3 ist zum Vergleich die nächstliegende Radiosonde in Bordeaux eingetragen. Man erkennt die gute Übereinstimmung der Temperaturen im ganzen Höhenbereich und der Taupunkte bis 800 mb; die darüber auftretenden Unterschiede in der Feuchte sind durch solche in der Bewölkung zu erklären.

Dieses Beispiel zeigt, daß auch mit schnell fliegenden Jetflugzeugen bei sorgfältiger Durchführung der Messungen, Korrektur der Staueffekte und Verarbeitung der gemessenen Werte gut brauchbare Profile der Temperatur und der Feuchte erhalten werden können.

4 LITERATUR.

KAISER, J.F.: Digital Filters. Kapitel 7 in: System Analysis by Digital Computers. Hrg. von F.F. Kuo und J.F. Kaiser. New York: Wiley 1966. S. 228 - 243.

SALASMAA, E.; KOSTAMO, P.: New Thin Film Humidity Sensor. Proc. Third Symp. Meteorol. Observat. and Instr. Washington, D.C. 1975 S. 33 - 38.

TRENKLE, F.; REINHARDT, M.: In-Flight Temperature Measurements. AGARDograph No. 160 Vol. 2 London: Tech. Ed. and Repr. Ltd. 1973.

MESSUNG DER KONZENTRATION UND DES SPEKTRUMS VON WOLKENTROPFEN MIT EINER HEISSFILMSONDE

Thomas Hauf und Manfred Jochum[+],
DFVLR Oberpfaffenhofen, Institut für Physik der Atmosphäre,
[+]Meteorologisches Institut, Universität Karlsruhe

1 EINFÜHRUNG

In den vergangenen Jahren wurde am Meteorologischen Institut der Universität Karlsruhe eine neue Sonde zur Bestimmung der Konzentration und des Spektrums von Wolkentropfen entwickelt (JOCHUM, 1982), die zum erstenmal während des KONTUR-Experiments 1981 am Forschungsflugzeug Falcon der DFVLR eingesetzt wurde (HAUF, 1982). Dabei zeigte es sich, daß die Sonde eine wertvolle Ergänzung zu den bekannten wolkenphysikalischen Meßgeräten darstellt (HAUF, 1983).

2 MESSPRINZIP

Der Sondenkörper besteht aus einem fingerdicken Zylinder, auf dessen der Strömung zugewandten kreisförmigen Stirnseite diagonal ein schmaler Platinstreifen aufgebracht ist. Der Streifen wird, ähnlich wie bei einem Heißfilmanemometer, konstant auf einer Temperatur von $90°$ C gehalten. Auftreffende Tropfen entziehen dem Heißfilm Wärme und rufen damit am Ausgang der Regeleinheit ein typisches Signal hervor. Die Signale können gezählt werden, um daraus die Tropfenkonzentration zu berechnen, während die Signalhöhe zur Bestimmung der Tropfengröße herangezogen wird. Das gesamte Meßsystem (HAC) besteht aus dem Sondenkörper, der Anemometer-Regeleinheit, der Signalaufbereitung, dem Signalhöhenanalysator und der Datenaufzeichnung. HAC zählt zu den Impaktorverfahren und ist für zeitlich kontinuierliche Messungen mit relativ kurzer Meßdauer von 0.1 Sekunden geeignet (Abb.1).

3 ERGEBNISSE

Während KONTUR wurden an der Falcon sowohl die Knollenberg-FSSP Sonde als auch HAC für wolkenphysikalische Messungen eingesetzt. Anhand der bei mehreren Wolkendurchflügen gewonnenen Datensätze konnte durch direkten Vergleich die Güte und Qualität der Heißfilmsonde beurteilt werden. Für die Sammeleffizienz der Heißfilmsonde ergab sich: $f(d) = 0.0894 + 0.317 \ln(d)$ (mit d in μm). Es zeigte sich, daß HAC zur Bestimmung der Wolkentropfenkonzentration von Tropfen größer 5 μm Durchmesser geeignet ist. Räumliche Fluktuationen, insbesondere Wolkenränder, können gut aufgelöst werden. Die Bestimmung der Tropfengröße aus der Signalform basiert auf der Annahme, daß die

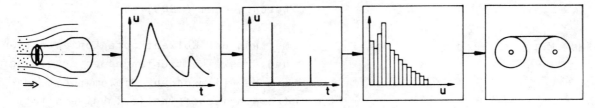

Abb.1 Sondenkörper und Meßablauf mit Signalformen und Impulsspektrum

relativen Signalhöhen bzw. die Höhe des Peaks in linearem Zusammenhang mit der Tropfengröße d steht. Paßt man ein mit dem Heißfilm gemessenes Impulshöhenspektrum an ein mit FSSP gemessenes Tropfenspektrum an, so findet man unter Berücksichtigung der Sammeleffizienz für die Eichbeziehung aus einem Datensatz:
d= 0.772 ∗ h +8.799 (h in V, d in µm)
Testet man die so gefundene Eichbeziehung zwischen Tropfengröße d und Impulshöhe h in einem anderen Wolkenabschnitt, so erhält man das in Abb.2 dargestellte Ergebnis.

Die Heißfilmsonde erfasst nur den abfallenden Teil des Wolkentropfenspektrums. Der logarithmische Verlauf wird gut wiedergegeben. Bei großen Tropfen zeigt HAC eine höhere Konzentration als FSSP an. Dies ist möglicherweise auf den bekannten Effekt zurückzuführen, daß die FSSP Sonde große Tropfen anzahlmäßig unterschätzt. Insgesamt ist die Übereinstimmung zufriedenstellend. Die Ergebnisse dieser Fallstudien zeigen, daß es im Prinzip möglich ist, mit der Heißfilmsonde die Größenverteilung von Wolkentropfen zu bestimmen. Systematische Studien müssen allerdings die Richtigkeit der linearen Beziehung zwischen Peakhöhe und Tropfendurchmesser noch bestätigen. Gelingt dies, so liegt mit der Heißfilmsonde ein einfaches, robustes und preiswertes Instrument für die Bestimmung von Tropfengröße und Tropfenkonzentration vor. Schon jetzt stellt die Sonde eine wertvolle Ergänzung zur wesentlich aufwendigeren, aber auch empfindlicheren Knollenberg Sonde dar.

Abb.2 Normierte Spektren

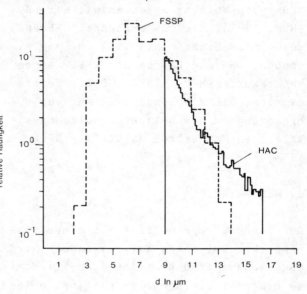

LITERATUR

HAUF, T.: The first field trial of a new cloud microphysics probe. In: Kontur, Convection and Turbulence Experiment, Preliminary Scientific Results. Hamburger Geophysikalische Einzelschriften, Reihe A, Heft 57 (1982), S.89-99.

HAUF, T.: Messung der Wolkentropfenkonzentration mit einer Heißfilmsonde. Meteorol. Rdsch., Juni (1983)

JOCHUM, M.: Messung der Wolkentropfenkonzentration und der Wolkentropfengrößenverteilung mit Heißfilmsonden. Diplomarbeit, Meteorologisches Institut Universität Karlsruhe (1982)

BIOMETEOROLOGIE

Albert Baumgartner

Lehrstuhl für Bioklimatologie und Angewandte Meteorologie der Universität München

Die Biometeorologie befaßt sich mit der Abhängigkeit der belebten Natur von der atmosphärischen Umwelt. Sie ist mit der Bioklimatologie in den Zeit- und Raumfunktionen verknüpft, wobei sich die Biometeorologie mehr mit dem Wirkungsgefüge und die Bioklimatologie mit den Wirkungen und der Ordnung der Phänomene befaßt.

Den Hauptgruppen der Organismen - Mensch, Tier, Pflanze - entsprechend wird zwischen Human-, Zoo- und Phyto-Biometeorologie unterschieden. Bei den Wirkungsmechanismen handelt es sich um physikalische und chemische Einflüsse der Atmosphäre auf biologische Vorgänge; daher steht die Biometeorologie im Umfeld von Biophysik und -chemie. Im Wechsel von Klima, Witterung und Wetter sind die Wirkungen der meteorologischen Faktoren oder Faktorenkomplexe sowohl lebensfreundlich, als auch lebensfeindlich. Biometeorologie und -klimatologie gehören in den Anwendungsbereichen zur Angewandten Meteorologie oder - Klimatologie. Mit dem rasch wachsenden Umweltbewußtsein haben sie in den letzten Jahren zunehmend Bedeutung erlangt.

Die atmosphärische Umwelt greift vorwiegend an den Körperoberflächen der Organismen an. Sie beeinflußt den Energiehaushalt, den Wasserhaushalt und den Stoffumsatz der Körper. Die Organismen reagieren auf die Änderungen der Zustände an den Körperoberflächen physisch und chemisch, aber der Mensch über das Nervensystem auch psychisch.

Unter den Forschungsmethoden hat sich die Erfassung der Energieumsätze und deren Kontrolle durch die Energiebilanz als ein übergeordnetes und fruchtbares Prinzip erwiesen, weil damit auch Wasserhaushalt und Wasserbilanz sowie Stoffumsätze und Stoffbilanzen korreliert sind. Die Entwicklung führte von der Systemanalyse zu Rechenmodellen. Über Simulation der Parameter rationalisieren sie einerseits die experimentelle Biometeorologie; sie erfordern andererseits aber auch ständig neue Experimente zur Parametrisierung und Verifizierung der Modelle selbst.

Beispielhaft werden Systemanalysen und Rechenmodelle für Mensch, Tier und Pflanze erläutert.

DIE MENSCHLICHE ENERGIEBILANZ UNTER VERSCHIEDENARTIGEN KLIMABEDINGUNGEN

Peter Höppe

Lehrstuhl für Bioklimatologie und Angewandte Meteorologie der Universität München

1 EINLEITUNG

Die umfassendste biometeorologische Kenngröße zur Beschreibung des Energieaustausches eines Menschen mit seiner Umgebung ist die Energiebilanzgleichung. In ihr werden die Einflüsse aller bedeutenden meteorologischen Parameter, wie der Lufttemperatur, der Luftfeuchtigkeit, der Windgeschwindigkeit und des Strahlungsfeldes auf die Energetik des menschlichen Körpers berücksichtigt.

Allgemein kann die Energiebilanzgleichung eines Menschen in der folgenden Form dargestellt werden:

$$H + L + Q + E_{Sw} + E_D + E_{Re} + N + S = 0,$$

wobei H die durch den Metabolismus erzeugte innere Wärme, L der Fluß fühlbarer Wärme durch Konvektion und Konduktion, Q das Strahlungssaldo des Körpers, E_{Sw} der Wärmefluß durch Schweißverdunstung, E_D der Wärmefluß durch Wasserdampfdiffusion, E_{Re} der Wärmefluß in die Atemluft, N der Wärmefluß durch thermische Anpassung der Nahrung an die Temperatur des Körperkernes und S die Speicherung von Wärme im Körper sind.

Neben den genannten meteorologischen Eingangsgrößen gehen in die Energibilanzgleichung die Aktivität, die Wärmeisolation der Bekleidung, die Schweißrate und die Temperaturen des Körperkernes, der Hautoberfläche und der Bekleidungsoberfläche ein.

2 METHODIK

Um aus der Energiebilanzgleichung Aufschluß über den thermischen Zustand oder das Befinden eines Menschen erhalten zu können, bieten sich 2 unterschiedliche Vorgehensweisen an. Im einen Fall geht man wie z.B. bei Fanger (1972) oder Jendritzky (1979) von einer mittleren Hauttemperatur und einer Schweißrate aus, wie sie bei Behaglichkeit zu erwarten wären. Mit diesen Werten geht man dann in die Energiebilanzgleichung ein und erhält eine fiktive Energispeicherung S, die ein Maß für die thermische Belastung ist.

Das hier angewandte Verfahren geht von der Annahme aus, daß nach einer gewissen Anpassungszeit bei nicht extrem belastenden Klimasituationen die menschliche Energiebilanz durch die Thermoregulation des Körpers ohne Wärmespeicherung ausgeglichen werden kann (Clark, 1981). Wäre dies nicht der Fall, so würde sich die Körpermasse ständig erwärmen oder abkühlen. Als Kenngröße für den thermischen Zustand des Körpers kann die mittlere Hauttemperatur oder die Schweißrate berechnet werden, die sich gerade so einstellen werden, daß die Energiebilanz ohne Speicherung ausgeglichen ist.

Zur Berechnung der 3 unbekannten Körpertemperaturen (Kern, Haut, Bekleidung) sind neben der Energiebilanzgleichung 2 zusätzliche Gleichungssysteme notwendig:

a. Der Wärmefluß F_{KH} vom Kern zur Haut

$$F_{KH} = H + E_{Re}$$

b. Der Wärmefluß F_{KL} von der Haut zur Bekleidungsoberfläche

$$F_{KL} = H + E_{Re} + E_{Sw} + E_D + L_{Un} + Q_{Un},$$

wobei der Index Un für die unbekleideten Hautpartien steht.

Mit Hilfe der vorgeschlagenen Gleichungen können unter Verwendung empirischer Fuktionen für die Schweißrate und den Wärmetransport vom Kern zur Hautoberfläche zu jeder vorgegebenen Klimasituation die Körpertemperaturen berechnet werden.

Zum Unterschied zu den meisten anderen Modellen wird in diesem zusätzlich der geschlechts- und altersspezifische Unterschied der metabolischen Raten, der geschlechtsspezifische Unterschied in der Schweißrate, die Abhängigkeit der Wasserdampfdiffusion von der Hautbenetzung und die Differenzierung der Wärmeflüsse von bekleideten und unbekleideten Hautpartien berücksichtigt.

Die Aussage, inwieweit sich errechnete physiologische Größen auf die Behaglichkeit oder die Gesundheit auswirken, sollte primär Aufgabe von Physiologen sein; jedoch können dazu durch den Modellansatz die benötigten Daten für jede beliebige Klimasituation geliefert werden.
Als Beispiel für das beschriebene Rechenmodell soll eine Situation im Raumklima diskutiert werden.

3 ERGEBNISSE

Die Abb.1 stellt die mittleren Hauttemperaturen T_{sk} von 4 Personen (1:junge Frau, 2:junger Mann, 3:ältere Frau, 4:älterer Mann) bei ruhigem Sitzen in Abhängigkeit von der mittleren Strahlungstemperatur T_{mrt} dar. Es zeigt sich ein nahezu linearer Anstieg der mittleren Hauttemperaturen mit steigender Strahlungstemperatur. Die Abflachung der Kurve von Person 2 bei $T_{mrt} \geq 30°C$ ist durch beginnende Transpiration zu erklären. Die Hauttemperatur des jungen Mannes liegt im gesamten dargestellten Bereich am höchsten, während die der älteren Frau am niedrigsten liegt.

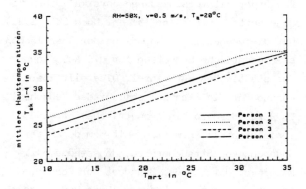

Abb.1: Mittlere Hauttemperaturen T_{sk} von 4 Personen in Abhängigkeit von der mittleren Strahlungstemperatur T_{mrt} (ruhig sitzend).

Ähnliche Verhältnisse kann man auch bei der Schweißproduktion bei der Aktivität "Büroarbeit" (Abb.2) finden. Der junge Mann transpiriert am meisten, die ältere Frau am wenigsten. Die Schweißraten steigen annähernd linear mit der mittleren Strahlungstemperatur an.

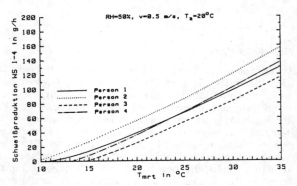

Abb.2: Schweißraten WS von 4 Personen in Abhängigkeit von der mittleren Strahlungstemperatur T_{mrt} (Büroarbeit).

Ein Vergleich des Einflusses der Luft- und der Strahlungstemperatur auf die Energetik des Menschen erbrachte für das hier untersuchte Raumklima, daß bei ruhigem Sitzen die Steigerung der Lufttemperatur um 1K durch das Absenken der mittleren Strahlungstemperatur um 1,2K kompensiert werden kann.

4 SCHLUSSBEMERKUNG

Für die Förderung dieses Forschungsprojektes wird Herrn Dr. W. Donle und der Gesellschaft zur Bekämpfung der Kinderlähmung gedankt.

LITERATURVERZEICHNIS

Clark, J. A., 1981: Bioengineering. Elsevier, Amsterdam - Oxford - New York

Fanger, P. O., 1972: Thermal Comfort. McGraw Hill Book Company, Düsseldorf-New York-London.

Jendritzky, G., Sönning, W., Swantes, H. J., 1979: Ein objektives Bewertungsverfahren zur Beschreibung des thermischen Milieus in der Stadt- und Landschaftsplanung. Beiträge, Akad. f. Raumforschung und Landesplanung, 28, Schrödel Verlag Hannover.

DIE THERMISCHE KOMPONENTE IM BIOKLIMA EINER STADT

Gerd Jendritzky

Deutscher Wetterdienst

Zentrale Medizin-Meteorologische Forschungsstelle, Freiburg

ZUSAMMENFASSUNG

Traditionelle Wärmeinselbetrachtungen berücksichtigen i.a. nicht bioklimatische Aspekte und sind deshalb für den Stadtplaner von begrenztem Wert. Anwendungen des Klima-Michel-Modells in der Stadtklimatologie zeigen nämlich, daß die thermische Belastung des Menschen nicht immer eng mit der Lufttemperatur korreliert. Vielmehr kommt den Strahlungsflüssen in ihrer Abhängigkeit von den geometrischen Eigenschaften der Siedlungsstruktur eine wesentliche Bedeutung zu. Anhand eines Straßenschluchtmodells werden die Auswirkungen der Modifikationen der meteorologischen Elemente durch den Stadteinfluß auf den thermischen Wirkungskomplex simuliert und im Hinblick auf ihre Anwendung in der Stadtplanung diskutiert. Während danach im Winterhalbjahr der Stadteinfluß generell positiv beurteilt werden muß, hängt in den Sommermonaten die Wirkung davon ab, wo die Strahlungsumsetzungen stattfinden.

1 EINLEITUNG

Das Klima einer Stadt stellt eines der eindruckvollsten Beispiele einer anthropogenen Klimamodifikation dar und zahlreiche Untersuchungen hatten deshalb das Ziel, die Stadt-Land-Unterschiede von meteorologischen Parametern zu beschreiben (siehe z.B. LANDSBERG, 1981). Das Wissen über die Wechselwirkungen zwischen der Atmosphäre und dem vom Menschen gestalteten Untergrund erhält für den Stadtplaner aber erst dann einen Wert, wenn auch die bioklimatologische Bedeutung der veränderten atmosphärischen Bedingungen sichtbar wird. Dabei stellt sich die Frage nach den erstrebenswerten Bedingungen, die durch geeignete Planungsmaßnahmen erreicht werden sollen, um Gesundheit, Wohlbefinden und Leistungsfähigkeit des Menschen zu gewährleisten. Auf eventuelle Zielkonflikte hat in diesem Zusammenhang HÖSCHELE (1977) bereits hingewiesen.

2 DAS MODELL FÜR DEN THERMISCHEN WIRKUNGSKOMPLEX

Das mit dem Bild einer Wärmeinsel beschriebene im Vergleich zum Umland höhere Temperaturniveau in der Stadt berührt die Bedingungen der Wärmeabgabe des Menschen, den thermischen Wirkungskomplex, zu dessen Behandlung Wärmebilanzmodelle geeignet sind. Ein solches Verfahren stellt z.B. das von JENDRITZKY et al. (1979) entwickelte "Klima-Michel-Modell" (KMM) dar, mit dem die meteorologischen Variablen Lufttemperatur, Luftfeuchte, Windgeschwindigkeit und kurz- und langwellige Strahlungsflüsse unter Berücksichtigung der Wärmeisolation von Bekleidung mit der Wärmeproduktion des Menschen verknüpft werden. Ein ähnliches Modell haben BURT et al. (1982) ebenfalls für Anwendungen bei der Stadtplanung veröffentlicht.

Ein Problem beim Einsatz von Wärmebilanzmodellen des Menschen in einem Stadtgebiet ergibt sich aus der großen räumlichen und zeitlichen Variabilität der Strahlungsflüsse aufgrund sehr unterschiedlicher Verteilung der Baukörper mit verschiedenen physikalischen Eigenschaften ihrer Oberflächen. Nach OKE (1981) hat die geometrische Anordnung der Oberflächen die wesentliche Bedeutung für die Ausprägung der städtischen Wärmeinsel. Dies gilt aber ebenso für die Strahlungsbilanz des Menschen. Es wurde deshalb ein geometrisches Straßenschluchtmodell entworfen, mit dem durch Veränderung von Straßenbreite, Häuserhöhe, Azimutwinkel der Straße, Standort der Person, Azimut und Höhe der Sonne, Albedo und Emissionskoeffizienten aller Oberflächen in Verbindung mit einem rein meteorologischen Teil der Strahlungsparametrisierung praktisch sämtliche Strahlungsbedingungen bezogen auf den Menschen simuliert werden können (JENDRITZKY und NÜBLER, 1981).

3 SIMULATIONSERGEBNISSE

Die Untersuchung des Einflusses von unterschiedlichen Landnutzungstypen (Siedlungsstrukturen) auf den Tagesgang der auf die Oberfläche des Menschen bezogenen Strahlungsflüsse ergab im wesentlichen folgende Ergebnisse: Den ausgeprägtesten Tagesgang findet man über Freiflächen und einen äußerst gedämpften in dichtem Wald, wo die Strahlungsumsetzungen sich im wesentlichen in den Baumkronen abspielen. In Straßen hängen die Strahlungsbedingungen stark von der Richtung der direkten Sonnenstrahlung ab. Scheint die Sonne in Straßenrichtung (So = Str), so zeigen sich bei insgesamt starkem Tagesgang nur geringe Unterschiede zwischen den unterschiedlichen Siedlungsstrukturen, weil der wesentliche Einfluß von der Beaufschlagung des Menschen durch die direkte Sonnenstrahlung ausgeht. Deutliche Unterschiede treten aber auf, wenn die Sonne senkrecht zur Straßenrichtung scheint (So$\perp$Str). Bei den typischen Innenstadtsiedlungsstrukturen mit relativ kleinen Straßenbreiten und/oder hohen Häusern ergibt sich dann immer die Möglichkeit, Schatten aufzusuchen, während direkte Sonnenbestrahlung bei den locker bebauten Stadtrand- bzw. Vorortstrukturen unvermeidbar ist.

Eine erste Anwendung des Modells erfolgte anhand von Daten des Temperatur-, Feuchte- und Windfeldes an zwei Terminen in Freiburg i.Br. (NÜBLER, 1979). Für den Fall "vor Sonnenaufgang" ergibt sich auch nach dem KMM der erwartete Wärmeinseleffekt, während mittags an einem Strahlungstag die Innenstadt trotz etwas höherer Lufttemperatur und geringerer Windgeschwindigkeit im Vergleich zu den überstrahlten Stadtrandgebieten sich jedoch im Sinne des thermischen Wirkungskomplexes "kühler" darstellt, weil der Klima-Michel die Möglichkeit besitzt, Schatten aufzusuchen. In dem Zusammenhang muß erwähnt werden, daß bei Windstille der Unterschied in den Strahlungsbedingungen zwischen der Sonnen- und Schattenseite einer Straße thermophysiologisch dem einer Lufttemperaturänderung um ca. 15 K entspricht.

Grundlage für Planungsentscheidungen können weniger Stichprobenergebnisse darstellen, als vielmehr Aussagen, wie häufig in welcher Jahreszeit Überschreitungen von Schwellenwerten für Belastungssituationen auftreten. Eine grobe Abschätzung des Stadteinflusses durch Analyse einer dreißigjährigen Reihe von Synop-Daten einer Freilandstation (Org.) mit formaler Erhöhung der Lufttemperatur um 2 K ($T_*=T+2$), Halbierung der Windgeschwindigkeit ($V_*=V/2$) und Überlagerung der Innenstadtsiedlungsstruktur ergibt eine jahreszeitliche Differenzierung von Wärmebelastung (WB) und Kältestreß (KS) entsprechend Abb. 1. Hiernach wird in der Innenstadt die Eintrittswahrscheinlichkeit für

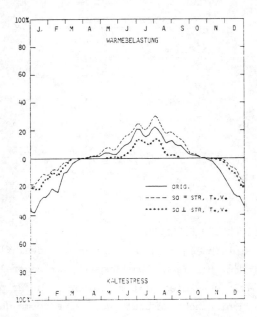

Abb. 1 Eintrittswahrscheinlichkeiten für Wärmebelastung und Kältestreß. Frankfurt FlugWeWa 1951 - 80. Simulation Stadteinfluß.

Kältestreß halbiert, während in den Sommermonaten die Wärmebelastung von der Ausrichtung der Straßenzüge abhängt. Bei Einstrahlung in Straßenrichtung (So=Str) nimmt im Vergleich zum Freiland die Wärmebelastung zu und im Fall

der senkrecht zur Straße scheinenden Sonne
(So⊥Str) geht die Wärmebelastung sogar deutlich
unter diejenige im unbebauten Umland zurück.
Stellt man die Simulationsergebnisse in einem
Dreieckskoordinatendiagramm zusammenfassend
dar (Abb. 2), so wird die Zunahme von Wärmebelastung bei entsprechender Abnahme von Kältestreß durch die alleinige Manipulation an
den meteorologischen Werten deutlich. Über das
gesamte Jahr betrachtet steigt in der Innenstadt im Vergleich zum Freiland (Orig.) die
Häufigkeit belastungsfreier Tage (IND) an, besonders deutlich im Fall So⊥Str., das Bioklima
wird also ausgeglichener.

Abb. 2

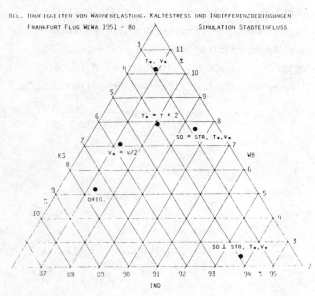

4 SCHLUSSFOLGERUNGEN

Im Winterhalbjahr wirkt sich der Stadteinfluß
auf den thermischen Wirkungskomplex generell
positiv aus. Dies gilt mittelbar auch für den
lufthygienischen Aspekt, weil eine Vermeidung
von Kältestreß - zwar bezogen auf den Menschen
im Freien - wohl auch mit einem geringen Wär-
meverlust der Bauten korreliert, womit ein geringerer Energieverbrauch mit entsprechend reduzierten Schadstoffemissionen verbunden ist.
In den Sommermonaten ist die Auswirkung der
Stadt davon abhängig, wo die Strahlungsumsetzungen stattfinden. Extreme Wärmebelastung
kann dann auftreten, wenn direkte Sonnenstrahlung die Oberfläche des Klima-Michel trifft.
Dagegen schützen z.B. enge Straßen, Arkaden
oder Laubbäume. Letztere würden ein im Strahlungshaushalt im Straßenniveau erwünschtes zum
Jahresgang der Lufttemperatur gegenläufiges
Verhalten bedingen. Eine geschickte Stadtplanung besitzt also einige Möglichkeiten, Verbesserungen bei den thermischen Umweltbedin-
gungen zu erreichen.

Literaturverzeichnis:

BURT, J.E., O'ROURK, P.A., TERJUNG, W.H.: The Relative Influence of Urban Climates on Outdoor Human Energy Budgets and Skin Temperature. I. Modeling Considerations. Int.J.Biometeor.(1982) vol 26, no 1, pp.3-23

HÖSCHELE, K.: Konkurrierende Gesichtspunkte für das Stadt- und Landschaftsklima. Ann.d.Met.(Neue Folge) (1977), Nr.12, S.197-200

JENDRITZKY, G., NÜBLER, W.: A Model Analysing the Urban Thermal Environment in Physiologically Significant Terms. Arch.Met.Geoph.Biokl.,Ser.B, (1981), 29, S. 313-26

JENDRITZKY, G., SÖNNING, W., SWANTES, H.-J.: Ein objektives Bewertungsverfahren zur Beschreibung des thermischen Milieus in der Stadt- und Landschaftsplanung ("Klima-Michel-Modell"). Beitr. d.Akad.Raumforschung Landesplanung Bd. 28 Hannover:H. Schroedel 1979

LANDSBERG, H.E.: The Urban Climate Int.Geophys.Ser. Vol.28 New York. Academie Press

NÜBLER, W.: Konfiguration und Genese der Wärmeinsel der Stadt Freiburg. Freiburger Geogr.Hefte 16, Hrsg.: W. Weischet, 1979

OKE, T.R.: Canyon Geometry and the Nocturnal Urban Heat Island: Comparison of Scale Model and Field Observations J.Climat.Vol.1,(1981),S.237-54

THE BIOCLIMATIC CONDITIONS OVER GREECE BY USING AIR-ENTHALPY

by

Christos Balafoutis and Panagiotis Maheras

Institute of Meteorology and Climatology, Aristotelian University of Thessaloniki-Greece.

DATA and METHOD.

Air-enthalpy (i) is computed from monthly values of air temperature (°C) and vapor pressure (mm Hg) as given by observations in 80 meteorological stations all over Greece (period under examination, 1956 to 1975). Among these stations, the one in Florina presents the highest altitude (h=620m); the one in Hierapetra (Crete) is the southernmost ($\varphi=35°N$, $\lambda=25°44´E$), the one in Orestias (Thrace) is the northernmost ($\varphi=41°49´N$, $\lambda=26°31´E$).

Air-enthalpy (i) is calculated by use of the formula (BRADTKE-LIESE, 1952, p.108).

$$i = 0.24 + \frac{0.622}{755-e} \cdot (0.46t+595)e$$

The bioclimatic classification was effected by using the Brazol scale of sensible heat (BRAZOL D., 1951, p.99).

RESULTS

As a country of complicated relief, washed on three sides by the Mediterranean, Greece presents a large number of bioclimatic types.

The lowest, mean yearly-value of air-enthalpy (i=7.0 kcal/kg) is observed in NW Macedonia (Florina); the highest (i=10.8 kcal/kg) in SE Crete (Hierapetra).

The annual course of air-enthalpy in these two stations is given in the figure 1.

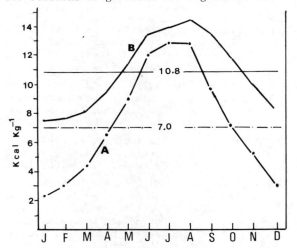

Fig.1. Annual course of air-enthalpy in Florina (A) and Hierapetra (B).

The station in Florina holds the highest degree of continentality over the Greek area (BALAFOUTIS Ch., 1977, p.54) as well as the lowest, mean monthly value of air enthalpy (i= 2.2 kcal/kg). The station at Hierapetra is a typical maritime station.

Monthly air-enthalpy values for all other stations vary between these two extreme lines. Exceptions are observed during the hot months of July and August, when in some maritime stations these values are exceeded by 0.1 to 1.0 kcal/kg. The highest, mean, monthly value of air-enthalpy over the examined area, is observed at the station of the island of Milos (i=15.4 kcal/kg, in August).

We conclude that in Greece, through the year, all the initial nine grades of Brazol's scale are observed out of which, the first (i<2.5 kcal/kg) will characterize climate in NW Macedonia and Central Greece only for the month of January ("frosting" type).

A statistical analysis of the relative frequency of the monthly values of enthalpy, as given by Brazol's scale of sensible heat, has given us the diagram in fig.2. A detailed examination of this diagram leads us to the following statements:

During the months of January and February the climates prevailing over Greece are of the types "cold" (2.5-i-3.5), "rather cold" (3.5-i-6.0) and "cool" (6.0-i-7.5). The first of these bioclimatic types is observed over the hinterland of Macedonia and Thrace, the second type ("rather cold") is observed on the eastern littoral (north of the 38° parallel) over large parts of the western and southern country, as well as over the islands of the N. and E. Aegean (fig. 2).

The third type ("cool") is observed at the western littoral, the Ionian islands, the shores of the Morea, as well as over the islands of Central and Southern Aegean down to Crete. Some cases of "cold" climates are observed over the northen and central hinterland.

The type "pleasantly cool" (7.5-i-8.5) is observed in February, first in SE Crete. This type is further observed in March over the rest of Crete, the Ionian islands and the Dodecanese, as well as in many islands of central Aegean.

Over the rest country, the picture is similar to that of February, with only a slight increase of 0.5 kcal/kg. The best climates "optima" (8.5-i-10) first appear in April, in a percentage of 30% of all stations-chiefly those of the islands and the shores of southern Greece. What is really important is that in this same month, half of all the stations present the type "pleasantly cool" and only in the mountainous hinterland the type "cool" is still observed.

During the months of May, October and November, ideal bioclimatic conditions are observed. As diagram (fig.2) shows, and according to the human-bioclimatic classification of Brazol,

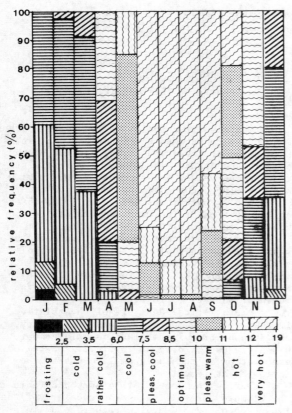

Fig.2. Relative cumulative frequency of the bioclimatic types (Brazol's scale).

the best types keep prevailing, with values of air-enthalpy from 7.5 to 11 kcal/kg ("pleasantly cool" to "pleasantly warm").

During the four-month period from June to September, the types "hot" (11-i-12) to "very hot" (12-i-19) predominate, although values of air-enthalpy will not exceed 15.4 kcal/kg. Of course, they really predominate during the two hotest months of July and August.

Finally, in December the values of air-enthalpy on the Ionian islands, the southern Morea, Crete and the Dodecanese vary from 7.5 to 8.8 kcal/kg, which corresponds to the climate "pleasantly warm". Over the rest of Greece, values are higher than 3.5 kcal/kg, with the exception of NW Macedonia.

As regards mean, yearly values a 90% varies between 7.5 and 11.0 which means that all over the year Greece presents "optimal" climatic types, according to the human-bioclimatic classification.

Before ending it seemed worth showing in Figure 3 the geographic distribution of air-enthalpy over Greece during the coldest month.

Air enthalpy presents in January a high, negative correlation to the degree of continentality of the stations (r=-0.91), while in July the correlation coefficient is r=-0.48. The above mean that in winter bioclimatic types are mainly defined by relief, which is much less important in summer.

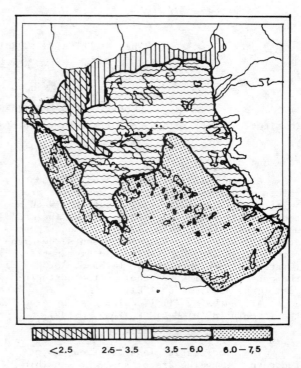

Fig.3. Geopgraphic distrbution of air-enthalpy during the month of January.

CONCLUSIONS

A climatic study based on air-enthalpy, proves that Greece enjoys very good bioclimatic conditions; as compared to other, neighbowirng vacational areas (LESKO-GRECORCZUK, 1969) it presents a variety of bioclimatic types for every season which render the country exceptionally favored for touristic and therapeutic activities.

REFERENCES

BALAFOUTIS Ch.	Contribution to the Climate of North Greece. (in greek). Thesis, Thessaloniki, 1977.
BRADTKE F. and LIESE W.	Hilfsbuch für raum-und aussenklimatische Messungen. Springer-Verlag, Berlin/Gottingen/Heidelberg, 1952.
BRAZOL D.	La temperature biologica optima. Meteoros, Buennos Aires, 1(1) 99-106, 1951.
LESKO R. and GREGORZUK M.	Bioklimatische Verhältnisse an Küsten de- Scharzen Meeres und der Adria auf Grund der Luftenthalpie". Wetter und Leben, p.106-166, 1969.

NEUE BERECHNUNGEN ZUR KLIMATOLOGIE DER ERYTHEMWIRKSAMEN UV-GLOBALSTRAHLUNG

K. Dehne

Deutscher Wetterdienst, Meteorologisches Observatorium Hamburg

ZUSAMMENFASSUNG

Auf der Basis verbesserter Werte der spektralen UV-Globalstrahlung und langjähriger Mittelwerte des atmosphärischen Ozongehalts sowie unter Verwendung der in DIN 5031 Teil 10 vorgenormten spektralen Wirkungsfunktion des UV-Erythems wurden neue Berechnungen der erythemwirksamen Globalstrahlung durchgeführt. Es werden für ausgesuchte Orte Jahres- und Tagesgänge der erythemwirksamen Globalstrahlung vorgestellt und verglichen; der Anteil an diffuser Sonnenstrahlung wird besprochen. Die Abweichungen der neuen Ergebnisse von älteren Werten der erythemwirksamen Globalstrahlung nach R. Schulze und nach A.E.S. Green und Mitarbeitern werden dargestellt und kurz diskutiert.

1. EINFÜHRUNG

Die Möglichkeit der Erythembildung durch Globalstrahlung wird beschrieben durch die erythemwirksame Globalstrahlung; sie ergibt sich mathematisch aus der Faltung der spektralen Erythemschwellen-Wirkungsfunktion $\varepsilon(\lambda)$ mit der Spektralverteilung der spektralen Globalstrahlung $G_\lambda(\lambda)$.

Die ersten umfassenden Arbeiten zur Klimatologie der erythemwirksamen Globalstrahlung wurden Anfang der siebziger Jahre von R. SCHULZE und von A.E.S. GREEN und Mitarbeitern geliefert. Die Aufnahme neuer Berechnungen erythemwirksamer Globalstrahlung und diffuser Sonnenstrahlung wurde gefördert durch die Verfügbarkeit verbesserter Basiswerte und leistungsfähiger Computer.

2. ZUR BERECHNUNG

$G_\lambda(\lambda)$-Basiswerte wurden Tabellen von DAVE & HALPERN (1976) entnommen; ihnen liegt ein aufwendiges Atmosphären-Modell des wolkenlosen Himmels mit schwach absorbierendem Aerosol vom Typ "Haze L" mit geringem Partikel-Gehalt zugrunde. Sie wurden umgerechnet auf das 1981 von der WMO empfohlene extraterrestrische Sonnenspektrum; Zwischenwerte bezüglich Sonnenhöhe und Ozongehalt wurden mittels Tschebyschew-Polynomen interpoliert. Die Werte des atmosphärischen Ozongehalts für einzelne Orte lieferte die neuere Zusammenstellung von Monatsmittelwerten von REPAPIS et.al (1980). Den $\varepsilon(\lambda)$-Werten liegt Tabelle 2 der DIN 5031 Teil 10 zugrunde. Die Berechnung der erythemwirksamen Globalbestrahlungsstärke erfolgte näherungsweise durch Summation über 7 Wellenlängen-Intervalle $\Delta\lambda$:

$$G_{er}(\Omega,\vartheta,R) = \sum_{\lambda_i=297,5nm}^{330nm} \varepsilon(\lambda_i) \cdot G(\lambda_i,\Omega,\vartheta,R) \cdot \Delta\lambda$$

wobei $\Delta\lambda$ = 5 nm bis 322,5 nm und $\Delta\lambda$ = 10 nm für 330 nm.

Die erythemwirksame Globalbestrahlung von Stunden oder Tagen wurde aus den Globalbestrahlungsstärken der jeweiligen Mitten von Viertelstundenintervallen ermittelt.

3. ERGEBNISSE

Die G_{er} ist in erster Näherung proportional zu
$\int \varepsilon(\lambda) \cdot I_{0\lambda}(\lambda) \cdot \cos\vartheta \cdot d\lambda \cdot \exp(-\alpha(\lambda) \cdot \Omega/\cos\vartheta)$.
Aus dieser Abhängigkeit vom Sonnenzenitwinkel ϑ und dem Ozongehalt Ω sowie aus den spektralen Verläufen von $\varepsilon(\lambda)$ und vom Ozonabsorptionskoeffizienten $\alpha(\lambda)$ lassen sich die meisten berechneten Tages- und Jahresgänge und geographischen Beziehungen erklären.

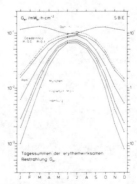

Abb.1

Den Jahresgang der Tagessummen von G_{er} für den 15. Tag jeden Monats zeigt Abb.1 für drei deutsche Ballungszentren sowie für Rom, Casablanca und die Malediven-Station Gan. Für Gan ergibt sich ein wegen der Äquatornähe zu erwartender doppelwelliger Verlauf mit einer maximalen Variation von ca. 30%. Für die anderen Orte werden die Maximalwerte im Juli erreicht, wobei das Casablanca-Maximum das Hamburg-Maximum um den Faktor 1,6 übersteigt. Bei einer Bodenalbedo R von 30% statt 0%, wie sonst angenommen, liegen die Casablanca-Werte um etwa 10% höher. Der starke winterliche Abfall der nördlicheren Stationen liefert z.B. im Januar für Rom 6-fach, für Casablanca 15-fach höhere Werte als für Hamburg. Da die mittlere absolute Schwellenbestrahlung 10^{-2} mWh·cm^{-2} beträgt, lassen sich die Werte auch in "Sonnenbrand-Einheiten S.B.E." (s. rechte Skala) quantifizieren. In Hamburg wird zwischen März und Oktober 1 S.B.E. überschritten; der Juli-Wert liegt bei 6.5 S.B.E.. Für Casablanca beträgt der Maximalwert ca. 10 S.B.E..

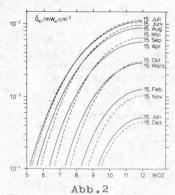
Abb.2

Angesichts des relativ steilen Anstiegs und Abfalls von G_{er} in den Tagesrandstunden - wie in Abb.2 für Frankfurt/Main in den Halbtagesgängen der Monatsmitten für $\vartheta \leq 80°$ gezeigt - liegen die sonnenbrandintensiven Stunden im wesentlichen zwischen ca. 10^{00} und 14^{00} WOZ. Den starken Einfluß des Sonnenzenitwinkels kann man aus dem jeweiligen paarigen Verlauf der Kurven sich entsprechender Monate der 1. und 2. Jahreshälfte erkennen.

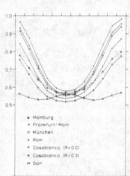
Abb.3

Den Anteil der Himmelsstrahlung an G_{er} stellt Abb.3 für die sechs genannten Orte dar; er liegt - zunehmend mit der geographischen Breite - in den Sommermonaten zwischen 50 und 60% und im Januar zwischen 75% und 95% (Gan ausgenommen).

Es wurden Tabellen der Tagessummen von G_{er} für die Monatsmitten in Abhängigkeit vom Ozongehalt und von der geographischen Breite bestimmt. Vergleicht man diese Werte mit einschlägigen Tabellenwerten von GREEN & MO & MILLER (1974), so erhält man erhebliche Abweichungen je nach Breitengrad und Ozongehalt, wie an den Beispielen für 4 Tage in Abb.4 gezeigt. Die G & M & M-Werte liegen um den Faktor 1,2 bis 1,4 höher für niedrigere geographische Breiten, im Winterhalbjahr und für höhere Breiten dreht sich das Verhältnis um. Diese Abweichungen

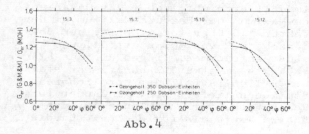
Abb.4

sind erklärbar durch die unterschiedlichen Basisdaten, vor allem von $\varepsilon(\lambda)$.

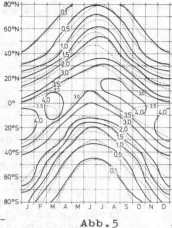
Abb.5

Einen Vergleich mit den Berechnungen von R. SCHULZE (1977) liefern die Isoliniendarstellungen der Abb.5, aus denen die Verteilungen der mittleren Monatssummen der G_{er} in $mW_{er}\cdot h\cdot cm^{-2}$ über die Breitengrade und das Jahr abgelesen werden können. Der Verteilung von SCHULZE (-----) liegen UV-Globalstrahlungswerte von Bener sowie eine Ozonverteilung nach Dopplik zugrunde; die eigenen Isolinien basieren auf der globalen Ozonverteilung von DÜTSCH (1974), die sich in verschiedenen Teilen deutlich von der Dopplik-Verteilung unterscheidet. In der Grobstruktur sind sich beide Isolinien-Verteilungen ähnlich; das gilt besonders für südliche Breiten. Die neuberechnete Verteilung liefert jedoch vor allem im Äquator-Bereich und in den Sommermonaten der nördlichen Breiten höhere Werte; es werden zwei zusätzliche Maxima mit 4 mWh·cm^{-2} gefunden, denen ca. 13 Sonnenbrand-Einheiten pro Tag entsprechen.

4. SCHLUSSBEMERKUNG
Die vorgestellten Ergebnisse gelten für den Fall des unbewölkten Himmels; eine Umrechnung für den bewölkten Fall über eine zuverlässige Parametrisierungsformel ist z.Zt. noch nicht möglich.

LITERATUR

DAVE,J.V.;HALPERN: Atmos. Environ. 10 (1976), S. 547-555.

DÜTSCH,H.U.: Canad. J. Chem. 52 (1974), No.8, S. 1492

GREEN,A.E.S.;MO,T;MILLER,J.J.: Photochem. Photobiol. 20, S. 473-482.

REPAPIS,C.C. et.al.: Twenty Years of Total Ozone Observations for the World (1957-1977). Academy of Athens, Research Centre for Atmospheric Physics and Climatology, Publ. No.2. Athens 1980.

SCHULZE,R.: in J. Kiefer (Hrg): Ultraviolette Strahlen, S. 42. Berlin u. New York: de Gruyter 1977.

SAURER NIEDERSCHLAG - EINE TRENDANALYSE

Peter Winkler

Deutscher Wetterdienst
Meteorologisches Observatorium Hamburg

ZUSAMMENFASSUNG

Ein kritischer Vergleich früherer Messungen des pH-Wertes des Niederschlags mit heutigen Messungen läßt schließen, daß seit mindestens 50 Jahren der pH-Wert des Niederschlags in Mitteleuropa sich nicht wesentlich geändert hat, obgleich die Emission von SO_2, als dem Hauptsäurebildner, sich im gleichen Zeitraum etwa verdoppelt hat. Die regionalen Unterschiede sind nur gering. Dieses Ergebnis wird unterstützt durch Beobachtungen mit einem automatischen Niederschlagsmonitor, der seit 1976 in Hamburg betrieben wird. Der damit registrierte pH-Wert weist keinen Jahresgang auf und zeigt keine ausgeprägte Windrichtungsabhängigkeit, auch nicht in den Fällen, in denen eine Trajektorienanalyse auf direkten Transport über die Nordsee ohne Landkontakt hinweist. Es wird der Schluß gezogen, daß die Säurebildungskapazität begrenzt ist (begrenzte Lebensdauer der Niederschlagselemente, begrenzte chemische Umsetzungsraten usw.), und daß bei steigendem Angebot säurebildender Spurengase der Niederschlag im Mittel lokal nicht sauer wird, sondern daß sich das Gebiet mit sauren Niederschlägen ausweitet.

1. FRÜHERE PH-MESSUNGEN

Bereits aus dem vergangenen Jahrhundert liegen Niederschlagsanalysen aus England und Deutschland vor (Smith 1872). Aus den Daten ist indirekt zu schließen, daß wenigstens in den Städten der Niederschlag bereits sauer war. Erste systematische pH-Messungen begannen Ende der 30er Jahre, die zunächst unter hygienischen Aspekten standen. In den 50er Jahren durchgeführte Messungen hatten zum Ziel, die eventuelle Bildung von Salpetersäure und deren Auswirkung auf die Niederschlagszusammensetzung festzustellen. Spätere Messungen dienten der Untersuchung der Niederschlags-Zusammensetzung schlechthin. Diese älteren Messungen wurden kritisch überprüft und in Abb. 1 zusammengestellt (Winkler 1982).

Niederschlagsanalysen und insbesondere pH-Messungen müssen einer Reihe von Anforderungen genügen:
- Der Einfluß der Trockendeposition muß gering sein. Unter Trockendeposition versteht man Material, was sich in regenfreier Zeit in dem Sammeltrichter absetzt und mit dem nachfolgenden Regen in die Probe gespült wird. Vielfach lassen sich in Städten gemessene Niederschlags-pH-Werte als durch stark alkalisch wirkende Flugasche verfälscht erkennen. Dieser Einfluß kann gering gehalten werden durch tägliche Probentnahme und Reinigung des Trichters oder durch Abdecken des Trichters in niederschlagsfreier Zeit.
- Der Sammeltrichter muß sich chemisch neutral verhalten. Die Verwendung von Standardzinktrichtern ist zum Sammeln von Proben für Analysenzwecke ungeeignet. Im Regenwasser enthaltene Schwefelsäure bildet Zinksulfat unter Freisetzung von Wasserstoff, d.h. der pH-Wert wird stark verfälscht.
- Bei der Datenbearbeitung bereitet die Mittelwertbildung insbesondere beim pH-Wert häufig Schwierigkeiten, da der pH ein logarithmisches Maß ist. Vielfach angegebene Häufigkeitsverteilungen der pH-Werte sind wenig informativ, da hieraus nicht hervorgeht, ob die häufigsten pH-Werte mit den ergiebigsten Niederschlägen gekoppelt sind. Zweckmäßig ist es, die mittlere H^+-Deposition zu berechnen und wieder in einen pH-Wert umzurechnen. Man bildet aus dem pH die H^+-Konzentration und multipliziert mit der Regenmenge (= Deposition). Die Depositionen vieler Ereignisse werden dann aufsummiert und durch die Gesamtregenmenge dividiert. Die so erhaltene mittlere H^+-Konzentration wird wieder in den pH verwandelt. Bildlich entspricht der so errechnete pH-Wert dem pH, der in einem sehr großen Auffanggefäß gemessen wurde, in dem sehr viele Regenereignisse accumuliert wären.

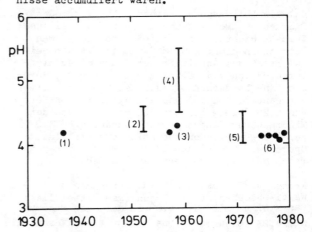

Abb. 1: Regen-pH-Werte der letzten 5 Jahrzehnte. (1) Ernst (1938), (2) Harrassowitz (1956), (3) Mrose (1966), (4) Heigel (1960), (5) Kayser et al.(1974), (6) Hamburg (DWD seit 1976). Zitate siehe Winkler (1982). ⦁ mittlere mit der Regenmenge gewichtete pH-Werte, Ι Bereiche mit den häufigsten Einzelwerten.

Wie man anhand von Abb.1 sieht, hat der pH-Wert des Niederschlags in den vergangenen 50 Jahren einen mittleren Wert von etwa 4.2 beibehalten. Da in den Publikationen aber selten Sammel- und Meßmethodik genau beschrieben sind, bedarf die Feststellung eines fehlenden pH-Trends der weiteren Untermauerung.

2. ANALYSE DER HAMBURGER MESSEUNGEN

In Hamburg werden pH und elektrische Leitfähigkeit mit einem automatischen Niederschlagsmonitor seit 1976 kontinuierlich gemessen. Aus beiden Meßgrößen läßt sich der prozentuale Säureanteil an der insgesamt gelösten Substanz abschätzen (Winkler 1980). Ordnet man die so bestimmten prozentualen Säureanteile anhand von Trajektorien etwa gleicher Luftmassenherkunft zu, so ergeben sich wesentlich geringere Variationen als man von der Verteilung der Quellen der säurebildenden Gase erwarten sollte (Abb.2).

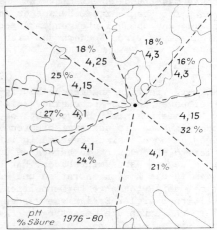

Abb.2: Abhängigkeit des pH-Wertes und des relativen Anteils freier Säure an der gelösten Substanz als Funktion der Luftmassenherkunft (850 mbar Trajektorie).

Kam die Luftmasse aus einem Sektor, der das Ruhrgebiet, Belgien und die nordfranzösischen Industriezentren einschließt, so erhält man über einen 6jährigen Mittelungszeitraum bei 24% relativem Anteil freier Säure einen mittleren pH von 4.1. Bei Transport über die Nordsee ohne Landkontakt ergibt sich ein relativer Säureanteil von 18% und ein mittlerer pH-Wert von 4.25. Diese geringe Abhängigkeit von der Windrichtung deutet bereits darauf hin, daß bereits geringe Konzentrationen säurebildender Spurengase ausreichen, den pH-Wert des Regens rasch auf niedrige Werte abzusenken.

Ferner wird praktisch kein Jahresgang des pH-Wertes beobachtet. Im 7-jährigen Mittel liegt das Minimum mit pH = 4.08 im Mai, das Maximum mit 4.27 im August. (Das bedeutet ein Verhältnis der H^+-Ionenkonzentration von 1.5). Demgegenüber stehen mehrere Effekte, die einen deutlichen Jahresgang erwarten lassen: a) Die SO_2-Emissionen betragen in den Sommermonaten höchstens 60% der Winterwerte, hinzu kommt die NO_x-Jahresvariation. b) Zumindest für Hamburg variierte im betrachteten Zeitraum die Niederschlagsmenge im Jahresverlauf um einen Faktor 2.2, mit minimalen Werten im Februar (zur Zeit es SO_2-Maximums) und maximalen Werten im August (zur Zeit des SO_2-Minimus). Da allgemein wenig ergiebige Niederschläge mit niedrigen pH-Werten, ergiebige Niederschläge mit hohen pH-Werten gekoppelt sein sollten, würde man einen deutlichen Jahresgang des pH-Wertes erwarten.
c) Großtropfige Niederschläge (Sommer) nehmen aus der Atmosphäre wegen ihres ungünstigen Oberfläche/Volumen-Verhältnisses Spurenstoffe weniger gut auf als kleintropfige Niederschläge. d) Bessere turbulente Durchmischung verteilt die Spurenstoffe im Sommer auf ein größeres Volumen (geringere Ausgangskonzentration) als es im Winter der Fall ist.

Der fehlende Jahresgang des pH-Wertes ist daher ein weiteres Indiz, daß der pH (bzw. die H^+-Konzentration) im Niederschlag nicht im gleichem Maß absinkt (bzw. steigt) wie das Angebot an säurebildenden Gasen ansteigt.

Weitere Argumente, auf die hier nicht näher eingegangen werden kann, bestätigen ebenfalls diese letzte Schlußfolgerung (Winkler 1982).

Hat man aber mit einer begrenzten Säurebildekapazität des Niederschlags zu rechnen, so bedeutet dies, daß regionale Unterschiede im pH-Wert, die wegen der unterschiedlichen Quellverteilung (SO_2, NO_x) zu erwarten sind, gedämpft werden. Steigt die Emission in einem Gebiet, so wird der Niederschlag dort lokal nicht saurer, sondern er wird in einem entfernterem Gebiet auch sauer. Ein Argument mag die Komplexität dieses Vorgangs etwas erläutern: Wird dem Niederschlag HNO_3 angeboten (gebildet aus NO_x), so wird das Aufnahmevermögen für SO_2 herabgesetzt. Die Bildung von H_2SO_4 nimmt daher ab. SO_2 wird daher bei gleichzeitigem Stickoxidangebot verstärkt als Gas verfrachtet, bevor es in einiger Entfernung nach Verbrauch des NO_x dann ebenfalls zu Säure im Niederschlag aufoxidiert wird.

LITERATUR

Smith, R.A., Air and Rain: The beginnings of a chemical climatology. Longmans, Green and Co., London (1872).

Winkler, P., Observations on acidity in continental and marine atmospheric aerosols and in precipitation. J. Geophys. Res. 85 (1980) 4481-4486.

Winkler, P., Zur Trendentwicklung des pH-Wertes des Niederschlags in Mitteleuropa. Z. Pflanzenern. u. Bodenk. 145 (1982) 576-585.

AGRARMETEOROLOGIE ALS INTEGRALER BESTANDTEIL EINER BIOPHYSIKALISCH ORIENTIERTEN ÖKOSYSTEMFORSCHUNG

Harald Schrödter

Braunschweig

1 EINLEITUNG

Das mehr als ausreichende Nahrungsmittelangebot in hochindustrialisierten Ländern darf nicht darüber hinwegtäuschen, daß wir uns weltweit gesehen in einer kritischen Ernährungssituation befinden, da die Weltbevölkerung stärker steigt, als die Weltnahrungsmittelproduktion, und dies bei gleichzeitigem Anstieg der Preise für die Produktionsmittel. Dies bedeutet, daß auf 10 ha landwirtschaftlicher Nutzfläche, welche heute die Ernährung für durchschnittlich 26 Menschen liefern, im Jahre 2000 der Nahrungsmittelbedarf von 40 Menschen erzeugt werden muß, da die zur Nahrungsmittelversorgung der Weltbevölkerung erforderliche Fläche bis zum Jahre 2000 wahrscheinlich nur noch um knapp 4% erweitert werden kann.

Dieser Erkenntnis steht leider die Tatsache gegenüber, daß wir selbst unsere Landschaft und damit auch landwirtschaftliche Nutzfläche buchstäblich verbrauchen durch Erweiterung von Gewerbeflächen, durch Straßenbau, Ausdehnung der Siedlungsflächen usw. Im Gebiet der Bundesrepublik Deutschland sind in den letzten Jahrzehnten auf diese Weise im Mittel täglich (!) 105 ha landwirtschaftliche Nutzfläche verlorengegangen. Im Grund genommen bedeutet dies, daß wir durch dieses Verhalten jährlich 100.000 Menschen die Nahrungsgrundlage entzogen haben, bzw. die Landwirtschaft gezwungen haben, auf immer kleiner werdender Fläche immer mehr Nahrungsmittel zu erzeugen, um zu einem Ausgleich zu kommen.

Dies war der Landwirtschaft nur möglich durch eine entsprechende Steigerung des Flächenertrages unter enormen Anstrengungen zur Rationalisierung und Mechanisierung des Produktionsablaufs. Die durch das Anspruchsdenken unserer modernen Industriegesellschaft selbst erzwungene Anwendung von immer mehr ertragssteigernden Produktionsmitteln und energieintensiven Technologien muß die Landwirtschaft zwangsläufig und in zunehmendem Maße in ein Spannungsfeld zwischen ökonomischen Notwendigkeiten und ökologischen Erfordernissen bringen. Um so mehr aber ist es notwendig, durch eine integrierte Betrachtung aller Aspekte der Landnutzung die Auswirkungen landwirtschaftlicher Produktionsverfahren auf die Umwelt objektiv beurteilen zu lernen und nach Lösungen zu suchen. Dies aber setzt entscheidende Verbesserungen des bisher noch ungenügenden Grundlagenwissens über die in komplexen ökologischen Systemen wirkenden Mechanismen voraus.

2 PROBLEMBEREICHE AGRARMETEOROLOGISCHER ÖKOSYSTEMFORSCHUNG

Hieraus ergibt sich für die Agrarmeteorologie die Notwendigkeit einer Neubestimmung ihrer Forschungskonzeption in Richtung auf eine biophysikalisch orientierte Ökologie, eine Konzeption, die sich an den Problemen der Agrarforschung zu orientieren und ihnen zu stellen hat. Hierfür einige Beispiele aus verschiedenen Bereichen.

2.1 Pflanzliche Produktion

Ausgangspunkt sind hier die verstärkten Bemühungen der Pflanzenzüchtung um eine Erhöhung der Assimilatspeicherung bei Kulturpflanzen. In der Regel erreichen nur etwa 30% der Blattmasse ihre genetisch mögliche photosynthetische Leistung. Züchterische Veränderungen des Phänotyps der Species, pflanzenbauliche Maßnahmen zur Verbesserung der Strahlungsinterzeption durch Veränderung der Bestandsstruktur bieten hier die Möglichkeit gesteigerter Ertragsleistung ohne zusätzlichen Produktionsmittelaufwand. Hier ist es Aufgabe der Agrarmeteorologie, die Beziehungen zwischen Energie-, Wasser- und Stoffhaushalt einerseits und Leistungsverhalten andererseits zu analysieren, und zwar unter besonderer Berücksichtigung der mikrometeorologisch relevanten Standraummodellierung, der morphologisch bedingten Strahlungsinterzeption, der bestandsgeometrisch bedingten Modifikationen der atmosphärischen Transportbedingungen, der Widerstände für die Transporte durch die laminaren Grenzschichten an Pflanzenteilen und Boden einschließlich der Widerstände für die turbulenten Transporte zwischen den Luftschichten im Bestand, sowie der Energie-, Wasser- und Stoffströme in Boden- und Pflanzenmasse. Dabei muß es das Ziel sein, aus dieser Analyse heraus ein numerisches dynamisches Modellsystem zu entwickeln, welches auf der Grundlage einer weitgehend deterministisch aufgebauten Beschreibung der ablaufenden physikalischen Vorgänge den Energie-, Wasser- und Stoffhaushalt in einem solchen Agro-Ökosystem zu erfassen vermag und als Simulationsmodell die Möglichkeit bietet, den Einfluß von Eingriffen in das System auf die sich abspielenden Prozesse zu studieren und vorherzusagen. Dies ist von ganz besonderer Bedeutung im Hinblick auf die Tatsache, daß sich der Funktionsbereich der pflanzlichen Erzeugung über die Nahrungs- und Futtermittelproduktion hinaus auf die Gewinnung industriell verwertbarer Stoffe erweitern wird. Gerade hier ist die Frage des Wärme- und Wasserhaushalts von Pflanzenbeständen und der optimalen Nutzung des Energieangebots von zentraler Bedeutung für die Lösung der Probleme bei der Produktion von nachwachsenden Rohstoffen und alternativen Energieträgern (Ethanolgewinnung, Methangewinnung, Gewinnung von technischen Ölen und Fetten) im Interesse einer Schonung der begrenzten Rohstoffvorräte und zur Reduzierung des Verbrauchs an fossiler Energie.

2.2 Pflanzenkrankheiten und Pflanzenschutz

Mit dem Bereich der pflanzlichen Produktion ist das Gebiet Pflanzenkrankheiten und Pflanzenschutz untrennbar verbunden. Nach dem heutigen Stand der Erkenntnis erscheint es unmöglich, nicht-chemische Ersatzverfahren zu entwickeln, welche den Einsatz chemischer Bekämpfungsmittel völlig entbehrlich machen. Um so mehr aber ist es erforderlich, stärker als bisher nach Alternativen zu suchen, die das Risiko für Mensch und Umwelt durch die Reduzierung des Einsatzes chemischer Mittel vermindern helfen. Entscheidende Fortschritte sind hier nur zu erwarten, wenn eine intensivere Forschung auf dem Gebiet des witterungsbedingten Massenwechsels und der Prognose zusammen mit der Erarbeitung tolerierbarer Schadensschwellen nach betriebswirtschaftlichen Kriterien eingebunden wird in ein Gesamtkonzept zur Entwicklung von Systemen des "integrierten Pflanzenschutzes". Hierbei steht die bewußte Ausnutzung aller natürlichen Begrenzungsfaktoren im Vordergrund, zu denen auch die durch anbautechnische und züchterische Maßnahmen steuerbaren mikrometeorologischen Bedingungen gehören. Die zuvor erwähnten Erkenntnisse hinsichtlich der beim Energie-, Wasser- und Stoffaustausch und beim Ertragsbildungsprozeß in einem Agro-Ökosystem ablaufenden physikalischen Vorgänge in den Rahmen der Entwicklung von Systemen des integrierten Pflanzenschutzes einzubinden, wird eine der Hauptaufgaben der Agrarmeteorologie auf diesem Gebiet sein. Dabei kommt es darauf an, die Bereiche Wirt - Parasit - Umwelt als einen ökologischen Gesamtkomplex aus miteinander vielfach verketteten Teilsystemen zu verstehen, in seinen Strukturen und Funktionen zu analysieren und in geeigneten Modellen abzubilden, die es ermöglichen, das Verhalten des ökologischen Systems hinsichtlich seiner Reaktion sowohl auf Krankheiten und Schädlinge, als auch auf phytosanitäre Maßnahmen einschließlich möglicher ökotoxikologischer Nebenwirkungen zu studieren.

2.3 Tierische Produktion

Die tierische Produktion ist bisher in der Agrarmeteorologie eher stiefmütterlich behandelt worden, obwohl ihre hohe volkswirtschaftliche Bedeutung unbestreitbar ist. Beträgt doch der Produktionswert der tierischen Erzeugung mit rund 40 Milliarden DM jährlich mehr als das Doppelte desjenigen der pflanzlichen Produktion, die bisher fast ausschließlich Hauptzielrichtung für die agrarmeteorologische Forschung gewesen ist. Ebenso unbestreitbar ist, daß sich die allgemeine Umweltschutzdiskussion in erheblichem Umfange auch und gerade an den aus der tierischen Produktion herrührenden Belastungen entzündet. Hier besteht daher auf agrarmeteorologischer Seite noch ein ganz erheblicher Forschungsbedarf, der sich insbesondere auf die Umweltansprüche der Nutztiere und auf die daraus resultierenden Fragen in Zusammenhang mit der Gestaltung von Haltungssystemen konzentrieren muß, auch und gerade unter dem Aspekt des Tierschutzes. Die Zielrichtung muß hier in der Erarbeitung von Indikatoren und ihrer Anwendung in der Beurteilung von Haltungssystemen und Haltungssituationen hinsichtlich ihrer tiergerechten Beschaffenheit liegen, d.h. von Kriterien, welche die Reaktion der Tiere auf ein System deuten und signalisieren. Sie müssen daher meteorologische Einflußkomplexe wie Strahlungsverhältnisse, Wärmehaushalt der Tiere, die an der Fell- bzw. Hautoberfläche wirkenden physikalischen Vorgänge und deren physiologische Bedeutung und anderes berücksichtigen. Dies gilt auch im Zusammenhang mit Verlusten und Krankheiten, klinischen und pathologischen Befunden, sowie ethologischen und verhaltensphysiologischen Parametern. Auch hier muß es das Ziel sein, mit der Erarbeitung und Anwendung deterministischer Modelle die kausalen Zusammenhänge in einem ja teils künstlichen, teils natürlichen ökologischen System zu erkennen und damit Grundlagen zu schaffen für die Erarbeitung tiergerechter und tierschutzgerechter Haltungssysteme und Produktionsverfahren einschließlich ihrer baulichen, betriebstechnischen, ökonomischen und vor allem auch ökologischen Beurteilung.

2.4 Umweltschutz

Umweltrelevante Zielsetzungen agrarmeteorologisch-biophysikalischer Forschung ergeben sich aus der Tatsache, daß im Gegensatz zu anderen Wirtschaftszweigen zwischen Agrarproduktion und Umwelt ein sehr viel differenzierteres Wirkungsgefüge besteht, denn die unmittelbaren Einwirkungen agrarischer Aktivitäten können sowohl positiv als auch negativ wirksam sein. Letzteres wird besonders deutlich im Zusammenhang mit der Beeinflussung der Umwelt durch die Tierhaltung und die Entsorgung aus der Tierhaltung. Mit der Intensivierung der Nutztierhaltung haben z.B. die Emissionen aus Gebäuden der tierischen Produktion erheblich zugenommen, und zwar auch hinsichtlich der Verbreitung von spezifischen Krankheitserregern, die eine unmittelbare gesundheitliche Gefährdung von Mensch und Tier bedeuten können. Die Klärung der meteorologischen Einflüsse auf die von der Topographie der Stallumgebung abhängigen Transmissionswege und ihre modellmäßige Erfassung bildet eine der Grundlagen für eine Optimierung der technischen Maßnahmen zur Minimierung der Umweltbelastung durch Folgewirkungen der tierischen Produktion.

Im Bereich der pflanzlichen Produktion stellen sich Aufgaben, die insbesondere den Fragen der Gebietsverdunstung und damit den

Regulationsmechanismen agro-ökologischer Systeme in Bezug auf das Wasserhaushaltsgefüge nachgehen müssen. Vor allem kommt es darauf an zu klären, welchen Einfluß die Art der Landnutzung unter Berücksichtigung der produktiven wie unproduktiven Verdunstung auf das Wasserdargebot hat und welche Möglichkeiten sich ergeben, einerseits den landwirtschaftlichen Wasserverbrauch beim Einsatz der künstlichen Beregnung zu reduzieren, andererseits vor allen Dingen aber über eine Landnutzungsoptimierung das Wasserdargebot und die Grundwasserneubildung zu verbessern und damit einen positiven Beitrag zur Erhaltung eines stabilen Gleichgewichts im Naturhaushalt zu leisten.

2.5 Entwicklungshilfe

Den biophysikalischen Problemen des Pflanzenwasserhaushalts kommt im übrigen eine ganz besondere Bedeutung zu im Hinblick auf die Agrarhilfe für die Entwicklungsländer. Hier ergeben sich für die agrarmeteorologische Forschung Aufgaben aus der Problematik der optimalen Nutzung des natürlichen Produktionspotentials von Boden und Klima bei ökonomischem Einsatz nur begrenzt verfügbarer Wasserreserven. Zur Steigerung des Wassernutzungsgrades bestehender Bewässerungsanlagen und zur Planung und Entwicklung neuer Bewässerungsgebiete und Bewässerungssysteme bedarf es neben der Klärung des Pflanzenwasserbedarfs unter ariden Bedingungen und unter den besonderen Verhältnissen hinsichtlich des Energiehaushalts und der pflanzlichen Reaktionen vor allem auch agrarklimatischer Untersuchungen zur Ermittlung des landwirtschaftlichen Produktionspotentials im Hinblick auf eine effektive Bewässerungswirtschaft und unter Berücksichtigung der Folgewirkungen eines so erheblichen anthropogenen Eingriffs in bestehende Ökosysteme und historisch gewachsene sozio-ökonomische Strukturen. Hier besteht noch ein erheblicher Bedarf an anwendungsorientierter biophysikalischer Ökosystemforschung als Grundlage für die Steigerung des Wirkungsgrades der Kapitalhilfe und technischen Hilfe durch die Industrienationen, wie auch für die Erarbeitung von Orientierungshilfen für entwicklungspolitische Entscheidungsprozesse.

3 SCHLUSSBEMERKUNGEN

Insgesamt dürfte klar geworden sein, daß die Agrarmeteorologie noch ein erhebliches Maß an Forschung zur Erweiterung des anwendungsorientierten Grundlagenwissens zu leisten hat. Dies gilt für die Frage der Energieflüsse in Agrarökosystemen ebenso wie für das Problem der Quantifizierung anthropogener Einflüsse auf diese Systeme und ihre Funktion.

Diese von ihr zu fordernde Leistung kann die Agrarmeteorologie jedoch nur dann erbringen, wenn sie sich als Glied einer biophysikalisch orientierten Ökologie versteht und ihre Forschungskonzeption künftig in diesem Sinne ausrichtet. Denn nur auf der Grundlage der Erkenntnisse einer umfassenden Ökosystemforschung kann der von Tag zu Tag deutlicher werdenden Gefahr erheblicher Störungen des ökologischen Gleichgewichts mit all ihren Folgen für unser Dasein wirksam begegnet werden.

ERGEBNISSE EINES BIOPHYSIKALISCHEN MODELLS DES SYSTEMS BODEN-PFLANZE-ATMOSPHÄRE

Harald Braden
Deutscher Wetterdienst
Zentrale Agrarmeteorologische Forschungsstelle Braunschweig

1 EINLEITUNG

Mathematische Modelle des Systems Boden-Pflanze-Atmosphäre können in mancher Hinsicht agrarmeteorologische Experimente ersetzen und zum Verständnis der Wechselwirkungen in dem System beitragen. So auch das vorgestellte eindimensionale dynamische Modell, das für mehrere horizontale Schichten in Pflanzenbestand und Boden die Temperaturen, CO_2-Gehalte und Feuchten, bzw. Wassergehalte, sowie die zugehörigen Ströme zwischen den Schichten berechnet. Da die Modellierung nur zu einem geringen Teil auf empirische Beziehungen zurückgreift und weitgehend auf den tatsächlich ablaufenden physikalischen Prozessen beruht, reagiert das vorgestellte Modell in realistischer Weise insbesondere auf Änderungen der geometrischen und biophysikalischen Pflanzenparameter, der Erdbodeneigenschaften und der Randbedingungen.

2 MODELLBESCHREIBUNG

2.1 Überblick

Nach der Initalisierung arbeitet das Programm periodisch mit Zeitinkrementen von drei Minuten. Dabei werden in jedem Zyklus zunächst die in den einzelnen Bestandsschichten absorbierten Ströme infraroter, nah-infraroter und sichtbarer, bzw. photosynthetisch aktiver Strahlung berechnet. Daran schließt sich die Berechnung der Netto-Assimilation, der Stomatawiderstände, der Pflanzenwassergehalte und Wasserpotentiale an. Die Beziehungen für die Transporte zwischen den Pflanzenteilen und der Bestandsluft einerseits und den Bestandsschichten andererseits liefern ein Gleichungssystem zur Bestimmung der aktuellen Temperaturen und Feuchten in den einzelnen Bestandsschichten. Schließlich werden noch die Erdbodentemperaturen und -feuchten berechnet, ehe mit den zuvor bestimmten Systemzuständen als Anfangswerten der nächste Zeitschritt begonnen wird. Die als obere Randbedingung vorzugebenden meteorologischen Daten sind Globalstrahlung, Bedeckungsgrad, Windgeschwindigkeit, Lufttemperatur und -feuchte über dem Pflanzenbestand und - falls verfügbar - photosynthetisch aktive Strahlung und langwellige Gegenstrahlung.

2.2 Berechnung der Strahlungsinterzeption

Im Teilmodell zur Berechnung der in den einzelnen Bestandsschichten absorbierten Strahlung wird daraus zunächst die räumliche Verteilung der einfallenden sichtbaren (bzw. photosynthetisch aktiven), nah-infraroten und infraroten Strahlung auf 9 Inklinationsklassen von je 10 Grad bestimmt. Viele horizontale Unterschichten mit darin jeweils gleichmäßig verteilten Blattflächenelementen, deren Inklinationsverteilungen den Blatthaltungen entsprechen, und darüberhinaus vertikale Elemente als Stengel repräsentieren den Pflanzenbestand. Durch Berücksichtigung von Transmission sowie unterschiedliche diffuse und spiegelnde Reflexion an Ober- und Unterseiten können die optischen Eigenschaften von Pflanzenteilen in den drei Spektralbereichen in bisher nicht erreichter Weise nachgebildet werden. Durch ein im Prinzip bereits von GOUDRIAAN (1977) angegebenes iteratives Verfahren wird die Transmission und Reflexion der aus jedem der 18 Inklinationsbereiche einfallenden Strahlung durch die Verteilung der Pflanzenelemente jeder Unterschicht in die 18 Inklinationsklassen berechnet, so daß schließlich auch alle Mehrfachreflexionen berücksichtigt werden. Beispiele für die detaillierten Ergebnisse dieses Teilmodells und seine empfindlichen Reaktionen auf Änderungen der pflanzlichen optischen Eigenschaften und der Bestandsgeometrie gibt BRADEN (1983).

2.3 Berechnung der vertikalen turbulenten Transporte

Auch zur Berechnung der vertikalen turbulenten Transporte wird der Bestand in viele horizontale Schichten aufgelöst. Mit Hilfe eines Mischungsweglängen-Ansatzes wird die vertikale Änderung der Impulsstromdichte mit dem auf die Pflanzenteile ausgeübten Schub verknüpft. Die Mischungsweglänge im Bestand wird dafür nach PERRIER (1976) in Abhängigkeit von der Bestandsgeometrie berechnet. Durch numerische Lösung der entstehenden nichtlinearen Differentialgleichung werden eine Funktion für die turbulente Diffusion berechnet und Windprofile, die zwanglos und mit stetigen Übergängen annähernd logarithmische Verläufe am Boden und über dem Bestand, sowie einen annähernd exponentiellen Verlauf im Bestand aufweisen und in vernünftiger Weise auf Änderungen der Bestandsgeometrie reagieren (BRADEN, 1983).

2.4 Berechnung der pflanzlichen Reaktion

Die wichtigsten pflanzlichen Reaktionen auf ihre Umwelt bestehen in Änderungen der Stomatawiderstände. Die Stomatawiderstände und die damit eng zusammenhängende Nettoassimilation werden hier in Anlehnung an DE WIT (1978) berechnet, wodurch bisher eine Beschränkung auf C_4-Pflanzen wie Mais erzwungen wird. Der pflanzliche Wassertransport aus dem Boden in den Bestandsraum wird durch ein dem Leitsystem entsprechendes Widerstandsnetzwerk simuliert, so daß sich die fortschreitende Austrocknung des Bodens und die daraufhin einsetzenden pflanzlichen Streßreaktionen berechnen lassen.

3 MODELLRECHNUNGEN

Nur einige der zahlreichen Ergebnisse der Modellrechnungen, wie z.B. Lufttemperaturen und -feuchten im Bestand, Evapotranspiration und Bestandsalbedo konnten anhand von Messungen kontrolliert werden, wobei sich gute Übereinstimmung ergab. Als Beispiel ist in Abbildung 1 ein Tagesgang der berechneten Evapotranspiration und der mit einem wägbarem Lysimeter in Braunschweig-Völkenrode gemessenen Evapotranspiration gegenübergestellt.

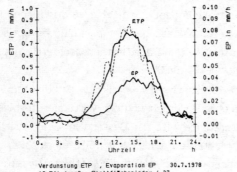

Abb. 1

Verdunstung ETP, Evaporation EP 30.7.1978
12 Pfl./m²², Blattflächenindex 4,27
——— : berechnet, gemessen : ---------

Als weiteres Beispiel soll die Auswirkung von Wasserstreß auf Evapotranspiration und Netto-Photosyntheseleistung demonstriert werden. Dazu wurden zwei Tagesgänge mit den gleichen meteorologischen Randbedingungen aber voneinander verschiedenen Bodenfeuchten berechnet. Der Wasserstreß führt zu einem Rückgang der Netto-Photosyntheseleistung um ca. 40 % während die Evapotranspiration nur um 20 % reduziert wird, obwohl beide Transporte abgesehen von der geringen Bodenevaporation und der kutikulären Transpiration durch die um etwa 50 % vergrößerten Stomatawiderstände erfolgen. Ursache für die unterschiedliche Reduktion ist die mit der Temperaturerhöhung um ca. 0,9 K einhergehende Dampfdruckerhöhung in den Blättern, die den Transpirationsrückgang teilweise kompensiert.

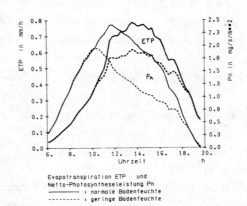

Abb. 2

Evapotranspiration ETP und Netto-Photosyntheseleistung Pn
——— : normale Bodenfeuchte
--------- : geringe Bodenfeuchte

LITERATUR

BRADEN, H.: Simulationsmodell für den Wasser-, Energie- und Stoffhaushalt in Pflanzenbeständen, Berichte des Instituts für Meteorologie und Klimatologie der Universität Hannover, Nr.23, 1982.

GOUDRIAAN, J.: Crop micrometeorology: a simulation study, Centre for Agricultural Publishing and Documentation, Wageningen, 1977.

PERRIER, A.: Étude et essai de modélisation des échanges de masses et d'énergie au niveau des couverts végétaux: Profil microclimatiques, évapotranspiration et photosynthèse nette, Diss., Univ. Paris, 1976.

DE WIT, C.T., et al.: Simulation of assimilation, respiration and transpiration of crops, Centre for Agricultural Publishing and Documentation, Wageningen, 1978.

EIN BIOMETEOROLOGISCHER MODELLANSATZ ZUR SIMULATION UND VORHERSAGE
VON SCHÄDLINGSBEFALLSVERLÄUFEN IN WINTERWEIZEN

Hans Friesland
Deutscher Wetterdienst

Zentrale Agrarmeteorologische Forschungsstelle, Braunschweig

1 EINLEITUNG

Nicht nur in der deutschen Agrarlandschaft hat der Befallsdruck durch Krankheiten und Schädlinge in den letzten Jahrzehnten zugenommen. Dafür gibt es eine Reihe von Ursachen, die meist in anthropogenen Maßnahmen zur Ertragssicherung und -steigerung liegen, wie großflächige Monokulturen, Pflanzen-Züchtungen, die für einige Parasiten anfälliger sein können und häufiger Biozideinsatz mit der Gefahr von Resistenzbildungen bei Pilzen und Schädlingen. Viele Getreideanbaugebiete Europas wurden 1968 und 1969 von einer Blattlauskalamität betroffen, so daß beträchtliche Ertragsverluste (Saftentzug durch Läuse) entstanden. Seitdem stieg der Verbrauch von Spitzmitteln gegen Blattläuse, aber auch das Bemühen um Festlegung eines Bekämpfungsschwellenwertes, von dem an sich die Bekämpfung lohnt. Erst spät setzt die Entwicklung von Prognosemodellen ein, um den Pflanzenschutzämtern und Landwirten Warnhinweise geben zu können.

2 DAS BIOTOP

Die Große Getreideblattlaus (Sitobion avenae Fabr.) ist durch ihr Saugen an den Ähren der meist häufigste und schädlichste Parasit an Winterweizen - die Getreideart mit dem größten Flächenanteil in der Bundesrepublik. Das Wirkungsdreieck Wirtspflanze - Schaderreger - Umwelt läßt sich im Biotop Getreidefeld darstellen als Weizenpflanzen - Getreideblattläuse - Umwelt, wobei letztere das Wetter, Krankheiten der Pflanzen und der Läuse, Räuber und Parasiten der Läuse sowie Bodenzustand und -art umfaßt. Alle diese Faktoren und Lebensvorgänge stehen während der Vegetationsperiode in vielfältigen Wechselbeziehungen. Nach einer Systemanalyse ist es möglich, die Bereiche des Biotops anzugeben, für das ein Simulationsmodell des Blattlausbefallsverlaufs entwickelt werden soll. Als vernachlässigbar sind zunächst anzusehen: Pflanzenkrankheiten, Unkräuter und teilweise auch die Feinde der natürlichen Gegenspieler der Blattläuse.

3 DAS MODELL

Mittels biologisch abgeleiteter, mathematisch-physikalischer Gleichungen soll ein deterministisches Modell geschaffen werden, das alle Lebensvorgänge der Blattläuse vom Frühjahr bis zur Weizenreife täglich simuliert. Als Unterprogramm wird der Fortschritt der phänologischen Phasen des Weizens, seine Bestandshöhe und das Mikroklima in Abweichung von den meteorologischen Werten der Hütte berechnet. In Abhängigkeit von biologischen und meteorologischen Faktoren werden die Anteile der geflügelten (immigrierenden!) und ungeflügelten, der erwachsenen Blattläuse und (lebend geborenen) Larven abgeschätzt. Die Zu- und Abgänge der Läuse pro Einheitsfläche sowie auch die der natürlichen Feinde sind im Flußdiagramm in folgender Abbildung dargestellt:

```
EINGABE ANFANGSZUSTÄNDE
(Weizen, Läuse, Feinde)
   ▼
┌─ EINGABE TÄGLICHER WERTE
│  (Temperaturen, Photoperiode, Feuchte,
│   Niederschlag usw.)
│        ▼
│     WEIZENENTWICKLUNG
│        ▼
│     RÄUBERENTWICKLUNG
│        ▼
│     PARASITENENTWICKLUNG
│        ▼
│     BLATTLAUSENTWICKLUNG
│     (Zu- und Abgänge durch Wetter,
│      Alter, Räuber, Parasiten, Pilze,
│      Immigration, Emigration, Geburten)
│        ▼
│  KORREKTUR? ◄──── AUSGABE
└─ MEHR TAGE?      (Tag, phän. Stadium,
     ▼              Blattlausanzahl usw.)
   ENDE
```

Die Wetterabhängigkeit der populationsdynamischen Vorgänge wurde, soweit möglich, der einschlägigen Literatur entnommen. In Abwandlungen kommen sigmoide (logistische) Funktionen und z.B. die Räuber-Beute-Beziehung, Holling-Typ III, (MAY, 1980) zur Anwendung: witterungsbedingte Mortalität:

$$M_w = N (\exp^{-a_1 w_1} + ... + \exp^{-a_n w_n}),$$

Anzahl Angriffe:

$$A = P K (1 - \exp(-cN^2 P^{1-b})),$$

mit N = Blattlauspopulation, $a_1 ... a_n$ = Konstanten, $w_1 ... w_n$ = Wetterelemente, P = Räuberpopulation, K = max. Anzahl Angriffe, a, b = witterungsabhängige Parameter.

Die neugeborenen Blattläuse brauchen mindestens 10 Tage bis sie selbst wieder Junge absetzen können. Verzögerungszeiten sind auch für verpilzte und parasitierte Blattläuse (Entomophthora bzw. Schlupfwespen) von je fünf Tagen bis zum Tod in das Modell eingebaut. Das Optimum für die Vermehrungsbedingungen der Getreideblattlaus liegt zwischen Blühende und Milchreife sowie bei Temperaturen etwas unter 20° C. Da das Modell erst im Rohbau fertig ist und die Räuber- und Parasitenentwicklung noch fast fehlt, können Modellergebnisse noch nicht vorgestellt werden.

4 KÜNFTIGER MODELLEINSATZ

Nach erfolgreichem Testen an historischen oder aktuellen Daten kann das Modell ohne weiteres in ein Prognosemodell übergehen, indem man von jedem beliebigen Tag ausgehend prognostizierte meteorologische Daten für den Vorhersagezeitraum eingibt. So kann der Blattlausbefallsverlauf z.B. 6 Tage im Voraus simuliert werden. Wird eine phänologieabhängige Bekämpfungsschwelle überschritten, so wäre ein Warnhinweis an die Landwirtschaft zu geben.

Ähnlich arbeiten zwei Simulationsmodelle in den Niederlanden und in Großbritannien, die jedoch einfacher aufgebaut sind und nicht immer zufriedenstellend arbeiten (CARTER u.a., 1982). Interdisziplinäre Zusammenarbeit müßten noch viele unbekannte, witterungsabhängige physiologische Vorgänge bei den Insekten sowie auch Auswirkungen durch Sortenunterschiede bei Weizen klären.

LITERATUR

CARTER, N., DIXON, A.F.G. & RABBINGE, R: Cereal aphid populations: biology, simulation and prediction. Wageningen: PUDOC, 1982.

MAY, R.M. (Hrsg.): Theoretische Ökologie. Weinheim: Verlag Chemie, 1980.

NEUE ANWENDUNGSGEBIETE DER TIER- UND PFLANZENPHÄNOLOGIE

Jochen Hild

Amt für Wehrgeophysik, Traben-Trarbach

1. AUFTRAG

Die vom Deutschen Wetterdienst gewonnenen phänologischen Daten werden heute im zivilen wie im militärischen Bereich für Zwecke der Flugsicherheit, des Umweltschutzes und der Erderkundung ausgewertet. Im militärischen Bereich kommen Gesichtspunkte der Tarnung, Aufklärung und Ortung hinzu.

Zur Ergänzung des DWD-Datengutes führte der Geophysikalische Beratungsdienst der Bundeswehr aufgrund neuer Beratungsforderungen für 4 Jahre eigene, z.T. erweiterte pflanzenphänologische Beobachtungen bei lokaler Netzverdichtung durch. Hinzu kamen 4jährige phänometrische Beobachtungen an landwirtschaftlichen Kulturpflanzen. Das so gewonnene Datenmaterial erlaubt eine Korrelation mit DWD-Daten.

Die 1967 eingeführten tierphänologischen Beobachtungen konzentrierten sich auf das großräumige und regionale Vogelzuggeschehen sowie auf das temporäre und regionale Gliederfüßler- und Feldmausaufkommen.

2. ANWENDUNGSGEBIETE

Das Vogelauftreten in Flugplatzbereichen wird durch bestimmte phänologische Phasen - Feldbestellung, Ernte, Grasschnitt - gefördert (HILD, 1980) und kann die Flugsicherheit gefährden (Vogelschlag). Die Einbeziehung ornithologisch relevanter phänologischer Daten in Beratungsverfahren ist daher eine wichtige Voraussetzung (HILD 1983) für eine Verbesserung der Flugsicherheitssituation.

Seit 10 Jahren werden in Vogelschlagrisiko-Vorhersagen Hinweise auf Vogelmassierungen gegeben, die auch durch phänologische Phasen bedingt sind. Diese Angaben sind heute zudem Bestandteil einer wöchentlichen PHAEN-Vorhersage, die als Planungsunterlage für den Start- und Landeflugbetrieb von Bedeutung ist.

Mittel- und Extremwerte phänologischer Daten werden zudem in ökologische Biotopgutachten für Flugplätze als Grundlage für Vergrämungs- und Geländebetreuungsmaßnahmen aufgenommen.

Für den militärischen Tiefflugbetrieb sind die regionalen und überregionalen Vogelzüge von Bedeutung. Deshalb werden seit 1967 entsprechende tierphänologische Beobachtungen mit dem Ziel einer langfristigen Datengewinnung für Vogelzug- und Vogelschlagrisikovorhersagen sowie einer Nutzbarmachung für unmittelbare Vogelschlagwarnungen (Birdtam) durchgeführt.

Weitere tierphänologische Untersuchungen, z.B. des Bestandes an Bodenarthropoden und Nagetieren, die das Vogelaufkommen an Flugplätzen mitsteuern, kamen regional und temporär hinzu.

Bei Maßnahmen des Umweltschutzes sind phänologische Auswertungen Voraussetzung für die Minimierung von Schäden an landwirtschaftlichen Kulturen im Rahmen von Übungen. Landschaftsbezogene phänologische Daten fließen deshalb zusammen mit Flächennutzungsdaten in Übungsplanungen ein, denn die wöchentliche PHAEN-Vorhersage liefert Angaben über den Entwicklungs- und Bearbeitungszustand der Nutzflächen im Übungsraum.

Für den zivilen Bereich könnten phänologische Regionalkarten als Teil phänologischer Expertisen Bestandteil von Landschaftsrahmenplänen werden.

Auch für die Erderkundung, Aufklärung und Ortung durch Einsatz moderner Strahlungssensoren in verschiedenen Spektralbereichen ist, um Fehlinterpretationen der erlangten bildlichen Information zu vermeiden, eine Berücksichtigung (LIETH, 1974) pflanzenphänologischer Daten wichtig (SCHANDA, 1976), weil die Vegetation im Jahresverlauf z.B. unterschiedliche Rückstreueigenschaften aufweist. Beim Radar erfolgt je nach Frequenzbereich, technischen Geräteeigenschaften, Vegetationsphase und Wuchshöhe eine unterschiedliche Darstellung von Boden und Bewuchs. Auch hier fließen deshalb phänologische Daten in spezielle Beratungsverfahren ein, die sich noch in der Erprobungsphase befinden. Seit 1982 werden die fliegenden Verbände der Bundeswehr aufgrund pflanzenphänologischer und phänometrischer DWD- und Geophys-Datenkollektive wöchentlich 1 x mit einer PHAEN-Vorhersage versorgt, die eine Aktualisierung der phänologischen Karten von SCHNELLE (1979) ermöglicht und eine Informationshilfe bei der Luftbildauswertung darstellt.

Die militärische Forderung nach Tarnung ortfester Anlagen erforderte hinsichtlich der Bepflanzung eine Landschaftskompatibilität, die u.a. nur über eine phänologische Kompatibilität erreicht werden kann mit dem Ziel, die Textur einer Landschaft über alle Jahreszeiten hinweg gleich erscheinen zu lassen und das Erkennen von Einzelobjekten zu erschweren. Phänologische Daten sind deshalb Bestandteil entsprechender ökologischer Gutachten. Hinzu kommt die Notwendigkeit einer saisonalen Tarnwertbeurteilung der natürlichen Landschaft durch die übende Truppe. Diese Beurteilung wird über phänologische Ausblicke und aktuelle phänologische Datenkollektive, die Bestandteil der PHAEN-Vorhersage sind, ermöglicht.

3. LITERATUR

Hild, J. (1980): Tier- und Pflanzenphänologie im Dienste der Flugsicherheit, Wetter u. Leben 32, Wien.

Hild, J. (1983): Zusammenhänge zwischen phänologischen Daten/Phasen und der saisonalen Verteilung von vogelschlagbedingten Zwischenfällen im Bereich deutscher Verkehrsflughäfen. (Ersch. in Met. Rdsch.)

Lieth, H. (1974): Phenology and seasonality modeling. Verlag Springer, New York.

Schanda, E.(1976): Remote sensing for environmental sciences. Verlag Springer, Berlin.

Schnelle, F. (1979): Phänologische Spezialkarten. Fachl. Mitt. AWGeophys Nr. 196, Traben-Trarbach.

METHODIK UND PROBLEMATIK AGRARMETEOROLOGISCHER VORHERSAGEN
WITTERUNGSABHÄNGIGER TIERKRANKHEITEN

Franz-Josef Löpmeier
Deutscher Wetterdienst
Zentrale Agrarmeteorologische Forschungsstelle Braunschweig

1 EINLEITUNG

Der große Einfluß, den die Witterung auf die Erreger von Tierkrankheiten ausübt sowie die große wirtschaftliche Bedeutung mit Schäden von mehreren 100 Millionen DM pro Jahr in der Bundesrepublik haben seit jeher zu Versuchen angeregt, aus dem Wetterablauf auf die Möglichkeit und Intensität einer Epidemie zu schließen. Dabei ist es das Ziel, den Zeitpunkt des Beginns möglichst so rechtzeitig vorauszusagen, daß wirksame Bekämpfungsmaßnahmen eingeleitet werden können. Von vielen bedeutenden Tierkrankheiten ist bekannt oder wird vermutet, daß meteorologische Wirkungsfaktoren einen direkten oder indirekten Einfluß haben. Die Beziehungen können sehr eng sein, z.B. bei der Leberegelseuche oder der Magen-Darmwurmseuche; sie können jedoch auch nur schwach sein, z.B. bei respiratorischen Erkrankungen von Tieren oder der inzwischen selten gewordenen Maul- und Klauenseuche. Neuere Forschungsergebnisse messen auch dem witterungsabhängigen Auftreten von Fliegen und Mücken (z.B. Kopffliege, Kriebelmücke) eine große Bedeutung bei der Übertragung von Infektionen bei.

2 VORHERSAGE VON TIERKRANKHEITEN

In der Regel erfolgt die Vorhersage aufgrund der nachträglichen Analyse des tatsächlich eingetretenen Wetters. Günstige Voraussetzungen ergeben sich bei solchen Schädlingen, bei denen eine lange Entwicklung außerhalb der Wirte stattfindet, da hier die meteorologischen Faktoren lange und intensiv einwirken können. Neben rein empirischen Verfahren zur Vorhersage einer Tierkrankheit (bekannt ist hier insbesondere die Formel zur Vorhersage der Leberegelgefährdung von Ollerenshaw (GIBSON, 1978) bietet sich die Anwendung der biologisch-meteorologischen Zusammenhänge zu einem die Schädlingspopulation beschreibenden Simulationsmodell an. Unter gleichen Randbedingungen wie Schädlingsanfangspopulation, Eiproduktion etc. ergibt sich die zeitliche Variation der Schädlingspopulationsdichte aus der Entwicklungszeit, der Entwicklungsrate sowie den Überlebensbedingungen. Da für die Entwicklungszeit der einzelnen Stadien i = I,II ....n die Temperatur T in der Regel von ausschlaggebender Bedeutung ist und meistens von einer konstanten temperaturspezifischen Änderung a der Entwicklungsdauer D ausgegangen werden kann, gilt der Ansatz

$$\frac{1}{D_i(T)} \frac{d D_i(T)}{d T} = a_i$$

bzw. nach Integration

$$D_i(T) = Do_i \, e^{a_i T}$$

Do_i und a_i sind Konstanten, die aus Labor- oder Feldexperimenten bekannt sind. Der Entwicklungsstand E der Stadien i = I,II .... bis hin zum infektionsfähigen Stadium n kann für den Tag j über

$$\frac{\alpha_i^1}{D_i(T_1)} + \frac{\alpha_i^2}{D_i(T_2)} + \cdots + \frac{\alpha_i^j}{D_i(T_j)} = E_i^j$$

erfaßt werden. Für $E \geq 1$ ist die Entwicklung abgeschlossen. Über α lassen sich vereinfacht biologisch bedingte Verzögerungszeiten bei einem raschen Temperaturwechsel, ungünstige Randbedingungen sowie das notwendige Überschreiten wachstumsauslösender Schwellenwerte erfassen.

Eine nach Stadien getrennte Berechnung des jeweiligen Entwicklungsstandes erlaubt die Anwendung der z.T. sehr unterschiedlichen Ansätze zur Erfassung der Überlebensraten ÜR nach einer Zeit t. Für viele Parasiten gilt auch hier ein exponentieller Ansatz mit einer von den meteorologischen Einflußgrößen $x_1, x_2, ..., x_m$ abhängigen Sterberatenfunktion St

$$ÜR_i = e^{-St_i(x_1, x_2 \cdots x_m) \cdot t}$$

Neben der Temperatur spielt häufig die Feuchte (Gras-, Boden-, Luftfeuchte) eine entscheidende Rolle. Die Bereitstellung der Eingangsparameter Grasfeuchte und Bodenfeuchte mit Hilfe meteorologischer Daten kann z.B. über eine weidegrasspezifische Anwendung der Kombinationsmethode zur Berechnung der aktuellen Verdunstung erfolgen. Über die allgemeine mathematische Formulierung hinaus ist bei Erreichen bestimmter Schwellenwerte eine unstetige Erhöhung der Todesraten bei einigen Schädlingen notwendig. So z.B. reagieren einige Entwicklungsstadien des Leberegels wie auch deren Zwischenwirt, die Zwergschlammschnecke empfindlich auf Temperaturen $\geq 30°$ C und mit $> 32°$ C werden letale Bedingungen erreicht.

3 ANWENDUNG AM BEISPIEL MAGEN-DARM-WURMSEUCHE BEI WEIDERINDERN

Die durch den Rundwurm Ostertagia ostertagi verursachte Magen-Darmwurmseuche zählt zu den wirtschaftlich bedeutenden Krankheiten des Rindes. Die Eier des geschlechtsreifen Wurms gelangen über den Kot ins Freie, wo sie sich ohne Zwischenwirt über ein erstes und zweites Larvenstadium zur ansteckungsfähigen Larve III entwickeln. Zur oralen Aufnahme durch das Tier ist der Übergang vom Kuhfladen auf das Gras nötig (Translation). Alle diese Entwicklungen und Vorgänge sind temperatur- und/oder feuchteabhängig und zum großen Teil quantitativ bekannt. Insbesondere die Translation ist an Wasser gebunden und darum von Niederschlägen abhängig. Die oben z.T. sehr vereinfacht aufgezeigten Ansätze zu einem Gesamtsystem zusammengefügt erlauben die Berechnung der aktuellen Larvendichte im Kot, da die zur Ankurbelung der Larvenproduktion notwendige Eiproduktion bekannt ist, die vom Zeitpunkt des Weideauftriebs (Routinebeobachtung als phänologische Phase) abhängt und im Jahresgang variiert (BÜRGER, 1981). Zur Berechnung der für die Gefährdung entscheidenen Larvenzahl im Gras ist die quantitative Erfassung der Translation nötig. Mangels hierzu fehlender spezieller Untersuchungen erfolgte die Schließung dieser Modellücke über einen empirischen Weg. Anhand von Beobachtungen der Larvendichte aus dem Jahre 1975 (BÜRGER, 1981) wurde eine die tägliche Translationsrate beschreibende Regressionsbeziehung in Abhängigkeit von der Niederschlagsmenge und der Anzahl aufeinanderfolgender Tage mit Niederschlag $\geq 0,2$ mm aufgestellt, indem die Summe der Quadrate der Abweichungen zwischen Beobachtung und Rechnung minimiert wurde.

Die Anwendung dieses Verfahrens auf die Jahre 1976 (niederschlagsarm) und 1978 (niederschlagsreich) zeigen die Abbildungen 1 und 2.

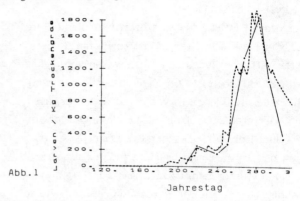

Abb.1

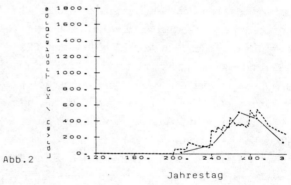

Abb.2

Für den Raum Hannover berechneter (----) und von BÜRGER (1981) beobachteter (——) Jahresgang von Magen-Darm-Strongyliden im Jahre 1978 (Abb. 1) und 1976 (Abb. 2).

In Abhängigkeit von der Larvendichte unter Berücksichtigung verschiedener Besatzdichten lassen sich mit diesem Verfahren Gefährdungsstufen definieren, die eine Aussage über die Notwendigkeit und den Zeitpunkt einer Behandlung erlauben.

4 LITERATUR

BÜRGER, H.-J.: Neue Aspekte in der Bekämpfung von Weideparasitosen bei Kälbern. Der Tierzüchter 4, 1981, S. 152-161.

GIBSON, T.E.: The 'M' system for forecasting prevalence of fascioliasis. Weather and parasitic animal disease, WMO Technical Note No. 159, 1978, S. 3 - 5.

METEOROLOGISCHE UNTERSUCHUNGEN IM FORSCHUNGSPROJEKT "AGROTHERM GUNDREMMINGEN"
Wolfram Vaitl
Bayerische Landesanstalt für Bodenkultur und Pflanzenbau Freising

1. VERSUCHSAUFBAU

Bei der thermischen Energieerzeugung fallen große Mengen Abwärme (= Anenergie) an, deren umweltfreundliche Beseitigung im Bundesgebiet an vier Standorten mit finanzieller Unterstützung des Bundesministeriums für Forschung und Technologie untersucht wurde. In Bayern ist ein Versuch in Gundremmingen von der Bayerischen Landesanstalt für Bodenkultur und Pflanzenbau durchgeführt worden. Eine Fläche von 250x 240 m wurde in 4 Streifen A,B,C und D mit einer Breite von jeweils 60 m (A,B,C) und 50m (D) geteilt. In den Streifen B und C wurden 1975/76 Plastikrohre in einer Tiefe von 0,6 bis 1,4 m bei einem Seitenabstand von 1 m grabenlos eingezogen und mit Kühlwasser durchströmt; A wurde als Vergleichsparzelle nicht beheizt. D wurde ab Herbst 1979 durch ein Rohrsystem beheizt, das einheitlich in 0,6 m Tiefe bei einem Seitenabstand von 0,5 m verlegt wurde. Auf den Flächen sind 11 verschiedene Feldfrüchte mit 2 bis 3 unterschiedlichen Sorten und zusätzlich unterschiedlicher Düngung im üblichen Fruchtwechsel angebaut und die Erträge ermittelt worden. Auf den Feldern A und B wurden jeweils Lufttemperatur, relative Luftfeuchte in verschiedenen Höhen über Grünland und Bodentemperaturprofile bis in 3,2 m Tiefe gemessen.

2. METEOROLOGISCHE UND HYDROLOGISCHE ERGEBNISSE

2.1 Temperaturabbau und mittlere Wärmestromdichte

Die drei Rohrsysteme wurden mit einer Wasservorlauftemperatur von 37°C in den Wintermonaten und bis 44°C ansteigend in den Sommermonaten beschickt. Auf den Feldern B und C betrug die Massenstromdichte jeweils 8,64 kg $h^{-1}m^{-2}$, auf dem Feld D betrug sie vom 25.10.79 bis zum 12.12.79 9,58 kg $h^{-1}m^{-2}$, bis zum 25.04.80 4,79 kg $h^{-1}m^{-2}$ und bis zum 14.09.81 4,08 kg $h^{-1}m^{-2}$. Dies führte zu einer mittleren jährlichen Wärmestromdichte auf Feld B 1979 von 23,6 Wm^{-2}, 1980 von 25,5 Wm^{-2} und 1981 von 33,8 Wm^{-2}, auf Feld C 1979 von 21,9 Wm^{-2} und 1980 von 22,7 Wm^{-2}, auf Feld D 1980 von 39,3 Wm^{-2} und 1981 von 34,8 Wm^{-2}. Ein Temperaturabbau ΔT von 10 K, wie es für die Kraftwerkskühlung erforderlich ist, läßt sich mit dem System wie auf Feld D ganzjährig erzielen.

2.2 Bodentemperatur

Die dem Boden über das Rohrsystem aufgeprägte Wärme hebt die Bodentemperaturen in den beheizten Feldern B,C und D im Krumenbereich um durchschnittliche 6 bis 8 K, in Rohrtiefe um ca. 16 K. Dies hat zur Folge:
- nur größere Kälte bewirkt ein Gefrieren des Bodens
- Schnee schmilzt auch bei Lufttemperaturen um - 5°C
- im Frühjahr kann wegen höherer Winterfeuchte im Boden das Feld meist erst 8 bis 14 Tage später bestellt werden
- im Sommer sinkt die Bodenfeuchte gegenüber Unbeheizt.

2.3 Grundwasserverhalten

Untersuchungen des Instituts für Radiohydrometrie (MOSER H, 1982) vor Beginn der Grundwasserhaltung auf der Baustelle KRB II verweisen auf Grundwasserfließgeschwindigkeiten von durchschnittlich 20 m d^{-1} in etwa nordwestlicher Richtung. Spätere Untersuchungen ergaben eine starke Abnahme der Fließgeschwindigkeit mit gleichzeitiger Umkehr der Fließrichtung. Messungen an den Brunnen des unbeheizten und der beheizten Versuchsfelder zeigen mittlere Temperaturunterschiede von ca. 10 K in 3 m Tiefe, die sich nachweislich teilweise unvermindert vom Grundwasserspiegel bei etwa 2,5 m unter Gelände bis in den Bereich des beginnenden Tertiärs in 7 m und mehr fortpflanzen.

2.4 Lufttemperatur und relative Luftfeuchte

Vergleicht man die Lufttemperaturen vom unbeheizten mit dem beheizten Feld, so ergibt sich ein deutlicher Temperaturunterschied in der bodennahen Luftschicht, der sich mit zunehmender Höhe abschwächt. Vor allem in den Sommermonaten kann der Temperaturunterschied in 5 cm um die Mittagszeit über 5 K betragen. In 2 m ist kein Unterschied mehr zu verzeichnen. Die relative Luftfeuchte in 30 cm liegt im Mittel unter Berücksichtigung der Meßgenauigkeit bei der beheizten Variante um 3-4 % höher als auf der unbeheizten. Auch hier sind die Unterschiede am deutlichsten in den sommerlichen Mittagsstunden.

MOSER H.: Berichte über radiohydrometrische Untersuchungen am Versuchsfeld Agrotherm-Gundremmingen
GSF München 1982 - unveröffentlicht

SCHUCH M., VAITL W. et al.: Agrotherm Gundremmingen, Jahresberichte 1979-1982
Bayerische Landesanstalt für Bodenkultur und Pflanzenbau - unveröffentlicht

ZUR NEUFASSUNG DES MEDIZIN-METEOROLOGISCHEN INFORMATIONSDIENSTES IM DEUTSCHEN WETTERDIENST

K. Bucher und W. Sönning
Zentrale Medizinmeteorologische Forschungsstelle,
Freiburg i. Br.

1   Die zunehmende Aufgeschlossenheit der Öffentlichkeit gegenüber den Wirkungen des Wetters auf den gesunden und erkrankten Organismus schlägt sich in vielen Anfragen nieder, die vor allem aus dem Medienbereich an den Deutschen Wetterdienst gerichtet werden. Es ist deshalb beabsichtigt, die bisherigen biosynoptischen Vorhersagen (BIOPROG) in geeigneter Form auch der allgemeinen Öffentlichkeit im Rahmen eines medizinmeteorologischen Informationsdienstes zugänglich zu machen.

2   Das Konzept hierfür gründet sich auf das umfangreiche Material, das besonders nach dem 2. Weltkrieg für den mitteleuropäischen Raum von mehreren medizinmeteorologischen Arbeitskreisen unabhängig voneinander auf korrelationsstatistischer Basis geschaffen wurde. Zurückblickend kann dieses Vorgehen - das sich umständehalber so ergeben hat - als ein großangelegter Blindversuch angesehen werden, der unter Anwendung verschiedener meteorologisch-synoptischer Analysen- bzw. Klassifikationsmethoden im wesentlichen ein einheitliches Bild für den Wettereinfluss auf den menschlichen Organismus ergeben hat. Von den naturgegebenen regionalen Unterschieden in der geographischen Lage und im Klima, z.B. zwischen Nord-, Mittel- und Süddeutschland, wird es allerdings bis zu einem gewissen Grad jeweils modifiziert.

Eine weitere Folge der in den medizinmeteorologischen Arbeitskreisen vorgenommenen Untersuchungen war, daß deren Ergebnisse auf verschiedene synoptische Klassifikationsschemata bezogen wurden, z.B. auf das Tölzer, Tübinger, Königsteiner oder Hamburger Schema (benannt jeweils nach dem Sitz der Arbeitskreise), und in dieser unterschiedlichen Form z.T. auch in den medizinmeteorologischen Beratungsdienst des Deutschen Wetterdienstes gleichzeitig eingegangen sind.

3   Diese historische Entwicklung behinderte damit im wesentlichen aus formalen Gründen ein stärkeres Einfließen des vorliegenden Materials der "klassischen" Medizinmeteorologie in die praktische Anwendung. Zudem bestanden ärztlicherseits wegen angenommener möglicher Angstreaktionen oder der Entstehung von "Meteoropathien" im Publikum auch Bedenken gegen eine allgemeine Veröffentlichung der täglichen biotropen Wetterwirkungen, sodaß sie zunächst nur Ärzten und medizinischen Institutionen zugänglich gemacht werden konnten.

Die früheren medizinmeteorologischen Klassifikationsschemata wurden zwar von individuellen analytisch-synoptischen Standpunkten aus für den mitteleuropäischen Wetterraum entwickelt bzw. abgeleitet und unterscheiden sich deshalb in ihrer deskriptiven Form oft stark.

Ihr innerer Zusammenhang ist jedoch objektiv begründet. Es ist folglich auch grundsätzlich möglich, die darauf bezogenen jeweiligen medizinmeteorologischen Aussagen über Stärke und Richtung der Biotropie bestimmter Wettervorgänge in einem einheitlichen synoptisch-meteorologischen System zusammenzufassen, dessen Einteilungsklassen objektiv, d.h. nach der Quantität von Meßgrößen der atmosphärischen Dynamik bestimmt werden. Es besteht also keine grundsätzliche Schwierigkeit, das gesamte vorliegende "klassische" medizinmeteorologische Material in ein solches objektiv begründetes und ggf. auch phänomenologisch veranschaulichtes (z.B. entsprechend der Tölzer Einteilung) Schema einzubringen.

4 Die Aufgabe besteht also zunächst darin, aus den für die tägliche numerische Analyse bzw. Prognose der aktuellen Wetterlage berechneten Parametern der atmosphärischen Dynamik im unmittelbaren Anschluß an die entsprechenden EDV-Programme eine biosynoptisch bezogene Wettercharakteristik abzuleiten. Dies läßt sich über eine kombinierte Verwendung der klassifizierten räumlichen und zeitlichen Änderungsbeträge bzw. der absoluten Größen folgender Parameter erreichen: Temperatur, Feuchte, Vorticity, pseudopotentielle Äquvalenttemperatur in verschiedenen Schichten der Troposhäre und der vertikalen Verteilung der Taupunktsdifferenz unter besonderer Berücksichtigung der markanten Punkte. Die zweifachen Ableitungen dieser Grössen, wie z.B. des Temperatur-Feuchte-Milieus bestimmen dabei die Dynamik der advektiven Vorgänge, deren Kenntnis deshalb von besonderer Bedeutung ist, weil sich bei den früheren medizinmeteorologischen Untersuchungen immer wieder herausgestellt hat, daß gerade in den hierdurch charakterisierten Bereichen eine Häufung spezifischer meteorotroper Reaktionen auftritt. Für deren Angabe im aktuellen Fall ist es auf der Basis des vorliegenden statistischen medizinmeteorologischen Materials im wesentlichen nur notwendig, folgende Bereiche der atmosphärischen Dynamik numerisch zu erfassen und im aktuellen Fall einzugrenzen:

a) Übergang vom Hoch zum Tief,
b) Tiefvorderseite (Warmluftadvektion) und c) Tiefrückseite (Kaltluftadvektion).

Damit vereinfacht sich zwar im meteorologischen Sinne die biosynoptische Prognose gegenüber der rein synoptischen Wetterprognose. Dieser Vorteil wird jedoch aufgehoben durch die Vielfalt der meteorotropen Auswirkungen, deren Art und Häufigkeit auch von der Bewegungsrichtung und der Intensität der dynamischen Prozesse der Atmosphäre abhängt.

Das Netz der synoptischen Beobachtungsstationen erlaubt zudem eine regionalbezogene biosynoptische Analyse und Prognose, z.B. für Nord-, Mittel- und Süddeutschland, die über die zuständigen Wetterämter an die Abnehmer weitergegeben wird, wobei außerdem eine nach Zielgruppen ausgerichtete Aussage möglich ist (allgemeine Öffentlichkeit, Verkehrspolizei, Kliniken, praktizierende Ärzte, etc.).

Literatur:

W. Sönning: Zur biosynoptischen Arbeitshypothese. Z.Phys.Med.Baln.Med.Klim. 12 (1983), im Druck

H. Staiger: Eignung von Klima- u. Analysedaten der unteren Troposphäre für med.met. Zwecke Bonn, 1982 (unveröff. Manusk.)

BIOKLIMATISCHE FORSCHUNG IN ÖSTERREICH AM BEISPIEL DER METEOROPATHOLOGIE DER WIENER BEVÖLKERUNGSSTRUKTUR

Alois M a c h a l e k
Zentralanstalt für Meteorologie und Geodynamik
Wien

1 PROBLEMSTELLUNG

Im Jahre 1976 wurde auf Anregung des Direktors der Zentralanstalt für Meteorologie und Geodynamik, Univ.-Prof.Dr.Heinz Reuter, ein Forschungsprogramm in Angriff genommen, das von der Problematik her bis in die Antike zurückzuverfolgen ist, in verschiedenen Ländern bereits seit Jahrzehnten intensiv studiert wird (u.a. auch in der Bundesrepublik Deutschland), aber für Österreich lediglich in Ansätzen und Teilproblemen bearbeitet wurde: die Medizin-Meteorologie bzw. Bioklimatologie.

2 MEDIZIN-METEOROLOGISCHE FORSCHUNG IN ÖSTERREICH

Wegen der Komplexheit der wirkenden Faktoren und deren Wechselwirkungen wurden die medizin-meteorologischen Forschungen zunächst primär nur für den Großraum Wien angesetzt, da für dieses Gebiet einerseits die meteorologischen Daten in all ihrer Vielfalt kontinuierlich vorliegen und andererseits die mit dem meteorologischen Komplex zu korrelierenden medizinischen Daten leichter zu beschaffen sind.

Folgende medizinischen Daten wurden bisher für medizin-meteorologische Studien herangezogen: Schmerzempfinden bei Lumbalsyndromen (MACHALEK 1980); Arthrose; Herzinfarkte und Herzinsuffizienzen (REUTER 1979); Exitus sowie Verhalten zerebralgeschädigter Kinder (MACHALEK 1980); Wehenbeginn, Blasensprung, Geburt; Migräne (JENKNER 1982); Suizide und Suizidversuche; Mortalitätsdaten; Asthma bronchiale (KLABUSCHNIGG 1982).
Eine Reihe bioklimatischer Arbeiten soll vor allem dem spezifischen Heilklima Österreichs und deren Kurorte Rechnung tragen (MACHALEK 1980, 1982).

REUTER (1982) stellte das Postulat auf, bei medizin-meteorologischen Arbeiten möglichst viele Informationen über das Wettergeschehen in möglichst wenig Kenngrößen zu konzentrieren. Unter diesem Gesichtspunkt werden derzeit verschiedene meteorologische Parameter aufbereitet (Vorticity, Temperatur-, Feuchtadvektion, Vertikalbewegung), die mit den herkömmlichen Arbeitsmethoden (Wetterphasenschemata, T-F-Milieu, Biowetter (MACHALEK 1982)) korreliert werden, um daraus eine dynamische Wetterlagenklassifikation für biometeorologische Arbeiten ableiten zu können, wobei die Wettermodifikation durch die Alpen Berücksichtigung finden soll.

3 MEDIZIN-METEOROLOGIE - EINE INTERDISZIPLINÄRE WISSENSCHAFT

Um den Erfolg der medizin-meteorologischen Forschung in Österreich weiter gewährleisten zu können und um dieses Problem vor allem auch möglichst multifaktoriell für alle Bereiche der Physis und Psyche durchführen zu können, wurde unter dem Ehrenschutz der Österreichischen Akademie der Wissenschaften die interdisziplinäre Forschungsgesellschaft "Österreichische Gesellschaft zur Förderung medizin-meteorologischer Forschung" gegründet.

Emblem der Österreichischen Medizin-Meteorologischen Gesellschaft

Die Österreichische Gesellschaft zur Förderung medizin-meteorologischer Forschung sieht sich einerseits als lokale Institution, die im Rahmen der International Society of Biometeorology die biometeorologischen Probleme für Österreich erarbeiten soll und gleichzeitig die Ärzteschaft diesbezüglich informiert und zur Mitarbeit motiviert. Andererseits legt die ÖMMG großen Wert auf Zusammenarbeit mit interessierten Kollegen auch über die Landesgrenzen hinaus.
Gleichzeitig mit der Konstituierung der ÖMMG wurde ein Dokumentationsforum geschaffen, das sich primär an Ärzte, Apotheker und Pharmazeuten wendet:

med - met

ZEITSCHRIFT FÜR MEDIZIN-METEOROLOGIE

Diese neue Zeitschrift erscheint vierteljährlich, beinhaltet Beiträge zur Thematik Medizin-Meteorologie, Bioklimatologie und Umweltmeteorologie und erreicht derzeit mit einer Auflage von 18.000 die österreichische Ärzteschaft. Um Mitarbeit wird gebeten! Beiträge bzw. nähere Informationswünsche sind zu richten an: ÖMMG
   Hohe Warte 38
   A-1190 Wien

4 METEOROPATHOLOGIE DER WIENER BEVÖLKERUNG

Derzeit wird in Wien an einem Projekt gearbeitet, das der Österreichische Fonds zur Förderung der Wissenschaften in Auftrag gegeben hat: "Strukturanalytische Studie des Gesundheitszustandes der Wiener Bevölkerung unter meteorologischen Aspekten". Hierzu gehört eine Pilotstudie, über die abschließend berichtet werden soll:

4.1 Daten

32 meteorologische Variablen standen 13 medizinischen Variablen gegenüber. Vor allem sollten Mortalitätsdaten zum Wetter in Abhängigkeit gesetzt werden (Tod durch TBC, Nervenleiden, Herzversagen, Gehirnschlag, Kreislaufversagen, Atmung, Verdauung, Altersschwäche und Diabetes).

Mittels Kolmogoroff-Smirnov Tests wurden die Daten auf Normalverteilung geprüft: mit dem Ergebnis, daß die Daten um so besser normalverteilt sind, als der untersuchte Zeitraum in kleinere Abschnitte unterteilt wird. Alle Daten zeigen einen signifikanten Jahresgang.

4.2 Arbeitsmethodik und Ergebnisse

Für die Anwendung statistischer Methoden wurde folgende Annahme getroffen: die Daten sind weitgehend normalverteilt; man darf aber keine zu großen Datengruppen bilden.

Als Zeitintervall bei der folgenden Analyse wurden die Jahreszeitenverteilung gewählt.

Varianzanalyse:
Wenn die Hypothese gestattet ist, daß das Wetter mit dem Gesundheitsbild des Menschen korrelierbar ist, sollte an Hand der Wetterdaten (in Kategorien quantifiziert) man an den medizinischen Daten sehen, daß Mittelwertsunterschiede vorhanden sind. Die univariate, einfache Varianzanalyse zeigt als Ergebnis, daß kein durchlaufendes Muster in den gleichen Jahreszeiten vorkommt. D.h. es ist mit diesem statistischen Verfahren kein wirklicher Zusammenhang nachweisbar, der verallgemeinert werden darf. Lediglich bei der Größe "Mortalität bei Atmungserkrankung" war eine signifikante Korrelation zu bestimmten Wetterabläufen (flache Druckverteilung, Inversion, hohe SO_2 Werte) vorhanden.

Von der Verwendung multivariater Varianzanalysen wurde wegen der Unsicherheit bei der Normalverteilung der Elemente Abstand genommen. Hingegen wurde als multivariates Verfahren die kanonische Korrelation verwendet.

Kanonische Korrelation:
Um die zwei Sätze von Variablen mit einander statistisch zu verknüpfen, wird von jedem Satz eine künstliche Variable (Indikator oder kanonischer Index) gebildet und dann im Sinn einer Regression weitergerechnet. Man hat also zwei künstliche Variablen unter der Nebenbedingung, daß diese beiden optimal miteinander korrelieren.

Das erzielte Ergebnis war mit einer Ausnahme negativ, was aber prognostiziert werden konnte, da eben die Voraussetzungen zur Verwendung eines mulitvariaten Verfahrens nicht gegeben sind. Hingegen ergab sich für die Daten "Mortalität durch Atmungserkrankung" ein kanonischer Korrelationskoeffizient von 0,87 im Zusammenhang mit Inversionen und Schwefeldioxid.
Somit bestätigte dieses multivariate Verfahren die Ergebnisse der Varianzanalyse.

5 SCHLUSSBETRACHTUNG

Die Ergebnisse der genannten Pilotstudie zeigen die Schwierigkeiten medizin-meteorologischer Arbeiten bei der Verwendung statistischer Methoden. Im Sinne von Max Planck kann hier die Statistik sicherlich das erste Wort, aber nur selten das letzte Wort sprechen. Vielmehr müssen neue Wege beschritten werden, die vor allem das medizinische Datenmaterial nach verschiedenen physiologischen, pathologischen und psychopathologischen Gesichtspunkten besser analysieren. Das kann aber auf Basis intensiver Zusammenarbeit der verschiedenen wissenschaftlichen Disziplinen erfolgen. - Und solch ein Forum ist die Österreichische Gesellschaft zur Förderung medizin-meteorologischer Forschung.

6 LITERATUR

JENKNER, L.J.: Sind Migränepatienten wetterfühlig? MED-MET 1/82, S. 20, 1982

KLABUSCHNIGG, A., HORAK, F., MACHALEK, A.: Influence of Aerobiology and Weather on Symptoms in Children with Asthma. Respiration 42, S. 52-60, 1981

MACHALEK, A., TILSCHER, H.: Der Einfluß des Wetters auf den Verlauf von Lumbalsyndromen. ZS f Orthopädie Bd. 118/3, S.291-316, 1980

MACHALEK, A.: Medizin-meteorologische Aspekte von heilklimatischen Kuren in Österreich unter Berücksichtigung spezifischer Indikatoren. Festschrift Steinhauser, ZAfMuG 243, S.99-105, 1980

MACHALEK, A.: Die Meteoropathologie gehirngeschädigter Kinder. Infans cerebro. 4, S. 92-97, 1980

MACHALEK, A.: Das Biowetter. Jahrbücher der ZAfMuG 1979, 259, S. D31-37, 1982

MACHALEK, A.: Zur Landschaftsbewertung Österreichs nach bioklimatischen Reizstufen. Balneo-Bioklim.Mitt. 17, S. 1-23, 1982

REUTER, H, MACHALEK, A.: Medizin-meteorologische Studien an der Zentralanstalt für Meteorologie und Geodynamik in Wien. Zbl.Bakt.Hyg. I Abt.Orig.B 169, S. 386-390, 1979

REUTER, H.: Medizin-Meteorologie aus meteorologischer Sicht. MED-MET 1/82, S. 9, 1982

DIE BEZIEHUNG ZWISCHEN AKTUELLER UND POTENTIELLER VERDUNSTUNG AN ZWEI HOCHGEBIRGSLAGEN
WÄHREND DER SOMMERMONATE

Michael Staudinger
Institut für Meteorologie und Geophysik
Universität Innsbruck

1. PROBLEM

Bei ausreichender Wasserversorgung des Bodens ist die Verdunstung die größte Energiesenke der Wärmehaushaltsgleichung einer bewachsenen Bodenoberfläche. Da die direkte Messung dieses Wärmeflusses hohe meßtechnische und geländemäßige Anforderungen stellt, wird meist versucht, durch Messung oder Abschätzung der einfacher zu bestimmenden Terme der Energiebilanzgleichung, der Strahlungsbilanz und des Bodenwärmestroms, und der Parametrisierung der Verdunstung durch Temperatur und Feuchtemessungen in einem Niveau, dieses Problem zu lösen. Eine Möglichkeit dieser Parametrisierung bietet die Formulierung der potentiellen Verdunstung nach Penman, die in zahlreichen Varianten mit unterschiedlicher Komplexität zur Bestimmung der Verdunstung von Vegetationen verwendet wurde.

2. MESSUNGEN

Im Rahmen des Man and Biosphere Programms der UNESCO wurden an drei aufeinanderfolgenden Vegetationsperioden stundenweise die Komponenten der Energiebilanzgleichung zweier hochalpiner Lagen in 1960 und 2580 m Seehöhe im inneren Ötztal (Tirol, A) gemessen. Die höhergelegene Station "Mut" war mit ca. 5 cm hohen Krummseggenrasen bedeckt, die darunter liegende Humusschicht ist ca. 30 cm stark und liegt auf einem wasserdurchlässigen Schotterboden. Die zweite Station "Wiese" entspricht einer für diese Höhenstufe typischen Bergwiese mit ca. 20 cm hohem Bewuchs auf einer wesentlich mächtigeren Humusschicht. Diese unterschiedlichen Vegetations- und Bodenbedingungen erklären zusammen mit dem höheren Sättigungsdampfdruck an der tieferliegenden Station den größeren Anteil der Verdunstung an der Strahlungsbilanz.

3. DIE POTENTIELLE VERDUNSTUNG

Die mit der Bowenratio Methode gewonnenen Stundenwerte der Verdunstung boten nun die Möglichkeit, das Verhältnis zwischen gemessener und potentieller Verdunstung zu bestimmen. Für die potentielle Verdunstung ETP wurde die Formulierung

$$ETP = \frac{\Delta}{\Delta + \gamma}(Q_N - B) + \frac{\gamma}{\gamma + \Delta} E_L \quad (1)$$

verwendet, wobei Q_N die Strahlungsbilanz, B den Bodenwärmestrom, Δ die Änderung des Sättigungsdampfdruckes mit der Temperatur, γ die Psychrometerkonstante und E_L genannt "drying power of the air" (das Vermögen der Luft, Feuchtigkeit aufzunehmen) bedeuten. Dieser Term entspricht einem Profilansatz für den Fluß latenter Wärme und wird von Austausch und Feuchtegradient zwischen Boden und 2 m Niveau bestimmt. Da bei der stundenweisen Berechnung dieser Größen untertags starke Temperaturgradienten in der bodennahen Grenzschicht auftreten, ist es nötig, den Einfluß der Stabilität in der Form

$$E_L = k\, u_*(q_L^* - q_L)\left[h\,\frac{z}{z_o} - \Psi_f\,\frac{z}{L}\right]^{-1} \quad (2)$$

zu berücksichtigen. q_L und q_L^* stehen für aktuelle und Sättigungsfeuchte der Luft, L für die Monin-Obukhovlänge und Ψ_f für eine bis zur Höhe z integrierte Stabilitätsfunktion der Feuchte in der Form

$$\Psi_f = 2\ln\left[\frac{(1+x^2)}{2}\right] \quad (3)$$

mit $\quad x = (1 - 16\,\frac{z}{L})^{1/4} \quad (4)$

Da zur Bestimmung von L die tatsächlichen Flüsse latenter und fühlbarer Wärme benötigt werden, löst man das Gleichungssystem iterativ, indem man zuerst ETP ohne Stabilitätskorrektur berechnet und mit der Energiebilanzgleichung den fühlbaren Wärmefluß als Restglied bestimmt. Daraus gewinnt man eine erste Monin-Obukhovlänge und mit der Beziehung

$$u_* = u\,k\left[\ln\frac{z}{z_o} - \Psi_m\right] \quad (5)$$

eine stabilitätskorrigierte Reibungsgeschwindigkeit u_*, wobei man zuerst $\Psi_m = 0$ setzt. Das ermöglicht nun eine Bestimmung von E_L unter Verwendung der Beziehungen (3) und (4) und somit eine erste stabilitätskorrigierte poten-

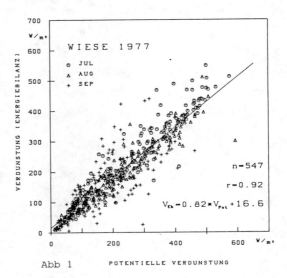

Abb 1

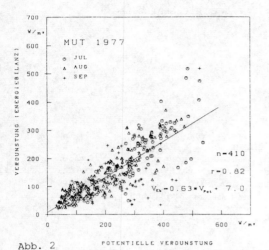

Abb. 2

tielle Verdunstung und den entsprechenden Fluß fühlbarer Wärme. Mit diesen Werten wird nun die Iteration bis zum Erreichen genügend kleiner Unterschiede der Ergebnisse fortgesetzt.

4. ERGEBNISSE

Abb.1 zeigt die Beziehung zwischen gemessener und errechneter potentieller Verdunstung einzelner Stundenwerte der Station Wiese, Abb.2 für die höher gelegene Station Mut. Verwendet wurden Stundenmittel, in denen die aus den drei Niveaus errechneten Bowenratios ähnliche Werte hatten, da sowohl rein meßtechnische Schwierigkeiten, als auch Advektion aus umliegenden Gebieten die Messungen beeinträchtigten und nicht alle Einzelwerte verwendbar waren. Das Verhältnis von gemessener zu potentieller Verdunstung liegt auf der tiefer gelegenen Station "Wiese" aufgrund der größeren Vegetationsmasse und der besseren Wasserversorgung der Pflanzen durch eine tiefere Humusschicht höher als an der Bergstation "Mut". Letztere zeigt an einzelnen Tagen bereits Zeichen leichten Austrocknens der obersten Bodenschicht. Dies bewirkt die größere Streuung der an dieser Station gemessenen Daten.

Die Summenkurven von Strahlungsbilanz, Niederschlag (N), gemessener(E) und potentieller Verdunstung (Abb.3 und 4) zeigen die hohen Gesamtsummen der Strahlungsbilanz an der Station "Mut", sowie den geringeren Anteil der Verdunstung an dieser Größe. Ein Teil des zusätzlich verbleibenden Restes wird für die Erwärmung des Bodens verwendet, der weitaus größere Anteil für den Strom fühlbarer Wärme.

Die unterschiedlichen Vegetations- und Feuchteverhältnisse spiegeln sich an den Kurven der gemessenen und der potentiellen Verdunstung wieder. Der Niederschlag, im Maßstab seines Verdunstungsequivalents aufgetragen, ist über den ganzen Sommer gleichmäßig verteilt.

5. SCHLUSSFOLGERUNGEN

Bei ausreichendem Niederschlag kann auch im Hochgebirge, bei Kenntnis der Vegetationsverhältnisse die Verdunstung durch Messungen in einem Niveau und den Ansatz für die potentielle Verdunstung nach Penman bestimmt werden. Voraussetzung ist die Messung der Strahlungsbilanz und zumindest eine Abschätzung des Bodenwärmestroms.

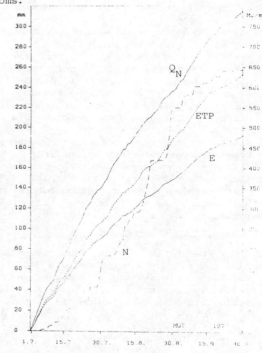

Abb. 4

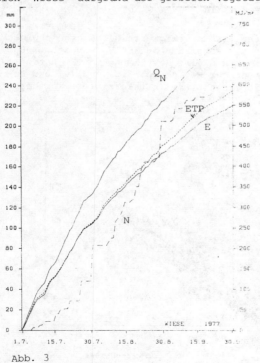

Abb. 3

LITERATUR

Brutsaert, W. und Stricker, H.(1979): An advection-aridity approach to estimate actual regional evapotranspiration. Water Resour. Res.15, 443-450

Monteith, J.L. (1981): Evaporation and surface temperature. QJRMS 107, p.1-27

MESSUNG DES JAHRESZEITLICHEN VERLAUFS DER ERYTHEMWIRKSAMEN DOSIS DER SOLAREN UV-B STRAHLUNG

W. Rehwald und W. Ambach
Institut für Medizinische Physik der Universität Innsbruck

1. EINLEITUNG

Das Aktivierungsspektrum einer Reihe von biologischen Reaktionen liegt im UV-B Bereich. Von diesen Aktivierungsspektren ist das des Erythems am besten untersucht. Neuerdings stehen Geräte zur Verfügung, deren spektrale Empfindlichkeitskurve dem Aktivierungsspektrum des Erythems entsprechen. Damit ist eine direkte Messung der biologisch gewichteten Dosis möglich. Als Referenzwert der erythemwirksamen Dosis wird die minimale Erythemdosis (MED) herangezogen.

2. MESSMETHODE

Zur Messung wurde das Sunburning Ultraviolet Meter von Berger (1976) verwendet, das in Sunburn Units (SU) geeicht ist. 1 SU erzeugt definitionsgemäß eine Hautreaktion entsprechend der minimalen Erythemdosis (Robertson, 1972). Zwischen SU und Energieeinheiten besteht ein eindeutiger Zusammenhang, wenn monochromatische Strahlung zugrunde gelegt wird. Bei 300 nm gilt die Beziehung 1 SU = 180 MJ/m^2 (Berger, 1977).

Die erythemwirksame Dosis D_{er} wird im jahreszeitlichen und tageszeitlichen Verlauf untersucht. Der Anteil der erythemwirksamen Dosis an der Globalstrahlung G kann mit den vom Institut für Meteorologie und Geophysik der Universität Innsbruck registrierten Werten der Globalstrahlung berechnet werden. Durch Vergleichsmessung an zwei Stationen, Institut für Meteorologie und Geophysik, Innsbruck (577 m) und Hafelekar (2256 m), wird die Höhenabhängigkeit der erythemwirksamen Dosis an ausgewählten Beispielen diskutiert.

2. ERGEBNISSE

Es zeigt sich, daß der Quotient D_{er}/G stark von der optischen Luftmasse abhängig ist. Infolge der geringen Sonnenhöhe im Winter ist die durchstrahlte Ozonschicht größer als im Sommer. Da UV-B im Gegensatz zur Globalstrahlung durch Ozon stark absorbiert wird, führt dies zu einem ausgeprägten jahreszeitlichen Verlauf von D_{er}/G mit Maximalwerten im Sommer und Minimalwerten im Winter (Abb.1). Außerdem wird der Quotient D_{er}/G von der jahreszeitlichen Änderung der Dicke der Ozonschicht der Atmosphäre beeinflußt. Als Folge dessen liegen die Werte von D_{er}/G bei annähernd gleicher Sonnendeklination im Herbst um ca. 50% höher als im Frühjahr. Bezüglich der Äquinoktien ergibt sich somit ein asymmetrischer Verlauf der Kurve.

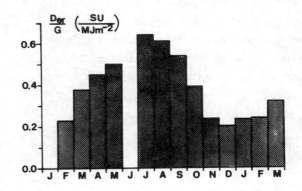

Abb.1, Jahreszeitlicher Verlauf der Monatsmittelwerte des Quotienten D_{er}/G

Abb.2 zeigt den jahreszeitlichen Verlauf der Tagessummen der erythemwirksamen Dosis in Sunburn Units. Die Einhüllende erreicht Maximalwerte von ca. 16 SU/d und Minimalwerte um 0,9 SU/d. Das ergibt ein Verhältnis von 18.

Wird das entsprechende Verhältnis für die Globalstrahlung bestimmt, so erhält man einen Wert von 6. Die Tagessummen der erythemwirksamen Dosis weisen daher eine wesentlich größere jahreszeitliche Variation auf als die Tagessummen der Globalstrahlung.

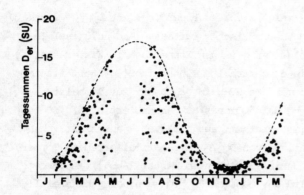

Abb.2, Jahreszeitlicher Verlauf der Tagessummen der erythemwirksamen Dosis in Sunburn Units.

Als Beispiele für den tageszeitlichen Gang des Quotienten D_{er}/G sind in Abb.3 zwei ausgewählte klare Tage mit einem Bedeckungsgrad < 1/10 dargestellt. Der tageszeitliche Verlauf von D_{er}/G (Abb.3b) entspricht der tageszeitlichen Änderung der durchstrahlten Luftmasse, so daß D_{er}/G zu Mittag wesentlich höhere Werte erreicht als in den Vormittags- und Nachmittagsstunden.

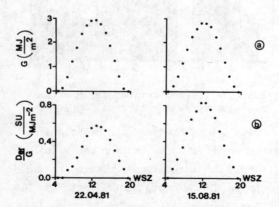

Abb.3, Tageszeitlicher Verlauf der Globalstrahlung G und des Quotienten D_{er}/G für Stundensummen an zwei ausgewählten Tagen

Der verschiedene jahreszeitliche Gesamtozongehalt der Atmosphäre bewirkt bei annähernd gleicher Globalstrahlung G (Abb.3a) und vergleichbarer Sonnenhöhe am 22.04.81 und am 15.08.81 unterschiedliche Werte des Quotienten D_{er}/G.

Vergleichsmessungen der erythemwirksamen Dosis an der Bergstation Hafelekar (2256 m) und der Talstation Institut für Meteorologie und Geophysik, Innsbruck (577 m) an ausgewählten klaren Tagen zeigen eine Zunahme der erythemwirksamen Dosis um 14% pro 1000 m. Dieses Ergebnis stimmt gut mit ähnlichen Messungen der UV-Strahlung überein, die Reiter (1982) im Wellenlängenbereich zwischen 310 und 340 nm in einem Höhenprofil Garmisch, Wank, Zugspitze durchgeführt hat.

LITERATUR

Berger, D.S.: The Sunburning Ultraviolet Meter: design and performance. Photochem. Photobiol. 24, 1976, 587-593

Berger, D.S.: in WMO Report on the Meeting of Experts on UV-B Maintaining and Research, Geneva 1977, Appendix D

Reiter, R; Munzert, K; Sladkovich, R: Concurrent Recordings of Global, Diffuse and UV Radiation at Three Levels (700, 1800 and 3000 m a.s.l.) in the Northern Alps. Arch. Met. Geoph. Biokl. Ser. B 30, 1982, 1-28

Robertson, D.: Ph.D. Thesis, University of Queensland, 1972, zit. nach Berger

Robinson, N.: Solar Radiation. Elsevier Publishing Company, Amsterdam/London/New York, 1966, 174

POLLENFLUG-VORHERSAGE IN NORDRHEIN-WESTFALEN - EIN FELDVERSUCH

Klaus Eckart Puls

Deutscher Wetterdienst
Agrarmeteorologische Beratungs- und Forschungsstelle Bonn

Ansatz:

Aufgrund langjähriger pflanzenphänologischer Beobachtungen ist bekannt, daß in Mitteleuropa der Blühbeginn von Jahr zu Jahr witterungsbedingt um etwa 6 Wochen schwanken kann. Das erschwert die Anwendung von Mittelwerten (Pollenkalendern). Eine gezielte Prophylaxe für Pollen-Allergiker kann daher nur durch eine aktuelle Pollenflug-Vorhersage erreicht werden.

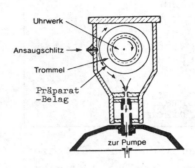

Abb.2: Pollenfalle nach BURKARD

lefonisch an die AMBF Bonn durchgegeben. Dort wurde in Kombination mit den aktuellen phänologischen Daten und der Wetterprognose eine 2-3tägige Vorhersage des Pollenfluges in 4 Belastungsklassen erstellt und sofort den Medien zugeleitet.

Abb.1: Gräserpollen, 2500fach, REM

Tab.1: Pollen-Konzentration und allergische Belastung			
Klasse	Konztr. (N/m³)	allerg. Belastung	Maßnahme bei Vorhersage
I	≤3	keine bis schwach	keine
II	4-20	mäßig	Vorbeugung f. empfdl. Allergiker
III	21-50	stark	Vorbeugung
IV	> 50	sehr stark	Vorbeugung

Folgerung:

In Zusammenarbeit verschiedener Institutionen wurde 1981 und 1982 in NRW während der Pollensaison eine Pilotstudie durchgeführt. 1981 wurden Gräser-Pollen, 1982 außerdem Birken-, Wegerich- und Beifuß-Pollen berücksichtigt, und damit die wesentlichsten Pollen-Allergene.

Verfahren:

In mehreren Höhenlagen von NRW wurden 1981 drei, 1982 fünf Pollenfallen ausgewertet und die Ergebnisse sofort te-

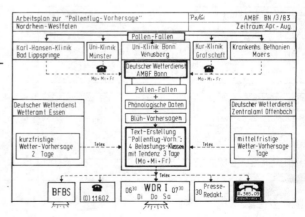

Tab.2: Pollenflug und Wetter	
Wetterlagen-Klasse (Vorhersage)	Pollenflug (bei phänolog. Voraussetzung.)
I Niederschlag, länger anhaltend	kein bis schwach
II überwgd. trocken, Temp. jahresztl. unternorm.-norm.	mäßig
III trocken, Temp. jahresztl. normal, Wind still oder stark	stark
IV trocken, Temp. jahresztl. norm.-übernormal Wind mäßig-frisch	sehr stark

Medien:
1981 Westdeutscher Rundfunk, Tageszeitungen und Bildschirmtext, 1982 außerdem ein Fernsprech-Ansagedienst und BFBS (Britischer Militärsender).

Resonanz:
Bundesweit wurde über die Pilotstudie von der Presse in einer Gesamtauflagenhöhe von 73 Millionen berichtet. Über 53.000 Telefon-Abrufe wurden 1982 für die Pollen-Information registriert, 3.300 Abrufe bei Bildschirmtext.

Auswertung:
Die Ergebnisse wurden nach statistischen Kriterien ausgewertet.
Die m e t e o r o l o g i s c h e Prognosenprüfung ergab 1981 für Gräserpollen eine Güte von 66%, 1982 für Gräser 69% und für Birke 78%. Das ergibt einen G e s a m t - Durchschnitt von 71 %.

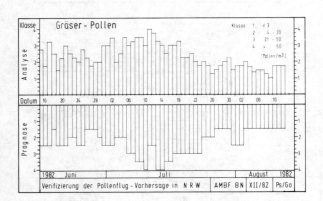

A l l e r g o l o g i s c h konnten 221 Patienten-Tagebücher ausgewertet werden. Sie wurden in verschiedenen Regionen und Höhenlagen geführt; für ein Alter von 4-64, sowie in 4 Beschwerde-Klassen. Von diesen Patienten haben 1981 67% und 1982 91% während des Feldversuches Medikamente genommen. 47% (1981) bzw. 58% (1982) waren spezifisch hyposensibilisiert. Ein Ergebnis zeigt die Tab.3:

Tab.3: Übereinstimmung von Patienten-Beschwerden mit Analyse (A) und Prognose (P) des Pollen-Fluges in % (KERSTEN 1983)

	1981		1982	
	A	P	A	P
Mai	68	67	77	79
Juni	41	68	49	56
Juli	57	59	47	44

In beiden Jahren hat die Übereinstimmung von Beschwerden mit Pollenflug bzw. mit Prognose im Laufe der Saison abnehmende Tendenz; 1982 noch stärker als 1981. Darin liegt der eigentliche Erfolg des Feldversuches und gleichzeitig der Nachweis, daß die Methode praktikabel ist. D.h., die Pollinotiker haben anhand der Prognose eine gezielte kurzfristige und erfolgreiche Prophylaxe durchführen können.
Die Frage, ob ihnen die Vorhersagen einen Vorteil gebracht haben, beantworteten 74% mit JA, 3% mit NEIN.

Ausblick:
Die Pollenflug-Vorhersage wird 1983 in NRW fortgeführt. Vorbereitungen zur Gründung einer Stiftung für die bundesweite Ausdehnung sind angelaufen.

Literatur:
KERSTEN, W. et al.: Pollenflugvorhersage aus allergologischer Sicht, Allergologie 6 (1983), H.5
PULS, K.E.: Pollen im Anflug, UMSCHAU 82 (1982) Nr.9, S. 288-292
PULS, K.E.; GIERENZ, N.: Pollenflug-Vorhersage aus meteorologischer Sicht, Allergologie 6 (1983), H.5

WINDINDUZIERTE BAUMSCHWINGUNGEN IM HINBLICK AUF DIE STURMGEFÄHRDUNG DER WÄLDER

Richard Amtmann und Helmut Mayer

Lehrstuhl für Bioklimatologie und Angewandte Meteorologie der Universität München

1 EINLEITUNG

Sturmschäden sind für die heutigen Wirtschaftswälder von großer Bedeutung. So fielen in den Jahren 1953 bis 1978 in Süddeutschland im Durchschnitt jedes Jahr etwa 14 % vom Jahreshiebssatz dem Sturm zum Opfer (MAURER 1982). Deshalb ist es verständlich, daß sich die Forstwissenschaft immer noch mit der Problematik "Sturmschäden im Wald" beschäftigt, wobei die Erarbeitung von Methoden zu deren Herabsetzung das Ziel vieler Untersuchungen ist.

Sturmschäden im Wald, gleichgültig ob es sich um Flächen- oder Einzelwurf oder um Windwurf oder Windbruch handelt, haben im allgemeinen folgende Ursachen:
- Meteorologische Verhältnisse,
- Örtliches Strömungsfeld des Windes (Reliefeinfluß),
- Bodenverhältnisse,
- Bestandsgeometrie (Baumart, Wurzelung, soziale Stellung, Höhe der Bäume, ...).

Hinsichtlich der meteorologischen Verhältnisse ist schon seit GEIGER (1950) bekannt, daß Stürme nicht nur durch ihre hohe Geschwindigkeit, sondern vor allem durch ihre starke Turbulenz für den Wald gefährlich sind.

Zur Analyse des Zusammenhangs zwischen turbulenten Windlasten und den dadurch induzierten Baumschwingungen - also den Ereignissen vor Sturmschäden - werden seit längerem experimentelle Untersuchungen durch den Lehrstuhl für Bioklimatologie und Angewandte Meteorologie der Universität München durchgeführt. Dabei wird analog zu einer Methodik vorgegangen, die in der Aeroelastik im Bauwesen zur Berechnung des dynamischen Einflusses des Windes auf schlanke Bauwerke üblich ist. Die auftretenden Windlasten werden hier durch die spektrale Verteilung der Varianz der Windfluktuationen abgeschätzt.

2 METHODIK

Die Messungen zu diesen Untersuchungen werden in verschiedenen Wäldern in der Nähe von München während der Herbst- und Wintermonate durchgeführt. Die hier präsentierten Ergebnisse beruhen auf Messungen an der meteorologischen Meßstelle im Ebersberger Forst, einem zur Zeit der Messungen etwa 90-jährigen homogenen Fichtenhochwald. Der Kronenraum erstreckt sich von etwa 17 m bis 33 m über dem Waldboden; die Stammzahl pro ha beträgt auf der Meßstelle und in deren Umgebung etwa 500.

Bei vorwiegend stürmischem Wetter werden dort die turbulenten Windverhältnisse in drei Höhen mit "Gill Anemometer Bivanes" der Firma Young gemessen, und zwar 1 m über der Bestandsoberhöhe (etwa 34 m), in der Höhe des Kronenschwerpunktes (etwa 24 m) und in der Höhe des Kronenansatzes (etwa 17 m). Gleichzeitig werden die Baumreaktionen auf die Windlasten, also die Baumschwingungen, mit Hilfe von Beschleunigungsaufnehmern der Firma Hottinger Baldwin in den Höhen 24 m, 17 m und 2 m über dem Waldboden erfaßt, wobei in jeder Höhe zwei Meßwertaufnehmer in jeweils orthogonalen Richtungen (W-E und N-S) an den Versuchsbaum montiert sind. Alle verstärkten Meßsignale werden in 0.4 s - Intervallen von einer Datenerfassungsanlage der Firma Hewlett-Packard in einzelnen Meßserien von etwa 30 Minuten Dauer aufgezeichnet.

Die Spektren der Windfluktuationen werden mit

Hilfe der Korrelationsfunktionen und der Wiener/Khinchine - Beziehungen berechnet; bezüglich weiterer Einzelheiten dieses Verfahrens sei hier auf AMTMANN (1982) verwiesen. Durch die Dauer der Meßserien und der Scanintervalle ergibt sich ein Frequenzbereich von f_o = 1.25 Hz als höchste und f_u = 0.007 Hz als niedrigste erfaßte Frequenz.

3 ERGEBNISSE

Bei Fragen nach dem Resonanzverhalten von Bäumen in Bezug auf die Windböigkeit ist die Verteilung der turbulenten kinetischen Energie von großem Interesse, da sie zur Abschätzung der dynamischen Windbelastung verwendet werden kann.

3.1 Windturbulenz in und über dem Wald

Aus den Varianzspektren der Komponenten u_1', u_2' und u_3' des turbulenten Windvektors, die aus Messungen bei Windstärken größer als Bf 6 berechnet worden sind, folgt über die Lage der Maxima, daß im Wald und nahe an seiner Bestandsoberhöhe eine anisotrope Turbulenz vorhanden ist. Die Maxima im u_1'-Spektrum liegen nämlich bei kleineren Frequenzen als die im u_2'- bzw. u_3'-Spektrum, was eine Folge der bei dynamisch erzeugter Turbulenz wirkenden Druckkräfte ist.

Eine weitere Bestätigung der Asymmetrie in der Strömung erhält man aus dem Imaginärteil des Kreuzspektrums, dem Quadraturspektrum. Sowohl die Quadraturspektren der Komponenten $u_1' \cdot u_3'$ aus einer Höhe wie auch der jeweils entsprechenden Komponenten aus verschiedenen Höhen verschwinden nicht, was bei einer Symmetrie in der Strömung der Fall sein muß. Der Realteil des Kreuzspektrums, das Kospektrum, wurde nur für die Komponenten $u_1' \cdot u_3'$ aus jeweils einer Höhe berechnet, da man daraus den Beitrag jedes Frequenzbereiches zur Schubspannung in den verschiedenen Höhen abschätzen kann.

3.2 Schwingungsverhalten eines Baumes im Bestand

Das Schwingungsverhalten des Baumes, hier einer Fichte, wird charakterisiert durch die Varianzspektren der beiden Komponenten a_1 und a_2 des Baumbeschleunigungsvektors. Aus den Spektrenmaxima kann man die Frequenz der Grundschwingung des Baumes entnehmen, die bei der hier untersuchten Fichte zwischen 0.2 und 0.3 Hz liegt. Um Aussagen über die Energieübertragung vom Wind auf den Baum zu erhalten, wurde das Varianzspektrum der Schubspannung berechnet, das die "Erregerfunktion" darstellt. Die Reaktion wird durch das Spektrum der gedrehten longitudinalen Komponente (AMTMANN 1982) des Beschleunigungsvektors repräsentiert. Durch die Kenntnis von Erregerfunktion und Reaktionsfunktion ist es möglich, die spektrale Verteilung der sogenannten mechanischen Übertragungsfunktion zu ermitteln. Kann sie in generalisierter Form unter Einbeziehung von Baumparametern angegeben werden, so lassen sich die Reaktionen von anderen Bäumen auf bekannte Windlasten abschätzen. Dies soll letztlich dazu führen, daß die bekannten waldbaulichen Maßnahmen zur Herabsetzung der Sturmschadensgefahr ergänzt bzw. verbessert werden können.

4 SCHLUSSBEMERKUNG

Für die Unterstützung der Untersuchungen zu windinduzierten Baumschwingungen wird der Deutschen Forschungsgemeinschaft und der Bayerischen Staatsforstverwaltung gedankt.

LITERATURVERZEICHNIS

AMTMANN, R.: Einige Turbulenzspektren an der Bestandsoberhöhe eines Fichtenwaldes. Arch. Met. Geoph. Biokl., Ser. B, 31 (1982) Nr. 4, S. 391-404.

GEIGER, R.: Die meteorologischen Voraussetzungen der Sturmgefährdung. Forstw. Cbl. 69 (1950), S. 71-81.

MAURER, E.: 25 Jahre Sturm- und Schneeschäden in der Bundesrepublik Deutschland (1953/54 bis 1977/78). AFZ 37 (1982), S. 395-397.

DER EINFLUSS DES WALDES UND DER LANDNUTZUNG AUF DIE SCHNEEANSAMMLUNG UND SCHNEESCHMELZE
IN DEN HESSISCHEN MITTELGEBIRGEN. - ERGEBNISSE EINES FORSTLICHEN SCHNEEMESSDIENSTES -

Horst-Michael Brechtel, Hermann-Josef Rapp und Gerd Scheele
Institut für Forsthydrologie der Hessischen Forstlichen Versuchsanstalt
3510 Hann. Münden

1. PROBLEMSTELLUNG

Von zumeist ausländischen Untersuchungen ist bekannt, daß die Schneeansammlung und Schneeschmelze nicht nur von Natur aus festgelegten Faktoren abhängen, sondern hierbei auch Einflüsse der vom Menschen modifizierbaren Vegetation von Bedeutung sind, CORPS OF ENGINEERS (1956). Vor allem der Wald vermag durch Interzeptionsspeicherung und der damit verbundenen Interzeptions-Verluste und -Gewinne sowie durch Strahlungs- und Windschutz die Schneedecke sowohl quantitativ als auch qualitativ erheblich zu beeinflussen. Um in bewaldeten Einzugsgebieten die lokale Bedeutung der Schneedecke als Einflußfaktor der Höhe und zeitlichen Verteilung des Abflusses beurteilen zu können, sind daher gebietsrepräsentative Feldmessungen notwendig, die neben den standortspezifischen Gegebenheiten der Orographie, Höhenlage und Exposition auch die jeweiligen Verhältnisse der Waldbestockung mit berücksichtigen. Während der 10 Winter 1971/72 bis 1980/81 wurde in Hessen im Rahmen eines großräumigen "Forstlichen Schneemeßdienstes" eine solche Untersuchung durchgeführt. In Verbindung mit einer forsthydrologischen Standorterkundung sollen die jetzt vorliegenden Meßergebnisse eine Bewertung und Klassifizierung der hessischen Wälder hinsichtlich ihrer Bedeutung als Hochwasserschutz und ihrer Auswirkung auf die Grundwasserneubildung ermöglichen, BRECHTEL et al. (1974).

2. METHODE

Während der Schneedeckenzeit wurden auf insgesamt rd. 700 im Gelände fest vermarkten 20-40 m langen Meßlinien von Bediensteten der Hessischen Staatsforstverwaltung wöchentliche Messungen der Höhe und des Wasseräquivalentes der Schneedecke durch jeweils 10 Einzelmessungen durchgeführt. Der Meßdienst erstreckte sich auf 16 verschiedene Mittelgebirgslandschaften und auf 4 forsthydrologische Forschungsgebiete. Die Meßlinien erfaßten in Höhenstufen-Intervallen von 100 m auf Nord- und auf Südlagen soweit vorhanden jeweils einen Buchen- und Fichtenaltbestand sowie eine nahe gelegene Freilandfläche. Die Messungen des Wasseräquivalentes erfolgten mit Hilfe der Wägemethode mit der Schneesonde "Vogelsberg", Typ C, BRECHTEL (1969).

3. ERGEBNISSE

In Form von Säulendiagrammen sind beispielsweise für 3 Winter mit annähernd "normalen" Schneeverhältnissen die maximalen Wasseräquivalente der Fichten-, Buchen- und Freiland-Meßlinien, getrennt nach Höhenstufen und der beiden Expositionen, als arithmetische Mittelwerte des zugehörigen Gesamtkollektivs aller hessischen Meßgebiete dargestellt. Die breiten Säulen und die Zahlenangaben (mm) repräsentieren das Mittel dieser 3 Winter. Im einzelnen können die in Abbildung enthaltenen Informationen über die SCHNEEANSAMMLUNG wie folgt zusammengefaßt werden:

Die Höhenlage ü. NN stellt in den hessischen Mittelgebirgen die wichtigste topographische Einflußgröße der Schneeansammlung dar. Ab der Höhenstufe 400 m ü. NN ist, weitgehend unabhängig von den Expositions- und Bestockungs-Varianten sowie der Witterung der betreffenden Winter, mit der Höhenzunahme ein deutlicher

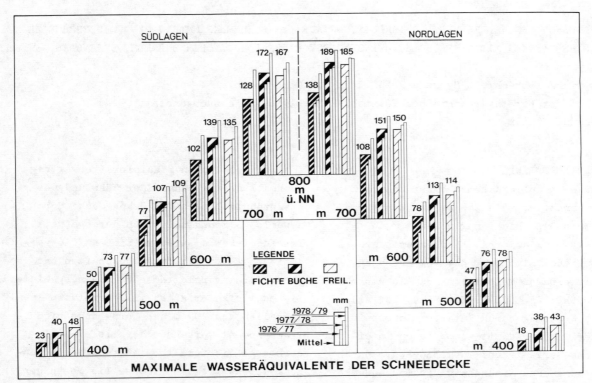

MAXIMALE WASSERÄQUIVALENTE DER SCHNEEDECKE

Anstieg der Kulminationswerte des Wasseräquivalentes der Schneedecke vor Beginn der Ablation festzustellen. Als Mittel der 3 Winter war mit einer Höhenzunahme von 100 m ein Anstieg der maximalen Wasseräquivalente von ca. 30 mm verbunden.

Der Fichtenwald führt in allen Höhenlagen zu einer erheblichen Verminderung der Schneeansammlung. Bei relativ geringen Unterschieden zwischen den Süd- und Nordlagen sind als Mittel der 3 Winter die maximalen Wasseräquivalente der Schneedecke unter Fichtenbeständen um 25 mm (bei 400 m ü. NN) bis zu rd. 50 mm (Nordlagen bei 800 m ü. NN) kleiner als im Freiland.

Im Buchenwald ist dagegen die Schneeansammlung im Vergleich zum Freiland bereits in den mittleren Höhenlagen (400-500 m ü. NN) nur geringfügig verringert, während die maximalen Wasseräquivalente in den Hochlagen (ab 600 m ü. NN) zumeist entweder in ähnlicher Größenordnung oder teilweise sogar höher als im Freiland sind. Bezüglich der SCHNEESCHMELZE zeigen die bisherigen Auswertungsbefunde folgendes an, BRECHTEL und SCHEELE (1978):

Die maximalen Abschmelzraten sind im Wald nicht immer niedriger als im Freiland. Dies trifft insbesondere für den auf windexponierten Hochlagen stockenden Buchenwald zu, wenn dort die maximalen Wasseräquivalente höher sind als im Freiland.

Die mittleren wöchentlichen Abschmelzraten sind im Wald generell niedriger als im Freiland, vor allem gilt dies für den Fichtenwald, dessen Kronendach besonders wirksam die Schneedecke gegenüber der Sonneneinstrahlung und dem Wärmeaustausch der Luft schützt.

4. LITERATUR

CORPS OF ENGINEERS: Report on the Snow Investigations. N.P.Div., Portland (1956)

BRECHTEL, H.M.: Gravimetrische Schneemessungen mit der Schneesonde "Vogelsberg". Wasserwirtschaft, 11 (1969) 323-327

BRECHTEL, H.M.; DÖRING, K.W.; SCHLAG, J.: Ziele u. Organisation eines Forstl. Schneemeßdienstes. Dtsch. Gewässerk. Mitt., 18 (1974) 137-146

BRECHTEL, H.M.; SCHEELE, G.: Snow Accumu. and Disapp. as Influenced by Elevation... Working Party Snow and Avalanches, -IUFRO-, Davos (1978) 31-42

DER EINFLUSS EINES BUCHENHOCHWALDES AUF DIE GLOBAL- UND DIE PHOTOSYNTHETISCH AKTIVE (PAR) STRAHLUNG

F.P. Riedinger und O. Ehrhardt
Institut für Bioklimatologie, Universität Göttingen

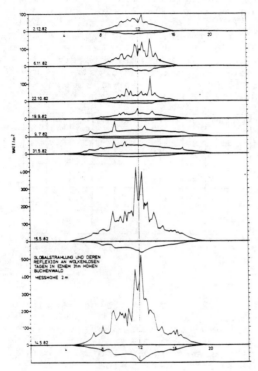

Abb. 1

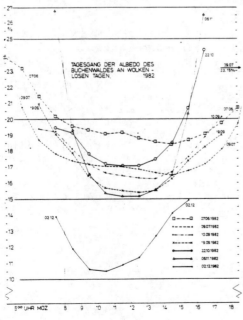

Abb. 2

Im Rahmen ökologischer Gemeinschaftsuntersuchungen werden in einem geschlossenen Buchenwald bei Göttingen (425 m NN) seit Mai 1982 kontinuierliche Bestandsklimamessungen durchgeführt. Erste Ergebnisse der Strahlungsmessungen werden dargestellt.

Es handelt sich um einen Kalkbuchenwald mit im Frühjahr fast geschlossener artenreicher Krautschicht. Der Wald besteht zu etwa 85% aus Rotbuchen mit einzelnen Eschen und Ahorn. Der Kronenschluß ist über 95%. Der Kronenraum reicht von 19 bis 31 m Höhe. Die wichtigsten phänologischen Phasen waren: 13.5. Beginn, 25.5. Ende der Blattentfaltung, bis Ende Juni Dunkeln der Blätter, ab 10.9. trockenheitsbedingter Beginn der Laubverfärbung, 22.10. vollständige Verfärbung, Blattfall Anfang Oktober beginnend, verstärkt 2.11. bis 16.11.1982.

An einem Meßturm wird in 43 m und 2 m Höhe u.a. mit vorläufig fixer Meßanordnung die Globalstrahlung und ihre Reflexion mit Kipp-Solarimetern sowie die PAR und ihre Reflexion mit Quantumflux-Sensoren (LICOR) kontinuierlich seit 13.05. erfaßt (10-Minutenmittel aus 60 Momentanwerten).

Die Abb.1 zeigt für wolkenlose Tage den Tagesgang (nach MOZ) der Globalstrahlung und der Reflexstrahlung für 2 m Höhe. Die Änderung der Strahlung am Waldboden mit zunehmender Belaubung (14. zum 31.05.) und nach dem Laubfall ist auch an den Sonnenflecken augenscheinlich.

Abb.2 zeigt den an sich bekannten Tagesgang der Albedo mit dem Minimum um Mittag. Beachtlich ist die fehlende Symmetrie zwischen Vor- und Nachmittag, auch bedingt durch die Unregelmäßigkeiten des Kronendaches. Der Rückgang der Albedo bis zum 19.9. entspricht dem normalen Dunklerwerden der Blätter. Die Albedo steigt durch die Laubverfärbung (22.10.) nochmals an und fällt am 2.12. auf Mittagswerte unter 11%.

Abb.3 zeigt die Abnahme der Albedo(R) von 20% Ende Mai auf 12,5% nach dem Laubfall mit einem deutlichen Zwischenmaximum Ende Oktober. Der Anteil der Bodenreflexion an R ist zunächst fast Null und wächst mit der Entlaubung

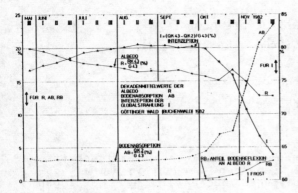

Abb. 3

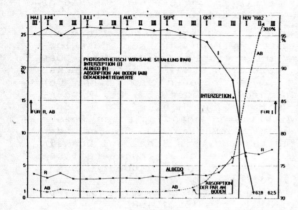

Abb. 4

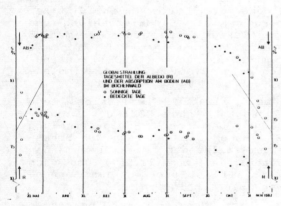

Abb. 5

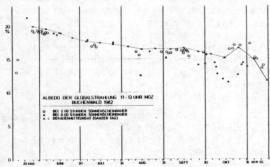

Abb. 6

im Herbst. Bis September wird nur 3% der Globalstrahlung am Boden und 80-81% im Bestand absorbiert. Demgegenüber ist die Reflexion der PAR bis zur Laubverfärbung nur 3%, die Bodenabsorption nur 1%. Der Bestand verschluckt 96% der PAR.

Bei grünem geschlossenen Blätterdach unterscheiden sich die Tagesmittelwerte (Abb.5) und die Mittagswerte (11-13 Uhr) (Abb.6) der Albedo bei klarem oder bedecktem Himmel kaum. Das gilt auch für die Absorption der Globalstrahlung am Boden (Abb.5). Anders ist es jedoch bei verfärbtem Laub im Oktober. Die Mittagswerte der Albedo liegen dann bei bedecktem Himmel merklich unter, bei Sonnenschein aber über den Tagesmittelwerten.

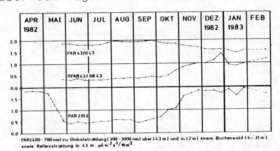

Abb. 7

Die Abb.7 zeigt den unterschiedlichen Einfluß des Laubes auf die PAR (400-700 nm) und auf die Globalstrahlung (300-3000 nm) erkenntlich am Jahresgang der Relation PAR/Globalstrahlung, wie diese in den beiden Meßhöhen, in 43 m Höhe auch als Reflexstrahlung gemessen wurde. Über dem Bestand ist die Relation 1,8-1,9 , im Herbst geringfügig weniger als 1,7 µE/m² s / W/m². In 2 m Höhe ist das Verhältnis vor der Belaubung ähnlich bei 1,8 wie in 43 m, um mit der Belaubung auf Werte um 0,4 zurückzugehen, eine Folge der viel stärkeren Absorption der PAR als des nahen Infrarot durch das Laub. Dasselbe gilt auch für die Reflexion. Da das Laub die PAR nur zu 3%, die Globalstrahlung aber zu 15-20% reflektiert, liegt das Verhältnis PAR/G bei der Reflexstrahlung nur um 0.3, um dann aber mit dem Laubfall allmählich auf 1.0 und Ende Dezember und Ende Februar wegen der Schneedecke auf 1,4 bzw. 1,2 anzusteigen.

SAURE AEROSOLPARTIKELN UND NEBEL UND IHRE WIRKUNG AUF DIE BIOSPHÄRE

U. Kaminski, P. Winkler
Deutscher Wetterdienst
Meteorologisches Observatorium Hamburg

ZUSAMMENFASSUNG

Mit abnehmendem pH-Wert der Benetzungsflüssigkeit von Blättern steigt die Aufnahme und potentielle Schadwirkung von Schwefeldioxid. Anhand systematischer Untersuchungen über den Säuregehalt von Aerosolpartikeln läßt sich zeigen, daß bei trockener Deposition von Partikeln auf Blättern und Feuchtigkeitsaufnahme aus der Umgebung pH-Werte kleiner 2,8 erreicht werden können. In belasteten Gebieten sind bei Nebel pH-Werte der gleichen Größenordnung gemessen worden. Obwohl Pflanzen über Schutzmechanismen verfügen, stellen derart niedrige pH-Werte einen Stressfaktor dar. Die vieljährigen Beobachtungsergebnisse über den Säuregehalt im Aerosol lassen erkennen, daß Fälle mit relativ hohem Säureanteil im Aerosol nicht allein auf Inversionslagen im Winter beschränkt sind.

1 EINLEITUNG

Neben der nassen Deposition ("Saurer Regen") übt sehr wahrscheinlich auch die Interception (Filterung von Luftbeimengungen) eine Wirkung auf die Biosphäre aus. Interception bedeutet die Deposition von Aerosolpartikeln, von Nebel (Flüssigkeitströpfchen 1-30 μm) und die Absorption von Gasen auf die Vegetationsoberfläche. Messungen von Ulrich et al. (1979) und Gravenhorst und Höfken (1982) zeigen, daß die durch Interception deponierten Mengen für den Stoffhaushalt nicht unerheblich sind. Schon seit längerer Zeit weiß man von der Schadwirkung von Schwefeldioxid auf die Pflanzenwelt, doch bevor biochemische Veränderungen eintreten, muß das SO_2 von der umgebenden Lufthülle ins Blattinnere gelangen. Eine Untersuchung von Spedding et al. (1979) zeigt, daß die Aufnahme von SO_2 durch die Chloroplasten mit abnehmendem pH-Wert der sie umgebenden Lösung zunimmt. Die Chloroplasten enthalten photosynthetisch aktive Farbstoffe wie z.B. Chlorophyll und sind als komplette photosynthetisch aktive Einheiten anzusehen. Gelangt SO_2 dort hinein, so wird der Photosynthesevorgang gestört, wenngleich der Mechanismus im Detail unbekannt ist. Spedding et al. (1979) konnten außerdem zeigen, daß die SO_2-Aufnahme in die Chloroplasten durch Lichteinwirkung noch verstärkt wird. Die pH-Abhängigkeit der Aufnahme wird durch die Diffusion von gelöstem SO_2 durch die innere Chloroplast-Membran gedeutet. Bei pH-Werten zwischen 3 und 6 liegt gelöstes SO_2 hauptsächlich als HSO_3^- vor und nur zu geringem Teil als SO_3^{2-}. Der SO_3^{2-}-Anteil nimmt mit abnehmendem pH zu und überwiegt unterhalb von pH = 2,8 den HSO_3^- Anteil. In diesem pH-Bereich sind massive Störungen zu erwarten. Die Pflanze kennt natürlich Abwehrmechanismen wie z.B. Öffnen und Schließen der Stomata, Wachsüberzüge auf Blättern, die eine benetzende Flüssigkeit hindern, an die Zellmembran heranzukommen. Außerdem können unerwünschte H^+-Ionen durch Ionenaustausch abgepuffert werden. Dennoch muß eine saure Benetzungsflüssigkeit von Blättern als Stressfaktor angesehen werden, da die Beschädigung der Wachsschicht eine Gefahr bedeutet und ein ständig notwendiger Ionenaustausch den Stoffwechselhaushalt belastet.

Ziel der vorliegenden Arbeit ist es, anhand systematischer Unsersuchungen über den Säuregehalt von Aerosolpartikeln und Nebeltröpfchen abzuschätzen, welchen pH-Werten die oberirdischen Pflanzenteile ausgesetzt sind, wenn die Partikeln bzw. Tröpfchen abgeschieden werden.

2 MESSUNGEN

Seit mehreren Jahren wird am Meteorologischen Observatorium Hamburg mit einem Impaktor Aerosol gesammelt, in Wasser gelöst (Aerosolmasse aus 1 m^3 Luft in 0,4 ml H_2O) und pH-Wert und elektrische Leitfähigkeit dieser Lösung gemessen. Abb. 1 zeigt den mittleren Säureanteil der gelösten Substanz im Aerosol der Partikeln r > 0,1 μm in einem pH-Leitfähigkeitsdiagramm (Winkler 1980). Die geneigten Linien geben den prozentualen Anteil von freier Säure an der gesamten löslichen Substanz an. So bedeutet z.B. die 10%-Linie, daß 10% des wasserlöslichen Materials aus Säure besteht und der

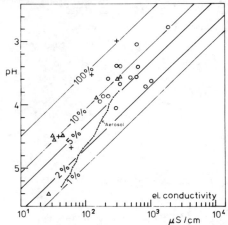

Abb. 1: Säuregehalt von Aerosol und Nebel

Rest aus anorganischen neutralen Salzen. Man sieht, daß bei starker Verdünnung pH-Werte zwischen 4 und 5 erreicht werden und die relativen Säureanteile an der gelösten Substanz 2% betragen. Die Hauptmasse der Säure findet sich dabei im Radiusbereich $0,1 \leq r \leq 1\,\mu m$, während die Partikeln $r > 1\,\mu m$ häufig alkalisch reagieren.
- Mit einem Impaktionssammler abgeschiedenes Nebelwasser (Symbole in Abb.1) weist im Mittel relative Säureanteile um 10 % auf. Die pH-Werte liegen häufig niedriger als die vom Regen, was durch Messungen von Falconer (1980) auf einer Bergstation der Adirondack Mountains bestätigt wird. Untersuchungen von Houghton (1955) erbrachten teils ebenso hohe teils höhere relative Säureanteile (Kreuze Abb. 1).

3 DISKUSSION

Will man für das Aerosol von den Messungen in verdünnten Lösungen auf den pH im luftgetragenen Zustand schließen, muß man extrapolieren (s. Abb.2). Aufgrund von Messungen bei zwei verschiedenen Verdünnungen und der Kenntnis der als Funktion der relativen Luftfeuchte am Aerosol gebundenen Wassermenge (Junge u. Winkler 1972) wird der pH-Wert des Aerosols bei 90 % Feuchte abgeschätzt (senkrechte Linie bei 4×10^{-5} ml). m_0 ist die Aerosolmenge von 1 m^3 Luft, die in verschiedenen Wassermengen gelöst wurde. Fall (B) charakterisiert den Normalfall, Fall (C) den einer verschmutzten Luftmasse. Bei Berücksichtigung einer H^+-Pufferung als Funktion der Konzentration ergibt die Extrapolation den Bereich "2", ohne Pufferung den Bereich "3". Dieser Bereich 3 wird möglicherweise beim Eindunsten von Regenwasser erreicht. Fall A berücksichtigt bei der Extrapolation eine noch stärkere Pufferung. Man erreicht in jedem Fall pH-Werte, bei denen SO_2 als solches und nur wenig als HSO_3^- vorliegt.

In der nachstehenden Tabelle wurde versucht, die mit dem Aerosol und Nebelwasser deponierten H^+-Mengen abzuschätzen. Niederschlag fällt nur in 15 % der Zeit, Gipfellagen weisen 200, Tallagen 50 Nebeltage pro Jahr auf. Diese Werte wurden für die Depositionsrechnung halbiert. Die restliche Zeit steht für Trockendeposition zur Verfügung.

Deponierte H^+-Mengen pro Jahr

	Aerosol	Nebel	
		Gipfellagen	Tallagen
Stunden/a	5400	2400	600
Dep.Geschw. cm s^{-1} (slinn 1982)	0,01 - 0,1	10	10
Säuregehalt $\mu g\,m^{-3}$	0,4	2	2
H^+-Depos. Kg/ha a	$2 \times 10^{-4} - 2 \times 10^{-3}$	0,35	0,085

Nach Ulrich u.a. (1979) werden mit dem Regen 0,8 kg/ha·a an H^+-Ionen deponiert. Im Vergleich hierzu erreicht Nebel in Gipfellagen nahezu die Hälfte. Dieser Wert und besonders der für das Aerosol weist erhebliche Unsicherheiten auf, da die Deposition von Partikelgröße, Windgeschwindigkeit, Vegetationsart bzw. -oberfläche und der Feuchte abhängt.

Wenn auch die Partikeln, bei denen die Säure zu finden ist, am schlechtesten durch die Vegetation gefiltert werden, ist zu bedenken, daß die Partikeln sehr sauer sind und sich unterhalb von Inversionen meist stark anreichern. Dort wo Berge die Inversionen durchstoßen, kann es je nach Häufigkeit dieses Ereignisses zu wesentlich höheren Depositionen kommen. Außerdem liegen viele aerosolgebundene Schwermetalle bei den niedrigen pH-Werten in löslicher Form vor und entziehen sich daher, wenn sie ins Blattinnere gelangen, der Stoffwechselkontrolle. Besonders bei der Interception von Nebeltröpfchen werden H^+-Mengen deponiert, die eine direkte Aufnahme von SO_2 begünstigen, da die Stoffmengen im Gegensatz zum Regen hauptsächlich im Blattraum über vergleichsweise viel längere Zeiträume deponiert werden.

LITERATUR

Falconer, R.E. und Falconer, P.D., J. Geophys. Res., Vol.85, 7465-7470, 1980.

Gravenhorst, G., Höfken, K.D., in Deposition of Atmospheric Pollutants, 187-190, D. Reidel Publishing Company, Dordrecht, Holland, 1982.

Houghton, H., J. Meteorol., 12, 355-357, 1955.

Slinn, W.G.N., Atmos. Environ., Vol. 1o, 1785-1794, 1982.

Spedding, D.J., Ziegler, I., Hampp, R., Ziegler, H., Z. Pflanzenphysiol., 96, 351-364, 1980.

Ulrich, B., Mayer R., Khana, P.K., Schriften Forstl. Fak. Univ. Göttingen, Bd. 58, J.D. Sauerländer s Verlag, Frankfurt, 1979.

Winkler, P., Junge, C., J. Rech. Atm., Vol.VI, 617-638, 1972.

Winkler, P., J. Geophys. Res., 85, 4481-4486, 1980.

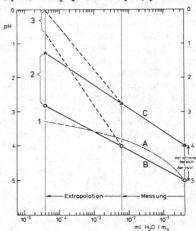

Abb. 2: Säuregehalt des Aerosols in luftgetragenem Zustand.

EVAPOTRANSPIRATION IM GEWÄCHSHAUS

Bärbel Brumme
Deutscher Wetterdienst, AMBF Bonn

Harald Eggers
Landwirtschaftskammer Rheinland, LVA Bonn-Friesdorf

1. ZIELE

Da die weltweiten Energie- und Wasserreserven knapper und teurer werden, ist ein sparsamer und sinnvoller Verbrauch zwingend notwendig. In der gärtnerischen Produktionstechnik gilt dies besonders für den Unterglasbau, wo ein hoher Wärme- und Wasserbedarf zwangsläufig vorliegt. Sparmaßnahmen sind hier erforderlich. Zu ihrer Durchführung bedarf es einiger grundlegender Kenntnisse über die meteorologischen Größen im Gewächshaus.

2. PROBLEME UND LÖSUNGSANSATZ

Durch den Bau isolierverglaster Gewächshäuser mit niedriger Luftwechselzahl (ZABELTITZ 1978) wird zwar der Heizungsbedarf verringert, es treten aber wegen des geringen Luftaustausches Probleme durch die Luftfeuchteanreicherung in Form von Pilzkrankheiten an den Pflanzen auf.

Für eine bedarfsgerechte und sparsame Bewässerung sollten die sie bestimmenden meteorologischen Größen bekannt sein. Ihre Anwendung ermöglicht die richtige Dosierung der Bewässerungsgaben und der Bewässerungshäufigkeiten sowie den Einsatz moderner Bewässerungssteuergeräte.

Zur Lösung dieser Probleme sind Kenntnisse über das Zusammenwirken von Pflanzenwasserverbrauch, Raumluftfeuchte und meteorologischen Randbedingungen (z.B. Strahlung, Temperatur, Sättigungsdefizit) erforderlich.

3. METHODE

Zur Erfassung der meteorologischen Größen, über deren Änderungen im Gewächshaus in Abhängigkeit von der Wetterlage bisher wenig bekannt ist, wurde eine Meßreihe in einem isolierverglasten Gewächshaus durchgeführt (Abb.1). Besonderer Wert wurde auf die Messung der Luftfeuchte und der Evapotranspiration durch den Einsatz hochauflösender Meßgeräte gelegt. Ein Taupunktspiegel diente zur Bestimmung der Luftfeuchte. Mit einer Gewichtsmeßanlage nach dem Dehnungsmeßstreifen-Prinzip wurde die aktuelle Evapotrans-

Abb.1: Versuchsaufbau

piration erfaßt, die bei kontinuierlicher Wasserversorgung gleich der potentiellen ist (V.HOYNINGEN-HUENE, BRADEN 1978).

4. ERGEBNISSE

Am Beispiel eines winterlichen Strahlungstages (Abb.2) lassen sich anhand der Meßergebnisse Zusammenhänge zwischen den einzelnen meteorologischen Größen im Gewächshaus erkennen. Es treten deutliche Abweichungen zu den Gegebenheiten im Freiland auf, da ein isolierverglastes Gewächshaus ein nahezu geschlossenes System ohne nennenswerten Austausch mit der Umgebungsluft darstellt.

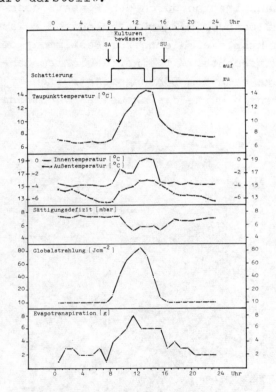

Abb.2: Tagesgang der meteorologischen Größen im Gewächshaus; Bonn, 07.01.1982

Schlußfolgerungen:
- Die steuernde meteorologische Größe für den Pflanzenwasserverbrauch im Gewächshaus ist die Globalstrahlung.
- Der Zusammenhang zwischen Sättigungsdefizit und Evapotranspiration kehrt sich, im Gegensatz zum Freiland, um: Bei zunehmender Verdunstung am Vormittag geht das Sättigungsdefizit zurück, da die Taupunkttemperatur rasch ansteigt. Erst am Nachmittag bei abnehmender Verdunstung und sinkender Taupunkttemperatur steigt das Sättigungsdefizit wieder leicht an.
- Die Taupunkttemperatur zeigt nachmittags bei zurückgehender Einstrahlung innerhalb kurzer Zeit einen deutlichen Rückgang, was auf Kondensationsprozesse schließen läßt, die auch in Form von Tropfenbildung an Gewächshausbauteilen und Pflanzen beobachtet wurden.

Unter diesen Bedingungen können sich vor allem Pilzkrankheiten besonders gut entwickeln und ausbreiten. Zur Herabsetzung der Infektionsschwelle bzw. Vermeidung von Krankheitsbefall sollte deshalb der Gewächhausbetrieb so gesteuert werden, daß die Raumluftfeuchte in einer für die Pflanzen optimalen Dosierung zur Verfügung steht.

5. LITERATUR

HOYNINGEN-HUENE,J.v.;BRADEN,H.:

Bestimmung der aktuellen Verdunstung mit Hilfe mikrometeorologischer Ansätze. Mitt.Dtsch.Bodenkundl.Ges.26, 5-20, 1978.

ZABELTITZ,Ch.v.:

Gewächshäuser. Ulmer Verlag, Stuttgart 1978.

EDV-GESTÜTZTE VOGELSCHLAGRISIKO-VORHERSAGE

Henning van Raden
Amt für Wehrgeophysik, Traben-Trarbach

1. PROBLEMSTELLUNG

Als Vogelschläge (engl.: Birdstrikes) werden Zusammenstöße zwischen Luftfahrzeugen und Vögeln bezeichnet. Sie sind ein ernstes Flugsicherheitsrisiko für den zivilen und militärischen Flugbetrieb. Während aber die zivile Luftfahrt vor allem im Bereich der Flughäfen, d.h. bei Start, Landung sowie An- und Abflug, von Vogelschlägen betroffen ist, liegt das Schwergewicht der Gefahr für den militärischen Flugbetrieb im Tief- und Reiseflug.

Aufgabe der Vogelschlagrisiko-Vorhersage ist es, zum einen frühzeitig, d.h. bevor Beobachtungen möglich sind, auf ein erwartetes erhöhtes Risiko hinzuweisen, zum anderen Hinweise auf das Vogelschlagrisiko in Gebieten ohne Beobachtungsmöglichkeit zu geben. Zur Vorhersage des zu erwartenden Risikos ist die Kenntnis des jahreszeitlichen Zugverlaufs der einzelnen Vogelarten, der ungefähren Zahl der noch zu erwartenden Vögel (berechnet aus dem vorangegangenen Zugverlauf) und der Einfluß des Wetters auf den Vogelzug Voraussetzung.

Während die Berücksichtigung der jahreszeitlichen Variationen des Vogelzuges und des Wettereinflusses wenigstens teilweise bei einer manuell erstellten Vorhersage möglich ist, kann die Bilanzierung zwischen bereits gezogenen und noch erwarteten Vögeln nur rechnergestützt erfolgen.

2. DAS VORHERSAGEMODELL

Das z.Zt. in Erprobung befindliche Modell zur 24-Stunden-Vorhersage des Vogelschlagrisikos bestimmt für 10 verschiedene Vogelzugtypen (Bsp.: Winterflucht der Wasservögel aus dem Ostseeraum, Frühjahrsvogelzug, Herbstvogelzug, Zug pelagischer Vögel in die Deutsche Bucht) und für unterschiedliche (max. 8) Zugrouten das zu erwartende Vogelschlagrisiko in fünf Intensitätsstufen.

Die Berechnung erfolgt in zwei programmäßig gleichen Schritten, wobei im 1. Schritt (Bilanzierung) nur Analysedaten, im 2. Schritt (Risikovorhersage) auch meteorologische Vorhersagedaten verwendet werden.

1. Schritt: Bilanzbildung zwischen bereits gezogenen und noch erwarteten Zugvögeln. Hierbei werden berechnet:

- die Zahl der Vögel (Z_m), die aufgrund des langjährigen Mittels (12 Jahre) bis zum Tag n-1 gezogen sein sollten,
- die Zahl der Vögel (Z_r), die aufgrund der Bilanzierung der Vortage bis zum Tag n-1 gezogen sind,
- die Zugmotivation M für den Tag n aus der Differenz von Z_m und Z_r,
- die unabhängig vom Wetter am Tag n potentiell ziehende Zahl der Vögel (Z_p) aufgrund der Zugmotivation M und des Zugverlaufs der Tage n-3 bis n-1,
- die Zahl der Vögel (Z_r), die am Tage n aufgrund von Z_p und der analysierten Wetterbedingungen für den Tag n (vgl. Abschnitt 3) gezogen sind.

2. Schritt: Vorhersage des Vogelschlagrisikos für den Tag n+1. Hierbei werden berechnet:

- die potentiell ziehende Zahl der Vögel (Z_p) für den Tag n+1, berechnet wie bei der Bilanzierung;
- die Zahl der Vögel (Z_r), die am Tag n+1 aufgrund von Z_p und den vorhergesagten Wetterbedingungen (vgl. Abschnitt 3) erwartet werden,
- das Vogelschlagrisiko für ein Vorhersage-

gebiet aus der Zahl der Vögel (Z_r), die auf den verschiedenen Zugrouten in das Beratungsgebiet ziehen,
- die gefährdeten Höhenbereiche aus langjährigen Vogelzugbeobachtungsdaten, dem erwarteten Vogelschlagrisiko und den vorhergesagten Wetterbedingungen.

3. BERÜCKSICHTIGUNG DES WETTEREINFLUSSES

Über den Einfluß des Wetters auf den Vogelzug liegen eine größere Zahl von Einzeluntersuchungen vor. Die Intensität des Vogelzuges wird entweder aus Radarbeobachtungen (BRUDERER 1971) oder aus den Fangzahlen einzelner Vogelarten (HILGERLOH 1977) bestimmt. Die Wetterabhängigkeit wurde durch multiple Regressionsanalysen ermittelt (NISBERT und DRURY 1968, RICHARDSON 1974, HILGERLOH 1977, ALERSTAM 1978). HEMERY (1976, 1977) berücksichtigt daneben auch die ornithologischen Daten als Variable.

Versuche, eine Korrelation zwischen Großwetterlagen und Vogelzug herzustellen (BEKKER 1979), führten nur teilweise zum Erfolg, da diese Wetterbeschreibung zu allgemein war. Im nächsten Schritt wurden dann der Zusammenhang zwischen einzelnen Wetterelementen und beobachtetem Vogelzug untersucht. Dabei wurden die Ergebnisse von ALERSTAM (1978) und RICHARDSON (1978) sowie die Erfahrungen mit dem schwedischen Vorhersagesystem (LARSSON & ALERSTAM 1979) berücksichtigt. Die Betrachtung aller untersuchten Wetterelemente erwies sich aber als zu aufwendig für ein Vorhersageverfahren. Schließlich konnte die Zahl der Wetterparameter, die die Intensität des Vogelzugs maßgeblich beeinflussen, auf vier reduziert werden: 1. Flugwetter; 2. 24std. Änderung der Tagesmitteltemperatur; 3. Windrichtung; 4. Windgeschwindigkeit. Im vorliegenden Modell wird aus diesen Parametern für den Vogelzug eine Wetterfaktor W zwischen 0 und 1.2 ermittelt, der multipliziert mit der Zahl der potentioell ziehenden Vögel (Z_p) wesentlich das Vogelschlagrisiko bestimmt.

Im einzelnen wird bei der Berechnung des Wetterfaktors wie folgt vorgegangen:
- Für jedes Aufbruchs- und Beratungsgebiet sowie für die Zugrouten werden aus der Wetteranalyse für den Tag n und der Wettervorhersage für den Tag n+1 Punktwertsummen P_A und P_B errechnet.
- Der Wetterfaktor W errechnet sich wie folgt:
$$c \cdot \exp\left[(P_A(n+1) - aP_A(n)) \cdot bP_B(n+1)\right]$$
wobei a, b und c empirische Konstanten sind.

4. GÜTEPRÜFUNG DES PUNKTWERTVERFAHRENS

Das gesamte Modell "Vogelschlagrisiko-Vorhersage" wird erstmalig seit dem 15.02.83 erprobt. Seit dem Herbst 1980 wurden schon regelmäßig Risikovorhersagen aufgrund der Punktwertsummen ohne rechnergestützte Bilanzierung vorgenommen und zu einer Güteprüfung der Vorhersage mit der Verteilung von Vogelschlägen und Vogelbeobachtungsdaten korreliert.

Hierbei ergab sich:
Im Jahresdurchschnitt kam es 1981 an Tagen mit vorhergesagtem erhöhten Vogelschlagrisiko (mittleres bis hohes Risiko) zu 2,5 mal soviel Vogelschlägen wie an den übrigen Tagen. In den Hauptzugzeiten (Frühjahr und Herbst) lag der Faktor sogar zwischen 3 und 4.

1982 ereigneten sich an Tagen mit vorhergesagtem hohen Vogelschlagrisiko 9 mal soviele Vogelschläge wie an Tagen mit vorhergesagtem leichten Risiko.

Da bei den untersuchten Vorhersagen schon wesentliche Teile des Vorhersagemodells berücksichtigt wurden, ist zu erwarten, daß das rechnergestützte Modell neben einer wesentlichen Arbeitserleichterung - die Eingangsdaten sind nur noch wettterabhängig und können vom normalen meteorologischen Beratungsdienst erstellt werden - aufgrund der genaueren Bilanzierung zwischen bereits gezogenen und noch erwarteten Zugvögeln eine weitere Verbesserung der Vogelschlagrisikovorhersage ergibt.

ANSÄTZE ZUR LOKALEN WETTERVORHERSAGE AUF PHYSIKALISCH-STATISTISCHER BASIS

Horst Malberg, Freie Universität Berlin

1. Einleitung

Jede wissenschaftliche Wettervorhersage muß in Bezug stehen zu den grundsätzlichen räumlichen und zeitlichen Bewegungsstrukturen der Atmosphäre. Aufgrund ihrer horizontalen Ausdehnung und Dauer lassen sich diese unterteilen in:

Konvektion	50 m - 20 km	10 min - 3 h
Wolkenkomplexe/ Wolkenbänder	20 km -500 km	3 h - 24 h
Zyklonen/ Antizyklonen	500 km-3000 km	1 d - 3 d
Lange Wellen	3000 km-10000 km	3 d - 8 d

Unter Berücksichtigung zusätzlicher Einflußfaktoren, wie z.B. dem Tagesgang der Wetterelemente, unterscheiden wir daher folgende Vorhersageintervalle:
- die kurzfristige Vorhersage: bis 12 h
- die Kurzfristvorhersage: 12 - 72 h
- die Mittelfristvorhersage: 3d - 10 d.

Standen dem MvD (Meteorologen vom Dienst) früherer Zeiten für seine lokalen Prognosen im wesentlichen als methodischer Ansatz nur die (kinematische)Extrapolation des augenblicklichen atmosphärischen Zustands zur Verfügung, so kann er heute auf die Ergebnisse der numerischen Modelle zurückgreifen. Sie stellen für ihn heute die wichtigste prognostische Information dar.

Jedoch sind die numerischen Vorhersagen des großräumigen Druck-, Temperatur- und Feuchtefeldes noch keine Wettervorhersage im eigentlichen Sinn. Durch ihr begrenztes Auflösungsvermögen sowie durch bestimmte physikalische Annahmen (hydrostatische, geostrophische Verhältnisse) sind den numerischen large-scale Modellen in bezug auf die lokalen und mesoskaligen Wettererscheinungen Grenzen gesetzt.

Da von der praktischen Wettervorhersage aber mehr gefordert wird, als die großräumigen Modelle zu leisten in der Lage sind, gilt es, Verfahren zu entwickeln, die eine Umsetzung der großräumigen Feldvorhersagen in lokales Wetter ermöglichen.

2. Die Kurzfristvorhersage: MOS und PPM

Die heute in der 12-72 h Vorhersage verbreitetste Form bei der Ausschöpfung der Modellinformationen erfolgt mittels Regressionsgleichungen. Dabei wird auf statistischem Weg eine Beziehung ermittelt zwischen dem vorherzusagenden Wetterelement Y, z.B. der Höchsttemperatur, und den Einflußfaktoren X_n (Bewölkung, Stabilität usw.). Lassen sich die Zusammenhänge durch einen linearen Ansatz beschreiben, so hat die Regressionsgleichung mit den Regressionskoeffizienten A_n die Form:

$$Y = A_0 + A_1X_1 + A_2X_2 + \ldots + A_nX_n .$$

Die lokale Kurzfristvorhersage mittels eines solchen Regressionsansatzes ist eng mit den Begriffen MOS (Model Output Statistics) und PPM (Perfect Prog Method) verbunden. Bei PPM benutzt man lange Reihen synoptischer und aerologischer Beobachtungen, um zwischen den gemessenen/beobachteten Parametern und dem vorherzusagenden Wetterelement eine statistische Beziehung zu entwickeln. Mittels einer vorgeschalteten Prediktorenanalyse werden die Einflußfaktoren ermittelt.

MOS unterscheidet sich von PPM dadurch, daß die Prediktoren, also die Einflußfaktoren keine gemessenen/beobachteten Paramter sind, sondern numerisch vorausberechnete Werte von Geopotential, Wind, Temperatur, Feuchte usw., d.h. Modellprediktoren bilden die Basis von MOS.

Die Regressionsgleichungen von MOS und PPM unterscheiden sich daher zum einen durch verschiedene Regressionskoeffizienten, in der Regel aber auch durch unterschiedliche Prediktoren, d.h. durch die signifikanten Einflußfaktoren auf das Vorhersageelement. Dieses hat seinen Grund darin, daß einerseits durch die Modelle Prediktoren bereitgestellt werden, die es als Beobachtung nicht gibt, wie z.B. die Vertikalgeschwindigkeit. Zum anderen liegt es aber auch daran, daß bei MOS einigen Prediktoren eine Bedeutung zukommt, die physikalisch nicht gerechtfertigt erscheint bzw. unklar ist.

So gehen in die MOS-Gleichung für die 24 h-Tiefsttemperaturvorhersage z.B. folgende Prediktoren ein: 1. Bodentemperatur, 2. Cosinus (Jahr, Tag), 3. Niederschlagswasser, 4. potentielle Grenzschichttemperatur, 5. 1000-mbar-Temperatur, 6. relative Feuchte 700 mbar, 7. relative Feuchte 400/1000 mbar, 8. Schichtdicke 500/1000 mbar, 9./10. 24 h - Änderung des 850- und 700-mbar-Niveaus. Diese Prediktoren oder ihre Rangfolge sind vielfach von Ort zu Ort, von Jahreszeit zu Jahreszeit, häufig sogar zwischen der 12 h-, der 24 h-, der 36 h-Vorhersage usw. verschieden; die Statistik triumphiert über die physikalischen Zusammenhänge. Dieser Umstand hat MOS den Vorwurf eingebracht, physikalisch zum Teil undurchsichtig zu sein. Nichtsdestotrotz ist es ein recht praktikables Verfahren.

Die diagnostischen Regressionsgleichungen von MOS und PPM werden zu prognostischen, indem bei der Anwendung in sie die numerisch vorausberechneten Modellwerte $t_o + 12h$, $t_o + 24h$ usw. eingesetzt werden. Auf diese Weise läßt sich die lokale Vorhersage auf den Zeitraum ausdehnen, für den zuverlässige Modelldaten verfügbar sind.

In der Praxis hat sich gezeigt, daß MOS zu etwas besseren Ergebnissen führt als PPM. So zeigte sich z.B. als absoluter Fehler für die Minimumtemperatur (^oF):

t_o	+24	+36	+48	+60 h
MOS	4.1	4.7	4.9	5.5
PPM	4.5	4.9	5.1	5.4

Der Grund dafür ist, daß neben zusätzlichen Prediktoren in den MOS-Gleichungen die systematischen Fehler eines Modells bereits enthalten sind und so bei der Anwendung, d.h. wenn die prognostizierten Modelldaten eingesetzt werden, mitberücksichtigt werden. Ein Nachteil gegenüber PPM ist dagegen, daß die MOS-Gleichungen auf ein Modell bzw. auf seinen gegenwärtigen Stand optimiert sind; jede Modelländerung erfordert daher die Neuberechnung aller Regressionskoeffizienten. PPM ist dagegen an der Natur orientiert, daher auch der Name Perfect Prog Method; systematische Modellfehler sind bei ihr nicht implizit zu berücksichtigen.

In den USA stehen dem MvD täglich für z.T. mehr als 200 Orte 12-60 h Entscheidungshilfen auf der Basis von MOS zur Verfügung. Als Beispiel seien Prognosekarten der Temperatur (Abb.1) sowie der Wind- und Bewölkungsverhältnisse (Abb.2) angeführt. Außerdem werden Wahrscheinlichkeitsvorhersagen für Niederschlag, Gewitter, Tornados usw. verbreitet (Abb.3).

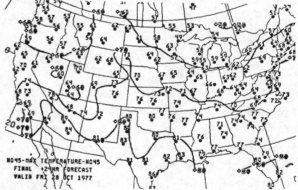

Abb.1 MOS-Temperaturvorhersage (24h-T_{Max})

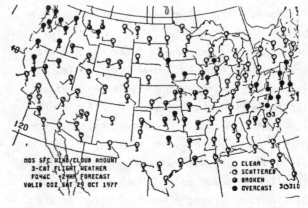

Abb.2 MOS-Bewölkungs-/Windvorhersage (24h)

3. Die kurzfristige Vorhersage: NOWCASTING

Die Modellinterpretation hat sowohl bei der subjektiven Anwendung wie bei der objektiven mittels MOS und PPM zu einer größeren Sicherheit bei der Kurzfristvorhersage geführt, vor allem für den 2. und 3. Tag. Gering geblieben ist dagegen die Wirkung der numerischen Modellinformationen auf die lokale Wettervorhersage für die nächsten Stunden, und zwar aus numerschen wie aus technischen Gründen. So steht dem MvD für den Zeitpunkt t_o+ 12h die erste Vorhersagekarte zur Verfügung.

Die kurzfristige lokale Vorhersage für die nächsten Stunden, im Englischen NOWCASTING genannt, basiert nach wie vor überwiegend auf der subjektiven Extrapolation des augenblicklichen Wetterzustandes. Neue, von den Modellen unabhängige Ansätze sind erforderlich, sollen die kurzfristigen Prognosen objektiv abgesichert und verbessert werden, wobei hier nur von statistischen Ansätzen die Rede ist, nicht von dynamischen.

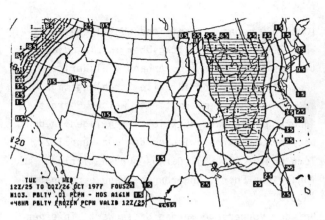
Abb.3 MOS-Niederschlagsvorhersage (12 h)

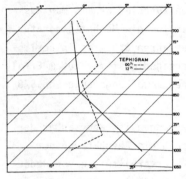
Abb.4 Energieänderung zwischen beobachtetem 00z- und 12z-Temp

3.1 Ansätze auf konventioneller Basis

Zwei Beispiele aus unseren Untersuchungen über die kurzzeitige Temperaturvorhersage sollen veranschaulichen, wie sich mit konventionellen Daten einfache Entscheidungshilfen entwickeln lassen.

Die lokalzeitliche Änderung der Temperatur wird nach Umformung der Grundgleichung im wesentlichen erfaßt durch die Beziehung

$$\frac{\partial T}{\partial t} = -\frac{1}{c_p}\frac{\delta H}{dt} - v_z(\gamma_d - \gamma) - \vec{v}_h \cdot \nabla_h T$$

Dabei beschreiben die beiden letzten Terme die Vertikal- bzw.Horizontaladvektion; der erste Term beinhaltet die nicht-adiabatischen Prozesse wie Einstrahlung, Reflexion, Absorption, molekulare Wärmeleitung, Ausstrahlung usw.. Am gleichen Ort wird er daher im wesentlichen bestimmt durch den Jahres- und Tagesgang der Strahlung, und zwar modifiziert durch die Bewölkungsverhältnisse.

Die Vorhersage der Maximumtemperatur basiert darauf, daß an Strahlungstagen in den unteren

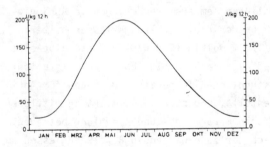
Abb.5 Jahresgang der 12h-Energieänderung zwischen 00z und 12z

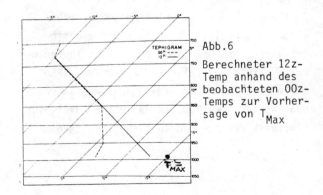
Abb.6 Berechneter 12z-Temp anhand des beobachteten 00z-Temps zur Vorhersage von T_{Max}

1000-2000 m das morgentliche/nächtliche vertikale Temperaturprofil tagsüber in ein adiabatisches überführt wird. Anhand vieljähriger Beobachtungen wurde für alle Strahlungstage aus dem Tephigramm ermittelt, welche Energieänderung sich an advektionsarmen Tagen in den unteren Schichten zwischen dem 00z- und 12z-Temp ergibt (Abb.4). Daraus wurden mittlere monatliche Energieänderungsbeträge berechnet (Abb.5).

Bei der Vorhersage werden diese Werte in einen Kleinrechner gegeben, der ausgehend vom beobachteten 00z-Temp den 12z-Temp berechnet. Über einen statistischen Zuschlag arhält man aus der 12z-Bodentemperatur die Höchsttemperatur (Abb.6). Dieses Verfahren arbeitet in Berlin im täglichen Vorhersagedienst mit gutem Erfolg und ist bis zu einer Bewölkungsmenge von 5/8 anwendbar.

Für viele Fragestellungen ist aber außer der Höchsttemperatur auch die Abschätzung der stündlichen Temperaturverhältnisse von Bedeutung. Anhänd eines 10-jährigen Datenkollektivs wurden für jeden Einzelmonat die mittleren stündlichen Temperaturänderungen in Abhängigkeit von den drei Bewölkungsklassen heiter (bis 4/8), Wolkig (5/8-6/8) und stark bewölkt (7/8-8/8) berechnet. In Abb.7 sind als Beispiel die stündlichen Temperaturänderungen für April dargestellt, und zwar aufsummiert zu mittleren täglichen Erwärmungs- und Abkühlungsbeträgen. Je nach der zu erwartenden Bewölkung lassen sich damit ein- oder mehrstündige Temperaturabschätzungen vornehmen.

In Abb.8 ist ein Anwendungsbeispiel für die Zeit vom 31.3.-2.4.82 wiedergegeben. Dabei ist eine grundsätzlich recht gute Übereinstimmung festzustellen. Bei einem Auseinanderlaufen der Kurven, in der Regel durch Advektion, kann und muß der Abschätzvorgang neu justiert werden. Aufgabe des MvD ist es, diese advektiven Einflüsse rechtzeitig zu berücksichtigen.

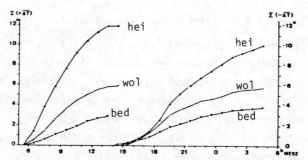

Abb.7 Mittlere stündliche Temperaturänderungen im April

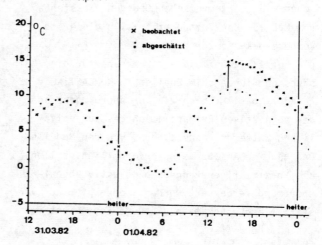

Abb.8 Vergleich beobachteter und abgeschätzter stündlicher Temperaturänderungen

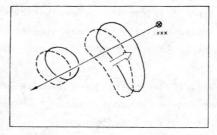

Abb.9 Bestimmung von Bewegungsvektoren

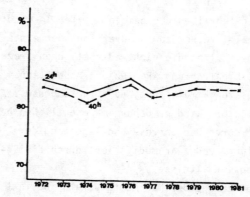

Abb.10 Güte der 24 h- und 40 h -Prognose in Berlin 1972 - 1981

3.2 Ansätze auf der Basis moderner Beobachtungsmethoden

Zu den konventionellen Beobachtungen sind in den letzten Jahrzehnten Radarbeobachtungen, Satellitendaten, Schallradar- und Lidarmessungen getreten. Diese Daten für die kurzfristige objektive Wettervorhersage zu nutzen, ist ein weiterer wichtiger Ansatz, wobei die anfallende Datenflut nur noch mittels Rechner sinnvoll zu bearbeiten ist.

Viele von uns kennen die Filmstreifen, die von den aufeinanderfolgenden Aufnahmen geostationärer Satelliten hergestellt werden. Deutlich ist in den Sequenzen die Verlagerung der Wolken zu erkennen. Gehen wir davon aus, daß für kurzzeitige Betrachtungen das Reflexionsvermögen wie die Infrarotstrahlung als konservative Grösse angesehen werden dürfen, so kann der Rechner eine Wolke von Satellitenbild zu Satellitenbild verfolgen und Verlagerungsvektoren berechnen (Abb.9). Mit ihnen läßt sich der Zeitpunkt abschätzen, wann der Wolkenkomplex den Vorhersageort erreichen wird.

Eine Aussage über die mit dem Wolkensystem verbundene Bewölkungs- und Niederschlagsmenge läßt sich mittels einer Regressionsgleichung machen, in der der Zusammenhand der satellitenmeteorologischen Parameter mit den lokalen Vorhersageelementen erfaßt ist.

Über eine Verifikation gibt folgende Tabelle Aufschluß, wobei BV-S bzw. BV-IR den im Sichtbaren bzw. Infrarot abgeleiteten Bewegungsvektor bedeutet. Außerdem ist die Persistenz angegeben.

	t_o	+1	+2	+3	+4	+5 h
BV-S		88.6	88.7	87.6	86.3	85.5	84.3
BV-IR		88.6	88.5	87.6	85.8	85.4	84.4
Pers.		100.0| 98.2	88.7	85.0	82.2	79.7

Während in den ersten beiden Stunden die besseren Aussagen durch die Persistenz erzielt werden, sind danach die satellitenmeteorologisch gestützten Ergebnisse besser.

Auf ähnliche Weise lassen sich Radardaten in eine kurzfristige Wettervorhersage umsetzen, indem Verlagerungsvektoren und Niederschlagsmengen aus den Radarechos berechnet werden.

4. Die Mittelfrist- oder Witterungsvorhersage

MOS und PPM sind durch ihre Kopplung an die numerischen Modelle prinzipiell auch für die Mittelfristvorhersage anwendbar. In der Praxis haben sich jedoch erhebliche Schwierigkeiten ergeben, da beide zu sensibel reagieren auf Prognosefehler der Modelle an den Gitterpunkten. Diese Anfangsfehler werden von den Regressionsgleichungen weitergegeben und führen zu nicht mehr akzeptierbaren Fehlern bei der lokalen Prognose. Aus diesem Grund ist MOS derzeit auf den Zeitraum $t_o + 60$ h beschränkt.

Völlig ungenutzt bleibt daher bei der derzeitigen statistischen Modellinterpretation die Tatsache, daß durch die Modelle die synoptische Grundsituation weitaus häufiger richtig erfaßt wird, als dieses die absoluten Feldfehler erscheinen lassen. Aus diesem Grund gilt es, für die statistische Modellinterpretation in bezug auf die Mittelfristvorhersage andere Wege zu suchen.

Als neuartigen Ansatz versuchen wir zur Zeit, die "Cluster- oder Gruppierungsanalyse", ein Verfahren aus den Wirtschaftswissenschaften, für die Witterungsvorhersage zu testen. Dabei handelt es sich um einen Rechenformalismus, der Beobachtungsdaten langer Reihen in optimale Gruppen strukturiert, um ihre wesentlichen Eigenschaften erkennbar zu machen.

Legen wir als Hauptgruppe definierte Wetterlagen zugrunde, so arbeitet die Clusteranalyse die für diese Wetterlage typischen Wettererscheinungen, d.h. ihr zahlenmäßiges Niveau heraus. Für eine 10-tägige Hochdrucklage im August ergab der Test folgendes Bild:

Wetterelement	Tage in Gruppe		Bereich
Mitteltemp.	10	7	$19.8 - 26.7°$
Taupunkt	4	5	$9.0 - 13.4°$
	6	6	$13.6 - 18.0°$
Niederschlag	10	1	$0.0 - 0.1$ mm
Bedeckung	10	1	0/8 - 2/8
Sonnenschein	10	5	11.1 - 15.5 h

Ausgehend von den numerischen Vorhersagekarten hoffen wir, eines Tages Wahrscheinlichkeitsaussagen für die mit jeder Wetterlage verbundenen Wettererscheinungen zu machen.

5. Schlußbetrachtungen

An Ansätzen zur Objektivierung der lokalen Wettervorhersage fehlt es nicht, wie wir gesehen haben, auch nicht an ausreichender Information durch die numerischen Modelle. Dennoch ist die Güte der lokalen Wettervorhersage insgesamt im letzten Jahrzehnt nicht signifikant besser geworden (Abb.10), d.h. es ist uns nicht gelungen, die mit hohem physikalischen und mathematischen Aufwand erstellten und ständig verbesserten Modellvorhersagen in eine Verbesserung der lokalen Wettervorhersage umzusetzen.

Dieses liegt zum Teil daran, daß der MvD mit seinem Erfahrungsschatz schon immer recht gute Kurzfristvorhersagen gemacht hat. Die objektiven Methoden tun sich daher schwer, bei der Kurzfristvorhersage die Güte der subjektiven Prognose zu übertreffen. Dieser Umstand hat bei manchem MvD dazu geführt, objektive Entscheidungshilfen bald wieder frustriert zur Seite zu legen. Bedenkt man den Zeitdruck, unter dem der MvD arbeitet, ist diese Reaktion menschlich verständlich, wissenschaftlich aber ist sie falsch. Nur aus der kontinuierlichen Wechselwirkung zwischen Forschung und Praxis können die Schwächen neuer Ansätze gezielt aufgedeckt und abgestellt werden.

Größere Anstrengungen sollten zukünftig bei der Modellinterpretation für die Mittelfristvorhersage unternommen werden. Ab 72 h geht die Güte der subjektiven Vorhersage rapide zurück; daher sind hier kurzzeitig sicherlich beachtliche Erfolge gegenüber dem jetzigen Stand bei der Ausschöpfung der numerischen Modellinformationen zu erreichen.

Auch die kurzfristige lokale Vorhersage bedarf dringend neuer Wege, bedarf der verbesserten Ausschöpfung der vorhandenen Informationen, z.B. durch die Einrichtung eines Radarverbundes, um nur eine Möglichkeit zu nennen. Nichts schadet unserem wissenschaftlichen Ruf mehr als fehlerhafte Vorhersagen für die nächsten Stunden. Dabei reicht es in den Augen unseres Nutzers nicht, wenn das vorhergesagte Ereignis "nur" eintrifft. Er erwartet für seine Planung genaue Angaben über Beginn, Intensität, Dauer, Häufigkeit usw. - eine harte, aber wie ich meine, verständliche Forderung.

Der Arbeitsplatz des MvD wird sich in Zukunft ändern. Bildschirmgeräte mit Rechnerzugriff werden ihren Einzug in die Wetterwarten halten, werden ein erhöhtes Informationsangebot bereitstellen. Es muß jedoch deutlich gesehen werden, daß das alleine noch keine Verbesserung der Vorhersage bedeutet, sondern daß vielmehr auch die Gefahr einer Informationsüberflutung damit gegeben ist. Die Zukunft darf nicht allein in der hohen Quantität der Informationen liegen, sondern erfordert eine den Ansprüchen entsprechende aufbereitete Form der Daten auf hohem qualitativem Niveau.

Mit zunehmender Prognosengüte wird sich auch die Aussage der Wetterinformation ändern. Neben die Prognose für den Alltagsgebrauch werden in weiter zunehmendem Maße gezielte Anfragen treten, auf die detaillierte Antworten erwartet werden. Der MvD wird vom reinen Wetterinterpreten mehr und mehr zum Berater im Bereich von Technik, Handel, Umweltschutz, Landwirtschaft usw. werden, von ihm wird nicht nur fachliches, sondern auch anwendungsbezogenes Wissen erwartet werden. Je größer das Vertrauen in die lokale Wettervorhersage wird, um so mehr wird dem Nutzer bewußt werden, daß die Berücksichtigung des Wetters ein bedeutender ökonomischer Faktor ist.

Bis dahin aber gibt es noch viel zu tun - wie heißt es so schön: packen wir es an!

Literaturhinweise

1. Klein, W.H.; Glahn, H.R. — Forecasting local weather by means of model output statistics - Bull. Amer. Met. Soc. Vol.55, No. 10 (1974)

2. Muench, H.S. — Simple short range models using satellite imagery data - Proc. IAMAP 1982, Hamburg

3. Malberg, H.; Böttger, H.; Bökens, G. — Objektive Vorhersage der Maximumtemperatur an Strahlungstagen ..-Met.Rdsch.29,2 (1976)

ENTWICKLUNG STATISTISCHER PROGNOSEVERFAHREN AUF DER BASIS GROSSRAEUMIGER HOEHENDRUCKFELDER

Walter Kirchhofer

Schweizerische Meteorologische Anstalt, Zürich

1 EINLEITUNG

Es wird ein statistisches Prognoseverfahren aufgezeigt und wie es bei uns im Wetterdienst angewendet wird. Aufgrund von numerischen Vorhersagekarten werden Methoden entwickelt, die ein Abschätzen der Wetterentwicklung in den einzelnen Regionen ermöglichen. Hierbei werden für einen europäischen Ausschnitt die Geopotentialwerte der 500-mbar-Fläche verwendet.

2 KLASSIFIKATION VON HOEHENDRUCKFELDERN

Diese Wetterlagenklassifikation bezieht sich auf die Höhendruckfelder im 500-mbar-Niveau. Der europäische Ausschnitt umfasst ein Gitternetz von 36 Gitterpunkten; er erstreckt sich von 35° bis 60° nördlicher Breite und von 20° westlicher bis 30° östlicher Länge.
Um den Einfluss des Jahresganges der absoluten Topographie auszuschalten, werden die Druckfelder vorerst standardisiert. Die standardisierten Werte (z_i) der Gitterpunkte erhält man, indem von den Originalwerten (x_i) der Mittelwert ($\bar{x}$) subtrahiert und durch die Standardabweichung (s) dividiert wird, also $z_i = (x_i - \bar{x})/s$. Standardisierte Druckfelder haben den Vorteil, dass ihr Mittelwert gleich Null und die Varianz gleich Eins wird.
Das Klassifikationsverfahren basiert auf dem Vergleich von standardisierten Höhendruckfeldern. Die Aehnlichkeit zweier Druckfelder kann abgeschätzt werden aufgrund der Quadratsumme ihrer Gitterwertdifferenzen. Aufgrund einer Häufigkeitstabelle ähnlicher Druckfelder werden 24 Basiskarten berechnet.

3 REGIONALE WETTERLAGENKLASSIFIKATION

Grossräumige Strömungsfelder wirken sich auf das kleinräumige Wettergeschehen je nach Strömungsrichtung und örtlichen Gegebenheiten unterschiedlich aus. In den alpinen Gebieten kommt die orographisch bedingte Differenzierung des Wetterablaufs besonders deutlich zum Ausdruck.
Mit Hilfe dieser Wetterlagenklassifikation werden grossräumige Höhendruckfelder mit dem Wetterablauf einzelner Regionen in Beziehung gebracht, wobei die Wetterelemente Temperatur, Sonnenscheindauer und Niederschlag der Stationen Säntis, Zürich, Genève, Davos und Lugano in die Untersuchung einbezogen werden.
Um eine zeitliche Aufteilung der Messreihen zu vermeiden, werden die Abweichungen der Einzelwerte von den entsprechenden Pentadenmittelwerten als Temperatur- bzw. Sonnenscheinparameter verwendet. Als Niederschlagsparameter wird eine Niederschlagsbereitschaft definiert, welche den Prozentanteil der Tage mit mindestens einem bzw. zehn Millimeter Tagessumme an der Gesamtzahl der Wetterlagentage beinhaltet.
Mit der vorliegenden regionalen Wetterlagenklassifikation wird die Abhängigkeit kleinräumiger Wetterabläufe bezüglich grossräumiger Strömungsfelder untersucht. Wetterlagen, welche bezüglich der obengenannten Parameter eine ähnliche Wetterentwicklung aufweisen, werden stationsweise zusammengefasst. Die unterschiedliche Wetterwirksamkeit der verschiedenen Strömungsfelder auf die einzelnen Regionen kann auf diese Weise dargestellt werden.
Das Klassifikationsverfahren basiert auf einer Mittelwertanalyse; die Zusammenfassung einzelner Wetterlagen geschieht aufgrund von Mittel-

wertdifferenzen. In einem schrittweisen Verfahren werden die Wetterlagen bezüglich der aufgeführten Wetterelemente miteinander verglichen. Weisen Wetterlagen für keines der drei Wetterelemente signifikante Unterschiede auf, werden sie für die entsprechende Region zusammengefasst. Dieses Verfahren wird so lange fortgesetzt, bis sich sämtliche Wetterlagen oder Wetterlagengruppen mindestens in einem Wetterelement signifikant unterscheiden.

4 KONTROLLE VON NUMERISCHEN VORHERSAGEKARTEN

Seit Jahren stellen die numerischen Vorhersagekarten die unentbehrlichen Unterlagen dar für die kurz- und mittelfristige Wetterprognose. Im schweizerischen Wetterdienst werden die Karten des DWD-, USA- und EZMW- Modells verwendet. Je nach Wetterlage und Wetterentwicklung entscheidet man sich im Routinedienst bei unterschiedlichen Modellaussagen auf Grund subjektiver Kriterien für die eine oder andere Vorhersagekarte.

Mit Hilfe der Wetterlagenklassifikation wird der Versuch unternommen, eine objektive Kontrolle der numerischen Vorhersagekarten für einen europäischen Ausschnitt zu ermöglichen. Für jede eingehende 500-mbar-Vorhersagekarte des DWD-, USA- und EZMW- Modells werden die entsprechenden Gitterwerte standardisiert und hernach die Abweichungen zu den Basiskarten der Wetterlagenklassifikation berechnet. Es hat sich gezeigt, dass mit den Basiskarten vergleichbare Druckfelder vorliegen, wenn die Quadratsummen der Gitterwertdifferenzen den Grenzwert von 12 nicht überschreiten. Somit können die statistischen Angaben der Wetterelemente Temperatur, Sonnenscheindauer und Niederschlag im Prognosedienst als Anhaltspunkte für die regionale Wetterentwicklung verwendet werden.

Als Vergleichsbasis für die Qualität der numerischen Vorhersagekarten dienen die 24 Wetterlagen. Zeigt eine Vorhersagekarte die beste Korrelation mit jener Basiskarte, mit der auch die Analysenkarte des entsprechenden Tages am besten korreliert, wird sie als richtig, im andern Fall als falsch betrachtet. Grössere Abweichungen im Aehnlichkeitsmass können hier toleriert werden, da der Witterungscharakter an den verschiedenen Alpenraumstationen dadurch nicht wesentlich beeinflusst wird. Die statistischen Werte der meteorologischen Parameter verändern sich an den einzelnen Stationen erst, wenn sich eine andere Wetterlagenklasse einstellt.

Im zeitlichen Quervergleich lässt sich nun die Trefferrate der einzelnen Modelle ermitteln. Die wirkliche Trefferrate für eine Region erhält man jedoch erst, wenn die Wetterlagen mit gleichem Wettercharakter ebenfalls als richtig mitgezählt werden.

Für den Prognosedienst werden die Trefferraten nach Wetterlagen unterschieden. Es wird sich herausstellen, dass sie für die einzelnen Wetterlagen recht unterschiedlich ausfallen werden. Vermutlich können mit diesem Verfahren auch Abweichungen bezüglich den einzelnen Modellen festgestellt werden.

Neben dem Vergleich über das Referenzsystem der Wetterlagen sind die numerischen Vorhersagekarten auch direkt mit der entsprechenden Analysenkarte zu vergleichen. Dieser direkte Vergleich geschieht mit Hilfe des Skill- Score- Verfahrens.

Auf diese Weise wird ein direkter Qualitätsvergleich zwischen den einzelnen Modellen ermöglicht, sei es nun unabhängig oder in Abhängigkeit von Wetterlagen. Im weiteren Verlauf lassen sich dann mittlere und maximale Abweichungen der Modellrechnungen, möglicherweise sogar weitere Korrelationen feststellen.

5 LITERATUR

Kirchhofer, W. : Klimaatlas der Schweiz, 1. Lfg. Grosswetterlagen, 2.2 - 2.4. Bundesamt für Landestopographie, Wabern-Bern (1982).

Schacher, F. ; Schubiger, F. , in Vorbereitung: Objektive Kontrolle von numerischen Prognosekarten.

EINE UNTERSUCHUNG ZUR ANWENDUNG DER REGRESSIONSTECHNIK
AUF DIE STATISTISCH-NUMERISCHE MODELLINTERPRETATION
R. v. Pander, Offenbach
DWD, Abt. S

1. EINFUEHRUNG

Es ist Aufgabe der statistisch-numerischen Modellinterpretation, ortsbezogene Beziehungen zwischen beobachtetem Wetter und dem mit numerischen Modellen prognostizierten physikalischen Zustand der Atmosphäre auf der Grundlage zurückliegender Erfahrung zu entwickeln. Die hierbei i. d. R. für einen linearen Ansatz ermittelten Interpretationsgleichungen können auf die Ergebnisse zukünftiger Modelläufe angesetzt werden: Sie leisten dann eine ortsbezogene objektive Modellinterpretation.

Für diese Entwicklung vergleichen wir die sich aus einer größeren Zahl n an Beobachtungen einer meteorologischen Meßgröße (z. B. Höchsttemperatur) ergebende Zeitreihe

$$Z = \{z_1, z_2, \ldots, z_{n-1}, z_n\} \qquad (1)$$

mit zeitlich zugeordneter Modellinformation, z.B. dargestellt über k Zeitreihen

$$F_j = \{f_{j1}, f_{j2}, \ldots, f_{jn}\} \qquad (2)$$

$$j = 1, \ldots, k$$

Hierbei sind die Komponenten f_{ji}, $i=1, \ldots, n$ der Zeitreihe F_j im allgemeinen Funktionen von Modellparametern zur Bezugszeit i.

Wir erkennen unseren linearen Ansatz für die Interpretationsgleichung wieder, wenn wir die i-ten Glieder in (1) und (2) betrachten:

$$z_i = a_0 \cdot 1 + a_1 f_{1i} + a_2 f_{2i} + \ldots + a_k f_{ki} + \text{Restfehler}_i, \qquad (3)$$

oder in Vektorschreibweise zusammengefaßt:

$$\vec{Z} = a_0 \vec{E} + a_1 \vec{F}_1 + a_2 \vec{F}_2 + \ldots + a_k \vec{F}_k + \text{Restfehler}. \qquad (4)$$

2. ERLAEUTERUNGEN

Diese Vektorschreibweise habe ich gewählt, weil in einem auf $n \rightarrow 3$ reduzierten Raum einige Eigenschaften der statistisch-numerischen Modellinterpretation veranschaulicht werden können.

Hierzu stellen wir uns vor, daß die n Beobachtungen einen n-dimensionalen Vektorraum aufspannen, z.B. für n = 3 :

$$\vec{Z} = \begin{bmatrix} z_1 \\ z_2 \\ z_3 \end{bmatrix} = \begin{bmatrix} z_1 \\ 0 \\ 0 \end{bmatrix} + \begin{bmatrix} 0 \\ z_2 \\ 0 \end{bmatrix} + \begin{bmatrix} 0 \\ 0 \\ z_3 \end{bmatrix} \qquad (5)$$

also:

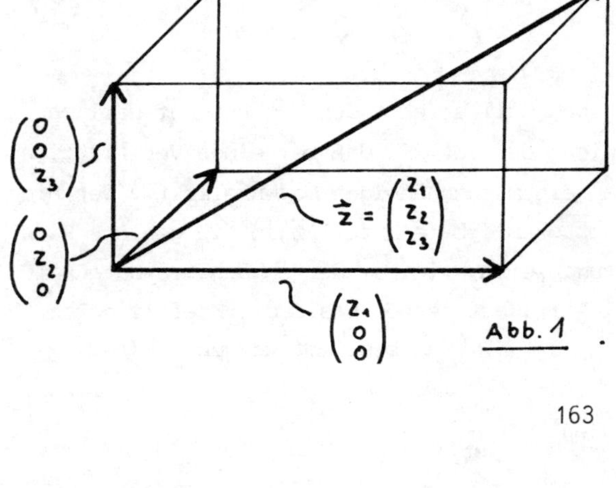

Abb. 1

Zur Approximation der Beobachtungen $\vec{Z}$ steht uns nur eine Zahl k < n an "Modellinformationsvektoren" $\vec{F}_1, \ldots \vec{F}_k$ zur Verfügung, d.h., die Approximation
$$\vec{Y} = a_0 \vec{E} + a_1 \vec{F}_1 + \ldots + a_k \vec{F}_k \qquad (6)$$
an $\vec{Z}$ ist nicht vollständig, es verbleibt der Restfehler $\vec{R} = -(\vec{Z} - \vec{Y})$. Abb. 2 stellt diesen Sachverhalt für die Regressionsgleichung
$$\vec{Y} = a_1 \vec{F}_1 + a_2 \vec{F}_2 \text{ dar.} \qquad (6a)$$
(Wie bei Regressionsgleichungen mit um den Mittelwert reduzierten Größen sei hierbei o.B.d.A. $a_0 = 0$). Ein Restfehler $\vec{R}$ ist prinzipiell unvermeidbar, solange die mit den Beobachtungen gegebene Zielfunktion $\vec{Z}$ eine zeitliche Fluktuation $\vec{Z}'$ (z.B. Böigkeit bei Wind, Schauerereignisse bei Niederschlag) enthält, die mit den für Zeit- und Raummittel repräsentativen Modellgrößen $\vec{F}_1, \vec{F}_2$ nicht erklärt werden können. Bei hinreichend langen Zeitreihen $n \to \infty$ gilt also für die mit 1/n normierten skalaren Produkte zwischen $\vec{Z}'$ und $\vec{F}_j, j = 1, \ldots, k$:
$$\frac{1}{n} \sum_{i=1}^{n} z'_i \cdot f_{ji} = 0, \qquad (7)$$
also $\vec{Z}'$ steht senkrecht zu allen $\vec{F}_j$ und damit auch zu $\vec{Y}$ gemäß (6a).

Somit zeichnet sich eine gute Approximation dadurch aus, daß mit $\vec{Y}$ nur der Anteil
$$\vec{\bar{Z}} = \vec{Z} - \vec{Z}' \qquad (8)$$
bestmöglich erfaßt wird und hierbei ausschließlich der Restfehler
$$\vec{\epsilon} = \vec{Y} - \vec{\bar{Z}} \qquad (9)$$
gegen Null strebt. Denn es besteht nämlich nicht der Verlaß, daß bei einer Verifikation an einem unabhängigen Datenkollektiv der nicht approximierbare Anteil $\vec{Z}'$ in die gleiche Richtung weist, wie bei dem abhängigen Datenkollektiv, auf dessen Basis die Koeffizienten $a_0, a_1, \ldots, a_n$ bestimmt werden.

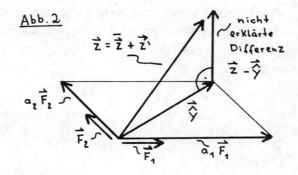

Abb. 2

Mit diesen Grundüberlegungen verstehen wir gemäß Abb. 3 a,b die allgemeine Struktur der statistischen Modellinterpretation:

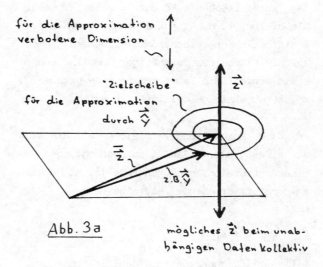

Abb. 3a

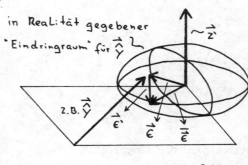

Abb. 3b

mit $\vec{\epsilon}$ = Summe des Restfehlers
$\vec{\epsilon}'$ = der hinsichtlich einer Verifikation "gefährliche" Anteil
$\vec{\bar{\epsilon}}$ = der hinsichtlich einer Verifikation "akzeptable" Anteil

3. FORDERUNGEN AN DIE MODELLINTERPRETATION

Somit ergibt sich für ein statistisch-numerisches Interpretationsverfahren folgende Forderung:

- Es gilt, nur den Anteil $\vec{Z}$ bestmöglich zu approximieren, d.h., die vertikale Erstreckung des "Eindringraums" (Abb. 3b) muß bei der Erstellung der Interpretationsgleichung am abhängigen Datenkollektiv möglichst klein gehalten werden.

Dies ist übrigens der allgemeine Leitgedanke für die Entwicklung des statistisch-numerischen Interpretationssystems im DWD. Es kommt somit darauf an, nicht mit einem riesig großen Angebot an Anwärterprädiktoren $\vec{F}_j$ zu arbeiten, weil es unter diesen immer einige gibt, die einen Anteil von $\vec{Z}'$ zu approximieren versuchen und somit hinsichtlich der Verifikation einen "gefährlichen" Fehleranteil (Abb. 3b) beinhalten, sondern über qualitativ hochwärtige Prädiktoren bestmöglich in der Raumebene von $\vec{Z}$ zu verbleiben.

4. VERGLEICH

Wie reagieren nun die beiden im DWD für die Modellinterpretation bereitgestellten statistischen Auswerteverfahren auf die oben aufgezeigte Problematik

a) nach v. HASELBERG (1972, S. 49-53)
b) nach J. GUIOT und A.L. BERGER (1980)?

Die Tabelle I zeigt am Beispiel der Niederschlagsinterpretation erste, bisher noch nicht als repräsentativ zu wertende Verifikationsergebnisse. Es verbleibt daher zu beachten:

Zu a): Zu jeder Zielfunktion $Z = \{z_1, \ldots, z_n\}$ kann sukzessiv ein Satz an Anwärterprädiktoren bereitgestellt werden:

$$\begin{aligned}
\vec{\hat{Y}}_1 &= a_0\vec{E} + a_1\vec{F}_1 \\
&\quad (1) \quad (1) \\
\vec{\hat{Y}}_2 &= a_0\vec{E} + a_1\vec{F}_1 + a_2\vec{F}_2 \\
&\quad (2) \quad (2) \quad (2)
\end{aligned} \quad (10)$$

.
.

Mit wachsender Prädiktorenzahl steigt beim abhängigen Datenkollektiv die Approximationsleistung. D.h., die Differenz $\vec{Z} - \vec{\hat{Y}}_j$ reduziert sich. Dies geschieht u.a. unter Inkaufnahme einer wachsenden numerischen Instabilität, z.B. gegeben durch kleine Differenzen zweier großer Größen. Mit dieser Approximationsverbesserung wächst aber zusätzlich durch Aufwölbung des "Eindringraums" der hinsichtlich der Verifikation "gefährliche" Fehleranteil. Jedoch vermute ich folgenden Sachverhalt:

Die Regressionsgleichungen (10) können m.E. als voneinander unabhängig angesehen werden: Denn jeder ergänzende Prädiktor $\vec{F}_j$ verändert die Approximationseigenschaften der Gleichungen, wie es u.a. auch in der Variabilität der Koeffizienten a_j, $1 \leq j$ zum Ausdruck kommt. Dies kann dann bei der Verifikation am unabhängigen Datenkollekiv zu sich z. Teil kompensierenden Fehleranteilen $\vec{\epsilon}_j$, $j = 1, \ldots, k$, führen.

Das Auswerteverfahren nach v. Haselberg beinhaltet somit die prinzipielle Möglichkeit, über eine geeignete Mittelung zwischen den Regressionsgleichungen $\vec{\hat{Y}}, \ldots, \vec{\hat{Y}}_k$ das Verifikationsergebnis zu verbessern.
Wenn es so ist, dann besteht ein Bedarf, diese Mittelung auf eine theoretische Grundlage zu stellen.

zu b): Das Auswerteverfahren nach J. Guiot
u. A.L. Berger führt nur zu einer Gleichung,
die aber dafür prinzipiell die Information
aller angebotenen Anwärterprädiktoren
$\vec{F}_j$, $j = 1, \ldots, k, \ldots j_{max}$
verarbeitet. Das Problem der Singularität linearer Gleichungssysteme wird dadurch gelöst,
daß vor der Auswahl der Prädiktoren eine Orthogonaltransformation der mit den Anwärterprädiktoren gegebenen Zeitreihen durchgeführt
wird. Unter diesen nun orthogonalen Zeitreihen
werden bis zu einem Schwellenwert jene mit
der meisten Modellinformation für die Approximation an die Zielfunktion verwendet.

Über diese umfassende Informationsverarbeitung
wird sichergestellt, daß keine Prädiktoren,
wie z.B. nach dem Auswerteverfahren nach v.
Haselberg denkbar, übersehen werden. Das Problem des Eindringens in den für die Verifikation ungünstigen Bereich besteht jedoch. Sicherlich gibt es für jeden Satz an Zeitreihen aus
Zielfunktion und Anwärterprädiktoren eine optimale Abbruchschranke.
Darüberhinaus gilt es - gleichfalls wie für
den Gleichungssatz nach v. Haselberg - einen
Weg zur Reduzierung des für die Verifikation
ungünstigen Fehleranteils zu entwickeln.

Tabelle I:

Vorhersagezeit	Guiot	v. Haselberg
	20 Prädiktoren	$\hat{\vec{y}}_5$
0Z + 6h bis 0Z + 18h	$\bar{r}$ = .57 r_{max}= .71 r_{min}= .30	$\bar{r}$ = .56 r_{max}= .72 r_{min}= .24
0Z + 18h bis 0Z + 30h	$\bar{r}$ = .36 r_{max}= .56 r_{min}= .09	$\bar{r}$ = .37 r_{max}= .49 r_{min}= .26
0Z + 30h bis 0Z + 42h	$\bar{r}$ = .33 r_{max}= .50 r_{min}= .22	$\bar{r}$ = .35 r_{max}= .54 r_{min}= .23

Tabelle I zeigt einige Korrelationswerte, die
sich am Beispiel des unabhängigen Datenkollektives März, April, Mai 82 zur Zielfunktion
(Niederschlag)$^{0.5}$ für Bezugszeiten mit
Modellniederschlag ergeben. Hierbei gibt $\bar{r}$
die über die 5 Beobachtungsorte Essen, Frankfurt/M, München, Hamburg und Berlin gemittelten
Korrelationen an. Die Werte r_{max} und
r_{min} repräsentieren die größten und kleinsten Korrelationswerte zu den angeführten
Beobachtungsstationen. Sie weisen auf, daß
die gemittelten Korrelationswerte keinen
endgültigen Leistungsvergleich erlauben.

Guiot, J.; Berger, A.:	Regression after extracting principal components and persistence in dendroclimatology. Institut d´Astronomie et de Géophysique, UCL, 1348-LOUVAIN-LA-NEUVE, Belgien, Contribution n°22 (1980).
v. Haselberg, K.:	Gewinnung prognostischer Beziehungen aus meteorologischen Daten. Meteorol. Rdsch. 25 (1972) Nr. 5, S. 146-153.

LOKALE TEMPERATURVORHERSAGE AUF STATISTISCH-NUMERISCHER BASIS

Hans-Joachim Pistorius
Amt für Wehrgeophysik, 5580 Traben-Trarbach

1. EINLEITUNG

Aus Boden- und Radiosondenmeldungen (1967-72) entwickelte lineare Regressionsgleichungen dienen der Temperaturvorhersage an 32 bundesdeutschen Stationen (Tab.1). Täglich um 03 und 15Z werden 8 Vorhersagen in 3stündigem Abstand erstellt.

2. DIE LINEAREN REGRESSIONSGLEICHUNGEN

2.1 Vorhersageparameter (Prädiktoren)

Die relative Topographie 850/1000, die Temperatur in 850 mbar, der COS des Jahrestages (Jahresgang) und die Sonnenhöhe zum Vorhersagetermin (Tagesgang) bestimmen insbesondere die Temperatur.

2.2 Perfect-Prog-Methode

Prädiktoren innerhalb des Vorhersagezeitraumes werden aus den 12 - 24stündigen Vorhersagen eines feuchten "Primitive Equation" Modells (7LPE) bestimmt. Bis August 1982 stand nur ein einfaches trockenes Modell (BKL3) zur Verfügung.

3. ERGEBNISSE

3.1 Jahresgang der mittleren absoluten Vorhersagefehler MAF (Abb. 1)

Der MAF der Vorhersagegleichungen selbst (Nachrechnen der Gleichungen mit Radiosondenmessungen statt 7LPE-Output) als auch der Vorhersagen mit 7LPE liegt bei 2 °C, ohne einen deutlichen Jahresgang aufzuweisen. Die Vorhersagen übertreffen in ihrer Güte die 24stündige Persistenz. Große MAF der Vorhersagen mit BKL3 resultieren aus der systematisch zu niedrigen Vorhersage der relativen Topographie 850/1000.

3.2 Tagesgang der MAF (Abb. 2)

Die Vorhersagegüte (1 °C bis 0.1 °C Gewinn gegenüber der Persistenz) nimmt mit zunehmender Vorhersagezeit ab. Ein Tagesgang mit größeren Fehlern in der Nacht ist überlagert.

3.3 Gebietsabhängigkeit der MAF (Abb. 3)

Die stärkere orographische Gliederung des Südens der Bundesrepublik bewirkt dort eine geringere Vorhersagequalität (Verbesserung gegenüber der Persistenz $\leq$ 0.5 °C $\approx$ 18.5 %) als im Norden (1 °C $\approx$ 38.4 % Gewinn). Die Vorhersage im Oberrheingraben gestaltet sich besonders schwierig.

4. STATISTISCHE VORHERSAGEKORREKTUREN

Systematische und wetterlagenabhängige Fehler können durch einen Korrekturzuschlag ausgeglichen werden, der die Korrektur am Vortag und den Fehler am Vortag je zur Hälfte berücksichtigt. Im Sept./Okt. 82 nahmen die "richtigen" Vorhersagen ($\pm$ 2 °C) durch die Korrektur um 3 % zu.

5. ABSCHLIESSENDE BEMERKUNGEN

In Tab. 2 werden Maximum-/Minimumtemperaturvorhersagen des "National Weather Service" (NWS) der USA den Vorhersagen des AWGeophys für vergleichbare Zeiträume gegenübergestellt. Die MAF beider Vorhersagen stimmen überein. Der Gewinn PV = (MAF24-MAF)/MAF24 der USA-Vorhersagen gegenüber der (dort schlechteren) Persistenz (MAF24) liegt in der gleichen Größenordnung wie im Norden der Bundesrepublik. Die Qualität der Vorhersage beider Dienste ist somit vergleichbar.

Tab. 1 Vorhersagestationen AWGeophys

Gebiet Nr.	Stationen
1	10022, 10026, 10046, 10037
2	10126, 10136, 10147, 10122
3	10215, 10218, 10224, 10246, 10314, 10334
4	10400, 10439, 10502, 10613, 10626, 10637, 10708
5	10722, 10900
6	10738, 10743, 10763, 10845, 10953, 10788
7	10858, 10869, 10947

Tab. 2 Vergleich der Temperaturvorhersagen NWS/USA und Amt für Wehrgeophysik

Vorhersage	Start	Zeitraum	MAF (°C)	MAF24 (°C)	PV (%)
AWGeophys	03Z	06Z - 15Z	1.9	2.6	27
NWS/USA	06Z	12Z - 00Z	1.8	3.6	48
AWGeophys	03Z	18Z - 03Z	2.3	2.8	18
NWS/USA	06Z	00Z - 12Z	2.4	3.5	31
AWGeophys	15Z	18Z - 03Z	2.0	2.8	29
NWS/USA	18Z	00Z - 12Z	2.2	3.6	37
AWGeophys	15Z	06Z - 15Z	2.3	2.6	12
NWS/USA	18Z	12Z - 00Z	2.2	3.6	39

NWS/USA: 5 Winterhalbjahre 73 - 78, 92 Stationen

AWGeophys: Sept 82 - Jan 83, 32 Stationen

Erläuterungen zu den Abbildungen Nr. 1 bis 3

• — • Vorhersagen mit 7LPE (Perfect Prog)

▫ ▫ Vorhersagen mit BKL3 (Perfect Prog)

× — × Nachrechnen der Gleichungen mit Radiosondenmessungen statt 7LPE-Output (analog zur Entwicklung der Regression)

o − − o 24stündige Persistenz

Literatur:

Cooley, D.S.; Zbar, F.S.; et al

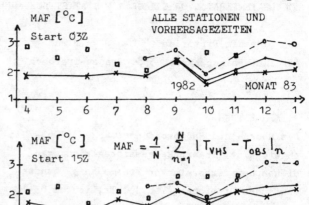

Abb. 1 Jahresgang der mittleren absoluten Fehler (MAF) der Temperaturvorhersage

$$MAF = \frac{1}{N} \cdot \sum_{n=1}^{N} |T_{VHS} - T_{OBS}|_n$$

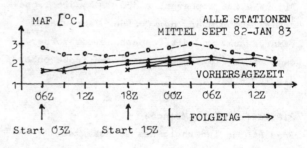

Abb. 2 Tagesgang der MAF

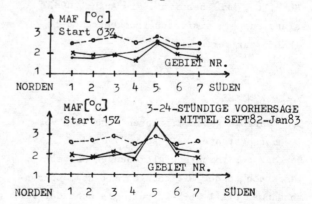

Abb. 3 Gebietsabhängigkeit der MAF

National Weather Service Public Forecast Verification Sammary, April 1973 - March 1978 NOAA Technical Memorandum NWS FCST-25 U.S. National Weather Service, Silver Spring, MO

WAHRSCHEINLICHKEITSVORHERSAGE FÜR DAS AUFTRETEN VON GEWITTERN MIT EINEM STATISTISCHEN REGRESSIONSVERFAHREN

Jens-Ole Strüning
Amt für Wehrgeophysik, Traben-Trarbach

1 EINLEITUNG

Im Amt für Wehrgeophysik werden routinemäßig Vorhersagen mit Hilfe statistischer Regressionsverfahren erstellt und verbreitet. Zu den vorhergesagten Größen gehört während der Sommermonate auch die Wahrscheinlichkeitsvorhersage für das Auftreten von Gewittern.

Diese Vorhersage wurde während der Monate August und September 1982 verifiziert.

2 VERFAHREN

Die Vorhersagegleichungen wurden mit dem REEP-Verfahren (Regression Estimation of Event Probabilities) (MILLER 1964) entwickelt. Die Vorhersagen werden in Form von Eintreffwahrscheinlichkeiten bestimmter Klassen erstellt. Genauere Einzelheiten über die verwendete Perfect-Prog-Methode sind bei KLEIN (1970) und STRÜNING (1982) nachzulesen.

3 METHODE

Die Gewittervorhersage wurde für Gebiete berechnet, da aufgrund des seltenen Ereignisses "Gewitter" Aussagen für einzelne Stationen statistisch nicht ausreichend gesichert sind.

Zu diesem Zweck wurde die Bundesrepublik Deutschland in neun Teilgebiete aufgeteilt (s. Abb. 1.), für die jeweils eigene Vorhersagegleichungen entwickelt wurden. Diese Gebiete orientieren sich an klimatologischen Karten der Auftrittshäufigkeit für Gewitter.

3.1 PRÄDIKTOREN

Als Prädiktoren für die Gewittervorhersage

Abb. 1 Gebietseinteilung für die Gewittervorhersage

wurden Bodenbeobachtungen, Höhenbeobachtungen und von numerischen Modellen vorhergesagte Parameter verwendet. Die Prädiktoren werden z. T. gemittelt, um repräsentative Gebietswerte zu erhalten.

Die verwendeten Prädiktoren sind in Tab. 1 aufgelistet.

Höhe der 1000, 850 mbar Fläche
u, v Komp. in 850, 700, 500 mbar
Windgeschwindigkeit in 850, 700, 500 mbar
Temperatur in Bodennähe
Temperatur in 850, 700, 500 mbar
Temperaturdifferenz 850-700, 850-500 mbar
Precipitable water
KO-Index (konvektive Instabilität)
Showalter-Index
Similä-Index
Auslösetemperatur

Tab. 1 Prädiktoren zur Gewittervorhersage

4 VERIFIKATION

Während der Monate August und September 1982 wurden die Vorhersagen routinemäßig erstellt und verbreitet. Verbreitungszeiten waren 0330 und 1530 GMT mit Vorhersagezeiten von 6, 9, 12 und 15 Stunden.

Da die vorhergesagten Auftrittswahrscheinlichkeiten wegen des geringen Datenkollektivs nicht überprüft werden konnten, wurden nur daraus abgeleitete Ja/Nein-Aussagen verifiziert.

Es wurde geprüft, ob zu den Vorhersagezeiten bzw. jeweils eine Stunde früher an mindestens einer Station in dem zu verifizierenden Gebiet Gewitter beobachtet wurden. Die Ergebnisse wurden in Form von Kontingenztafeln ausgewertet. Aus den Kontingenztafeln wurden folgende Gütemaße ermittelt:

- Threat Score (CHARBA 1977)
- Entdeckungswahrscheinlichkeit für Gewitter (EW) in %
- Anteil falscher Alarme an den Gewittervorhersagen (FA) in %.

Zum Vergleich wurden Flugplatzwettervorhersagen (TAF) herangezogen. Deren Gewittervorhersagen wurden in gleicher Art wie die statistischen Vorhersagen gebietsweise verifiziert. Um möglichst ähnliche Vorhersagezeiträume zu vergleichen, wurde für den Termin 03 GMT der TAF 06-15 GMT, für den Termin 15 GMT der TAF 15-24 GMT ausgewertet.

5 AUSWERTUNG

In der Abb. 2 sind die drei Gütemaße in Abhängigkeit von den Startzeiten und den Vorhersagezeiten dargestellt.

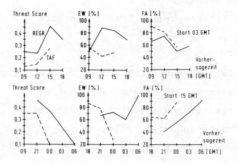

Abb. 2 Auswertung der Gewittervorhersagen

In den vergleichbaren Zeiträumen liegt der TAF 06-15 GMT beim Threat Score immer niedriger als die statistische Vorhersage (REGR). Ähnliches gilt für die Entdeckungswahrscheinlichkeit, wobei allerdings hier die Unterschiede zwischen TAF und Regressionsvorhersage wesentlich deutlicher sind. Bei dem Anteil falscher Alarme zeigt sich nur eine leichte Überlegenheit der Regressionsvorhersage gegenüber den TAF. Für den Vergleich Regressionsvorhersage 21-06 GMT mit den TAF-Terminen 18, 21 und 00 GMT ist die Überlegenheit der Regressionsvorhersage speziell für den Termin 00 GMT besonders deutlich. Auffallend ist hier der starke Abfall des TAF zum Ende der Vorhersageperiode hin. Insgesamt ist die statistische Vorhersage den TAF während der untersuchten Zeiträume überlegen.

Literatur:

CHARBA, J.P.: Operational System for Predicting Thunderstorms Two to Six Hours in Advance. NOAA Techn. Memorandum. NWS TDL-64 Silver Spring, Md. (1977)

KLEIN, W.H.: The Forecast Research Programm of the Techniques Development Laboratory. Bull. Amer. Meteor. Soc. 51 (1970), S. 133 - 142

MILLER, R.G.: Regression Estimation of Event Probabilities. Techn. Rep. No. 1, USWB Contract CWB 10704 (1964)

STRÜNING, J.-O.: Statistische Verfahren zur objektiven Vorhersage meteorologischer Größen. Berichte für den GeophysBDBw Nr. 38 (1982)

WETTERBERATUNG BEI INTERAKTIVER ZUSAMMENARBEIT ZWISCHEN METEOROLOGE UND DATENVERARBEITUNG
Rudolf F. Paulus
Amt für Wehrgeophysik, Traben-Trarbach

Nach dem heutigen Stand der Wissenschaft müßten für die Erstellung einer Analyse und/oder Vorhersage, die die atmosphärischen Vorgänge im synoptischen und regionalen Scale (Wippermann) erfassen soll, hunderte von Wetterkarten oder Diagramme durchgearbeitet werden. Im bisherigen Beratungsbetrieb werden diese Arbeitsunterlagen auf Papier zugebracht. Klipp-Boards mit langen Fernschreibausdrucken und Wände voller aufgehängter Karten sind heute das Kennzeichen einer Wetterberatungsstelle. Jedoch ist die ganze bei einer Beratungsstelle auflaufende Datenflut so umfangreich, daß sie nicht mehr ungefiltert den Meteorologen/Berater erreicht. Im allgemeinen wird ihm nur eine Standardauswahl daraus vor die Augen kommen. Flexible Anpassung in der Datenzuführung unter Berücksichtigung der jeweiligen Wetterlage ist nur beschränkt möglich.

Die interaktive Zusammenarbeit zwischen Meteorologe/Berater und EDV-Anlage, wie sie z. B. in dem System GEOVOR (Gemein) verwirklicht ist, läßt alle Arbeitsunterlagen in einer Datenverarbeitungsanlage gespeichert. Durch einen einfachen Abruf in der Sprache des Meteorologen (und nicht der Datenverarbeitung!) sind in wenigen Sekunden die benötigten Unterlagen auf einem Bildschirm in einem entsprechend optimierten Kartenmaßstab zur Anzeige zu bringen. Damit ergibt sich die Möglichkeit, alle Arbeitsunterlagen dem Berater anzubieten. Er entscheidet, was er sich zur Erfüllung der gerade anfallenden Aufgabe darstellen läßt.

Mit einem solchen System wird es möglich, alle in den letzten Jahrzehnten erarbeiteten neuen Beratungshilfen in die Beratungspraxis einzuführen, soweit sie sich EDV-mäßig darstellen lassen. Scheiterte doch bisher die regelmäßige Darstellung von Advektionskarten, Cross-Sections und Hodogrammen an dem zeichnerischen Aufwand oder an der beschränkten Kapazität der Fernmeldekanäle. Es wird sich nunmehr im Laufe der Zeit herausstellen, welche Produkte in der Beratungspraxis von den Meteorologen/Beratern angenommen werden und welche sich für einen Routinebetrieb nicht durchsetzen, z. B. weil andere Darstellungen die notwendigen Informationen besser bringen.

Auch wird sich herausstellen, ob die Meteorologie an einer Grenze der Vorhersagegenauigkeit steht, bei der selbst die zur Verfügungstellung aller denkbaren Unterlagen keine Steigerung der Vorhersagegenauigkeit bringt.

Solche interaktiven Systeme können jedoch in der Beratungs-Routine nur dann optimal genutzt werden, wenn die Meteorologen/Berater über eine gute Schulung in numerischer Meteorologie und über ausreichende Erfahrung in herkömmlicher, synoptischer Meteorologie verfügen. Neben die herkömmliche Luftmassen-Analyse tritt die kritische Durchsicht der von EDV-Anlagen erstellten Analysen und Vorhersagen. Für längerfristige Vorhersagen (36 Stunden und mehr) tritt die Fronten-Analyse zugunsten einer Umsetzung der Isolinien errechneter vorhergesagter meteorologischer Felder in ihrer Bedeutung für eine Vorhersage des Wetters in den Hintergrund.

Für die Erstellung von Wetteranalysen und
-vorhersagen im synoptischen und regionalen
Scale notwendige Arbeitsunterlagen:

Analysen und Vorhersagen von den synoptischen
Hauptterminen

Bodendruck
Hauptdruckflächen (Höhe, Temperatur, Feuchte,
                   Vorticity)
Temperatur- und Vorticity-Advektion
Vertikalbewegung
Relative Topographien

Auswertung Pilotballon- und Radiosonden-Aufstiege in der Form von

Vertikalschnitte
Cross-Sections
Hodogramme

Auswertung Abtastungen Wettersatelliten

Überwachung des Wetterablaufes anhand <u>aller</u>
zur Verfügung stehenden Wetterbeobachtungen
in geographischer Anordnung.

Literaturverzeichnis

GEMEIN, H.P.; ENGELS, M.; SCHIEßL, D.:   An Operational Interactive Graphics System,
                                          Fachl. Mitteilungen.
                                          Herausgeber: Amt für Wehrgeophysik
                                          Nr. 203, Mai 1982.

WIPPERMANN, F.:   Mesoskalige Feldexperimente, Mitteilungen der
                                          Deutschen Meteorologischen Gesellschaft,
                                          Heft 3/82, Seite 2.

EIN OPERATIONELLES INTERAKTIVES GRAPHISCHES SYSTEM (IGS)

M. Engels, H.P. Gemein, D. Schießl, H. Skade

Amt für Wehrgeophysik, Traben-Trarbach

1 KONFIGURATION

Das Interaktive Graphische System (IGS) ist Teil des in der Beratungszentrale des Amtes für Wehrgeophysik installierten Geophysikalischen Vorhersagerechners (GEOVOR). Der Hauptrechner des GEOVOR ist vom Typ Siemens 7.880 (Speicherkapazität 4 MB, Verarbeitungsgeschwindigkeit 12 MIPS). Das IGS selbst wird von einer PDP 11/70 (Speicherkapazität 1 MB, Verarbeitungsgeschwindigkeit 1 MIPS) gesteuert. Es versorgt die Beratungsgruppe über 2 farbige Raster-Bildschirme hoher Auflösung (RAMTEK 9400) realzeitmäßig bei 24-stündiger Datenhaltung mit Eintragungskarten. Die Bildgenerierungszeit beträgt im Mittel unter 10 Sek. Die Kommunikation mit dem Rechner erfolgt benutzerfreundlich über ein graphisches Tablett in Menütechnik. Als Steuerungs- und Kontrollmedium dient ein alphanumerischer Bildschirm. Ein gleicher Bildschirm mit zugeschaltetem Industriemonitor zeigt besondere Wettermeldungen (SPECI) in-time im Klartext an. Jede Darstellung eines interaktiven Bildschirms kann in wenigen Sekunden als faxsendefähige Hardcopy verfügbar gemacht werden. Abb. 1 zeigt den schematischen Aufbau eines der 2 IGS-Arbeitsplätze.

2 ARBEITSBEREICHE

2.1 Allgemeines

Das IGS deckt Europa und große Teile des Nordatlantiks ab. Durch Anwendung eines Zooms läßt sich von jedem Punkt mindestens eine 1:5 Mio Karte herstellen, in Europa lassen sich sogar 1:670000 erreichen. Da Meldungen, die vorher durch Überlappung nicht dargestellt werden konnten, beim Zoom z.T. eingefügt werden, können in Mitteleuropa nahezu alle Meldungen dargestellt werden.

2.2 Wetterüberwachung

Dargestellt werden Informationen von SYNOP- und METAR-Meldungen. Neu eingegangene Meldungen sind sofort verfügbar. Der Meteorologe kann die Darstellungsart aus einem Wettertypenmenü (Abb. 2) auswählen. Neben dem üblichen synoptischen Stationsmodell können Einzelwetterdarstellungen aufgerufen werden (z.B. ww, Sicht, Wind, Temperatur/Taupunkt usw.). Sie sind durch ihre Stationskennziffer identifizierbar. Auch die Vorgabe von Grenzwerten bei Sicht und Ceiling ist möglich.

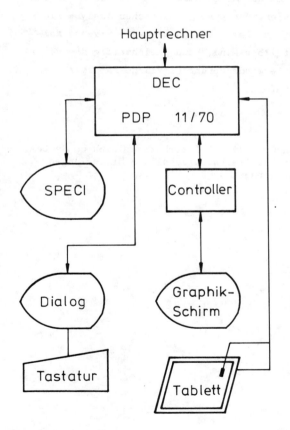

Abbildung 1

Wettererscheinungen, die Warnkriterien überschreiten, unterliegen einer Blinkfunktion.

CLOUDS	PR. WEATHER		WIND	PRESS. TEND.	
CH	RAIN/SNOW		T,TD	FOG	VSBY
CM	PRECIPITATION			VSBY</=...,.KM	
HCL.NH	SHOWER/THUNDERST.			CLG</=...HFT	
N	CLG</=...HFT/VSBY</=...,.KM				
TT	CH	PPP	E X E C		DELETE
UU	CM	PP			
WW	(N)	DD/FF	A	COMPL. SURFACE OBS.	
TD	H CL	NH W	.	1 2	3 4 5
TW		DS VS	/	6 7	8 9 0

Abbildung 2

2.3 Kartenkonstruktion

2.3.1 Isolinien

Beim Aufruf von Isolinien greift der Rechner auf Gitterpunktsfelder im Hauptrechner zurück. Verfügbar sind Luftdruck bzw. Geopotential, rel. Topographie, Temperatur, rel. Feuchte und rel. Vorticity in insgesamt 15 Flächen/Schichten für die Haupttermine. Neben Analysen stehen mehrere Vorhersagetermine zur Auswahl. Stationseintragungen sind gesondert aufrufbar. In anderer Farbe kann ein zweites Isolinienfeld überlagert werden. Isolinien sind graphisch manipulierbar.

2.3.2 Graphik

Graphik wird auf dem interaktiven Bildschirm durch Führen des Tablettstifts auf dem Tablett erzeugt. Möglich sind Linien, Frontensymbole und Beschriftungen, die auf dem Tablett ausgewählt werden können. Es ist möglich, ganze Graphikeinheiten oder Teilstücke zu löschen und neu zu gestalten.

2.4 Semi-manuelle Analyse

Um auch asynoptisches Datengut in den Analyse- und Vorhersagezyklus einfließen zu lassen, wird eingehendes Meldegut 4 Sechsstunden-Zeiträumen und dem nächstgelegenen Niveau zugeordnet und dargestellt. Durch Eingabe von Spot-Werten (Bogus-Daten) kann dann der Meteorologe dem Rechner Werte zum Anfertigen einer numerischen Analyse liefern. Da an einer Station bis zu 4 Niveaus darstellbar sind, kann gleichzeitig die vertikale Windscherung nützliche Informationen liefern.

3 LITERATUR

GEMEIN, H.P.; ENGELS, M.; SCHIEßL, D.:
An Operational Interactive Graphics System, Traben-Trarbach, Fachliche Mitteilungen AWGeophys, 1982

VERIFIKATION LOKALER VORHERSAGEN IM HINBLICK AUF DEREN ZEITABHÄNGIGEN INFORMATIONSGEHALT

Harald Weingärtner

Amt für Wehrgeophysik, Traben-Trarbach

1 EINLEITUNG

Für die militärische und zivile Luftfahrt sind zuverlässige Vorhersagen von Sicht, Bewölkung und Hazards von außerordentlicher Bedeutung. Gleichzeitig sind sie die schwierigsten Vorhersageelemente. Die Leistungsfähigkeit lokaler Vorhersagen soll daher anhand der Horizontalsicht am Boden und der Höhe der Ceiling (N $\geq$ 5/8) untersucht werden. Sicht und Ceiling werden in je 6 Klassen gegliedert und zu den sog. 6 Colour-state-Kategorien zusammengefaßt.

2 VERIFIKATIONSVERFAHREN

Vorhersage und Beobachtung des kategorial gegliederten Vorhersageelements werden in einer Kontingenzmatrix zusammengefaßt. Hieraus wird nach einem vom Autor entwickelten Verfahren (WEINGÄRTNER, 1980) die Information der Vorhersage (I_v) ausgehend vom statistischen Informationsbegriff bestimmt. In gleicher Weise wird die maximal erzielbare Information (I_{max}) berechnet.

Die Prüfgröße $Q = I_v/I_{max}$ gibt die relative Information an.

Das Gütemaß ist universell anwendbar, berücksichtigt insbesondere den Zufallsanteil der Prognosegüte und den Klassenfehler (Streuung um die Diagonale der Kontingenzmatrix), ist unabhängig von der Subjektivität der Kategorisierung und ist auch bei extrem schiefer Klassenhäufigkeitsverteilung sinnvoll anwendbar. Für die exakt richtige Vorhersage ist $Q = 1$. Für die reine Zufallsvorhersage ist $Q = 0$. Die relative Information ist ein Maß für die wissenschaftliche Vorhersageleistung gegenüber der Zufallsvorhersage.

3 ERGEBNISSE

3.1 Flugplatzwettervorhersagen

Ausgewertet wurden 1860 TAF's der Bundeswehrstation EDSB (Büchel) (Vorhersagezeitraum bis + 9 H) für einen 2-jahres Zeitraum. Aus der Sicht/Ceiling-Vorhersage wurde das vorhergesagte Grundwetter in den 6 Colour-state-Kategorien anhand der Platzwetterbeobachtungen stündlich verifiziert. Die relative Information zeigt eine exponentielle Abnahme mit der Zeit und ist nach 1 Stunde Vorhersagezeit 0,726 (Persistenz: 0,709) nach 5 Std. 0,531 (Persistenz: 0,411) und nach 9 Std. 0,429 (Persistenz: 0,286).

3.2 Regionalvorhersagen

Ausgewertet wurden 2155 Regionalvorhersagen für 2 Winterhalbjahr (November - April) und 3 naturräumliche Gebiete in Süddeutschland (Größenordnung 50 - 70 km). Verifiziert werden Sicht/Ceiling-Vorhersagen in 4 Colour-state-Kategorien zeitlich (T + 9 H bis T + 12 H) und räumlich integriert nach vorherrschenden (prevailing) Bedingungen. Die relative Information ist 0,359 (Persistenz: 0,281). Versuche mit Regionalvorhersagen von Sicht/Ceiling in 3 Colour-state-Kategorien über einen Vorhersagezeitraum von T + 27 H bis T + 35 H brachten eine relative Information von 0,173. Dieser Wert unterscheidet sich nicht signifikant von einer entsprechenden Persistenzvorhersage.

3.3 Lokale Vorhersagen USA
Verifiziert wurden 65 700 lokale Sicht/Ceiling-Vorhersagen des Grundwetters in 6 Colour-state-Kategorien für die Vorhersagezeiten T + 3 H, T + 6 H, T + 12 H (Quelle: National Weather Service, USA). Die relative Information ist nach 3 Std. 0,530 (Persistenz: 0,564) nach 6 Std. 0,430 (Persistenz: 0,430) und nach 12 Std. 0,368 (Persistenz: 0,313).

3.4 Objektive Vorhersagen USA
Diese erfolgen mittels MOS (Model output statistics). Vorhergesagt wurde wie unter 3.3 beschrieben, allerdings für die Vorhersagezeiten T + 9 H, T + 15 H, T + 21 H, T + 33 H, T + 45 H. Die relative Information ist (Persistenz in Klammern): nach 9 Std.: 0,402 (0,361), nach 15 Std.: 0,380 (0,269), nach 21 Std.: 0,377 (0,259), nach 33 Std.: 0,329 (0,185, nach 45 Std.: 0,314 (0,185).

4 ZUSAMMENFASSUNG
Subjektive Sicht/Ceiling-Vorhersagen sind bis zur 12. Stunde der Persistenzvorhersage überlegen. Die wissenschaftliche Vorhersageleistung nimmt exponentiell mit der Vorhersagezeit ab.

Ein Regressionsansatz mit

$$Q(t) = e^{(a + b \cdot t)} \text{ für } 1 \leq t \leq 12 \text{ Stunden}$$

liefert bei einer Korrelation von $-0,966$ die Koeffizienten

$a = -292,880 \cdot 10^{-3}$ und
$b = -62,809 \cdot 10^{-3}$.

Die Information der Vorhersage ist nach 2 Std. auf 2/3, nach 6 Std. auf 1/2 und nach 12 Std. auf 1/3 des Maximalwertes abgesunken.

Objektive Sicht/Ceiling-Vorhersagen mittels MOS sind ab der 9. Stunde Vorhersagezeit besser als die Persistenzvorhersage und ab der 12. Std. besser als entsprechende subjektive Vorhersagen. Der relative Informationswert nimmt nur langsam von 0,4 (9 Std.) auf 0,3 (45 Std.) ab.

Operationelle lokale Sicht/Ceiling-Vorhersagen sollten daher bis 12 Std. Vorhersagezeit ausschließlich subjektiv durch Forecaster erstellt werden: Ab der 12. Std. sollten dann objektive Vorhersageverfahren eingesetzt werden. Allerdings ist die Güte derartiger Vorhersagen begrenzt. Zum einen macht sich der numerische Modellfehler (insbesondere Phasenfehler) mit wachsendem Vorhersagezeitraum stärker bemerkbar, zum anderen setzt das bei der MOS verwendete lineare Regressionsmodell zur Entwicklung der Vorhersagegleichung die Multi-Normalverteilung von Prediktoren und Prediktand voraus, was gerade bei Sicht und Ceiling nur unzureichend erfüllt ist.

WEINGÄRTNER, H.: Die Information der Vorhersage. Meteorol. Rdsch. 33 (1980) Nr. 4, S. 117 - 123

VERIFIKATION UND VERBESSERUNG DER BKF-NIEDERSCHLAGSVORHERSAGEN FÜR
DIE ANWENDUNG IN EINEM FLUSSGEBIETSMODELL

Ruth Dreißigacker und Heribert Fleer

Meteorologisches Institut Darmstadt

Im Hinblick auf eine operationelle Hochwasservorhersage für das Einzugsgebiet der Leine, werden vom Deutschen Wetterdienst in Kartenform per Hellfax verbreitete quantitative Niederschlagsvorhersagen getrennt nach Winter- und Sommermonaten verifiziert.

Niederschlagstage bzw. niederschlagsfreie Tage werden vom Modell für die Wintermonate November bis März in 82 %, in den Sommermonaten Juni bis September in 74 % aller Fälle richtig prognostiziert. Im Winter, der Zeit, in der im Untersuchungsgebiet am häufigsten Hochwasser auftreten, werden im Mittel jedoch nur 61 %, im Sommer sogar nur 52 % der eingetroffenen 24-stündigen Niederschlagssummen vorhergesagt.

Wegen der signifikanten Korrelation zwischen vorhergesagtem und gefallenem Gebietsniederschlag läßt sich der fehlende Betrag für die Wintermonate innerhalb berechneter Vertrauensgrenzen durch Regression abschätzen. Für die erste 24-stündige Vorhersage liefert die mit einfacher Regression korrigierte Vorhersage für das Leinegebiet eine Verbesserung von 22,8 % gegenüber der reinen BKF-Vorhersage. Da der Einfluß des Harzes auf den Niederschlag vom Modell mit einer Maschenweite von 254 km nicht erfaßt wird, läßt sich mit einem Orographiefaktor eine weitere Verbesserung erzielen. Für alle vorhergesagten Niederschlagstage werden je nach Windrichtungsvorhersage in 850 mbar getrennte Korrelationsanalysen durchgeführt. Unterschieden wird zwischen den staufördernden nordwest- und südwestlichen und den übrigen orographisch weniger wirksamen Windrichtungen. Mit Hilfe dieser Unterteilung und eines aus den vertikalen Feuchteverhältnissen abgeleiteten orographisch verstärkten Niederschlages (WMO, 1973) erhöht sich die Verbesserung gegenüber der reinen numerischen Vorhersage auf 34,2 %.

Für den Sommer ist weder durch eine einfache lineare Regression, noch durch eine Aufteilung der Ausgangsdaten nach den Windrichtungsvorhersagen eine signifikante Verbesserung gegenüber der numerischen Vorhersage zu erzielen. Erst die Unterteilung der Sommerdaten in advektive und konvektive Niederschläge mittels eines Stabilitätsindex (SHOWALTER 1953; STEINACKER 1977) führt für die advektiven Fälle zu einer Verbesserung der BKF-Vorhersage um 11,7 %.

Werden die konvektiven Niederschläge noch einmal in frontgebundene und nicht-frontgebundene Konvektion unterteilt, ergibt sich eine Verbesserung von 28,9 %.

Das vorgestellte Verfahren wird an unabhängigen Daten getestet.

SHOWALTER, A.: A stability index for thunderstorm forecasting.
Bull.Am.Meteor.Soc., 34, S.250-252, (1953)

STEINACKER, R.: Möglichkeiten von Gewitterprognosen im Gebirge.
Wetter und Leben, 29, S. 150-156, (1976)

WMO: Manual of estimation of probable maximum precipitation.
Operational Hydrology Report No. 1, WMO-No. 332, S. 49-53, (1973)

ZUR WETTERWIRKSAMKEIT VON FRONTEN UND FRONTALZONEN

Manfred Kurz
Wetterdienstschule

1 ENTWICKLUNG DER BEISPIEL-WETTERLAGE

Am Beispiel der Wetterlage vom 23./24.08.1982 wird demonstriert, welche Effekte die Wetterwirksamkeit von Fronten und Frontalzonen beeinflussen. An diesen Tagen überquert eine schwach ausgeprägte Kaltfront Mitteleuropa von Nordwest nach Südost. Während ihre Wetterwirksamkeit anfangs gering ist, entwickeln sich in den Morgenstunden des 24.08. im südwestdeutschen Raum zahlreiche Gewitter im Frontbereich. Die Gewitterzone verlagert sich im Tagesverlauf weiter nach Osten, wobei sich über Bayern eine "Squall line" formiert, die mit Hagel sowie Sturm- und Orkanböen grössere Schäden verursacht.

2 STABILITÄTSBEDINGUNGEN

Untersucht man die Ursachen für die plötzliche Gewitterauslösung, so stellt man fest, daß die Warmluft vor der Front bis 700 mbar hinauf potentiell instabil geschichtet ist, daß aber die Auslösung dieser Instabilität durch sperrende Inversionen zunächst verhindert wird. Im Zuge einer durchgreifenden Labilisierung durch gleichzeitig stattfindende Erwärmung in der unteren Troposphäre und Abkühlung in der Höhe werden diese sperrenden Schichten bis zum 24.08. abgeschwächt bzw. abgebaut.

3 EINFLUSS VON TEMPERATURADVEKTION UND VERTIKALBEWEGUNGEN

Die Erwärmung in den unteren Schichten geht auf horizontale Advektion in der südwestlichen Strömung vorderseitig der Front zurück, wobei die Alpen eine Art Leitwirkung für den Warmluftvorstoß gespielt haben dürften. Die Abkühlung in der Höhe ist dagegen das Ergebnis einer aufwärts gerichteten Vertikalbewegung. Antrieb für die Hebung ist die positive Vorticityadvektion vorderseitig eines Höhentroges, der schneller südostwärts schwenkt als sich die Bodenfront bewegt.
Bei der Schwenkbewegung des Höhentroges kommt es zu einer deutlichen Intensivierung durch Import von Scherungsvorticity von der Trog-Rückseite her. Dadurch bildet sich eine zweite Troglinie westlich des Primärtrogs, die schließlich dessen Funktion übernimmt. Die nochmals verstärkte Hebung durch die Vorticityadvektion vor dieser Troglinie führt in den Morgenstunden des 24.08. zur endgültigen Auslösung der potentiellen Instabilität und zur Bildung zahlreicher Cumulonimben in einem etwa 50000 km^2 großen Wolkenmassiv (vgl. Abb. 1). An dessen Vorderseite formiert sich anschließend, durch die mittägliche Aufheizung begünstigt, die oben erwähnte "Squall line".

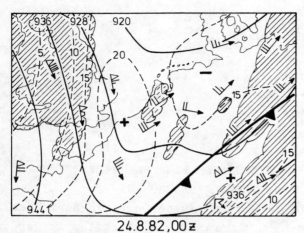
24.8.82, 00 z

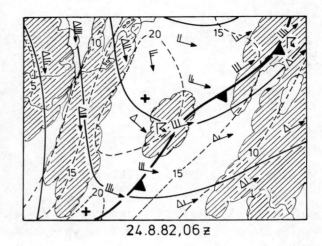
24.8.82, 06 z

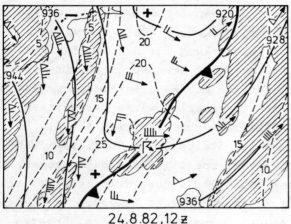
24.8.82, 12 z

Abb. 1: Topographien 300 mbar mit Isohypsen (ausgezogen, in gpdam), Isoplethen der absoluten Vorticity (strichliert, in $10^{-5} s^{-1}$), Bodenfront und Verteilung der höheren Bewölkung (nach IR-Bildern von METEOSAT II).

4 BEZIEHUNGEN ZUR WETTERENTWICKLUNG STROMAUF

Die Scherungsvorticity, die zur Intensivierung des Höhentroges führte, stammt von der zyklonalen Flanke eines Jetstreams, der sich über den dem Trog folgenden Höhenrücken vorschiebt und zum Schluß sichelförmig dicht rückseitig des Troges verläuft. Er gehört zur Warmfront eines Frontensystems, das vom Atlantik zu den Britischen Inseln wandert. Aufgrund dieser Kopplung kann man die Auslösung der Gewitter als Vorgang innerhalb einer sogenannten "Intensivierungswelle" begreifen, wie sie z. B. von PETTERSSEN (1956) beschrieben und von SIMMONS u. HOSKINS (1979) modellartig simuliert wurden. Durch derartige, sich mit großer Geschwindigkeit ausbreitenden Wellen beeinflussen die Entwicklungsprozesse in irgendeinem Bereich der Westwindzone die Gebiete stromab und stromauf.

Literaturverzeichnis:

PETTERSSEN, S.: Weather Analysis and Forecasting. 2. Ed., Band 1
New York: Mc Graw-Hill 1956

SIMMONS, A. J.;
HOSKINS, B. J.: The downstream and upstream development of unstable baroclinic waves. J. Atm. Sci. 36 (1979), S. 1239 - 1254

STURMWARNUNG AM BALATON
Dr. Béla Böjti
Meteorologischer Dienst der Ungarischen Volksrepublik, Budapest

Seit dem 8. Juli 1934 gibt es am Balaton eine Sturmwarnung. Die Bewältigung der Pionierarbeit ist das Verdienst des Meteorologen A. HILLE /1932/. Der meteorologische Dienst wurde im Anfang von Budapest aus durchgeführt. In der Praxis stellte sich aber bald heraus, dass die Warnung vor örtlichen Gewittern nur aus direkter Nähe vom See möglich ist. Damals wurden 7 Warnpunkte eingerichtet, heute geben wir Warnungen an 34 Stellen. Am Anfang arbeitete der Sturmwarnungsdienst zwischen dem 15. Juni und dem 15. September. Heute haben wir ab 1. Mai bis zum 30. September einen Sturmwarnungsdienst.

Seit 1956 steht dem Sturmwarnungsdienst ein zeitgemässes Observatorium zur Verfügung. Das Observatorium hat folgende Aufgaben:

- es versieht den Balatoner Sturmwarnungsdienst in der Sommersaison,
- wird als ständige Hauptstation betätigt,
- Forschungsarbeiten im Winterhalbjahr.

Die Zahl der Publikationen, welche Messdaten des Observatoriums verwendeten, beträgt etwa 100. 55 davon erschienen unter direkter Beteiligung von Mitarbeitern des Observatoriums.

Der Sturmwarnungsdienst hat zwei Hauptaufgaben: die erste besteht darin, wissenschaftlich begründete Informationen über das zu erwartende Wetter zu geben. Unsere zweite Aufgabe ist die Bedienung der Signal- und Alarmeinrichtungen. Die Sturmwarnung erfolgt in zwei Stufen. Die erste Stufe - gelbes Signal - bedeutet, dass die Windgeschwindigkeit innerhalb 2 bis 3 Stunden Werte zwischen 42 bis 62 km pro Stunde erreichen wird. Die zweite Stufe - rotes Signal - bedeutet, dass die Windgeschwindigkeit innerhalb 1 bis 1,5 Stunden Werte über 62 km pro Stunde annehmen wird. Die Signalgebung wird durch die Wasserpolizei gewährleistet. Das erfolgt heute noch mit Raketen. Die Warnung mit Raketen ist nicht mehr zeitgemäss, desshalb werden die Raketen stufenweise durch leistungsstarke Lichtsignale ersetzt. Die leistungsstarken orangefarbenen Lichtquellen führen bei Kopplung mit Drehspiegeln, bei gelber Signalgebung 30, bei roter Signalgebung 60 Umdrehungen pro Minute aus /BÖJTI, MEZŐSI u. SIMON 1980/.

Für die kurzfristigen Vorhersagen werden Arbeitswetterkarten verwendet. Während eines Dienstes von Früh bis Abend benutzen wir zum Versehen unserer Aufgaben ungefähr 25-30 Karten, Bodenanalysen, topographische Karten, Radarwete, TEMP-Daten usw. Die meteorologischen Informationen aus dem Gebiet des Balatons gelangen über UKW sofort zum Sturmwarnungsdienst. Während einer Saison bekommen wir, z.B., ungefähr 1500 bis 1800 Speci Sturm-Telegramme.

Die gebräuchlichen Methoden der Balatoner Sturmwarnung wurden in zahlreichen Veröffentlichungen beschrieben. 1966 publizierte der Sturmwarnungsdienst in der Veröffentlichung "Sturmwarnung am Balatonsee" die Arbeit von zwölf Wissenschaftlern /redaktionelle Bearbeitung von GÖTZ 1966/.

Eine Gruppe der postfrontalen Winde ist mit den sogenannten Azoren Antizyklonen verbunden, die wir heute mit Rechenmaschine nach einer Methode von BARTHA, BÖJTI, RÁBAI u. VISSY /1979/ durch Algorithmen darstellen.

Die Ergebnisse einer mehrjährigen Arbeit ermöglichen die Radar-Echo- und die Gewitterhäufigkeitsverteilung in Transdanubien, sowie die Zusammenhänge zwischen den die Tropopause durchdringenden Gewitterwolken und den Ausläuferwinden mit Rechenmaschine zu untersuchen /BARTHA u. BÖJTI 1982/.

1979 erschien eine Veröffentlichung: "Anleitung für den Sturmwarnungsdienst" /BÖJTI 1979/.

Die allgemeinen Vorhersagen werten wir auf der Grundlage von Daten aus Keszthely und Siófok täglich aus. Für die Untersuchung der Effektivität der Windprognosen /Sturmwarnung/ benutzen wir die Daten unseres aus 6 Stationen besthenden Fernwindmeßsystems.

Auf der Grundlage langjähriger Daten arbeiten wir mit 87 prozentiger Wahrscheinlichkeit mit 2 bis 5 % Abweichung im Jahr. Diesem Ergebnis haben wir es zu verdanken, dass es am Balaton seit zwei Jahrzehnten keine tödlichen Unfälle gab, die auf das Fehlen von Sturmwarnungen zurückzuführen wären.

LITERATUR

BARTHA, I.; BÖJTI, B.: Objektiv módszer erős széllel járó Anticiklon-helyzet felismertetésére. OMSZ. Kisebb Kiadványai. Nr. 47. Budapest, 1979. S. 42.

BARTHA, I.; BÖJTI, B.: Radarral mért adatok a viharjelzésben. OMSZ. Meteorológiai Tanulmányok. Nr. 40. Budapest, 1982. S. 32.

BÖJTI, B.: Utmutatás a viharjelző szolgálat részére. OMSZ Budapest, 1979. S. 50.

BÖJTI, B.; MEZŐSI, M.; SIMON, A.: Über die Notwendigkeit der Modernisierung und Automatisierung des Strumwarnungssystems am Balaton. Viziközlekedés. Budapest, 1980. Nr. 2. S. 33-37.

GÖTZ, G.: Redaktionelle Bearbeitung: Sturmwarnung am Balatonsee. Selbsverlag des Ungarischen Meteorologischen Dienstes. Budapest. 1966. S. 154.

HILLE, A.: Viharjelzést a Balaton számára. Aviatika. Budapest, 1932. S. 5-6.

DIAGNOSE EINER GENUA-ZYKLONE: OBJEKTIVE ANALYSE

Eberhard Reimer

Freie Universität Berlin

1. EINLEITUNG

Zahlreiche Untersuchungen beschäftigen sich mit dem Einfluß der Orographie auf die atmosphärischen Strömungen. Eine hervorgehobene Region derartiger Phänomene liegt südlich der Alpen, wo die starken Tiefdruckentwicklungen als Genua-Zyklonen bekannt sind.
Numerische Experimente (z.B. BLECK, 1977) zeigen, daß eine ganz wesentliche Ursache zur Zyklogenese südlich der Alpen durch die realistische Einbeziehung der Orographie gegeben ist. Dabei ist die Genua-Zyklogenese, wie bei BUZZI und TIBALDI 1978 dargestellt, überwiegend mit einer ostwärts über Zentral Europa hinwegwandernden Zyklone verbunden, deren Kaltfrontbereich an den Alpen deformiert wird. Mit einem Kaltluftausbruch an den Alpen vorbei nach Süden beginnt dann die Tiefentwicklung.
Diese Experimente zeigen, daß die Genua-Entwicklungen im Prinzip auch mit trockenen Modellatmosphären erstellbar sind und die Größe der Phänomeme schnell der großräumigen Skala zuzuordnen ist, obwohl die Ursachen eine feinmaschige Darstellung auch der Orographie erfordern.
In der nachfolgend kurz beschriebenen Untersuchung sind daher unter Verwendung fein aufgelöster Analysen und der großräumigen Wirbelgleichung zwei Fälle von Genua-Zyklogenese untersucht worden, um die großräumigen Aktionszentren zu identifizieren und die lokale Produktion von Vorticity im Alpenraum zu erfassen.

2. MODELL

Die numerischen Analysen des Geopotentials, der Temperatur und des horizontalen Windfeldes auf Druckflächen sind auf einem 63.5 km Gitter in der stereographischen Projektion erstellt worden. Die dreidimensionale Analyse wird auf isentropen Flächen durchgeführt und nachfolgend in die Druckkoordinate transformiert (REIMER, 1980). Dabei werden die Bodendaten auf einer Bodenfläche direkt mit einbezogen.
Das Schema besteht aus einem Zweischrittverfahren. Dabei wird als Ausgangsbasis die großräumige Analyse des DWD verwendet und in ein oder zwei Korrekturschritten mit Hilfe univariater, statistischer Interpolation eine feinskalige Korrektur aufgeprägt.

Das aus den Beobachtungen erstellte Windfeld wird nachfolgend in den Rotations- und Divergenz-Anteil aufgetrennt, wobei die divergente Komponente durch eine nachträglich berechnete Omegagleichung ersetzt wird.

3 EXPERIMENT

Als Wirbelgleichung wurde einmal die großräumige Bilanzform verwendet:

$$\frac{\partial \zeta}{\partial t} = - \nabla_h \cdot \zeta_a W_h - W_h \cdot (\mathbb{K} \times \frac{\partial W_h}{\partial p}) \omega \quad 1)$$

mit ζ: Vorticity, ζ_a: absolute Vorticity, W_h: horizontaler Windvektor und ω als generalisierte Vertikalbewegung.
Der erste Term stellt dabei den horizontalen Transport aus Advektion und Divergenzterm dar, während der zweite Term die Rückkopplung zur horizontalen Komponente des dreidimensionalen Wirbels ergibt.
Um den ersten Term der Gleichung besser interpretieren zu können, wurde die quasigeostrophische Vorticitygleichung herangezogen.

$$\frac{\partial \zeta_g}{\partial t} = - W_\psi \cdot \nabla_h \zeta_{a,g} + \bar{f} \frac{\partial \omega}{\partial p} \quad 2)$$

ζ_g: geostrophische Vort., f: Coriolis-Parameter, W_ψ: divergenzfreier Windvektor.
Unter Verwendung der adiabatischen Beziehung

$$\frac{d_h}{dt}(\frac{\partial \phi}{\partial p}) = -\omega\{-\frac{R}{pc_p}\frac{\partial \phi}{\partial p} + \frac{\partial^2 \phi}{\partial p^2}\} \quad 3)$$

mit ϕ: Geopotential,
erhält man eine dreidimensionale, partielle Differentialgleichung für die Geopotentialtendenz (FORTAK, 1968):

$$\frac{1}{\bar{f}}\nabla_h^2(\frac{\partial \phi}{\partial t}) + \bar{f}\frac{\partial}{\partial p}\{\frac{1}{\bar{\sigma}}\frac{\partial^2 \phi}{\partial p \partial t}\} =$$
$$- W_\psi \cdot \nabla_h \zeta_{a,g} - \bar{f}\frac{\partial}{\partial p}\{\frac{1}{\bar{\sigma}}W_h \cdot \nabla_h \frac{\partial \phi}{\partial p}\} \quad 4)$$

Der erste Term repräsentiert den barotropen Anteil, während der zweite Term die Baroklinität und wesentlich den Divergenzterm in 1) beschreibt.
Beide Gleichungen wurden für atmosphärische Schichten dargestellt. Für die Obertroposphäre 300/600mb und für die Untertroposphäre 600/800mb.

4 FALLSTUDIE

Zwei verschiedene Fälle von Genua-Zyklogenese sind herangezogen worden:
eine Nordwest-Lage (19.1.-2o.1.1981) mit einer Wellenstörung die von Nordwesten kommend an den Alpen eine starke Zyklogenese erzeugt,
und eine Westlage (4.3.-5.3.1982) in der sich ein troposphärischer Trog ostwärts verlagert und eine Abstaltung in der gesammten Atmosphäre erfolgt.
Bei der Nordwest zeigt sich, daß der wesentliche Vorgang durch das niedertroposphärische Umstömen der Alpen und dem dazugehörigen Kaltluftausbruch nach Süden hervorgerufen wird, da in der darüber befindlichen Troposphäre sogar noch Warmluftadvektion zu finden ist. Dies entspricht genau der quasi-geostrophischen Produktion von Vorticity.
Im Fall der Westlage hingegen ist nur im Verlauf der Zyklogenese eine den Alpen entsprechende Deformation der Antriebsterme zu erkennen, so daß, wie z.B. bei MESINGER 1979 erwähnt, hier nur eine Modifizierung einer laufenden Zyklogenese stattfindet.
Im Vergleich zur großraäumigen Analyse und der BKF-Vorhersage des DWD zeigt sich, daß das feinmaschige Analysenschema nebem einer weiteren Datenanpassung durchaus auch weitere kleinräumige Informationen aus den Beobachtungen gewinnt.

BLECK R.   1977, Numerical Simulation of Lee Cyclogenesis in the Gulf of Genoa. Mon.Wea.Rev.,1o5,428-445

BUZZY,A.   1978, Cyclogenesis in the lee of
TIBALDI   the Alps: A case study. Quart.J.R.Met.Soc.,1o4,271-287

FORTAK,H. 1968, Vorlesung Theoretische Met. Berlin, FU,

MESINGER, 1979, Numerical simulation of
F.   Genoa cyclogenesis. in Workshop on Mountains and Numerical Weather Prediction, ECMWF,Reading

REIMER,E. 1980, Dreidimensionale, objektive Analyse meteorologischer Parameter unter Ausnutzung des Radiosonden- und Bodenmeßnetzes in Europa. Annalen der Meteor.16,149-151.

DIAGNOSE EINER GENUA-ZYKLONE: ENERGIE- UND VORTICITY-HAUSHALT

G. Frenzen und P. Speth

Institut für Geophysik und Meteorologie der Universität zu Köln,
Kerpenerstraße 13, D - 5000 Köln 41

1. EINLEITUNG

Innerhalb der letzten Jahre sind einige Studien prognostischer Art
(z.B. BLECK, 1977; TIBALDI et al., 1980) und diagnostischer Art
(z.B. BUZZI und RIZZI, 1975; BUZZI und TIBALDI, 1978; McGINLEY, 1982) zur Lee-Zyklogenese durchgeführt worden. Dabei stellte sich heraus, daß die numerischen Modelle oft nicht in der Lage waren, Lee-Zyklogenesen richtig bzw. überhaupt vorherzusagen. Dies dürfte in der zu schlechten horizontalen Auflösung (bei großräumigen Vorhersage-Modellen), in der verbesserungsbedürftigen Physik (BLECK, 1977) und hauptsächlich in der nicht genügenden Qualität der verwendeten Orographie - Höhe, Steilheit, Form - (TIBALDI et al., 1980) begründet sein.

Es ist ein Ziel im Rahmen von ALPEX, Erkenntnisse zur Verbesserung der Vorhersage von Lee-Zyklonen, speziell der sogenannten 'Genua-Zyklone' zu gewinnen. Ein wesentlicher Teil dafür ist eine möglichst exakte zeitlich-räumliche Diagnostik der physikalischen Vorgänge während der Lee-Zyklogenese. Dazu werden von uns die kinetische Energie und die Vorticity sowie die Terme der zugehörigen Haushaltsgleichungen untersucht. Diese Untersuchungen erfolgen in Zusammenarbeit mit den Universitäten Berlin und Bonn, dem ECMWF und dem DWD.

2. THEORIE UND DATENMATERIAL

Die verwendeten Gleichungen lauten:

$$\frac{\partial K}{\partial t} + \nabla_p \cdot (wK) + \frac{\partial}{\partial p}(\omega K) + w_R \cdot \nabla_p \Phi + w_D \cdot \nabla_p \Phi = R_K$$

$$\frac{\partial \zeta}{\partial t} + w \cdot \nabla_p \zeta + w \cdot \nabla_p f + \omega \frac{\partial \zeta}{\partial p} + (\nabla_p \cdot w)(\zeta + f) + \mathbb{K} \cdot (\nabla_p \omega \times \frac{\partial w}{\partial p}) = R_\zeta$$

mit: $w = u\mathbf{i} + v\mathbf{j} = \mathbb{K} \times \nabla_p \psi + \nabla_p \chi$
$= w_R + w_D$, $\omega = \frac{dp}{dt}$,

Φ: Geopotential, $\zeta = \frac{\partial v}{\partial x} - \frac{\partial u}{\partial y}$,

$f = 2\Omega \sin\phi$, $K = \frac{1}{2}(u^2 + v^2)$

R_K, R_ζ: Residuum

Als Datenmaterial stehen feinmaschige objektive Analysen von E. REIMER - FU Berlin - (REIMER, 1980) zur Verfügung. Diese liegen auf einem polarstereographischen Gitter mit einer Gitterkonstanten von 63.5 km und mit einer vertikalen Auflösung von 21 Niveaus ($\Delta p = 50$ hPa) vor.

3. ERGEBNISSE

Es sollen hier kurz die wichtigsten Ergebnisse einer Fallstudie der Lee-Zyklogenese vom 02.03.82 geschildert werden.

Gemeinsam mit den bisher meist betrachteten (Ideal-)Fällen von Lee-Zyklogenese ist das Einsetzen der Entwicklung in mittleren Niveaus (BUZZI und RIZZI, 1975), die Verstärkung der baroklinen Zone in bodennahen Luftschichten durch Stau an den Alpen (McGINLEY, 1982) und das beobachtete

Aufspalten des Jets in zwei Äste
(BUZZI und RIZZI, 1975).
Ein interessantes Phänomen ist die
starke Konvergenz des horizontalen
Flusses von kinetischer Energie in der
oberen Troposphäre zwischen Alpen und
Pyrenäen vor der Verlagerung des Jets
in diesen Bereich (Abb.1), der vertikale Fluß von kinetischer Energie aus
der oberen und mittleren Troposphäre
in bodennahe Luftschichten (Abb.2) und
die horizontale Divergenz des Flusses
von kinetischer Energie sowie Dissipation in den bodennahen Luftschichten.
Weiterhin ist der kleine Bereich von
zyklonaler Vorticity in den bodennahen
Luftschichten im Lee der Alpen vor dem
Einsetzen der Zyklogenese von Interesse (Abb.3). Im Gegensatz zu bisherigen Untersuchungen (z.B. McGINLEY,
1982: LCD II) findet man im Lee der
Alpen in den unteren Luftschichten jedoch keine Erzeugung von Vorticity
durch Streckung der Luftsäule und Konvergenz (Divergenz-Term), sondern es
liegt eine Divergenz vor (Abb.4). Die
Vorticity-Erzeugung erfolgt dort nahezu ausschließlich durch horizontale
Advektion von relativer Vorticity. Es
liegt daher nahe, von einer advektiven
Form der Lee-Zyklogenese zu sprechen.

4. WEITERE GEPLANTE ARBEITEN
Unsere bisherigen Untersuchungen
sollen auf weitere Fälle von Lee-Zyklogenese während ALPEX-SOP ausgedehnt
werden. Dazu werden Analysen mit einer
höheren zeitlichen Auflösung (6 Std.)
verwendet. Außerdem sollen die diagnostisch gewonnenen Ergebnisse mit
prognostischen verglichen werden.
Hierfür stehen Prognosen des "Limited
Area Model (LAM)" des ECMWF (Reading/
GB) zur Verfügung.

Abb.1: $\mathbb{V}_p \cdot (vK)$, 250 hPa, 02.03.82, 00Z.
Isolinienabstand: $400 \times 10^{-5} Wm^{-2} Pa^{-1}$.
Negative Werte sind gestrichelt
(Nullinie strichpunktiert).

Abb.2: $\frac{\partial}{\partial p}(\omega K)$, 850 hPa, 02.03.82, 00Z.
Isolinienabstand: $40 \times 10^{-5} Wm^{-2} Pa^{-1}$.
Sonst wie Abb.1.

Abb.3: ζ, 850 hPa, 01.03.82, 12Z.
Isolinienabstand: $2 \times 10^{-5} s^{-1}$.
Sonst wie Abb.1.

Abb.4: $(\nabla_p \cdot w)(\zeta+f)$, 850 hPa,
02.03.82, 12Z.
Isolinienabstand: $10 \times 10^{-10} s^{-2}$.
Sonst wie Abb.1.

LITERATUR

BLECK, R.: Numerical Simulation of Lee Cyclogenesis in the Gulf of Genoa. Month. Wea. Rev., Vol. 105, 1977, S. 428-445.

BUZZI, A. and R. RIZZI: Isentropic Analyses of Cyclogenesis in the Lee of the Alps. Rivista Italiana Di Geofisica e Scienze Affini, Vol. I, 1975, S. 3-10.

BUZZI, A. and S. TIBALDI: Cyclogenesis in the Lee of the Alps: A case study. Quart. J. R. Met. Soc., 104, 1978, S. 271-287.

McGINLEY, J.: A Diagnosis of Alpine Lee Cyclogenesis. Month. Wea. Rev., Vol. 110, 1982, S. 1271-1287.

REIMER, E.: A Test of Objective Meteorological Analysis with Optimum Utilization of the Radiosonde Network in Central Europe. Beitr. Phys. Atmosph., Vol. 53, No. 3, 1980, S. 311-335.

TIBALDI, S.; BUZZI, A.; MALGUZZI, P.: Orographically Induced Cyclogenesis: Analysis of Numerical Experiments. Month. Wea. Rev., Vol. 108, 1980, S. 1302-1324.

VERGLEICHENDE WINDBESTIMMUNG VON RAPID-SCAN-DATEN METEOSAT UND RADIOSONDEN-
BZW. FLUGZEUGMESSUNGEN WÄHREND DES ALPEX-FELDEXPERIMENTES.
Heinz Queck, Manfred E. Reinhardt, Josef Pelechaty
Deutsche Forschungs- und Versuchsanstalt für Luft- und Raumfahrt (DFVLR)
Institut für Physik der Atmosphäre
Oberpfaffenhofen

1 EINLEITUNG.

Die Bestimmung mesoskaliger Windfelder im Alpenraum war eine der wesentlichen Zielsetzungen des GARP-Unterprogrammes "Strömungen über und in der Nähe von Gebirgen". Im internationalen Feldexperiment ALPEX wurde dazu neben der Windbestimmung des normalen Radiosondennetzes zu synoptischen und Sonderterminen sowie der Windbestimmung von Flugzeugen aus auch Satellitenmessungen von METEOSAT mit zeitlich hoch aufgelösten Bildsequenzen (Rapid Scan) durchgeführt. Es wurde dabei eine räumliche Auflösung des Windfeldes bis zu 50 km herunter erwartet, wofür eine Sequenz von 6 aufeinanderfolgenden Bildern des sichtbaren und des infraroten Kanals im 10 min-Abstand erforderlich war.
Aus technischen Gründen des Satellitenbetriebs war es leider nur möglich, 4 von 10 geplanten Beobachtungsperioden während des Feldexperimentes von ALPEX, nämlich am

  4. März 1982 von 15.40 bis 16.30
  5. März 1982 von 9.40 bis 10.30
 16. März 1982 von 15.40 bis 16.30
 18. März 1982 von 9.40 bis 10.20

zu erhalten.
Zur Abschätzung, welche Genauigkeiten der Windbestimmung bei solchen Beobachtungen in etwa erwartet werden können, wurde der Fall des 5.März 82 herausgegriffen. Eine Übersicht der Wolkensituation zeigt Abb. 1.

2 WINDBESTIMMUNG.
-Satellitenwinde-

Die Windvektorberechnung wird aus der Wolkenverlagerung in einer Sequenz der Beobachtungen im 10 min-Abstand (Rapid Scan-Mode METEOSAT) entweder nach der Kreuzkorrelationsmethode des Flächenvergleichs "Targetfläche" zu "Suchgebiet" oder der Methode der Punktverfolgung vorgenommen.x) Im "Interaktiven Meteorologischen Bilddatenverarbeitungssystem" der DFVLR erfolgt dann eine spezielle Qualitätskontrolle auf die richtige Höhenzuordnung (Queck et al., 1981).

x) (Queck, 1982)

Abb. 1 METEOSAT-Aufnahme (VIS-Kanal) vom 5. März 1982 9.50 GMT: Voll ausgebildete Genua-Zyklone mit Wirbelzentrum über Korsika.

- Radiosondenwinde -

Zum Vergleich mit den Rapid Scan-Daten wurden die dem Termin der Satellitenaufnahmen von 9.40 bis 10.30 GMT zeitlich am nächsten liegenden Radiosondenaufstiege von Ajaccio, Trappes, Nancy, Bourges, Lyon, Bordeaux, Toulouse, Nimes, St. Raphael, Rom, Mailand, Udine, Zadar, Pula, Zagreb, Wien, München, Stuttgart und Payerne um 12.00 GMT herangezogen.

- Flugzeugwinde -

Die Forschungsflugzeuge FALCON der DFVLR und P3-ORION der NOAA erlauben eine Windbestimmung über ihre Trägheits-Navigationssysteme entlang ihrer jeweiligen Flugrouten, wobei die FALCON im wesentlichen Windwerte aus der oberen Troposphäre, die P3 solche aus der mittleren Troposphäre liefert.

- Dropsondenwinde -

Windwerte aus der mittleren und unteren Troposphäre vor allem im Bereich des Kerns der Zyklone wurden durch die aus der P3 abgesetzten Dropsonden (OMEGA-Verfahren) erhalten.

Abb. 2 zeigt eine Übersicht aller Stationen und Meßplattformen, deren Windwerte verarbeitet wurden.

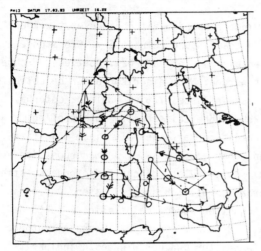

Abb.2 Meßsysteme für die vergleichende Windmessung: + Radiosondenwinde, o Dropsonden, ≻ Flugzeug FALCON, ≫ = Flugzeug P3.

3 ERGEBNISSE.

Die Abbildung 3 gibt als Beispiel einen Überblick über die Windvektoreinteilung in dem Höhenintervall 1000-700 mb. Richtungsmäßig ergibt sich ein recht einheitliches Bild mit wenigen Ausnahmen über der Westküste von Jugoslawien. Aus der Drehung der Windvektoren aus den Radiosonden-, Flugzeug- und Dropsondenmessungen ist auf eine Drehung mit zunehmender Höhe zu schließen. Die Ergebnisse der verschiedenen Bestimmungsmethoden sind wegen der Zeitdifferenz der Beobachtungen nicht streng vergleichbar. Die Satellitendaten wurden in der Zeit von 9.40 - 10.30 GMT gewonnen, während sich die Radiosondenwerte auf 12.00 GMT beziehen und die Flugzeug- und Dropsondenmessungen erst in der Zeit von 15.00 - 20.00 GMT durchgeführt wurden. In dieser Zeitspanne hat sich auch der Tiefdruckwirbel nach NE verlagert und mit ihm die Fronten und Einzugsgebiete.

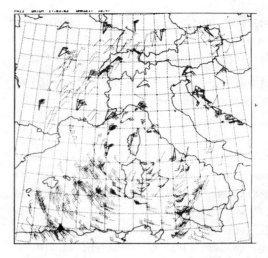

Abb.3 Windvektorverteilung aus dem Höhenintervall 1000 bis 700 mb. (Punktiert: Sat.-Winde; strichpunktiert: Flugzeug- u. Dropsondenwinde; durchgezogen: Radiosondenwinde)

Die Windfelder in den Höhenintervallen 600 - 400 mb und 300 - 0 mb zeigen hinsichtlich der Windrichtung ebenfalls eine allgemeine Übereinstimmung. Bezüglich der Windstärke sind noch eingehendere Vergleichsuntersuchungen notwendig, da hier teilweise auch örtlich begrenzte größere Abweichungen auftreten.

4 SCHLUSSFOLGERUNGEN

- Die Windbestimmung mit Rapid Scan-Daten des METEOSAT aus 10 Minuten-Meßintervallen ist grundsätzlich möglich.
- Orographisch bedingte Wolken können gut von Wolken des allgemeinen Strömungsfeldes unterschieden werden.
- Die räumliche Auflösung der Satellitenwinde kann bei geeignet scharfen Konturen bis zu doppelter Pixelgröße, hier ungefähr 15 km herunter, vorgenommen werden.
- Bei synoptischer bzw. mesoskaliger Nutzung von Satellitenwinden z.B. in Verbindung mit anderen Windwerten aus Radiosonden-, Dropsonden- und Flugzeugmessungen spielt insbesondere bei sehr aktiven Wetterlagen, wie einer Genua-Zyklone, die zeitliche und räumliche Koinzidenz eine wesentliche Rolle. Nähere Untersuchungen sind dazu noch erforderlich.

LITERATUR

QUECK, H., KÖNIG, TH., RATTEI, W. and GREDEL, J.: Quality Control Procedures at FRG DFVLR for Reprocessing of Wind Vectors extracted from GOES-1 Imagery over the Indian Ocean in the Scope of the FGGE Contingency Plan.- WMO/ICSU, Joint Planning Staff for GARP and WCRP, WMO, Geneve (1981)

QUECK, H.: Windbestimmung aus der Wolkenverlagerung im Alpengebiet aus Satellitendaten von METEOSAT-2.- Annalen der Meteor. (N.F.) Nr.19, S.45-47 (1982)

WINDGESCHWINDIGKEITSMAXIMA IN DER NÄCHTLICHEN GRENZSCHICHT WÄHREND PUKK

G.Tetzlaff, H.Laude, N.Hagemann, L.J.Adams
Institut für Meteorologie und Klimatologie
Universität Hannover

In Mitteleuropa ist das Auftreten von nächtlichen Windgeschwindigkeitsmaxima in der atmosphärischen Grenzschicht mehrfach festgestellt worden (Kottmeier, 1982). Eine umfassende Deutung aller bodennahen Windgeschwindigkeitsmaxima liegt bisher nicht vor (Mix, 1981). Ein grundlegender Ansatz geht auf Blackadar (1957) zurück. Thorpe und Guymer (1977) formulieren auf dieser Grundlage ein mathematisches Modell. Bei abendlicher vertikaler Entkoppelung der atmosphärischen Schichten wird oberhalb der Inversion wegen der noch vorhandenen ageostrophischen Komponente eine Trägheitsschwingung von dem geostrophischen Windvektor angeregt. Einige Beobachtungen zeigen eine gute Übereinstimmung mit den Ergebnissen aus diesem Ansatz. Freytag (1978) versucht, die Anordnung von Isothermen- und Geopotentialfeldern und somit die Änderung des geostrophischen Windes mit der Höhe als Ursache herauszustellen. Auch mit diesem Ansatz sind einige der Beobachtungen im Einklang. Hingegen sind nicht alle Fälle mit Windmaxima an der Obergrenze der Inversion vollständig beschreibbar, z.B. über der ansteigenden morgendlichen oder der schnell ihre Höhe ändernden abendlichen Inversion.

Zur Untersuchung von mesoskaligen Phänomenen der nächtlichen Grenzschicht benötigt man eine gute räumliche und zeitliche Auflösung der Daten. Daher wurden in Sprakensehl meteorologische Größen mit einem Fesselsondensystem gemessen, das an einem 300 m hohen Funkmast (123 m ü NN auf einem flachen Hügel mit einer relativen Höhe von etwa 15-20 m gegenüber der Umgebung) mit einem Schrägaufzug betrieben wurde (Adams et al, 1982). Dieses System kann im Gegensatz zu Fesselballonen auch bei höheren Windgeschwindigkeiten eingesetzt werden. Die Höhenauflösung beträgt 5 m. Pro Stunde können bis zu vier Auf- bzw. Abstiege durchgeführt werden. Nach einer Korrektur bezüglich des Masteinflusses ist es möglich, unterhalb von 250 m Höhe Zeitschnitte zu erstellen. Gleichzeitige Messungen mit einem monostatischen Sodar (95 m ü NN, 1.3 km nordöstlich vom Turm) sowie dreistündliche Radiosondenaufstiege ergänzen die Schrägaufzugdaten. Auf den Zeitschnitten werden mesoskalige Effekte deutlich, z.B. die Änderung der Grenzschichthöhe, der Temperatur und der Windgeschwindigkeit im Tagesverlauf.

In der zweiten Nachthälfte vom 30.9./1.10.1981 melden die norddeutschen Stationen feuchten Dunst bzw. Nebel. Am Turm Sprakensehl erfolgte keine Nebelbildung, jedoch am Sodar. Der Sodarschrieb zeigt einen Anstieg der Inversionsobergrenze von 100 m (2.30 GMT) auf 220 m (4.50 GMT). Die anfängliche Abkühlungsrate in 2 m Höhe am Standort des Sodar von 1.2 K/h geht ab 0 GMT auf 0 K/h zurück. Am Turm beträgt die Abkühlungsrate anfänglich 0.2 K/h und steigt um ca. 3 GMT auf 1.5 K/h, da nun die Ausstrahlung von der einige Meter höher gelegenen Nebeloberfläche erfolgt. Innerhalb der ca. 220 m dicken Bodeninversion prägt sich ein Windgeschwindigkeitsmaximum in ca. 110 m Höhe aus, das im Zeitschnitt der Windgeschwindigkeit am Turm sichtbar wird (Abb. 1c). Auch beim abendlichen Absinken der Grenzschichthöhe wird ein Windgeschwindigkeitsmaximum beobachtet. Am 30.9.81 traten dabei in Sprakensehl in 200m Höhe über Grund Windgeschwindigkeiten über 12 m/s im Vergleich mit etwa 7 m/s in 50 m Höhe auf (Abb. 1a). Die Inversion sinkt innerhalb von 2 h von 1000 auf

120 m Höhe. Der morgendliche Anstieg der Inversion von 120 auf 800 m erfolgte innerhalb von 3 h. Auch dabei wird ein Windmaximum von über 10 m/s beobachtet (Abb. 1b). Diese Windmaxima liegen an der Obergrenze der Inversion und lassen sich nicht durch eine Trägheitsschwingung erklären.

Neben Zeitschnitten können auch Raumschnitte längs der PUKK-Meßlinie Sprakensehl-Küste mesoskalige Phänomene zeigen. Der Raumschnitt vom 30.9.81 um 20 GMT zeigt bei südöstlicher Windrichtung, parallel zur Meßlinie, und geringer Bewölkung ein ausgeprägtes Maximum der Windgeschwindigkeit in ca. 250 m ü NN. An den Stationen Stemmen und Sprakensehl werden Windgeschwindigkeiten bis 12 m/s erreicht. Von der Küste bis zur Station 50KM beträgt die Windgeschwindigkeit über 14 m/s, hervorgerufen durch die stromauf wirkende Rauhigkeitsänderung und im küstennahen Bereich durch den Land-See-Wind. Die Temperaturen an der Inversionsobergrenze über Sprakensehl bleiben unter 14 °C, während sie auf Grund der Divergenz des Horizontalwindes im Küstenbereich bis zur Station 50 KM über 15 °C betragen.

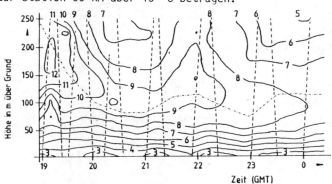

Abb. 1a: Datum: 30.9.1981

Abb. 1: Zeitliche Änderung der Windgeschwindigkeit in m/s (———) beim abendlichen Absinken der Inversion (a) und beim morgendlichen Anstieg der Inversion (b), sowie beim Nebelfall vom 1.10.1981 (c).

Standort: Turm - Sprakensehl
---- Auf- bzw. Abstiege der Sonde
—·— Höhe der Bodeninversion auf dem Sodarschrieb.

Adams, L.J., H.-J.Belitz, U.-G.Matthias, B. Pietzner und G.Tetzlaff (1982): Wetterlagen, Stationsbeschreibungen und Auswerteprogramme als Grundlagen für PUKK, Auswertungen und erste Ergebnisse für die Meßstation Sprakensehl, Institut für Meteorologie und Klimatologie, Universität Hannover.

Blackadar, A.K. (1957): Boundary layer wind maxima and their significance for the growth of nocturnal inversion, Bull. Amer. Meteorol. Soc., 38, 283-290.

Freytag, C. (1978): Untersuchungen zur Struktur des Low-Level Jet, Meteorol. Rdsch., 31, 16-24.

Kottmeier, C. (1982): Die Vertikalstruktur nächtlicher Grenzschichtstrahlströme, Berichte des Instituts für Meteorologie und Klimatologie, Universität Hannover, Nr. 21.

Thorpe, A.J. und T.H.Guymer (1977): The nocturnal jet, Q.J.R.M.S., 103, 633-653.

Mix, W. (1981): Empirische Befunde über die vertikale Verteilung des horizontalen Windvektors an niedertroposphärischen Inversionen unter besonderer Beachtung des Low--Level Jet, Z.Meteorol., 31, 220-242.

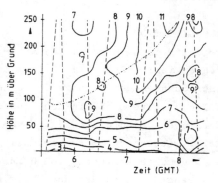

Abb. 1b: Datum: 26.9.1981

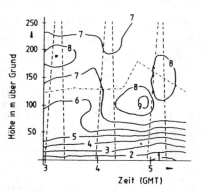

Abb. 1c: Datum: 1.10.1981

ANALYSE DER SMOGSITUATION IN STUTTGART
IM JANUAR 1982

Jürgen Baumüller, Ulrich Hoffmann, Ulrich Reuter

Chemisches Untersuchungsamt - Abteilung Klimatologie -
der Landeshauptstadt Stuttgart
Stafflenbergstr. 81, 7000 Stuttgart 1

1 EINLEITUNG

Vom 12. bis 22. Januar 1982 bestand bundesweit eine austauscharme Wetterlage, die am 22. Januar das zuständige Ministerium des Landes Baden-Württemberg veranlaßte, für Stuttgart infolge hoher Schadgaskonzentrationen Smogalarm der Stufe 1 auszurufen, obwohl seinerzeit kein Smog-Alarmplan für Stuttgart existierte.

Der folgende Beitrag soll die damalige lufthygienische Situation in Stuttgart verdeutlichen.

2 WETTERSITUATION

In der Zeit vom 8. bis 10. Januar 1982 führten ergiebige Schneefälle in Stuttgart zu einer Schneedecke von bis zu 30 cm. In der Folge bildete sich ein Hochdruckgebiet mit Kern über Osteuropa aus, das vom 12.1. bis 22.1. wetterbestimmend war. Bei geringen Druckunterschieden floß an der Westseite dieses Hochs in der Höhe Warmluft aus dem Süden ein, die sich infolge ihrer niedrigen Strömungsgeschwindigkeit nicht bis zum Boden durchsetzen konnte. So verblieb bodennah eine relativ dünne Kaltluftschicht (in Stuttgart ca. 200 m mächtig), die sich nachts durch Ausstrahlungsverluste an der Schneeoberfläche regenerierte. Der Temperaturgradient betrug bezogen auf 800 m Höhendifferenz bis zu 20 Grad. Die vertikale Temperaturschichtung zeigt Abb. 1, in der Isolinien gleicher Temperaturdifferenz zur Bodentemperatur aufgetragen sind. Die tiefste Lufttemperatur betrug in der Innenstadt -12.6 Grad. Im Stadtgebiet lag die Windgeschwindigkeit im Mittel unter 1,5 m/sec bei über 50 % Calmen. Somit war auch definitionsgemäß eine austauscharme Wetterlage gegeben. Eine Ausnahme bildete die Station Vaihingen (am Rand oberhalb des Innenstadtkessels gelegen), wo, erkennbar an der großen Häufigkeit von Südwind bei nur 19,6 % Calmen, ein deutlicher Kaltluftabfluß in den Stadtkessel erfolgte (s. Abb. 2).

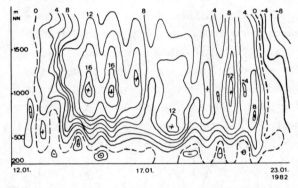

Abb. 1: Isolinien der Temperaturdifferenzen zur Bodentemperatur nach Aufstiegen des DWD

Abb. 2:

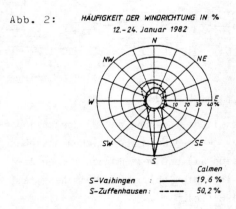

3 ERGEBNISSE DER SCHADSTOFFMESSUNGEN

Zur Beurteilung der Luftqualität in Stuttgart stehen 6 Vielkomponenten-Meßstationen und zusätzlich 2 SO_2-Meßstellen zur Verfügung.

Während der Smogperiode zeigten sämtliche Meßstationen im gesamten Stadtgebiet bei allen Schadstoffen bis zu 10fach überhöhte Werte. Die Abbildung 3 verdeutlicht beispielhaft den Verlauf der SO_2-Belastung in der Innenstadt. Nach einem raschen Anstieg am 12.1. blieb die Belastung mit gewissen Schwankungen bis zum Ende der Smogsituation auf einem hohen Niveau, ohne daß eine allmähliche Anreicherung stattfand. Die Schneedecke sowie die nächtliche Reifbildung stellten eine starke Senke für SO_2 dar, wie chemische Analysen zeigten. So wurden im Kronendurchlaß von Bäumen pH-Werte bis 2,5 gemessen und der pH-Wert im Niederschlag lag im Januarmittel bei 3,5 - 4,5. Im Gegensatz zum SO_2 nahm die CO-Belastung (Abb. 4) mit der Zeit zu. Hier fehlte zum einen die entsprechende Senke, zum anderen erhöhte sich das Verkehrsaufkommen mit den sich allmählich bessernden Straßenverhältnissen.

Der Summenwert der Smogverordnung (Abb. 5) gebildet aus den Meßkomponenten SO_2, NO_2 und CO überschritt erst am 22.1. an 2 Stationen den für den Smogalarm maßgeblichen Schwellwert 3, obwohl schon seit dem 12.1. ein vergleichsweise hohes Schadstoffniveau vorhanden war. Meßgeräteausfälle verhinderten ohnehin die Bildung des Summenwertes an mehreren Tagen.

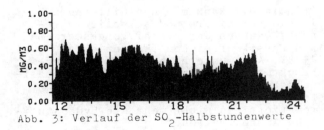

Abb. 3: Verlauf der SO_2-Halbstundenwerte

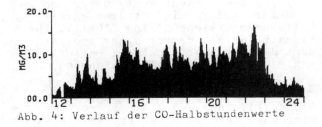

Abb. 4: Verlauf der CO-Halbstundenwerte

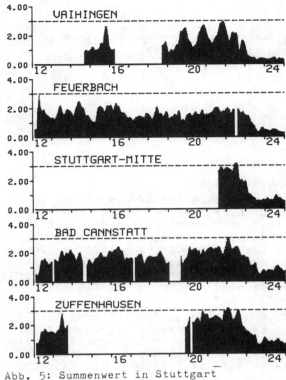

Abb. 5: Summenwert in Stuttgart
12. Jan. - 24. Jan. 1982

4 SCHLUSSBEMERKUNGEN

- In Ballungsräumen ist speziell im Winter bei tiefen Temperaturen das Potential für eine hohe Luftverschmutzung stets vorhanden. Bei entsprechender Wetterumstellung ist eine lange Anreicherungsphase für eine hohe Schadstoffbelastung nicht erforderlich.

- Schneeoberflächen sowie Reifbildung stellen eine erhebliche Senke für SO_2 und NO_x dar.

- Smogvorwarnungen sollten nicht an einen starren Schwellenwert gebunden sein.

5 LITERATUR

Baumüller, J.; et. al: Analyse der Smogsituation in Stuttgart - Januar 1982 -, Mitteilung Nr. 4, Chemisches Untersuchungsamt Stuttgart, 1982.

Smogverordnung für Mannheim, Gesetzblatt vom 21.5.1977, S. 158-161

Technische Anleitung zur Reinhaltung der Luft (TA Luft)

REGIONALMODELLE FÜR WETTERVORHERSAGEN
EIN ÜBERBLICK
Günter Fischer
Meteorologisches Institut der Universität Hamburg

1 KONFIGURATION VON REGIONALMODELLEN

1.1 Einleitung

Die numerischen Wettervorhersagen könnten durch eine Verfeinerung des Modellgitters noch weiter verbessert werden; denn dadurch wird einmal die mathematische Lösung genauer, zum anderen die Anzahl der zu parameterisierenden subskaligen Prozesse geringer, und schließlich ermöglicht das Mehr an Details informativere Aussagen.

Um den Mehraufwand der feineren Auflösung zu kompensieren - immerhin steigt die Rechenzeit bei Halbierung des horizontalen und vertikalen Gitterpunktabstandes auf das 16fache - bietet sich die räumliche Einengung des Modells an. Statt eines globalen oder hemisphärischen Bezugsrahmens wählt man Regionalmodelle, die sich im einzelnen durch den Grad der Auflösung und die Ausdehnung des Gebietes unterscheiden. Die begrenzte horizontale Erstreckung beeinflußt leider auch den Zeitraum einer sinnvollen Prognose ungünstig und beschränkt eine bessere Vorhersage auf solche Strukturen, die in das Gebiet passen.

Man kann im wesentlichen drei Kategorien von Regionalmodellen für Wettervorhersagezwecke unterscheiden:

1.2 Operationelle synoptische Regionalmodelle

Diesen gemeinsam ist, daß, verglichen mit den hemisphärischen Modellen, ihr Aufwand bei doppelter Auflösung kaum größer ist, daß sie deshalb routinemäßig verwendet oder ohne Schwierigkeiten verwendet werden könnten. Geht man von der heute in hemisphärischen Modellen üblichen Auflösung aus - horizontaler Gitterpunktabstand $\Delta S \approx 250$ km bei 5 Flächen in der Vertikalen -, so würde ein kostenneutrales Regionalmodell mit $\Delta S \approx 125$ km und 10 Flächen eine zonale Erstreckung von 3.500 km und eine meridionale von 4.000 km erlauben. Um die Zyklonenwellen voll zu erfassen, wird aber die zonale Erstreckung verdoppelt und der entsprechende Mehraufwand in Kauf genommen.

Da mindestens 4 Stützstellen nötig sind, um eine Struktur adäquat darzustellen und ohne zu große Fehler vorherzusagen, ergibt sich, daß die Wellenlängen zwischen 500 km und 7.000 km besser beschrieben werden als im gröberen hemisphärischen Modell. Diese Skalen unterliegen dem quasigeostrophischen und hydrostatischen Gleichgewicht, sie werden ferner durch das synoptische Beobachtungsnetz noch direkt erfaßt, so daß die in hemisphärischen Modellen bewährten Methoden der Analyse, Initialisierung und numerischen Integration durch Differenzenverfahren ohne wesentliche Abstriche übernommen werden können.

1.3 Experimentelle synoptische Regionalmodelle

Sie unterscheiden sich von den operationellen im wesentlichen durch eine nochmalige Halbierung der Gitterpunktabstände, so daß die Zyklonenwellen bis hinab zu den Wellenlängen um 250 km gut beschrieben werden. Damit sind diese Modelle, die z.T. schon dem Mesoscale zugeordnet werden, in der Lage, z.B. Lee-Zyklogenese und Fronten relativ gut zu erfassen, was wiederum einer verbesserten Niederschlagsvorhersage zugute kommen sollte; aber ihr Aufwand ist für einen derzeitigen routinemäßigen Einsatz noch zu hoch.

1.4 Mesoskalige Regionalmodelle

Prinzipiell kann man das Gitternetz beliebig verfeinern und so beliebig genaue Lösungen der einmal vorgeschriebenen Physik erreichen (Warner et al, 1978). Aber unterhalb 100 km liegende Strukturen genügen nicht mehr dem quasigeostrophischen Gleichgewicht und unterhalb 10 km liegende Strukturen rechtfertigen nicht mehr die hydrostatische Approximation.

Modelle mit $\Delta S \approx 10$ km und einer horizontalen Erstreckung wenig unter 500 km sind für Land-Seewind Studien entwickelt worden (siehe Etling (1981)). Ihr Einsatz für die Wettervorhersage ist zwar denkbar aber noch weit entfernt von einer praktischen Durchführung.

2 PROBLEME

Die seitlichen R ä n d e r verursachen unvermeidliche Fehler, welche sich unter ungünstigen Umständen mit 1oo km/h durch Gravitationswellen, im günstigen Fall mit 1o km/h durch synoptische Wellen in das Integrationsgebiet ausbreiten können. Um diese Fehler möglichst gering zu halten,ist es am günstigsten, die Randwerte zeitlich durch die vorausgegangene Vorhersage mit einem gröberen hemisphärischen oder globalen Modell zu fixieren;(siehe z.B. Baumhefner und Perkey (1982), Paschen (198o)),aber die verbleibenden Fehler lassen nur kurzfristige Prognosen unterhalb 2 Tagen bei den synoptischen Modellen zu. Möglichkeiten, die Randprobleme zu mindern, bieten stufenweise oder kontinuierliche Verfeinerungen des Gitternetzes innerhalb von hemisphärischen oder globalen Modellen (das sog. nestling) (siehe Staniforth and Mitchell (1978)). Auch das sphärische Gitternetz löst an den Polen relativ hoch auf, und eine mathematische Verschiebung des Nordpols auf Mitteleuropa könnte dort auch für eine relativ gute Vorhersage sorgen (Schmidt (1982)).

Ferner bereitet die I n i t i a l i s i e r u n g gewisse Schwierigkeiten dadurch, daß die Balancegleichung für ein begrenztes Gebiet zu lösen ist, bzw. bei den modernen "normal mode" Methoden die periodischen Bedingungen fehlen (siehe hierzu Wergen (198o), Briere (1982)).

Bei den mesoskaligen Modellen kommt hinzu, daß ihr Auflösungsvermögen grösser ist als das des Beobachtungsnetzes und deshalb wesentliche Anfangsinformationen fehlen (Carpenter and Lowther (1982)).

3 SKIZZIERUNG EINIGER SYNOPTISCHER REGIONALMODELLE

3.1 Operationelle synoptische Regionalmodelle

Das erste hochauflösende Regionalmodell wurde von Bushby und Timpson (1967) konzipiert und von Burridge (1975) für den routinemäßigen Einsatz am Meteorological Office in Bracknell modifiziert (horizontaler Gitterpunktabstand $\Delta S \approx$ 1oo km, 64 x 48 x 1o Gitterpunkte in zonaler, meridionaler und vertikaler Richtung).

Mehrere Versionen sind seit 1972 beim National Meteorological Center in Washington (NMC) zum Einsatz gekommen. Von 1977 bis 1981 besaß das NMC-Regionalmodell ein $\Delta S \approx$ 125 km mit 6 Flächen in der Vertikalen und erstreckte sich zwischen 4o° bis 14o°W und 2o°-8o°N (siehe dazu Silberberg und Bosart (1982)). Regionalmodelle wurden auch beim National Center for Atmospheric Research (NCAR) entwickelt ($\Delta S \approx$ 13o km, 42 x 21 x 1o Punkte) (Perkey (1976)).

Ein sehr flexibel zu handhabendes Regionalmodell hat Hodur (1982) vorgestellt und für Vorhersagen über dem Mittelmeerraum während des Januars 1981 verwendet ($\Delta S \approx$ 12o km, 85 x 65 x 15 Punkte). Eine japanische Entwicklung stammt von Okamura (1975) ($\Delta S \approx$ 15o km, 34 x 29 x 6 Punkte).

Auch der australische Wetterdienst verwendet ein Regionalmodell ($\Delta S \approx$ 25o km, 28 x 23 x 6 Punkte), (McGregor et al (1978)).

Zu erwähnen ist in dieser Kategorie auch die Regionalversion des hemisphärischen Modells der Universität Hamburg ($\Delta S \approx$ 8o km, 64 x 64 x 8 Punkte), womit in Zusammenarbeit mit dem DWD Nordseesturmflut-Wetterlagen nachgerechnet wurden (Behr und Roeckner, 1983). Einige Ergebnisse werden auf dieser Tagung vorgestellt werden.

Die bisherigen Erfahrungen mit den Regionalmodellen gehen dahin, daß Lage und Intensität der Zyklonenwellen bis zu zwei Tagen besser prognostiziert werden; die besonders wünschenswerte Verbesserung der Niederschlagsvorhersage steht aber noch aus (Bosart (198o)).

3.2 Experimentelle synoptische Regionalmodelle

Hier ist einmal das Europa-Modell des DWD ($\Delta S \approx$ 6o km, 7o x 7o x 18 Punkte) zu nennen (Müller (198o)), welches in seiner Kanalversion auf dieser Tagung in mehreren Vorträgen, besonders im Hinblick auf den Niederschlag, behandelt werden wird. Ebenfalls auf dieser Tagung werden erste Ergebnisse mit einem beim Geophysikalischen Beratungsdienst in Traben Trabach entwickelten Mitteleuropa-Modell präsentiert, das mit den Ausmaßen $\Delta S \approx$ 3o km, 55 x 55 x 1o Punkte schon dem mesoskaligen Bereich zugeschlagen werden könnte.

Weitere Modell-Entwicklungen, die interessante Resultate (Genua-Zyklogenese, Gebirgsüberströmung) abgeworfen haben, wurden von Anthes und Keyser (1979) ($\Delta S \approx$ 6o km, 5o x 5o x 6 Punkte) und von Nelson und Anthes (1981) ($\Delta S \approx$ 6o km, 25 x 2o x 4 Punkte) beschrieben.

Zu erwähnen ist ferner das Europa-Modell von Briere (1982) mit $\Delta S \approx$ 6o km, 51 x 51 x 1o Punkte.

3.3 Experimentelle mesoskalige Regionalmodelle

Hier sind die Entwicklungen von Pielke (1978), Tapp und White (1976), Carpenter (1979) sowie Carpenter und Lowther (1982) zu nennen, sämtlich mit $\Delta S \approx$ 1o km,und ein Gebiet die britischen Inseln bzw. Florida umfassend. Diese Modelle werden in der einen oder anderen Art durch das großräumige Feld - im wesentlichen durch den zeitlichen Gang des großräumigen Luftdrucks - gesteuert, und sind in dieser Hinsicht dynamische Interpolationsmodelle auf kleine Skalen, die wie in den vorliegenden Experimenten, in der Lage sind, Seewindfronten darzustellen. Vergleiche zwischen hydrostatischer und nicht hydrostatischer Formulierung ergaben übrigens bei dieser Auflösung keine unterschiedlichen Resultate (Tapp und White (1976)).

4 AUSBLICK

Die Weiterentwicklung der Computer-Technik wird die derzeitigen operationellen Regionalmodelle ($\Delta S \approx 125$ km) überflüssig machen und sie durch globale Modelle gleicher Auflösung ersetzen. Diese heute schon ersichtliche Tendenz wird auch noch dadurch gefördert, daß im globalen Rahmen die Datenmengen günstiger zu programmieren, und erfolgversprechende spektrale Initialisierungs- und Integrationsverfahren nur dort sinnvoll anzuwenden sind - und nicht zuletzt, globale Modelle machen im Gegensatz zu Regionalmodellen auch gute mittelfristige Vorhersagen. In diesem Zusammenhang sei das globale EZMW-Modell erwähnt, das derzeit mit einem Gitterpunktabstand von $1.875°$, 15 Flächen in der Vertikalen und einer komplexen Parameterisierung der subskaligen Prozesse die meisten Regionalmodelle in den Schatten stellt.

Das Interesse wird sich also den derzeit experimentellen synoptischen Regionalmodellen ($\Delta S \approx 60$ km) zuwenden, welche die dem interessierenden Bereich angepaßten Parameterisierungssätze der subskaligen Prozesse zum Wohle einer besseren Niederschlagsvorhersage besonders gut ausnutzen könnten. Dabei wird das Problem bleiben, ob man einer engeren horizontalen, einer größeren vertikalen Auflösung oder einer komplexeren Parameterisierung den Vorzug geben soll - wobei man diese drei Punkte nicht getrennt betrachten darf -, denn was nützt z.B. eine exakte Parameterisierung des Niederschlages, wenn die großräumigen Parameter (Feuchte, Vertikalgeschwindigkeit z.B.) durch zu grobe Auflösung falsch vorhergesagt werden.

Die mesoskaligen Regionalmodelle ($\Delta S \approx 10$ km) werden auf Fragen des lokalen Klimas beschränkt bleiben, schon deshalb, weil Wettervorhersagen mit ihnen zu detailreich und kurzlebig wären, um die Öffentlichkeit noch ansprechen zu können.

5 LITERATUR

ANTHES,R.A. and D.KEYSER, 1979, "Tests of a fine-mesh model over Europe and the United States", Mon.Wea.Rev. 107, 963-984.

BAUMHEFNER,D.P. and D.J.PERKEY, 1982, Evaluation of lateral boundary errors in a limited-domain model, Tellus 34, 409-428.

BEHR,H. and E.ROECKNER, 1983, On the influence of horizontal truncation and lateral boundary errors on 36-hour forecasts of winter storms in the North Sea area, einger. bei Tellus.

BOSART,L.F., 1980, Evaluation of LFM-2 quantitative precipitation forecasts, Mon.Wea.Rev. 108, 1087-1099.

BRIERE,S., 1982, Nonlinear normal mode initialization of a limited area model, Mon.Wea.Rev. 110, 1166-1186.

BURRIDGE,D.M., 1975, A split-semi-implicit reformulation of the Bushby-Timpson 10-level model, Quart.J.Roy.Met. Soc. 101, 777-802.

BUSHBY,F.H. and M.S.TIMPSON, 1967, A 10 level atmospheric model and frontal rain, Quart.J.Roy.Met.Soc. 93, 1-17.

CARPENTER,K.M., 1979, An experimental forecast using a non-hydrostatic mesoscale model, Quart.J.Roy.Met.Soc. 105, 629-655.

CARPENTER,K.M. and L.R.LOWTHER, 1982, An experiment on the initial conditions for a mesoscale forecast, Quart.J.Roy.Met.Soc. 108, 643-660.

ETLING,D., 1981, Meso-Scale Modelle, Promet, 1, 2-26.

HODUR,R.M., 1982, Description and evaluation of NORAPS: The Navy Operational Regional Atmospheric Prediction System, Mon.Wea.Rev. 110, 1591-1602.

McGREGOR,J.L., L.M.LESLIE and D.J.GAUNTLETT, 1978, The ANMRC Limited-Area Model: consolidated formulation and operational results, Mon.Wea.Rev. 106, 427-438.

MÜLLER,E., 1980, Aufbau eines regionalen Wettervorhersagemodells, A.M. 16, 213-215.

NELSON,L.S. and R.A.ANTHES, 1981, "A mesoscale semi-implicit numerical model", Quart.J.Roy.Met.Soc. 107, 167-190.

OKAMURA,Y., 1975, Computational design of a limited-area prediction model, J.Met.Soc. Japan 55, 175-188.

PASCHEN,W., 1980, Das Nestling-Problem in meteorologischen Modellen, Dissertation Met.Inst. der Uni Hamburg, 83 Seiten.

PERKEY,D.J., 1976, A description and preliminary results from fine mesh model for forecasting a quantitative precipitation, Mon.Wea.Rev. 104, 1513-1526

PIELKE,R., 1978, Mesoscale dynamical models to be used for local and regional forecasts, Sem. 1978, ECMWF 56-116.

SCHMIDT,F., 1982, Cyclone tracing,
Beitr.Phys.Atmosph. 55, 335-357.

SILBERBERG,S.R. and L.F.BOSART, 1982,
An analysis of systematic cyclone errors in the NMC LFM-II model during the 1978-79 cold season,
Mon.Wea.Rev. 11o, 254-271.

STANIFORTH,A.N. and H.L. MITCHELL, 1978,
A variable resolution finite-element technique for regional forecasting with the primitive equations,
Mon.Wea.Rev. 1o6, 439-447.

TAPP,M.C. and P.W.WHITE, 1976, A non-hydrostatic mesoscale model,
Quart.J.Roy.Met.Soc. 1o2, 277-296.

WARNER,T.T., R.A.ANTHES and A.L.McNAB, 1978, Numerical simulation with a three-dimensional mesoscale model,
Mon.Wea.Rev. 1o6, 1o79-1o99.

WERGEN,W., 198o, Initialisierung von regionalen Wettervorhersagemodellen,
Ann.Met. (N.F., Nr. 16, 216-221).

6   ERGÄNZENDE LITERATUR
(nicht im Text zitiert)

ANTHES,R.A. and T.T.WARNER, 1978,
Development of hydrodynamic models suitable for air pollution and other meso-meteorological studies,
Mon.Wea.Rev. 1o6, 1o45-1o78.

BOSART,L.F., 1981
The Presidents' Day snowstorm of 18-19 February 1979: A subsynoptic scale event,
Mon.Wea.Rev. 1o9, 1542-1566.

FAWCETT,E.B., 1977
Current capabilities in prediction at the National Weather Service's National Meteorological Center,
Bull.Amer.Met.Soc. 58, 143-149.

GAUNTLETT,D.J.,L.M.LESLIE,J.L.McGREGOR and D.R.HINCKSMAN, 1978,
A limited area nested numerical weather prediction model: Formulation and preliminary results,
Quart.J.Roy.Met.Soc. 1o4, 1o3-117.

MIYAKODA,K. and A.ROSATI, 1977,
One way nested grid models: The interface conditions and the numerical accuracy,
Mon.Wea.Rev. 1o5, 1o92-11o7.

PERKEY,D.J. and C.W.KREITZBERG, 1976,
A time dependent lateral boundary scheme for limited area primitive equation models,
Mon.Wea.Rev. 1o4, 744-755.

RANDERSON,D., 1976, Overview of regional scale numerical models,
Bull.Amer.Met.Soc. 57, 797-8o4.

SHUMAN,F.G.,1978,
Numerical weather prediction,
Bull.Amer.Met.Soc. 59, 5-17.

NUMERISCHE VORHERSAGEN VON STURMFLUTWETTERLAGEN MIT HILFE REGIONALER MODELLE
H. Behr und E. Roeckner
Meteorologisches Institut der Universität Hamburg

1. EINLEITUNG

Numerische 36-stündige Vorhersagen von Sturmflutwetterlagen im Nordseebereich, die mit unterschiedlichen Modellen gewonnen worden sind, werden untereinander und mit den entsprechenden Analysen der Beobachtungsdaten verglichen. Die Modelle unterscheiden sich durch das horizontale Auflösungsvermögen und die Behandlung der seitlichen Ränder, um den Einfluß der numerischen Genauigkeit auf die Simulation von kräftigen Sturmtiefentwicklungen zu untersuchen.

2. METHODE

Zwei regionale Kurzfristvorhersagemodelle werden verwendet, die bezüglich der Formulierung der Modellgleichungen und der berücksichtigten physikalischen Prozesse auf dem in Hamburg entwickelten hemisphärischen Zirkulationsmodell (ROECKNER,1979) basieren und die physikalischen Parameterisierungen ungeändert übernehmen. Die Diskretisierung der in Flußform geschriebenen primitiven Gleichungen erfolgte in einem sphärischen Gitter mit konstanten Inkrementen. Das Integrationsgebiet umfaßt bei beiden Modellen die größten Teile des Nordatlantiks und Europas (1/8 der Nordhemisphäre).

Das Regionalmodell (RM) weist zeitlich konstante seitliche Randwerte und einen horizontalen Gitterpunktabstand $\Delta\lambda = 2.8°$, $\Delta\varphi = 1.4°$ (d.h. 156 km in 60°N) auf.

Beim Nestmodell (NM) ist das Auflösungsvermögen verdoppelt worden ($\Delta\lambda = 1.4°$, $\Delta\varphi = 0.7°$). Die horizontalen Randwerte sind zeitabhängig und werden aus einer vorausgegangenen hemisphärischen Vorhersage mit gröberem Auflösungsvermögen durch zeitliche und räumliche Interpolation gewonnen. In einer Randzone wird bei der Vorhersage nach einer Methode von Kallberg (1977) die Lösung für jede abhängige Variable des feinen Gitters durch ein gewichtetes Mittel aus "feiner" und "grober" Lösung ersetzt (BEHR und ROECKNER, 1983). Das dafür benutzte hemisphärische Modell (HM), das dasselbe "grobe" Auflösungsvermögen wie das Modell RM aufweist, dient auch als Vergleichsmaß für die Abschätzung der durch die seitlichen Ränder erzeugten Vorhersagefehler der regionalen Modelle.

Die Verifikation erfolgt durch Vergleich der Vorhersagen des Luftdrucks am Boden mit den numerischen Analysen des Deutschen Wetterdienstes (DWD) für zwei Gebiete unterschiedlicher Größe. Der Vergleich bezieht sich sowohl auf Fehler in der Lage und Intensität der Tiefzentren als auch auf die geographische Verteilung der Vorhersagefehler. Als statistische Fehlermaße werden RMS-Fehler und S1-score berücksichtigt.

Außerdem wird die Qualität der für die Anfangsfelderstellung und Verifikation verwendeten grobmaschigen numerischen Analysen des DWD (381 km-Gitternetz) anhand feinmaschiger Handanalysen des Seewetteramtes Hamburg (SWA) ($\Delta\lambda = 2°$, $\Delta\varphi = 1°$) überprüft, um Unsicherheiten in den Anfangsbedingungen abschätzen zu können.

Die Anfangsfelder werden aus den numerischen Analysen des DWD durch Interpolation vom stereographischen 381 km-Gitter auf das hier verwendete engmaschigere sphärische Gitter gewonnen.

Neun 36-stündige Vorhersagen von kräftigen Sturmtiefs im Nordseebereich sind mit dem grob auflösenden Modell RM durchgeführt worden. Fünf Vorhersagen konnten mit dem feinmaschigen Modell NM wiederholt werden.

Die synoptische Situation aller Fälle ist sehr ähnlich. Innerhalb der Vorhersageperiode zieht jeweils ein Sturmtief ostwärts durch den großen Verifikationsbereich (Ostatlantik/Europa) und verstärkt sich oder schwächt sich dabei ab.

3. ERGEBNISSE

Verursacht durch den allmählichen Einfluß der zeitlich konstanten seitlichen Randwerte auf die Vorhersage, nehmen die Fehler des Modells RM mit der Zeit schneller zu als die des Modells NM und des Vergleichsmodells HM. Nach 36 Stunden bleibt der innere Bereich des Integrationsgebietes (Nordseebereich) in den meisten Fällen jedoch noch frei von schweren Fehlern. Das Anwachsen der Randwertfehler in RM hängt wesentlich von der synoptischen Situation des Anfangszustandes, d.h. von der Lage des betrachteten, sich rasch bewegenden Tiefzentrums relativ zu den seitlichen Rändern ab.

Das feinmaschige Nestmodell NM weist die besten Ergebnisse auf bezüglich der vorhergesagten Lage der Tiefzentren sowie der statistischen Fehlermaße (RMS-Fehler, S1-Score). Verglichen mit den totalen Vorhersagefehlern sind bei NM die durch die seitlichen Ränder verursachten Fehler vernachlässigbar. Die Verbesserung der Vorhersagegüte beruht allein auf dem verringerten horizontalen Abschneidungsfehler im feinmaschigen Gitter, denn die Anfangs- und Bodendaten (z.B. Orographie) werden durch Interpolation aus dem groben Modell HM gewonnen und enthalten somit keine zusätzlichen kleinräumigeren Informationen.

Ein Vergleich der für die Anfangsfelderstellung und die Verifikation verwendeten groben numerischen Bodendruckanalysen des DWD mit feineren Analysen des SWA zeigt, daß die numerischen Analysen kleinräumigere Strukturen systematisch glätten. Die Vorhersagefehler bezüglich der feinen SWA-Analysen sind allgemein größer als die bezüglich der glatteren numerischen DWD-Analysen (BRÜNING,1982).

4. ZUSAMMENFASSUNG

Die Gitternetzverfeinerung beim Modell NM bewirkt eine wesentliche Verbesserung der 36-stündigen Vorhersagen im Innern des Vorhersagebereichs. Die Fehler, die an den seitlichen Rändern durch Kopplung der grob- und der feinmaschigen Lösungen entstehen, sind ohne Bedeutung. Weitere Verbesserungen könnten durch Verwendung feinmaschiger Anfangsanalysen und Bodendaten (z.B. Orographie) erreicht werden. Die vorliegende Untersuchung basiert auf interpolierten Daten aus dem grobmaschigen hemisphärischen Modell.

Das einfache grobmaschige Modell RM mit zeitlich konstanten Randwerten liefert Ergebnisse, die mit den wesentlich komplizierteren Modellen NM und HM in etwa vergleichbar sind, falls das Integrationsgebiet ausreichend groß und richtig gewählt wird, d.h. wenn die interessierenden Entwicklungen nicht zu nahe an den seitlichen Rändern stattfinden. Das Modell RM bietet große ökonomische Vorteile; es benötigt nur etwa 12% der Rechenzeit des hemisphärischen Modells HM bzw. 6% des Nestmodells NM.

5. LITERATUR

BEHR,H.; ROECKNER,E.:
On the influence of horizontal truncation and lateral boundary errors on 36-hour forecasts of winter storms in the North Sea area.
Eingereicht bei Tellus.

BRÜNING,C.:
Vergleich von numerischen Vorhersagen von Sturmflutwetterlagen im Bereich der Nordsee, sowie Entwicklung und Test eines statistischen Korrekturverfahrens.
Diplomarbeit, Univ. Hamburg, 1982.

KALLBERG,P.:
Test of a lateral boundary relaxation scheme in a barotropic model. ECMWF, Reading, England. Internal Report No.3, 1977.

ROECKNER,E.:
A hemispheric model for short-range numerical weather prediction and general circulation studies.
Beitr.Phys.Atm., 52, (1979), 262-286.

BEMERKUNGEN ÜBER NUMERISCHE NIEDERSCHLAGSVORHERSAGEN

Winhart Edelmann
Deutscher Wetterdienst, Offenbach

1 EINLEITUNG

Die numerische Wettervorhersage begann vor reichlich 30 Jahren mit dem barotropen Modell. Aus den vorhergesagten 500-mbar-Höhen konnte man zwar schon viele Schlüsse ziehen, aber Niederschlagsvorhersagen waren damit nicht zu machen. Mit der zweiten Modellgeneration - baroklin, aber trocken - hatte man Vorhersagen der Temperatur und des Bodendruckfeldes zur Verfügung. Daran ist die Lage der Fronten bereits deutlicher erkennbar und eine grobe ja/nein-Aussage über den Niederschlag möglich. Diese Modelle geben mit der vorhergesagten Vertikalbewegung sogar schon Hinweise auf aktive Niederschlagszonen, woraus sich qualitative Aussagen ableiten lassen.

Die dritte Modellgeneration vollzieht den ersten Schritt zur wirklichen Wettervorhersage. Als neue Variable tritt die Luftfeuchtigkeit hinzu. Das sogenannte BKF-Modell des Deutschen Wetterdienstes, seit 1978 in täglicher Routine eingesetzt, ist ein Vertreter dieser Generation. Die vorhergesagten Felder der relativen Feuchte zeigen die Bildung langer gerader oder auch spiralförmiger Streifen, welche den Wolkenbildern der Satelliten erstaunlich weit entsprechen. Diese Feuchtefelder sind ein ausgezeichnetes Hilfsmittel, die Lage vorhergesagter Fronten zu bestimmen.

Zwischen der relativen Luftfeuchtigkeit und der Menge der Bewölkung läßt sich aus den Beobachtungen für jede einzelne Schicht ein statistischer Zusammenhang ableiten. Dieser Zusammenhang wird vom Modell benutzt, um die vorhergesagte Feuchte in angenommene Wolkenmengen umzurechnen. Bleibt die Feuchte unter einer bestimmten Schranke, so gilt diese Schicht als wolkenfrei, oberhalb einer anderen Schranke als bedeckt, und dazwischen wird die Menge der Wolken linear interpoliert. Die Modell-Wolken spielen eine wichtige Rolle für die solare Einstrahlung und langwellige Ausstrahlung; insbesondere bestimmen sie den täglichen Gang der Temperatur.

2 MODELLIERUNG VON NIEDERSCHLAG

Die Luftfeuchtigkeit kann z.B. durch Hebung den Sättigungswert überschreiten. Das geschieht im Modell an einem Gitterpunkt, das heißt großräumig für das ganze zugehörige Gitterquadrat. Dann wird die überschüssige Feuchte sofort kondensiert und die entsprechende Menge latenter Wärme freigesetzt. In der Natur bilden sich erst kleine Nebeltröpfchen, werden als Wolke gespeichert, können in komplexen wolkenphysikalischen Prozessen zu größeren Tröpfchen zusammenwachsen und mit Verzögerung ausfallen. In unserem Modell ist dieser Vorgang kurzgeschlossen. Der Niederschlag beginnt sofort auszufallen. Ein mehr oder weniger großer Teil verdampft in tieferen ungesättigten Luftschichten und macht diese entsprechend kühler und feuchter. Nur der Rest erreicht den Erdboden.

Auch wenn die Luft an einem Gitterpunkt ungesättigt ist, kann Niederschlag fallen, nämlich konvektiv, in Form von Schauern. Das wird vom Modell folgendermaßen simuliert: Ein Luftpaket wird versuchsweise trocken- bzw. feuchtadiabatisch von einer Modellfläche zur nächsthöheren bewegt. Wenn es dort wärmer als seine Umgebungsluft ankommt, erfährt es Auftrieb. Die Schichtung ist dann hinreichend labil, es findet Konvektion statt. Aus der Auftriebskraft läßt sich die Vertikalgeschwindigkeit des Luftpaketes ausrechnen. Diese dient dazu, einerseits seine Vermischung mit der Umgebung, andererseits die Intensität der Konvektion, die Menge der umgelagerten Luft abzuschätzen. So kann das Luftpaket sogar über mehrere Schichten nach oben vordringen und dabei übersättigt werden. Genau wie beim großräumigen Niederschlag kondensiert die überschüssige Feuchte. Das Kondensat fällt im Modell ohne zeitliche Verzögerung durch die tieferen Schichten, eventuell bis zum Erdboden.

Vom Modell wird nur die Summe von großräumigem und konvektivem Niederschlag ausgegeben. Eine Trennung dieser beiden Komponenten erscheint wenig sinnvoll, denn sie lassen sich auch in der Natur oft nicht eindeutig unterscheiden.

3 FEHLERQUELLEN

Numerische Vorhersagen werden durch zahlreiche Fehlerquellen teils unkontrollierbar, teils systematisch verfälscht. Der Niederschlag ist (neben der Vertikalgeschwindigkeit) dasjenige Element, welches am empfindlichsten auf Fehler aller Art anspricht. Die Fehler lassen sich in drei Gruppen einteilen. Die erste Gruppe umfaßt die Unsicherheit des Anfangszustandes. So ist z.B. das Beobachtungsmaterial über dem Atlantik oft beklagenswert schlecht. Wenn eine Störung im Druckfeld nicht erfaßt wird, geht die Niederschlagsvorhersage erst recht daneben. Fällt die Feuchteanalyse um wenige Prozent höher oder niedriger aus, so kann die Vorhersage darauf mit dramatisch gesteigerten oder verminderten Niederschlagsmengen reagieren. Selbst subtilere Parameter wie Schneedecke und Bodenwassergehalt sind nicht zu vernachlässigen. Von großer Bedeutung ist die problemreiche Bestimmung eines gut balancierten Anfangswindes.

Die zweite Fehlergruppe betrifft die Modell-Physik. Konvektion, Grenzschicht, Turbulenz und Strahlung stekken im Modell voller vereinfachender Annahmen und schwer bestimmbarer Parameter. Schon kleine Änderungen zeigen eine Wirkung auf die Niederschläge.

Die dritte Fehlergruppe bezieht sich auf die mathematischen Eigenschaften. Künstliche seitliche Randbedingungen in den Tropen sind für Kurzfristvorhersagen über Europa unbedeutend. Wichtig ist dagegen als untere Randbedingung die Modell-Orographie. Ob die Kammhöhe eines Gebirges ein paar hundert Meter zu tief oder zu hoch angesetzt wird, ist nicht gleichgültig. Dies führt uns auf die größte Fehlerquelle, die Maschenweite des BKF-Modells. In einem 254-km-Gitter lassen sich die Alpen nur dürftig, die deutschen Mittelgebirge überhaupt nicht darstellen. Selbst im Flachland ist die grobe Maschenweite schädlich. Kurze Wellen laufen grundsätzlich zu langsam; der Tempofehler schlägt voll auf die vorhergesagte Niederschlagszeit durch. Je größer das Gitter ist, desto stärker wird die Vertikalgeschwindigkeit kleinräumiger Systeme unterschätzt, mit der Folge, daß die Niederschlagsmengen systematisch zu niedrig vorhergesagt werden. Über Deutschland werden im Durchschnitt nur 50-80% der beobachteten Mengen erreicht.

Eine Verbesserung der Niederschlagsvorhersagen ist nur zu erreichen, wenn außer der Minimierung der übrigen Fehlerquellen die Maschenweite des Gitters verkleinert wird. Tatsächlich zeigt unser Europa-Atlantik-Ausschnittsmodell (BKN) mit halbierter Maschenweite (127 km) eine erhöhte Niederschlagsausbeute und realistische Details, welche im gröberen Gitter verloren gehen. Der erste gerechnete Fall ist im Jahresbericht des Deutschen Wetterdienstes 1981, S.50 dokumentiert. Er stellt keine Ausnahme dar. Der Fortschritt läßt sich seither fast mit jeder einzelnen Vorhersage belegen.

4 ZUR INTERPRETATION DER VORHERSAGEN

Die vorhergesagte Niederschlagsmenge für einen Gitterpunkt darf man nie als Punktwert interpretieren, sondern stets nur als Mittelwert für das Gitterquadrat. Jedermann weiß, daß die beobachteten Niederschläge innerhalb eines solchen Gebietes gewaltig streuen können, sei es durch lokalen Gebirgseinfluß, durch warme oder kalte Wasserflächen oder durch die Zufallslaunen kleinräumiger Turbulenz. Solche Feinheiten können unsere Gittermodelle nicht auflösen.

Der Meteorologe darf sich nicht auf die Niederschlagssumme des Modells am nächsten Gitterpunkt verlassen. Er muß die Nachbarpunkte mit heranziehen. Der in Diagrammen dargestellte zeitliche Verlauf des Niederschlages und anderer Elemente ist zu berücksichtigen, die gesamte Wetterentwicklung muß im Auge behalten werden, und der Einfluß von Fehlerquellen ist abzuwägen. Auch die übereinstimmenden oder abweichenden numerischen Vorhersagen anderer Wetterdienste sind mit heranzuziehen. Dabei kann auf einen gewissen Erfahrungsschatz nicht verzichtet werden, welcher der fortschreitenden Modellentwicklung angepaßt werden muß.

Für die Zukunft zeichnet sich eine statistische Interpretationshilfe der Modellergebnisse für lokale Wettervorhersagen ab. Es geht darum, die in längeren Beobachtungsreihen enthaltenen Erfahrungen objektiv und optimal zu nutzen. Aus vorhergesagten Niederschlägen und einer größeren Anzahl anderer geschickt ausgewählter Parameter (z.B. Windrichtung, Temperaturgradient usw.) lassen sich statistische Beziehungen zwischen der Vorhersage und dem tatsächlich an einem Ort beobachteten Niederschlag herleiten. Sie werden zur Verbesserung künftiger Vorhersagen angewendet. Zu ihrer Herleitung muß allerdings ein ausreichend großes Vorhersagekollektiv zur Verfügung stehen. Während dieser Zeit darf das Modell nicht geändert werden. Sollen die Beziehungen gültig und anwendbar bleiben, so darf sich auch in Zukunft nichts wesentliches am Modell ändern. Diese Bedingungen sind zur Zeit nicht erfüllt.

VORHERSAGEN FÜR MITTELEUROPA MIT HILFE EINES MESOSKALIGEN VORHERSAGEMODELLS

Heinz Günter Becker
Amt für Wehrgeophysik

1. EINLEITUNG

Es wird ein Vorhersagemodell vorgestellt, welches die Simulation mesoskaliger Phänomene ermöglicht. Es ist von der Konzeption her dreidimensional, instationär und hydrostatisch gefiltert. Es wird zur Vorhersage der Grundparameter Wind, Temperatur und Druck für einen Zeitraum bis 24 Stunden eingesetzt. Derzeit ist die Feuchte noch nicht einbezogen. Änderungen des synoptischen Zustands werden durch Ankopplung an ein "large-scale"-Modell zugelassen. Modellergebnisse werden an einer realen Wetterlage aufgezeigt.

2. MODELLBESCHREIBUNG

2.1 Modellgleichungen

Die Modellgleichungen beinhalten die prognostischen Gleichungen für die horizontalen Windkomponenten und die potentielle Temperatur sowie die diagnostischen Beziehungen für den Druck und die Vertikalgeschwindigkeit (hydrostatische Grundgleichung und Richardsongleichung). Hinzu treten noch weitere diagnostische Beziehungen für die Austauschkoeffizienten.

2.2 Modellgebiet

Das Modellgebiet umfaßt Mitteleuropa und wird mit einem horizontalen Gitternetz von 55 x 55 Gitterpunkten mit einer Maschenweite von 31.75 km überdeckt. Da das Gebiet sehr stark orographisch struktuiert ist, wird ein der Orographie angepaßtes Koordinatensystem (KASAHARA, 1974) benutzt, so daß der unregelmäßige Erdboden eine Rechenfläche darstellt. Dies wirkt sich günstig auf die Formulierung der Randwerte am unteren Modellrand aus. Die obere Modellbegrenzung liegt fest bei 10 km MSL. Vertikal wird die Modellatmosphäre mittels 10 nicht äquidistant verteilten Rechenflächen repräsentiert. Sie wird unterteilt in Prandtlschicht (2 Flächen), Ekmannschicht (5 Flächen) und freie Schicht (3 Flächen). Die Alpen sind mit einer Höhe von 3000 m in der Modellorographie berücksichtigt.

2.3 Modellphysik

Die Modellphysik enthält neben Transport- und Adjustierungsprozessen den irreversiblen Austausch und die diabatische Wärmezufuhr am Erdboden. Die Austauschkoeffizienten von Impuls und Wärme werden mit dem Profil nach OBRIAN (1970) beschrieben. Die Flüsse innerhalb der Prandtlschicht werden in Form der "bulk equations" parametrisiert. Die Schichtungsabhängigkeit der Widerstandskoeffizienten wird nach DEARDORFF (1972) berücksichtigt. Die diabatische Wärmezufuhr am Erdboden wird mittels einer analytischen Funktion vorgegeben. Der Einfluß der Bewölkung - externer Parameter - erfolgt über eine Gewichtsfunktion. Eine Modifikation des "OBRIAN"-Profiles (BARKER, 1973) simuliert das "convective adjustment". Die orographischen Prozesse werden durch das der Orographie angepaßte Koordinatensystem einbezogen.

2.4 Die numerische Lösung

Die Lösung der prognostischen Gleichungen erfolgt mit dem Splitting-Verfahren (YANENKO, 1971). Die Gleichungen werden dabei zerlegt in Adjustierung, Austausch und Transport. Die Transportgleichungen werden weiter räumlich separiert. Dieses Aufsplitten ermöglicht es für jeden einzelnen physikalischen Prozeß, das optimale Lösungsverfahren anzuwenden. So werden Adjustierung und Austausch vollkommen implizit gelöst. Bei der Lösung der Transportgleichungen wird ein "upstream interpolation"-Verfahren mit kubischen Splinefunktionen (PURNELL, 1976) verwendet. Die diagnostischen Gleichungen werden durch Integration gelöst.

2.5 Anfangswerte, Initialisierung

Das Vorhersagemodell benötigt als Anfangswerte Analysen von Temperatur und Geopotential auf Druckflächen. Die Analysen werden nach dem Cressman-Verfahren bereitgestellt. Danach erfolgt die Umrechnung von Druckflächen auf das der Orographie angepaßte Koordinatensystem. Das Horizontalwindfeld erhält man aus der Lösung der stationären Ekmangleichungen. Der Vertikalwind wird diagnostisch aus der Richardsongleichung gewonnen.

2.6 Randwerte, Ankopplung an "large-scale"- Modell

Am unteren Modellrand ruht die Strömung, so daß die Windkomponenten verschwinden. Die potentielle Temperatur am Erdboden wird mittels einer analytischen, den Tagesgang beschreibenden Funktion vorgegeben.

Am oberen Rand werden geostrophische Verhältnisse vorausgesetzt. Die Vertikalgeschwindigkeit verschwindet. Potentielle Temperatur und Exnerfunktion (Ersatz für Druck) werden aus Vorhersagen eines "large-scale"-Modells übernommen.

Die seitlichen Ränder werden unterschieden nach Einström- und Ausströmrand. Am Einströmrand verschwindet die Normalableitung der Windkomponenten. Die Potentielle Temperatur wird aus dem "large-scale"-Modell interpoliert. An Ausströmrändern werden die prognostischen Gleichungen bis zum Rand hin gelöst.

3. MODELLERGEBNISSE

Die bisher durchgeführten Modellrechnungen haben folgendes gezeigt:
Bei stationären Wetterlagen simuliert das Modell mesoskalige Phänomene entsprechend der räumlichen Auflösung hinreichend genau. Ändert sich innerhalb der Modellvorhersagezeit der synoptische Zustand, so kann es unter Umständen zu Problemen an den Rändern kommen, insbesondere dann, wenn im Laufe der Integration der Einströmrand zum Ausströmrand wird. Dies ist auf eine fehlende Rückkopplung zum "large-scale"-Modell zurückzuführen. Eine solche Rückkopplung ist allerdings sehr schwer zu realisieren. Eine Möglichkeit zur Lösung des Problems bietet die Einführung eines "grid telescoping". Zur Tagung werden Ergebnisse von Modellrechnungen vorgestellt.

Literaturhinweis

BARKER, Edward H.   1973
Oceanic Fog, A Numerical Study
NTIS   AD 767 934

DEARDORFF, James W.   1972
Parameterization of the Planetary
Boundary Layer for Use in General Circulation
Models
Monthly Weather Review, 100, pp 93-106

KASAHARA, Akira   1974
Various Vertical Coordinate Systems
used for Numerical Weather Prediction
Monthly Weather Review, 102, pp 509-522

O'BRIAN, James   1970
A Note on the Vertical Structure of the
Eddy Exchange Coefficient in the Planetary
Boundary Layer
Journal of the atmospheric sciences, 27,
pp 1213-1215

PURNELL, D.K.   1975
Solution of the Advective Equation by
Upstream Interpolation with a cubic Spline
Monthly Weather Review, 104, pp 42-48

YANENKO, N.N.   1971
The Method of Fractional Steps
Springer-Verlag, Berlin

PARAMETRISIERTE NIEDERSCHLAGSPROZESSE IN
EINEM REGIONALEN WETTERVORHERSAGEMODELL

Eberhard Müller

Deutscher Wetterdienst, Offenbach a.M.

1 EINORDNUNG

Dem Ziel einer genaueren und detaillierteren numerischen Wettervorhersage ist die Entwicklung eines Ausschnittsmodells (Europa-Modell) mit hoher horizontaler und vertikaler Auflösung sowie aufwendiger Physik gewidmet (MÜLLER 1982, SCHWIRNER u.a. 1983). Hierin spielt die Formulierung des hydrologischen Zyklus eine ganz wesentliche Rolle. Zum ersten hat sich die Prognose von Menge und Form des Niederschlags als besonders verbesserungsbedürftig, aber auch -fähig erwiesen. Des weiteren kommt der Berücksichtigung von Wolken eine dreifache Funktion zu: 1. als Vorhersageinformation an sich; 2. als Wasserspeicher, der dem dynamisch gesteuerten Transport unterworfen ist; 3. als Luftbeimengung, die auf den Strahlungshaushalt entscheidenden Einfluß ausübt. Schließlich soll die Bedeutung der Eisphase (Gefrierwärme) untersucht werden.

Aufbauend auf den vorhergesagten Feldern für Temperatur, Wasserdampf- und Wolkenwassergehalt wurde ein allgemeines Parametrisierungsschema für skalige (Gleit- bzw. stabile) Niederschläge in flüssiger und fester Form entwickelt. Im Rahmen einer Kanalversion des Europa-Modells wird nun anhand numerischer Experimente die Sensitivität meteorologischer Abläufe auf grundsätzliche Spezifikationen des allgemeinen Schemas geprüft. Hieraus ergeben sich einige wichtige Schlußfolgerungen für die numerische Behandlung des hydrologischen Zyklus.

2 PARAMETRISIERUNGSSCHEMA

Bei der Parametrisierung der Niederschlagsphysik stehen wir vor einer typischen Situation. Einerseits verfügen wir über eine Fülle mikrophysikalischer Details, die den einschlägigen Lehrbüchern (FLETCHER 1962, BYERS 1965, MASON 1971, PRUPPACHER und KLETT 1978) und Artikeln entnommen werden können. Andererseits sind dem im Rahmen der Gesamtaufgabe zu rechtfertigenden Aufwand Grenzen gesetzt. Es geht also letztlich um die formelmäßige Realisierung einer Gesamtschau des normalen Ablaufs (FINDEISEN 1938, BRAHAM 1968, HOBBS 1981), wobei insbesondere der sog. Bergeron-Findeisen-Prozeß angemessen berücksichtigt werden sollte.

Die Struktur des Parametrisierungsschemas ist in Zusammenhang mit der skaligen Thermodynamik zu sehen, in welcher der Wolkenwassergehalt als Prognosevariable mitgeführt wird. Es liegen die folgenden Annahmen zugrunde.
1. Der Niederschlag steht im Säulengleichgewicht; das bedeutet Stationarität und horizontale Homogenität bezüglich der Niederschlagsgrößen.
2. Es gibt 2 Kategorien von Niederschlagselementen: Regentropfen und Eisteilchen. Die Masse der letzteren erfährt eine temperaturabhängige Forminterpretation.
3. Regentropfen und äquivalente Tropfen der Eisteilchen sind nach Spektren vom Marshall-Palmer-Typ größenverteilt. Alle Prozesse werden mithilfe einschlägiger Relationen für Einzelteilchen formuliert und über das Spektrum integriert; dabei finden Ventilationseffekte Berücksichtigung.
4. Die Entstehung der Eisphase erfolgt ausschließlich über die Wolkenwasserphase (AUFM KAMPE und WEICKMANN 1957).

Im einzelnen handelt es sich um folgende Übergangsprozesse zwischen Dampf-, Wolken-, Regen- und Schneephase: Autokonversion, Koagulation, Verdunstung; Nukleation, Vergraupelung, Sublimation, Schmelzen. Die entsprechenden Ratenformeln setzen sich jeweils zusammen aus einem Antrieb (Wolkenwassergehalt, Sättigungsdefizit über Wasser bzw. Eis, Celsiustemperatur) und phänomenologischen Koeffizienten, in die der lokale atmosphärische Zustand sowie die Niederschlagsraten selbst eingehen. Entsprechend den thermisch-hygrischen Rahmenbedingungen kann also der Niederschlagsfluß selbst entscheiden, durch welche Prozeßkanäle er strömt.

3 KANALEXPERIMENTE

Wir haben eine spezielle Auswahl von Experimenten im Kanal (MÜLLER 1982) getroffen, die dem hydrologischen Zyklus gewidmet sind (Tab. 1). Die Unterlage ist hierbei als eben mit einer Rauhigkeitslänge von 15 cm vorausgesetzt;

Temperatur und spezifische Feuchte am Boden werden als Funktion von y (Lateralkoordinate) am Anfang vorgegeben und während des Experimentablaufs festgehalten. Die Anfangsatmosphäre ist trocken-baroklin stabil geschichtet. Die beobachtbare schwache Entwicklung, ausgelöst durch eine Bodendruckstörung, resultiert aus Phasenübergängen des Wassers, was eine hohe Sensitivität bezüglich der Niederschlagsbehandlung verbürgt.

Greifen wir zunächst als typischen Fall das Experiment C16A heraus, dem die derzeitige Standardversion der Parametrisierung zugrunde liegt. Die meteorologischen Felder nach 12h Vorhersagezeit, wo eine adaptierte Struktur vorliegt, zeigen auf der Vorderseite des Tiefs den typischen Aufgleitvorgang mit dem zugehörigen Wolkenmassiv, aus dem anhaltender Niederschlag fällt. In der mikrophysikalischen Niederschlagsstruktur bestehen charakteristische Unterschiede zwischen vorderem und hinterem Wolkenabschnitt. Im vorderen Bereich liegt die Wolke im wesentlichen oberhalb der Nullgradgrenze und weist niedrige Gehalte an Wolkenwasser auf. Der Niederschlagsvorgang ist eisbetont und durchläuft von oben nach unten schwerpunktmäßig die Prozesse: Nukleation, Sublimation und Vergraupelung, Schmelzen, Verdunstung. Im hinteren Bereich hingegen liegt die Wolke überwiegend unterhalb der Nullgradgrenze und ist relativ wolkenwasserreich. Der zugehörige Niederschlagsvorgang ist regenbetont und stützt sich auf die Prozesse: Autokonversion, Koagulation, Verdunstung. Der adaptierte Wasserhaushalt der Modellatmosphäre als Ganzes mag durch einige Zahlenangaben charakterisiert werden. Die Wolkenwassermenge ist zeitlich nahezu konstant, d.h. die Wolke funktioniert als Durchgangsstation. Von dem Regen, der aus der Wolkenbasis fällt, gehen 58% über die Eisphase (Nukleationsanteil: 21%); Autokonversion und Koagulation tragen 13% bzw. 29% bei. Auf dem Weg zum Erdboden gehen dem Niederschlag etwa 50% durch Verdunstung verloren. Dieser hohe Verdunstungsanteil ist das Ergebnis eines ständigen Feuchteflusses in den Erdboden infolge festgehaltener Bodenwerte und hat die Hinzufügung eines reaktiven Erdbodenmodells zur Folge gehabt.

Der Einfluß der Eisphase läßt sich anhand eines Vergleiches zwischen den Experimenten C16A und C16B demonstrieren. Während der - durchweg hohe - Wassergehalt (Abb. 1) der C16B-Wolke seine größten Werte im oberen Vorderteil aufweist, ist der Schirm bei C16A relativ wasserarm; hier konzentriert sich das Wolkenwasser auf den unteren Rückraum.

Eine dramatische Spaltung des bei C16B vertikal durchgehenden Aufgleitfeldes (Abb. 2) vollzieht sich bei C16A bereits vor Ablauf von 12 Stunden. Oberhalb der Nullgradgrenze bei 750 mbar entsteht bei 550 mbar (T~-15°C) ein zweites Aufwindmaximum, das später wegdriftet. Ist dieses Grundphänomen, das bei den verschiedensten Ansätzen zur Berücksichtigung der Eisphase auftrat, geeignet, die Entstehung von Bandstrukturen zu erklären? Dem Pluviogramm an einem ausgewählten Gitterpunkt entnimmt man, das C16A einen gleichmäßigeren Verlauf (Plateau) liefert, wobei der Niederschlag um ca. 1 Stunde später einsetzt und aufhört.

Um die Bandbreite des Einflusses unterschiedlicher Niederschlagsbehandlung einschätzen zu können, sind in Tabelle 1 Daten über die flächenmittlere Niederschlagssumme in 36 Stunden sowie über die zeitlich gemittelten Umwandlungsraten von Enthalpie in kinetische Energie pro Masseneinheit der Troposphäre zusammengestellt. Das Maximum des Niederschlags tritt bei totalem Ausfall ohne Verdunstung (C10) auf. Während die Verdunstung (C11: C10) eine starke Reduktion nach sich zieht (s.o.), bewirken Wolkenwasserspeicher (C16B: C11) und Eisphase (C16A: C16B) nur sekundäre Effekte. Man erkennt eine Art von Stellvertreterprinzip: Der aus einem meteorologischen System ausfallende Niederschlag wird durch die dynamischen Rahmenbedingungen gesteuert und weitgehend festgelegt. Unterschiede liegen hauptsächlich in der Aufteilung auf die beitragenden Prozesse. Nach den vorliegenden Erfahrungen gilt dies übrigens auch für das Nebeneinander von skaligem und konvektivem Niederschlag. Das Maximum der Energieumwandlung finden wir bei reversibler Behandlung (C6). Offensichtlich bewirken alle irreversiblen Prozesse, die zu einer Erhöhung der statischen Stabilität führen, eine Verminderung der skaligen Energietransformation. Das betrifft die Kondensationserwärmung oben (C10: C6), die Verdunstungsabkühlung unten (C11: C10) sowie Erwärmung oben/Abkühlung unten durch Gefrieren/Schmelzen (C16A: C16B).

Die vorgesehene Anwendung auf die Kurzfristvorhersage macht das Problem des Anfangszustands besonders drängend. Die Adaptation des hydrologischen Zyklus benötigt eine gewisse Zeit T_A. Sie gliedert sich in die Komponenten:
1. Aufbau des Vertikalbewegungsfeldes (dynamische Adaptation): $T_A \sim 4h$ (C10).
2. Aufbau der Feuchtestrukturen (thermodynamisch-mikrophysikalische Adaptation). Letzterer vollzieht sich weitgehend parallel, führt aber bei Verdunstungsanfeuchtung des wolkenfreien

Raumes zu einer Verlängerung (C11-C10) von $\Delta T_A \sim 2h$; nimmt man den Wolkenspeicher hinzu (C16B-C10), so ergibt sich sogar $\Delta T_A \sim 3h$. Es muß das Ziel der Verfahren zur Bestimmung des Anfangszustands sein, der adaptierten Form des hydrologischen Zyklus unter Ausnutzung aller Beobachtungen (auch Satelliten, Radar, Bodenmeldungen) möglichst nahe zu kommen, um so den unbrauchbaren Prognoseanlauf (hier 6-7h) kurz zu halten.

4 ZUSAMMENFASSUNG UND AUSBLICK

Aus der Simulation einer mesoskaligen Zyklone über homogener Unterlage folgt als wesentliches Ergebnis: Es stellt sich eine Gleichgewichtsstruktur des hydrologischen Zyklus ein.

Dabei ist der Niederschlag über die Wasserbilanz dynamisch geprägt und relativ unempfindlich gegenüber Feinheiten der Niederschlagsparametrisierung. Das gilt wohl letztlich auch für Niederschlagsbanden (s. Vertikalschnitte in HOBBS und MATEJKA 1980). Deutlichere Effekte mögen sich über ein Saat-Nähr-System bei orographisch beeinflußten Prozessen ergeben; hier liegen noch keine Simulationserfahrungen vor. Raumzeitliche Unterschiede infolge von Einflüssen der Eisphase bzw. Verdriftung von Niederschlagspartikeln liegen überschlägig in der Größenordnung 30 km bzw. 1h. Das heißt: Für das Europa-Modell mit einer horizontalen Maschenweite von 63,5 km erscheint das Parametrisierungsverfahren akzeptabel.

Demgegenüber zeigt die Bewölkung (vgl. C16A mit C16B) markante Unterschiede. Hier muß vor allem an die Eiskomponente gedacht werden. Wir zitieren AUFM KAMPE und WEICKMANN (1957): "... cirrus can be a "dead" cloud which forms at water saturation and then floats with the wind for hours until it finally evaporates at ice saturation." Mit der Berechnung und Darstellung der Eisübersättigung wird ein interpretativer Lösungshinweis gegeben.

Der Übergang zu höherer numerischer Auflösung sollte aus meteorologischen Gründen mit einer unabhängigen prognostischen Behandlung der Eisphase bzw. der Niederschlagsphasen verknüpft werden. Die hier nicht angesprochenen Probleme der partiellen Bewölkung (horizontal) oder Wolkenstockwerke (vertikal) würden dafür in den Hintergrund treten.

5 LITERATUR

AUFM KAMPE, H.J.; WEICKMANN, H.K.: Physics of clouds. Meteor.Monogr. 3 (1957) Nr. 18.

BRAHAM, R.R.: Meteorological bases for precipitation development. Bull.Amer. Meteor.Soc. 49 (1968) S. 343-353.

BYERS, H.R.: Elements of cloud physics. Chicago und London: The University of Chicago Press 1965.

FINDEISEN, W.: Der Aufbau der Regenwolken. Z.Angew.Meteor. 55 (1938) S. 208-255.

FLETCHER, N.H.: The physics of rain clouds. Cambridge: At the University Press 1962.

HOBBS, P.V.: The Seattle workshop on extratropical cyclones: a call for a National Cyclone Project. Bull.Amer. Meteor.Soc. 62 (1981) S. 244-254.

HOBBS, P.V.; MATEJKA, T.J.: Precipitation efficiencies and the potential for artificially modifying extratropical cyclones.
Proc.WMO Sci.Conf. Weather Modification, 3rd, 1980, S. 9-15.

LOCATELLI, J.D.; HOBBS, P.V.: Fall speeds and masses of solid precipitation particles. J.Geophys.Res. 79 (1974) S. 2185-2197.

MASON, B.J.: The physics of clouds. Oxford: Clarendon Press 1971.

MÜLLER, E.: Turbulent flux parameterization in a regional-scale model. Workshop on Planetary Boundary Layer Parameterization, 25-27 Nov. 1981, ECMWF 1982. S. 193-220.

PRUPPACHER, H.R.; KLETT, J.D.: Microphysics of clouds and precipitation. Dordrecht u.a.: D. Reidel Publishing Company 1978.

SCHWIRNER, J.-U.; MÜLLER, E.; LINK, A.; MAJEWSKI, D.: Physikalisch-numerische Struktur des Europa-Modells. Ann. Meteor. N.F. 20 (1983).

WEICKMANN, H.K.: Physics of precipitation. Meteor.Monogr. 3 (1957) Nr. 19.

Tabelle 1: Numerische Experimente zum Einfluß der Niederschlagsbehandlung
(Vorhersagedauer: 36 h)

Experiment-bezeichnung	Niederschlags-behandlung	$\overline{R_R}^{xy}$ (10^{-2} mm)	$\overline{\overline{\alpha\omega}}^t_M$ (10^{-6} J/kg·s)
C6	Ohne Niederschlag (reversible Behandlung)	–	18,56
C10	Totaler Kondensatausfall – <u>ohne</u> Verdunstung	103,8	9,32
C11	Totaler Kondensatausfall – <u>mit</u> Verdunstung	43,5	6,35
C16B	Parametrisierungsschema – <u>ohne</u> Eisphase	39,4	8,79
C16A	Parametrisierungsschema – <u>mit</u> Eisphase	37,4	7,65

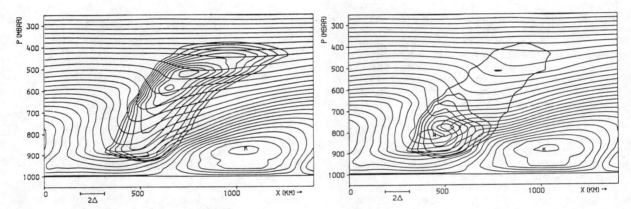

Abb. 1: Potentiell-äquivalente Temperatur (0,5 K) und Wolkenwassergehalt (0,5 10^{-4} g/g) im zonalen Vertikalschnitt durch die Kanalmitte zum Zeitpunkt 18 h für die Experimente C16B (links) und C16A (rechts)

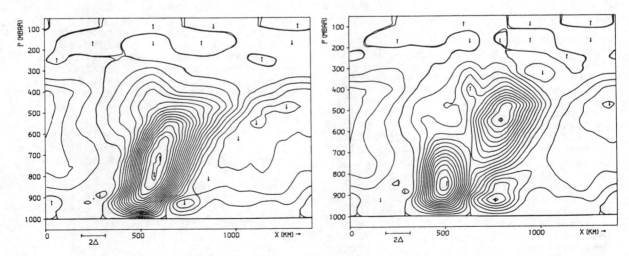

Abb. 2: Vertikalbewegung (mbar/h) im zonalen Vertikalschnitt durch die Kanalmitte zum Zeitpunkt 18 h für die Experimente C16B (links) und C16A (rechts)

VERWENDUNG VON REGIONALEN WETTERVORHERSAGEMODELLEN IN DER AUSBREITUNGSRECHNUNG

Ingo Jacobsen

Deutscher Wetterdienst, Offenbach

1 ZIELSETZUNG

Der großräumige Transport von Luftbeimengungen beschäftigt seit Jahren die Meteorologen und Politiker aus umweltbewußten Ländern. Die anfänglich verwandten Ausbreitungsmodelle waren meteorologisch sehr dürftig (Mischungsschichtmodelle) und auch die neueren Modellentwicklungen stützen sich hinsichtlich der meteorologischen Felder fast ausschließlich auf Beobachtungen und Analysen, die zum Zwecke der Ausbreitungsrechnung zeitlich interpoliert werden und aus denen man nicht beobachtbare Größen ableitet.

Der im Deutschen Wetterdienst im Auftrag des Umweltbundesamts unternommene Versuch, - zunächst mit einer Kanalversion eines Wettervorhersagemodells - die meteorologische und die Ausbreitungsprognose zu verknüpfen, hat die folgenden Ziele:
- die volle Information meteorologischer Prognosefelder auszunutzen, z.B. Vertikalbewegungen, Kondensationsraten, Niederschlagsstruktur,
- die Bedeutung dieser Prozesse auf die Ausbreitung im Vergleich mit der Advektion, Trockendeposition, etc. abzuschätzen und
- eventuell später mit dem Europa-Modell eine Kurzfristausbreitungsprognose durchzuführen.

2 DAS MODELL

Die Gleichungen und die numerische Struktur des meteorologischen Modells sind in den Vorträgen/Postern von MÜLLER (1983) sowie SCHWIRNER et al. (1983) beschrieben. Die prognostischen Gleichungen zur Berechnung der Ausbreitung wurden in der gleichen Art diskretisiert. Die trockene Modellversion enthält zwei zusätzliche prognostische Gleichungen für die Mischungsverhältnisse von SO_2: $q_a = \varrho_a/\varrho$ und SO_4: $q_b = (2/3)\varrho_b/\varrho$, die feuchte Version eine weitere prognostische Gleichung für das Mischungsverhältnis von SO_4 in den Wolkentropfen q_{bW} und eine diagostische Beziehung zur Aufteilung von q_a in einen Dampfphasenanteil q_{aD} und einen Wolkenphasenanteil q_{aW}. Die prognostischen Gleichungen haben die Form:

$$\frac{\partial}{\partial t}(p^*q) = -\nabla\cdot(p^*\vec{v}q) - gp^*\frac{\partial}{\partial p}(s^*q)$$
$$+ \nabla\cdot(p^*K^H\nabla q) + gp^*\frac{\partial}{\partial p}(\overline{\varrho w''q''})$$
$$+ \partial p^*q/\partial t)_K + \partial p^*q/\partial t)_Q$$

mit $p^* = 1$, $s^* = \omega$ für $0 \leq p \leq p_T$

$p^* = p_S - p_T$, $s^* = p^*\dot\sigma$ für $p_T \leq p \leq p_S$

$\overline{\varrho w''q''} = \begin{cases} g\varrho^2 K_H^v \partial q/\partial p & \text{Atmosphäre} \\ -\varrho c_q q (\sigma = 0.995) & \text{Boden} \end{cases}$

$c_q^{-1} = c_H^{-1} + r_o$

c_H^{-1} = atmosph. Transportwiderstand

r_o = spez. Erdungswiderstand

$\partial p^*q/\partial t)_K$ konvektive Tendenzen

$\partial p^*q/\partial t)_Q$ Quellterme

Die Quellterme enthalten die Emissionsraten von SO_2, die Oxidation von SO_2 zu SO_4 in der Gasphase und der Wolkenwasserphase, die Inkorporation von Sulfatpartikeln bei der Kondensation, die Anlagerung an fallende Regentropfen und die Mitnahme von Schwefel bei meteorologischen Phasenübergängen zur Regenwasserphase oder bei der Verdunstung von Tropfen. Bei der Kondensation von Wasserdampf wird berücksichtigt, daß Sulfatpartikel bevorzugt als Kondensationskerne dienen. Die diagnostische Beziehung zur Berechnung der SO_2-Konzentration in den Wolkentröpfchen folgt aus dem Massenwirkungsgesetz. In den fallenden Regentropfen stellt sich diese Gleichgewichtskonzentration erst nach einer Fallstrecke ein, die mit der Regenintensität wächst (mehr große Tropfen).

3 ERGEBNISSE

Mit Hilfe der trockenen Modellversion wurden die folgenden Einflußfaktoren untersucht:
- vertikale Beimengungstransporte durch skalige Vertikalbewegungen,
- turbulenter Vertikaltransport,
- Tagesgang a) turbulente Transporte,
          b) Oxidationsrate,
- Orographie,
- Emissionshöhe.

Bei den Experimenten mit der feuchten Modellversion stand die Untersuchung von Auswaschen und Ausregnen im Vordergrund des Interesses. Zur Einschätzung der verschiedenen Prozesse wurden gleichzeitig Mischungsschichtmodelle entwickelt mit konstanten Depositionsgeschwindigkeiten und konstanten Auswaschkoeffizienten.

Die Integration wurde in den meisten Fällen mit einer nicht verunreinigten Atmosphäre begonnen. Die Emissionsrate war zeitlich konstant. Die Emissionen wurden in die drei untersten Modellschichten bis 360 m Höhe eingebracht; die Hauptquelle umfaßte 3 x 3 Maschenweiten, d.h. etwa 190 km x 190 km.

3.1 VERTIKALTRANSPORTE

Die Abbildung 1 zeigt die Trockendepositionsraten in einem Gebiet fern der Hauptquelle. Verglichen mit dem Standardexperiment (KA2) bewirken die Vernachlässigung der skaligen Vertikaltransporte (KA3) sowie die Unterbindung sämtlicher Vertikaltransporte aus der Mischungsschicht heraus (KA4,KA5) wesentlich höhere Depositionen (und Konzentrationen) im Konvergenzbereich des durchziehenden Tiefs.

3.2 TAGESGANG

Durch die Labilisierung der Grenzschicht während der Tagesstunden wird eine große Schadstoffmenge in höhere Schichten gebracht (Abb.2) und dann nachts in der entkoppelten stabilen Schichtung weit und fast ohne Deposition transportiert. Die tagsüber verstärkte Oxidation vermindert die quellnahe Gesamtdeposition weiter wegen der hohen Erdungswiderstände für Sulfatpartikel.

3.3 GEBIRGSEINFLUSS

Die im Luv von Gebirgen angestauten Luftbeimengungen bedürfen der Hebungsfelder von Tiefdruckgebieten, um entweder auszuregnen oder über das Gebirge transportiert zu werden.

3.4 AUSWASCHEN UND AUSREGNEN

Das Verhältnis von Auswaschen zu Ausregnen hängt u.a. von der Wolkenuntergrenze ab und sinkt bei niedrigeren Wolken unter eins. Bei großräumiger Aufgleitbewölkung nimmt der äquivalente Auswaschkoeffizient in der Regel während des Niederschlags zu (Abb.3). Bei barokliner Strömung versagen die Mischungsschichtmodelle mit reiner Auswaschformulierung, weil in ihnen den Luftbeimengungen der Weg aus der langsameren Grenzschichtströmung in die schnelleren Strömungen darüber und das folgende Ausregnen verwehrt ist.

4 LITERATUR

JACOBSEN, I.; MÜLLER, E.; HEESE, M.; BETZ, M.: Untersuchungen zur großräumigen Ausbreitung von Luftbeimengungen. Deutscher Wetterdienst 1982

MÜLLER, E.: Prognostizierte Niederschlagsprozesse in einem regionalen Wettervorhersagemodell. Ann. Meteorol. NF 20 (1983)

SCHWIRNER, J.; MÜLLER, E.; LINK, A.; MAJEWSKI, D.: Physikalisch-numerische Struktur des Europa-Modells. Ann. Meteorol. NF 20 (1983)

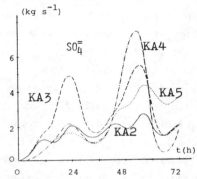

Abb.1: Trockendepositionsraten von Sulfat fern der Hauptquellen

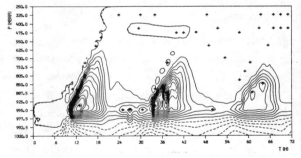

Abb.2: Flächengemittelte turbulente Vertikaltransporte von SO_2 bei Tagesgang der Bodentemperatur

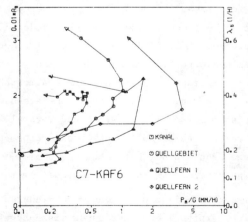

Abb.3: Stundenwerte des äquivalenten Auswaschkoeffizienten λ_b, → Zeitverlauf

TROPOSPHÄRISCHE FRONTEN: IDEALE STRUKTUREN - REALE PROZESSE?

von Manfred Geb

Institut für Meteorologie der Freien Universität Berlin

SUMMARY

Even nowadays models and applications concerning the structure "tropospheric front" bear principal difficulties to meteorologists. Some of these problems originate obviously from the upward extrapolation of the "frontal convergence lines" which have been discovered and described by the Bergen school in 1918.

In order to make tropospheric fronts fully disposable to logical and practical treatment, two complementary definitions are given: The first one defines the *ideal basic model of a front* as a hyperbaroclinic layer confined by two sloping surfaces of discontinuity, which separates two air masses of significantly different temperature. The related frontal convergence line on the "warm" hand surface is restricted to the frictional layer. The second definition is provided for synoptic application: *"real fronts"* delimit the factual geometric and physical features and demand that the result of any frontal junction (esp.: occlusion) is a "real front" again. With these basic definitions several well-known frontal processes can be easily described.

1. EINFÜHRUNG

Seit über 50 Jahren hat sich die Darstellung troposphärischer Fronten in Bodenwetterkarten "bewährt". Trotzdem haben sich zum Verständnis der dreidimensionalen Struktur und des Mechanismus frontaler Wettererscheinungen immer wieder neue Fragen und Ansichten ergeben, die z.T. bis zum heutigen Tage nicht befriedigend geklärt erscheinen.

Die troposphärischen Fronten wurden - wie allgemein bekannt - um 1918 von der Bergener Schule entdeckt. Genau genommen fanden die Norweger um J. BJERKNES lediglich die zugehörigen Konvergenzlinien am Boden. Deren strukturelle Extrapolation in die freie Atmosphäre hinein war gleich zu Anfang in bemerkenswerter Weise *mißlungen*: nach Wille und Vorstellung ihrer Entdecker sollte die ideale troposphärische Front in der horizontalen 100 km-Skala wie *eine geneigte Grenzfläche* behandelt werden.

Dies führte in den folgenden Jahrzehnten zu einer erstaunlichen Kette von wissenschaftlichen Mißverständnissen, wobei die Norweger selbst unter den ersten Opfern zu finden waren:

so konnte BERGERON (1928) die dreidimensionale gemeinsame Struktur von "Front" und "Frontalzone" nicht zusammenfassen und nicht geometrisch geschlossen darstellen.

Entsprechend unvollständig und uneindeutig sind bis auf den heutigen Tag die meisten geläufigen Definitionen dessen, was eine troposphärische Front sei. Es dauerte bis 1969, daß sich PALMÉN und NEWTON in ihrem Textbuch zu einer weitgehenden Zusammenfassung der Begriffe "Frontalzone", "Frontschicht" und "Front" durchrangen und die entsprechenden Strukturen eindeutig darstellten.

2. FRONTENDEFINITIONEN

Wir können mit Sicherheit davon ausgehen, daß nur eine vollständig definierte ideale Strukturvorstellung und nur ein unter allen denkbaren Umständen abgrenzbares reales Phänomen einer exakten wissenschaftlichen Behandlung und Anwendung voll zugänglich sein wird. Dementsprechend werden im folgenden zwei einander ergänzender Frontendefinitionen angeführt; die erste bezieht sich auf ein abstrahiertes Grundmodell, die zweite direkt auf die realen troposphärischen Fronten.

2.1 Die "ideale Front" (Grundmodell für die Troposphäre)

.11 Die "ideale Front" ist eine von zwei geneigten Diskontinuitätsflächen begrenzte *hyperbarokline*[1] *Schicht*; sie trennt zwei Luftmassen[*] von signifikant unterschiedlicher Temperatur bzw. Dichte[2].

.12 In der untersten Troposphäre definiert die *warmseitige Grenzfläche* der "idealen Front" beim Schnitt mit einer horizontalen Fläche eine "ideale Frontlinie". Innerhalb der Bodenreibungsschicht wird dann die "ideale Frontlinie" als Diskontinuitätslinie 0. Ordnung für das Windfeld ("*frontale Konvergenzlinie*") und 1. Ordnung für die Temperatur bzw. Dichte festgelegt.

.13 Die "ideale Front" ist stets vom Typ der Warmfront oder Kaltfront.

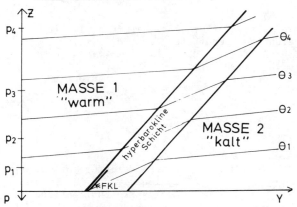

Abb. 1: Die "ideale Front" im Vertikalschnitt, FKL: frontale Konvergenzlinie; θj: Flächen gleicher potentieller Temperatur.

2.2 "Reale Fronten" (Arbeitsdefinition für troposphärische Synoptik)

.21 Der Begriff der "realen Fronten" betrifft barokline Phänomene in der Natur. Phänomene mit modellhaften Eigenschaften der o.g. *idealen Front* sind jedenfalls "reale Fronten"; entsprechendes gilt für "reale Frontlinien".

.22 In der Regel reicht eine "reale" Warmfront/Kaltfront als hyperbarokline troposphärische Schicht bis an die Tropopause. "Reale Fronten" sind tausende Kilometer lang und tausende Meter (vertikal) mächtig, jedoch - entsprechend ihrer Neigung von etwa 1:100 gegen die Horizontale - hunderte Kilometer (horizontal) breit. Der horizontale Temperaturgradient beträgt deutlich >1K/100 km; bei Betrachtung des Feldes der pseudopot. Temperatur (in 1000-700 mbar) >2K/100 km. Der signifikante Temperaturunterschied[*] liegt bei ≥5K.

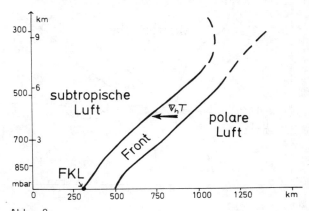

Abb. 2: Die reale Warm/Kaltfront im Vertikalschnitt (leicht schematisch). FKL: frontale Konvergenzlinie am Boden (Wetterkartenposition!).

.23 "Reale Fronten" sind als relativ grobskalige Phänomene (>100 km) von entsprechender kontinuierlicher Struktur in Raum und Zeit.

.24 Im kleinen Maßstab (1-100 km) betrachtet zeigen "reale Fronten" die beiden *idealen* Diskontinuitätsflächen aus Def. .11 nicht in jedem Fall *scharf* ausgeprägt; dementsprechend erhöht sich die Ordnung der zugehörigen Diskontinuitäten für das Wind- und Temperaturfeld.

.25 Die *Vereinigung* bzw. der *Zusammenschluß* von zwei oder mehreren "realen Fronten" ergibt wiederum eine "reale Front".

---

[*] Zur Definition "Luftmasse": vergl. BERGERON (1928), GEB (1971), u.a.
[1] Hyperbaroklinie: maximale Baroklinie: u.a. maximale Neigung der θ-Flächen gegen die p-Flächen
[2] Bei Betrachtung in jeder beliebigen Isobarenfläche

[*] Bei Betrachtung in jeder beliebigen Isobarenfläche

a) Die Vereinigung von Fronten mit gleichgerichteten horizontalen Temperaturgradienten $\nabla_h T$ führt jeweils zu einer "realen Front" vom Typ der Warmfront oder Kaltfront.

b) Der Zusammenschluß von Fronten mit gegeneinander gerichteten horizontalen Temperaturgradienten[*] $\nabla_h T$ führt jeweils zu einer "realen Front" vom Typ der *Okklusionsfront*, ebenso in der Regel jeder Zusammenschluß, an dem mindestens eine Okklusionsfront beteiligt ist. Dabei liegt die frontale Konvergenzlinie am Boden im unmittelbaren Bereich der Achse der wärmsten Luft.

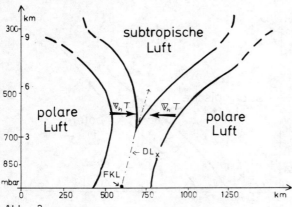

Abb. 3:
Die reale Okklusionsfront im Vertikalschnitt (leicht schematisch). DL$_x$: Fläche max. Dilatation, zugleich Ortsfläche der rel. Maxima der horizontalen Temperaturfelder.
In diesem orthodoxen Beispiel verfügt die vor kurzem entstandene Okklusionsfront über zwei hyperbarokline Schichten.

.3 "Aktive[1] Fronten"

.31 Unter den realen findet man "aktive" Fronten.

.32 "Aktive Fronten" sind durch ihre *thermisch direkte* Vertikalzirkulation gekennzeichnet; diese führt in nichtariden Regionen zwangsläufig zur Ausbildung von parallel zur Frontlinie angeordneten zusammenhängenden Wolken und Niederschlagsbändern.

---

[*] Wärmste Luft auf der Achse des Zusammenschlusses: Warmluftschliere

[1] "aktiv" hier im thermodynamischen Sinn; auch: "Aufgleit"- oder "Anafront"

.33 Ein sich über tausende km erstreckender Frontenzug wird - entsprechend dem Wellencharakter der Höhenströmung - regelmäßig abschnittsweise eine "aktive Front" sein.

Diese der geowissenschaftlichen Erfahrung angepaßten Frontendefinitionen, die vom Autor bei anderer Gelegenheit näher zu erläutern sind, erlauben ohne weiteres die direkte Herleitung von bekannten frontalen Prozessen wie z.B. Auf-/Abgleiten, Okklusion und frontale Niederschlagsproduktion.

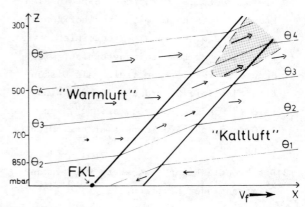

Abb. 4:
Die "aktive" (Aufgleit-)Warmfront in mit v_f geführten Koordinaten (schematisch).
Die Pfeile bezeichnen die Relativbewegung der Luft in Isentropenflächen. Das Gebiet initialer Wolkenbildung erscheint gerastert.

LITERATUR

BJERKNES, J.:	On the structure of moving cyclones. Geofysiske Publikationer 1,2 (1919).
BERGERON, T.:	Über die dreidimensional verknüpfende Wetteranalyse, I. Geofysiske Publikationer 5,6 (1928).
PALMEN, E.; NEWTON, C.W.:	Atmospheric circulation systems; Kap. 4,7. International Geophysics Series 13, New York, London (1969).
GEB, M.:	Neue Aspekte und Interpretationen zum Luftmassen- und Frontenkonzept (mit vollständiger Bibliographie). Meteor. Abh. d. F.U. Berlin 109,2 (1971).

EINE FALLSTUDIE ZU OROGRAPHISCHEN EINFLÜSSEN AUF DAS WETTER IM ALPENRAUM

Ernst L. Bauer

Deutscher Wetterdienst - RVZ Frankfurt

WETTERLAGE

Die Wetterlage zwischen dem 21. und 28. 8. 1975 eignet sich zum Studium orographischer Einflüsse auf das Wetter im nördlichen Alpenvorland. An allen Tagen regnete es hier. Zwölf gleichmäßig über das Gebiet verteilte Stationen haben insgesamt ca 1160 mm Regen gemessen. Die wichtigsten Phasen des Wetterablaufs zeigen die beigegebenen Karten.
Bis zum 23. geht eine Kaltfront durch. Ihr folgt ein Kaltluftvorstoß mit anschließender Verschärfung des Höhentrogs. Daran schließen sich eine Leezyklogenese und ein Cut-Off-Prozeß über dem westlichen Mittelmeer und Golf von Genua an. Sie bewirken bei anhaltender Kaltluftzufuhr eine Südströmung feuchtwarmer Luft über die Adria und Alpen hinweg. Dabei kommt es nördlich der letzten zu einer zweiten weit schwächeren Leezyklone.

INTENSITÄT UND STEUERUNG

Von Görtler und Rothstein durchgeführte Berechnungen zeigen, daß eine Leezyklogenese vor allem bei schwachen Strömungen gut ausgeprägt ist (Bild 1a,1b). Weiter lehrt die Theorie, daß die durch Leezyklogenese hervorgerufenen Hebungsvorgänge nur schwach sind, wenn nicht starke Luftmassengegensätze hinzukommen.

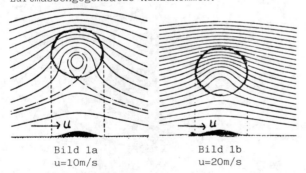

Bild 1a u=10m/s
Bild 1b u=20m/s

Strömung über kreisrunden Berg, 200 km Durchmesser und 0,1 der Höhe der Strömung, oben Stromlinien und Berggrundriß unten Aufriß

In der Tat beruht die Intensität des Wettergeschens auf einer kräftigen Kaltluftadvektion ins westliche Mittelmeer und als Folge davon Warmluftadvektion über die Adria und Alpen hinweg. Auch die VOR- und ADV-Darstellungen verdeutlichen dies. Auf der Alpennordseite findet sich z.B. kaum Vorticityadvektion, die für starke dynamische Hebung sorgen könnte, wohl aber merkliche Warmluftadvektion.

Zur Steuerung ist der Orographieeinfluß unerläßlich. Dabei sind nicht nur die Alpen, sondern auch die Gebirge im südlichen Westeuropa, wie die Pyrenäen, von Bedeutung. Letztere rufen die Leezyklogenese über dem westlichen Mittelmeer und Golf von Genua sowie den Cut-Off-Prozeß in höheren Schichten hervor, lange bevor dies durch nördliche Anströmung der Alpen über dem Golf möglich wäre. Der Einfluß der Alpen auf das Wetter im nördlichen Alpenvorland ist bzgl. einer Leezyklogenese erst bei südlicher Anströmung bedeutsam (siehe 25.). Bei nördlicher Anströmung sind erzwungene Hebungsvorgänge, wie in der letzten Phase (siehe 27.) häufiger die Ursache für intensive Wettererscheinungen im deutschen Alpenvorland. Eine direkte Nordströmung über den Alpen führt meist zu einem Leetief, das vorderseitig Warmluft zu weit im Osten nach Norden lenkt.

SCHLUSSFOLGERUNG

Die anhaltende Schlechtwetterperiode am gleichen Ort ist eine Folge einer lückenlosen Aneinanderreihung unterschiedlicher synoptischer Vorgänge. Es ist streng genommen keine Zyklone, die eine Vb-Bahn mit verschiedener Verweilzeit zieht. Jede Phase des Ablaufs ist zwar eine Folge der vorausgegangenen, doch sind deutlich mehrere Leezyklogenesen an verschiedenen Hindernissen zu unterscheiden. Dabei überbrücken bzw. dehnen Stauniederschläge einzelne von ihnen aus.

LITERATUR

Görtler,H.: Einfluß der Bodentopographie auf Strömungen über der rotierenden Erde. ZAMM, Bd. 21

Kurz,M. : Leitfäden für die Ausbildung im Deutschen Wetterdienst, Nr. 8, Synoptische Meteorologie

Rothstein,W.: Strömungen über Bodenerhebungen auf der rotierenden Erde. ZAMM, Bd. 23

Queney,P. : The Problem of Air Flow Over Mountains. A Summary of Theoretical Studies, Bull.Amer.Meteorol.Soc., Bd. 29

Bodendruckfeld und Schichtdickenadvektion (ADV) 500/1000 (gpm/2h)   Geopotential in 500 mb und Vorticityadvektion (VOR) ($10^{-9}/sec^{-2}$)

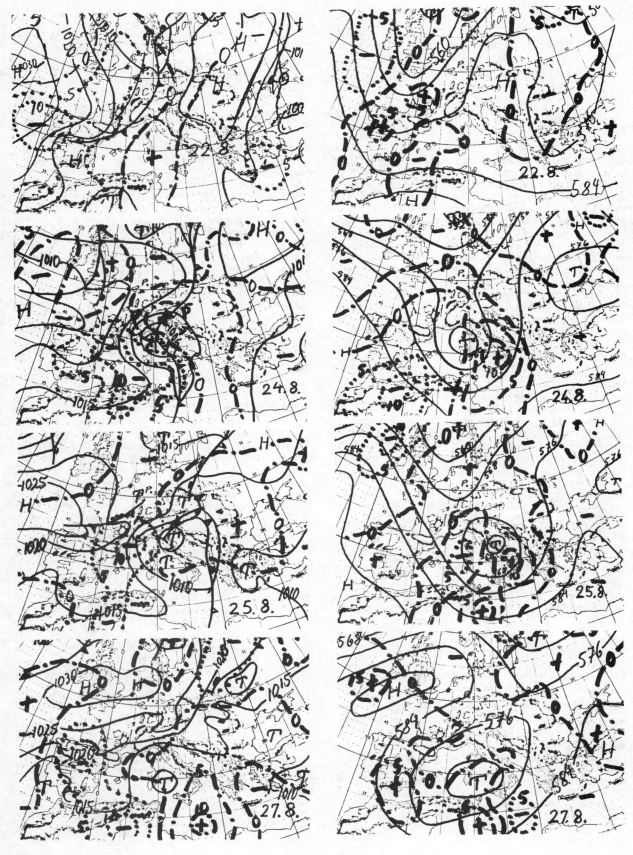

DIAGNOSE EINER GENUA-ZYKLOGENESE: SUBSYNOPTISCHE VERTIKALFLÜSSE

S. Emeis und M. Hantel

Meteorologisches Institut der Universität,
Auf dem Hügel 20,
5300 Bonn 1

1 EINLEITUNG

Niederschlag entsteht in der freien Atmosphäre. Dort kann man ihn nicht messen, denn er ist subsynoptisch. Andererseits ist er ein wichtiges Glied in den Bilanzen. In dieser Arbeit wird der Flächenniederschlag PREC in der freien Atmosphäre über den Alpen mit einer einfachen Methode aus synoptischen Daten bestimmt.

2 METHODE

Wir betrachten einen Teil des ALPEX-Gebietes mit dem von Emeis (1982) angegebenen Boxen-System (Bilder 2.1, 2.2) und fassen die horizontale Grundfläche einer der Boxen (Skala ca. 600 km) ins Auge (Bild 2.3). Die Sternchen be-

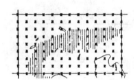

Bild 2.3
Gitternetz der objektiven Analyse nach Reimer (1982) über Alpen. Abstand der Gitterpunkte 63.5 km.

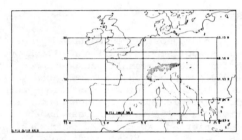

Bild 2.1
Horizontale Einteilung des ALPEX-Gebietes in 16 Säulen (Kantenlängen $\Delta\lambda=10°$, $\Delta\sin\phi=0.05$) mit gleicher Grundfläche $a\Delta\lambda\Delta\sin\phi=3.54 \times 10^{11}$ m². Haushalte werden stets für alle 16 Säulen gemeinsam berechnet, Ergebnisse jedoch nur für Säule über Alpen (schraffiert) gezeigt.

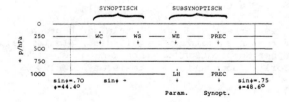

Bild 2.2
Vertikale Einteilung einer Säule in Boxen mit gleicher Gesamtmasse als Beispiel für Feuchtehaushalt. Symbole bezeichnen (synoptische oder subsynoptische) Vertikalflüsse von (gasförmigem oder kondensiertem) Wasser durch atmosphärische Niveaus sowie durch Erdoberfläche (=1000 hPa) hindurch. Flüsse positiv abwärts. Speicherung, synoptische Horizontalflüsse sowie Imbalance berücksichtigt, aber nicht gezeichnet.

zeichnen Gitterpunkte, an denen synoptische Daten vorliegen. Der Vertikalfluß W der Feuchte ist dem Flächenmittel

$$[\overline{q\omega}] = [\overline{q}][\overline{\omega}] + [\overline{q^*\omega^*}] + [\overline{q'\omega'}] \quad (2.1)$$
$$W = WC + WS + WE$$
$$\text{cell} \quad \text{standing} \quad \text{eddy}$$

proportional. Die eckigen Klammern bezeichnen das Flächenmittel (*: Abweichung von [ ]), der Querstrich die zeitliche Mittelung (': Abweichung von —).

Die Komponenten WC (Zellfluß) und WS (skalige Eddies) sind synoptisch bestimmbar, die Komponente WE (subsynoptische Eddies) nicht. WE ist ein Mittel über die Dauer des synoptischen Termins (ca. 1 h), von dem angenommen wird, daß er deutlich größer ist als die Dauer des einzelnen zu WE beitragenden Eddies $q'\omega'$. Die Identität der Schreibweise (2.1) mit der im zonalen Mittel üblichen ist gewollt.

Der Feuchtehaushalt enthält außer der Divergenz von WE auch die des Niederschlagsflusses PREC. Die Gleichung der latenten Wärme erlaubt nur, WE+PREC zu bestimmen. Wir verwenden daher eine Methode (Hantel, 1982), bei der auch der Haushalt der potentiellen Wärme $s=c_pT+gz$ benutzt wird. Er erlaubt, SH-PREC zu bestimmen, wobei $SH=g^{-1}[\overline{s'\omega'}]$. Man hat also zwei Haushalte für 3 Unbekannte. Das Problem wird durch die Annahme WE=SH/ß geschlossen. ß ist ein verallgemeinertes Bowen-Verhältnis. Die Methode gestattet weiter, die Imbalance der Haushalte q und s objektiv zu bestimmen; dabei wird angenommen, daß $\overline{IMB^q}$ und $\overline{IMB^s}$ vertikal konstant sind.

3 DATEN

Wir betrachten die Termine 12Z/19/1/1981 (Vor-ALPEX) und 12Z/2/3/1982 (ALPEX). Teilergebnisse für den Vor-ALPEX-Termin wurden von Emeis (1982) und Hantel (1982) angegeben. Synoptische Daten für Speicherung, Horizontalflüsse und Vertikalflüsse WC, WS sind abgeleitet aus den Analysen von Reimer (1982). Die (im s-Haushalt nötigen) Strahlungsflüsse stammen von Klaes (1982), der Bodenniederschlag ist synoptisch, die Bodenflüsse LH und SH parametrisiert. WC, WS im Niveau 1000 hPa werden Null gesetzt.

4 ERGEBNISSE

Bild 4.1 zeigt alle Feuchteflüsse durch die Flächen der 4 Boxen über den Alpen für die

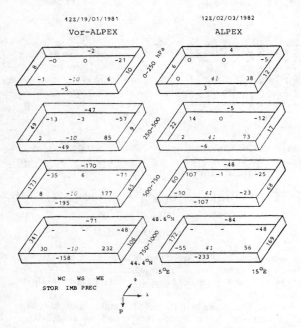

Bild 4.1
Diagnose des Feuchtehaushalts in atmosphärischer Säule über Alpen für zwei verschiedene synoptische Lagen. Zonalflüsse positiv nach Osten, Meridionalflüsse nach Norden, Vertikalflüsse nach unten. Vertikalflüsse gelten für untere Begrenzungsfläche der Schicht. Alle Haushaltskomponenten sind Flüsse, außer STOR (Speicherung) und IMB (Imbalance). Bodenfluß WE(1000 hPa)=LH=parametrisierte Verdunstung, PREC(1000 hPa)= gemessener Niederschlag.

beiden Termine. An Einzelheiten seien hervorgehoben:

- Alle synoptischen Komponenten (Speicherung, Horizontalflüsse, Vertikalflüsse) nehmen von unten nach oben stark ab.
- WS ist meist klein gegen WC und WE, d.h. die Vertikalflüsse durch skalige Eddies spielen keine große Rolle.
- WE (bei Hantel, 1982, überall als LH bezeichnet) ist stets aufwärts gerichtet.
- PREC ist praktisch stets abwärts gerichtet.
- WE und PREC können in allen Niveaus hohe Werte annehmen (z.B. PREC=73 W/m^2 durch 500 hPa im ALPEX-Termin).
- IMB= -10 W/m^2 für Vor-ALPEX, 41 W/m^2 für ALPEX ist die Box-Imbalance; im Idealfall fehlerfreier Flüsse sollte IMB=0 sein. Zum Haushalt jeder Box tragen 6 synoptische und 4 subsynoptische Flüsse bei. Der Fehler jedes einzelnen ist also sicher geringer als IMB. Es wäre aber zu optimistisch, ihn einfach mit IMB/10 anzusetzen. Realistisch erscheint, daß der Fehler der Einzelflüsse 10 W/m^2 oder weniger ist.
- Diesen Fehler muß man in Relation zu der Ordnung der Einzelflüsse sehen (mehr als 10^2 W/m^2 im Feuchtehaushalt, Bild 4.1, und mehr als 10^4 W/m^2 im s-Haushalt, hier nicht gezeigt). Bild 4.1 hat also eine relativ hohe Genauigkeit.
- Der Vor-ALPEX-TERMIN hat viel Niederschlag am Boden (232 W/m^2), der ALPEX-Termin wenig (56). Der ALPEX-Termin hat ferner einen aufwärts gerichteten Niederschlag in 750 hPa; das kann realistisch sein, es kann der Vernachlässigung der Speicherung von flüssigem Wasser zuzuschreiben sein, es kann auch ein Datenfehler sein.

5 AUSBLICK

Ziel dieser diagnostischen Methode ist es, für gegebene synoptische Situationen alle Komponenten des Feuchtehaushalts zu bestimmen. Dabei sind die synoptisch nicht meßbaren Vertikalflüsse besonders interessant. Die Hypothese ist, daß verschiedene synoptische Lagen charakteristisch verschiedene Flüsse haben. Wir haben uns hier auf WE und PREC beschränkt, obwohl SH ebenfalls bestimmt wurde. Die Methode scheint gerade bei Lagen mit viel Niederschlag gut zu arbeiten. Bei wenig Niederschlag hat das Konzept des Niederschlagsflusses (Hantel und Langholz, 1977) seine Grenzen, weil dann die in PREC nicht berücksichtigte Speicherung von kondensiertem Wasser eine Rolle zu spielen beginnt. Die hier gewählte räumliche Auflösung von $(600 km)^2$ ist grob, kann aber leicht verfeinert werden.

6 DANKSAGUNG

Diese Arbeit wird aus Mitteln der Deutschen Forschungsgemeinschaft gefördert; sie ist Teil einer Kooperation zwischen den Universitäten Berlin, Bonn und Köln (Emeis et al., 1982).

7 LITERATUR

Emeis, S. et al. (1982), Ann.d.Met., 19, 28-30.
Emeis, S. (1982), Ann.d.Met., 19, 73-75.
Hantel, M., L.Langholz (1977), JAS 34, 713-719.
Hantel, M. (1982), Ann.d.Met., 19, 79-80.
Klaes, D. (1982), Ann.d.Met., 19, 76-78.
Reimer, E. (1982), Ann.d.Met., 19, *.

DAS GEWITTER VOM 5.6.1982 - EIN 'MESOSCALE CONVECTIVE COMPLEX' ÜBER EUROPA

Stefan Emeis

Meteorologisches Institut der Universität Bonn

Abstract

The development of a convective complex from single thunderstorms over Belgium and Western Germany on June 5th,1982 is described presenting satellite images, surface observations, and the records obtained at the Meteorological Institute in Bonn. Surface temperature and pressure tendency are analysed from synoptic data and will be compared to satellite images. This study is to show that 'Mesoscale Convective Complexes' also occur over Europe and that it is possible to trace them by synoptic data.

1 EINLEITUNG

Einzelne Gewitter sind zu klein, um in ihrer Entwicklung im synoptischen Netz verfolgt zu werden. Hierfür bräuchte man engmaschige Spezialmeßnetze. Hin und wieder jedoch organisieren sich Gewitter zu größeren konvektiven Systemen. Ein Merkmal solcher Systeme sind mesoskalige Hochs, die mit der Kaltluftproduktion durch Verdunstung und den Fallwinden in den einzelnen Gewitterzellen in Verbindung stehen (ATKINSON, 1981). Für solche Systeme in den Vereinigten Staaten hat MADDOX (1980,1981) in den letzten Jahren den Begriff 'Mesoscale Convective Complex' eingeführt. Ein MCC hat eine Dauer von mindestens 6 Stunden und eine Größe von $1 \cdot 10^5 km^2$. Den Verlauf teilt er in 4 Stadien ein: Entstehen, Entwicklung, Reife und Verfall. Hauptmerkmale sind mesoskalige Hochs, Böenfronten, Kaltluftproduktion und die Ausbildung eines mesoskaligen Tiefs auf der Rückseite des Komplexes.

In dieser Arbeit soll die Entwicklung eines konvektiven Komplexes über Europa am 5.6.82 anhand von Satellitenbildern und Bodenbeobachtungen gezeigt werden. Der Vortrag war ebenfalls von konvektiven Wettererscheinungen geprägt, siehe HILL (1982).

2 SATELLITENBILDER

Es werden Aufnahmen im infraroten Spektralbereich der Satelliten METEOSAT 2 und NOAA 7 gezeigt. Die Entwicklung und das Zusammenwachsen der Zellen kann über 8 Stunden verfolgt werden. Im ersten Bild, aufgenommen um 9.55GMT, können mittelhohe Wolken über Belgien und Nordfrankreich gesehen werden. Zwei weiße Flecken zeigen die ersten hochaufragenden Wolken am Kanal und über Südwestdeutschland. Zwei Stunden später sind die ersten Gewitterzellen zu sehen. In

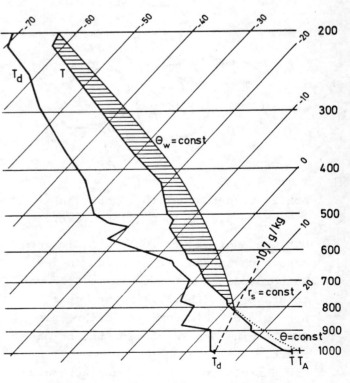

Abb.1 Aufstieg von Essen, 5.6.82, 12 Z im T - log p - Diagramm.

den folgenden Stunden wachsen die Zellen an, um schließlich um 17.55GMT zu einem Komplex verschmolzen zu sein.

3 ANALYSE DER BODENBEOBACHTUNGEN

Die Wetterlage ist durch einen großen Rücken über Europa bestimmt, unter dem die Bodentemperaturen auf über 30°C ansteigen. Die Luft ist sehr labil, wie der Mittagsaufstieg von Essen (Abb.1) zeigt. Das Cumulus - Kondensations - Niveau liegt unter 2 km, die Wolken können bis zu 12 km Höhe aufsteigen. Die Auslösetemperatur von 29°C wird im Laufe des Tages noch erreicht.

In den Bodendaten kann der Komplex am besten in der Drucktendenz und in der Temperatur verfolgt werden. Die Umrisse der Gewitterzellen aus den Satellitenbildern sind eingezeichnet. Das Drucksteiggebiet liegt jeweils in der vorderen Hälfte der Zelle, das Fallgebiet entwickelt sich etwas später und folgt nach (Abb.2).

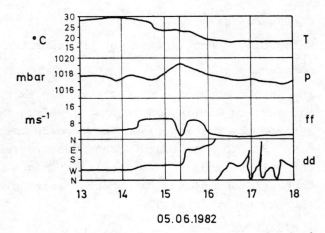

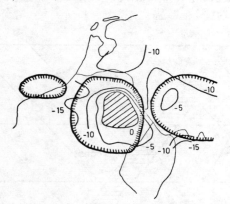

Abb.2: Drucktendenz in .1 mbar(3h)$^{-1}$ am 5.6.82 15 Z (siehe Text).

Der Gang der meteorologischen Elemente kann auch in den Registrierungen des Meteorologischen Instituts in Bonn verfolgt werden (Abb.3). Es ist gut zu sehen, wie der Wind um 140° dreht, als das Zentrum des Hochs die Station passiert.

Die Korrelation zwischen den Beobachtungen der Lufttemperatur am Boden und den Umrissen der Gewitterzellen in den Satellitenbildern ist gut (Abb.4).

Abb.3: Registrierungen am Meteorologischen Institut in Bonn. Zeit in GMT.

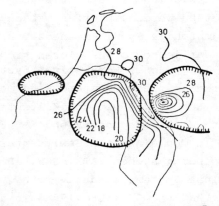

Abb.4: Lufttemperatur Boden am 5.6.82, 15 Z in °C.

Der konvektive Komplex erfüllt die in der Einleitung genannten Kriterien und kann somit als 'Mesoscale Convective Complex' über Europa bezeichnet werden.

4 LITERATUR

ATKINSON,B.W.,1981:Mesoscale Atmospheric Circulations. Academic Press, 495 S.

HILL,F.F.,1982: The Location of Thunderstorms on 4 June 1982.Weather,37, 328 - 331.

MADDOX,R.A.,1980: Mesoscale Convective Complexes.Bull.Am.Met.Soc.,61,1374 - 1387.

MADDOX,R.A.,1981: The Structure and Life-Cycle of Midlatitude Mesoscale Convective Complexes.Atm.Sci.Paper No 336, Dept.Atm.Sci.,Colorado State University, Fort Collins, Colorado.

DAS IGS ALS MODERNES HILFSMITTEL BEI DER WETTERÜBERWACHUNG; NUTZEN EINES IGS BEI DER MANUELLEN
KONSTRUKTION VON WETTERKARTEN

H. Skade und H.P. Gemein
Amt für Wehrgeophysik, Traben-Trarbach

1. EINFÜHRUNG

In einem 24stündigen Produktionsbetrieb werden beim Amt für Wehrgeophysik Analysen und Vorhersagen im mesoskaligen und synoptischen Bereich erarbeitet. Wesentlicher Grundpfeiler dieser Arbeit ist das Interaktive Graphische System (IGS), dessen Konfiguration im Beitrag "Ein operationelles Interaktives Graphisches System (IGS)" von M. Engels, H.P. Gemein, D. Schießl und H. Skade vorgestellt wurde.

An dieser Stelle sollen die Anwendungsmöglichkeiten bei der Wetterüberwachung und bei der Konstruktion spezieller Wetterkarten (Wetterfeldanalysen) gezeigt werden.

2. WETTERÜBERWACHUNG

Normalerweise liegen die wesentlichen Daten im SYNOP- und METAR-Code als Fernschreibbulletins vor. Decodierung und geographische Zuordnung sind nur in beschränktem Umfang und mit zeitlichem Verzug möglich.

Mit dem IGS gelingt dem Meteorologen jedoch jetzt der realzeitmäßige Update des Beobachtungsgutes und dessen zeitlich uneingeschränkte Abrufbarkeit über 24 Stunden hinweg in ständiger geographischer Zuordnung. Besondere Bedeutung haben dabei die Auswahlmöglichkeiten von

- Uhrzeit (in 1/2 Stundenintervallen),
- Kartenmaßstab (1:15 Mio, 1:5 Mio, 1:2 Mio),
- 2- und 3-fache Vergrößerung bei freier Wahl des Ausschnitts,
- Art der Darstellung wie gesamtes Stationsmodell oder Einzelwetter-Darstellung,
- Vorgabe von Grenzbedingungen für Sicht und Ceiling,
- Hervorheben gefährlicher Wettererscheinungen.

Sonderwettermeldungen (SPECI) werden sofort nach Eingang auf einem gesonderten Bildschirm alphanumerisch angezeigt.

Da bei Anwendung der Zoomoption über nahezu alle existenten Meldungen verfügt werden kann und gleichzeitig viele geographische Details auf dem interaktiven Bildschirm dargestellt werden, lassen sich viele orographische Besonderheiten herausarbeiten. Durch graphische Eingriffe in Form von Linien und Symbolen lassen sich räumlich-zeitliche Veränderungen von Wettererscheinungen (z.B. Nebel-/Niederschlagsfelder) ausgezeichnet erkennen und prognostisch auswerten. Dieser Prozeß wird durch Einblenden von verschiedenen Höhenfeldern unterstützt.

3. KONSTRUKTION VON WETTERKARTEN

Bisher basierte die synoptische Arbeit auf der Analyse von Bodeneintragungskarten im Abstand von 3 Stunden. Auf einen bedeutenden Teil der Meldungen mußte aus Überlappungsgründen verzichtet werden. Für die Konstruktion einer Wetterfeldanalyse einschließlich der Position von Fronten und Druckzentren lag die Eintragungskarte erst etwa eine Stunde nach Beobachtungstermin beim Meteorologen vor, um dann innerhalb 40 Minuten zu einer Wetterfeldanalyse verarbeitet zu werden. Die Analyse mußte in eine sendefähige Form umgezeichnet werden.

Durch Einsatz des IGS konnte der Sendetermin um etwa 30 Minuten vorgezogen werden. Dieses wird im wesentlichen durch drei Vorzüge des IGS möglich:

- Stationseintragungskarten von jedem 1/2 Stundenzeitraum,
- sofortige Einarbeitung neu eingegangener Meldungen in Eintragungskarten,
- Abruf des Bildschirminhalts als sendefähige Hardcopy.

Zusätzlich steht durch das Arbeiten in vergrößerten Teilausschnitten ein umfangreicheres Meldegut zur Verfügung.

Um einen detaillierten Einblick in das Wettergeschehen zu erhalten und die Abschätzung in vorherrschendes oder örtlich/gebietsweise unterschiedliches Wetter zu erleichtern, ist es wegen des frühen Sendetermins notwendig, bereits eine Stunde vor dem Beobachtungstermin eine Voranalyse mit den dann vorhandenen Daten und weiteren Informationsquellen (z.B. Satellitenbildern) zu beginnen.

Man kann davon ausgehen, daß in der verbleibenden Stunde keine grundlegenden Änderungen im Wettergeschehen auftreten, so daß die Voranalyse größtenteils nur ergänzt und modifiziert zu werden braucht.

Zusammenfassend kann gesagt werden, daß durch entsprechende graphische und EDV-unterstützte Aufbereitung die Totzeit zwischen dem Eintreten eines Wetterereignisses und dem Verarbeiten minimiert wird.

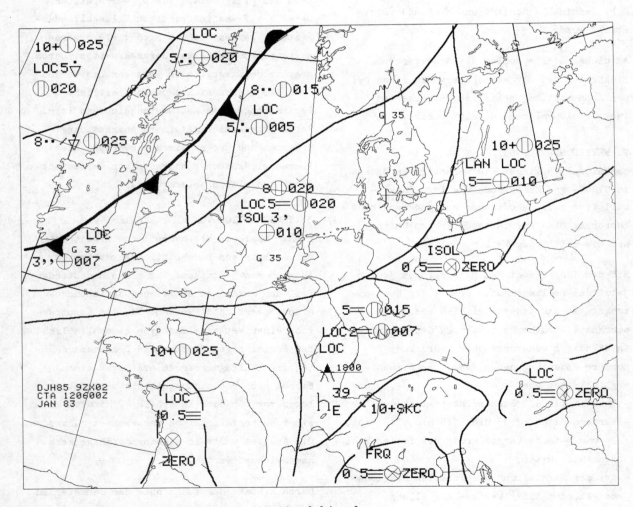

Beispiel einer interaktiv erzeugten Wetterfeldanalyse

BEITRAG DES DEUTSCHEN WETTERDIENSTES ZUM SMOG-WARNDIENST

Albert Cappel und Gerhard Lux

Deutscher Wetterdienst - Wetteramt Frankfurt a.M.

ZUSAMMENFASSUNG

Die Messung von Schadstoffkonzentrationen der Luft ist Aufgabe bestimmter Behörden der Länder. Diese werden vom Deutschen Wetterdienst durch Vorhersagen sogenannter austauscharmer Wetterlagen unterstützt. Zu diesem Zweck wurde ein kleinaerologisches Meßnetz geschaffen. Zur Erhöhung der Effektivität wird eine bessere Abstimmung zwischen den Smog-Verordnungen der Länder empfohlen.

1 EINLEITUNG

Trotz nachweisbarer Fortschritte auf dem Gebiet der Luftreinhaltung in den letzten Jahren und Jahrzehnten sind die Lufthygieniker heute noch weit davon entfernt, Zufriedenheit zu zeigen.

Im gleichen Zeitraum, in dem durch verbesserte Filtertechniken, das Benzin-Blei-Gesetz, vermehrte Nutzung von schwefelarmer Kohle und Oel, Ausbau von Fernwärmesystemen und anderen Maßnahmen gewisse Verbesserungen erzielt wurden, hat die Produktivität und damit der Verbrauch an Energie insgesamt ebenso zugenommen wie der Autoverkehr.

Die Konzentration der Schadstoffe in der Luft ist besonders dort hoch, wo diese in großer Menge freigesetzt werden, nämlich in den Ballungsgebieten und großen Städten. Dort sind es Industrie, Autoverkehr und private Haushalte (Hausbrand), die im Verbund zur Luftverunreinigung beitragen.

Das Wettergeschehen spielt dabei eine wichtige Rolle, denn es sorgt normalerweise für den Abtransport der verschmutzten Luft. Kritisch dagegen wird es bei bestimmten Wetterlagen mit geringen Windgeschwindigkeiten, wie sie häufig im Herbst oder Winter anzutreffen sind. Halten diese Wetterbedingungen über Tage hinweg an, kann es zu einer Anreicherung der Schadstoffe und bei entsprechender Luftfeuchtigkeit zu einer Smog-Situation kommen.

Hier liegt eines der zahlreichen Arbeitsgebiete des Deutschen Wetterdienstes.

2 PROBLEMSTELLUNG

Mit "Smog" wird ein Zustand der bodennahen Atmosphäre bezeichnet, bei dem bestimmte Grenzwerte von Schadstoffen in der Luft erreicht oder überschritten werden.

Diese Situation entsteht, wenn eine langanhaltende sogenannte "austauscharme Wetterlage" verhindert, daß sich die durch Industrie, Autoverkehr und private Haushalte (Hausbrand) "verschmutzte" Luft erneuert. Nach einem Rahmenentwurf des Länderausschusses für Immissionsschutz liegt eine austauscharme Wetterlage vor, wenn in einer Luftschicht, deren Untergrenze weniger als 700 m über dem Erdboden liegt, die Temperatur mit der Höhe zunimmt (Temperaturumkehr) und die Windgeschwindigkeit in Bodennähe während einer Dauer von 12 Stunden im Mittel kleiner als 1,5 m/s ist.

3 SMOG-VERORDNUNGEN DER LÄNDER

Inzwischen besitzen einzelne Bundesländer dem Rahmenentwurf entsprechende Smog-Verordnungen, die drei Warnstufen im Smogfall genau definieren. Die gesetzliche Grundlage liefert das Bundes-Immissionsschutzgesetz vom 15.03.74 (§ 40, 49).

Warnungen werden ausgesprochen, wenn während einer austauscharmen Wetterlage bestimmte Schadstoffkonzentrationen erreicht werden. Die Messung der Konzentration in der Luft (Schwefeldioxid, Kohlenmonoxid, Stickoxid, Staub u. a.) ist in der Regel Aufgabe der Landesanstalten für Umweltschutz oder Immissionsschutz. Sie betreiben z. T. kontinuierlich messende Netze mit automatischen Stationen in den Belastungsgebieten der Bundesrepublik.

Festgelegt sind auch die Gegenmaßnahmen. So sind ab Stufe 2 zeitliche Beschränkungen oder auch ein völliges Verbot des Kfz-Verkehrs durch die je nach Landesgesetzgebung zuständige Behörde möglich. Der Einsatz von schwefelarmen statt schwefelreichen Brennstoffen kann verfügt werden oder gar die zeitweilige Stilllegung von luftverunreinigenden Betrieben. Die Verordnungen der einzelnen Länder weichen in einigen Punkten voneinander ab (Immissionsmeßverfahren, Basiswerte für Schadstoffe, Zuständigkeiten u. ä.).

4 DAS KLEINAEROLOGISCHE MESSNETZ

Im Auftrag des Bundesministers des Inneren hat das Umweltbundesamt eine Synopse der Smog-Verordnungen der Länder Baden-Württemberg, Berlin, Hessen, Nordrhein-Westfalen, Rheinland-Pfalz und Saarland veröffentlicht. In der begleitenden Musterverordnung heißt es: " Ob eine Temperaturumkehr vorliegt, wird (vom Deutschen Wetterdienst) an einer für das jeweilige (Smog-) Gebiet repräsentativen Stelle durch Aufnahme eines vertikalen Temperaturprofils der Atmosphäre über eine Höhe von mindestens 1000 m festgestellt" (UMWELT Juni 1982).

Der Deutsche Wetterdienst hat zu diesem Zweck ein kleinaerologisches Meßnetz für den Smog-Warndienst geschaffen, wodurch es möglich ist, Intensität und Andauer von austauscharmen Wetterlagen zu beurteilen. Eine solche Situation herrschte z. B. vom 13. bis 25.01.1982 (Abb. 1 u. 2).

Bisher arbeiten 7 Stationen im Bundesgebiet (Hamburg, Essen, Offenbach, Mannheim, Saarbrücken, Stuttgart, München); geplant sind weitere Stationen. Dort werden bei Bedarf (evtl. mehrmals täglich) kleine Meßsonden an Wetterballonen gestartet.

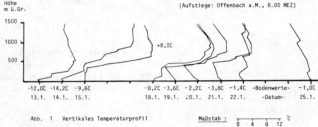

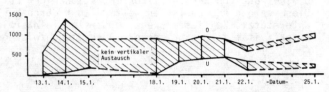

Beispiel für eine Smog-Wetterlage im Rhein-Main-Gebiet vom 13.-25. Januar 1982. Das Maximum der Schadstoffkonzentration wurde an den Luftmeßstationen der Hessischen Landesanstalt für Umweltschutz am 18.1. registriert. Die Abbildungen zeigen die Ergebnisse der kleinaerologischen Sondierungen des Wetteramtes Frankfurt/ Meßzug. (Aufstiege: Offenbach a.M. 8.00 MEZ)

Abb. 1 Vertikales Temperaturprofil

Abb. 2 Höhe der Inversionsunter(U)- und -obergrenze(O) sowie vertikale Mächtigkeit

Dieses Meßnetz des Deutschen Wetterdienstes ermöglicht Aussagen über den Zustand der verschiedenen Luftschichten bis etwa 3 km Höhe. Die Gefahr einer Smog-Situation läßt sich dadurch in Verbindung mit den durch die Landesanstalten gemessenen Schadstoffkonzentrationen frühzeitig erkennen, und die oben angeführten Gegenmaßnahmen können rechtzeitig eingeleitet werden.

5 SCHLUSSBEMERKUNG

Genaue Angaben über die Häufigkeit des Auftretens austauscharmer Wetterlagen im Bereich der Bundesrepublik Deutschland sind noch nicht möglich. Eine Auswertung der in den letzten Jahren durch die Wetterämter herausgegebenen Warnungen vor Schwachwindlagen bzw. austauscharmen Wetterlagen lieferte wegen der uneinheitlichen Regelung der Länder kein vergleichbares Zahlenmaterial. Für eine objektive klimatologische Aussage ist die Meßserie des kleinaerologischen Meßnetzes des Deutschen Wetterdienstes noch zu kurz.

Notwendig ist daher neben einer Intensivierung kleinaerologischer Aufstiege beim Deutschen Wetterdienst vor allem eine bessere Abstimmung der Smog-Verordnungen einzelner Bundesländer.

Kleinaerologische Radiosondenaufstiege im Rahmen des Smog-Warndienstes werden auch in Offenbach a.M., dem Sitz des Zentralamtes und des Wetteramtes Frankfurt durchgeführt. Hier Bedienstete des Wettermeßzuges/Frankfurt mit dem Radiosondengespann bei Startvorbereitungen.

LITERATUR:

UMWELT Synopse der Smogverordnungen der Länder. Umwelt Nr. 89 vom 08.06.82 Informationen des BMI zur Umweltplanung und zum Umweltschutz

LUFTBEIMENGUNGEN UND LIDARBEOBACHTUNGEN WÄHREND WINTERLICHER INVERSIONEN

K. Klapheck, P. Winkler, U. Kaminski

Deutscher Wetterdienst
Meteorologisches Observatorium Hamburg

1 EINLEITUNG

Im Winter 1982 bildeten sich bei ähnlichen meteorologischen Ausgangssituationen zwei austauscharme Wetterlagen aus, wobei die Entwicklung der Aerosolkonzentration sehr unterschiedlich verlief. Am Meteorologischen Observatorium Hamburg werden kontinuierlich atmosphärische Spurenstoffe registriert, gesammelt und analysiert. Mit einem Lidarsystem kann die Vertikalverteilung des Aerosols der bodennahen Luftschicht angenähert festgestellt werden. Anhand der verfügbaren Meßdaten wird versucht, den Vorgang der Aerosolbildung zu erklären. Besonderer Wert wird dabei auf Unterscheidung der lokalen Produktion und des Ferntransportes sowie auf sekundäre Umwandlungsprodukte gelegt.

Die Lage des Observatoriums ca. 14 km im NO des Stadtkerns ist zu beachten. Im wesentlichen jedoch beeinflußt die meteorologische Situation die Konzentration der Spurenstoffe. So hatte sich bei einer Hochdrucklage im Januar 1982 eine Inversion eingestellt, die ab 14.1. in Hamburg zu einer extrem hohen Belastung führte. Über einer geschlossenen Schneedecke hatte sich bei wolkenlosem Himmel eine Bodenkaltluftschicht mit Temperaturen um $-10\,^\circ$C gebildet. Der Bodenwind war schwach (<2,5 m/s) und kam aus SO. Darüber hatte sich trockene Warmluft (um $+7\,^\circ$C) aus SW geschoben. Weder die Einstrahlung zum Anfachen der Konvektion noch der Druckgradient zur Verstärkung des Windes waren ausreichend, um die wenige hundert Meter mächtige Kaltluftschicht zu beseitigen. Erst ein schwacher Frontdurchgang am 21.1. sorgte für eine Wetterumstellung.

Vom 1.2. an hatte sich wiederum ein Hoch mit meist wolkenlosem Himmel und SO-Wind ausgebildet. Im Vergleich zum vorherigen Zeitraum war die Windgeschwindigkeit aber höher (1-6 m/s), der Boden schneefrei und die Temperaturschichtung nicht so extrem. Diese Lage wurde am 6.2. wieder durch einen Frontdurchgang abgelöst.

2 JANUARLAGE

Am Temperaturprofil vom 15.1. (Abb. 1) ist zu erkennen, daß der stärkste Gradient bereits bei 100 m Höhe auftritt. Das daneben dargestellte Lidarprofil vom 15.1. gibt die Intensität rückgestreuten Lidarlichtes in Abhängigkeit von Zeit und Höhe wieder (Klapheck, 1980). Man erkennt ebenfalls bei 100 m Höhe eine starke Verringerung der Rückstreuintensität, die die Inversionsgrenze markiert. Das empfangene Licht wird in erster Linie an Aerosolen gestreut und seine Intensität ist angenähert proportional der Anzahldichte der Partikeln bzw. der damit korrelierten Staubmasse. Vorausgesetzt ist dabei die Konstanz der Größenverteilung sowie der chemischen Zusammensetzung der Partikeln und konstante relative Feuchte. Wie weiter zu sehen ist, bleibt diese Inversionsgrenze im Tagesverlauf wie auch an den Folgetagen auf gleicher Höhe, lediglich am 17.1. und endgültig am 21.1. gerät sie in Bewegung, was auf eine höhere Turbulenz hinweist. Die hohe Albedo verhinderte, daß die bei wolkenlosem Himmel einfallende Strahlung zur Turbulenzbildung und starken Vertikalaustausch verfügbar wurde und alle produzierten Schadstoffe blieben unterhalb 100 m. Bei einigen Profilen tauchen zwischen 100 und 300 m, im Bereich stabilster Schichtung, Maxima auf. Sie werden als Fahnen höherer Emittenten gedeutet und breiteten sich nur wenig aus.

In Tabelle 1 sind Tagesmittel einiger Spurenstoffe und die Windrichtung angeführt. Es fällt auf, daß die Staubkonzentration schon vor dem 14. bei schwachem SW- und S-Wind deutlich über dem mehrjährigen Mittel lag und am 14. bei Übergang zu SO-Wind nochmals einen markanten Anstieg nimmt. Eine genaue Betrachtung zeigt, daß dies nicht allein durch Stadteinfluß, sondern auch durch Ferntransport verursacht ist (UBA, 1982). Werte >500 $\mu g/m^3$ stellen das absolute Maximum in einer neunjährigen Meßreihe dar. Zum Wochenende am 16./17. wurde der Pegel zwar geringer, schnellte aber am 18. wieder hoch, wie auch die Zahlen für die Partikelanzahldichte dies angeben. Die Partialdrucke der aerosolbildenden Spurengase NO_2 und SO_2 sind auch stark erhöht, erreichen in der Stadtrandlage aber keine Rekordmarken. Während sich NO_2 durch allmähliche Oxidation von NO, das zum großen Teil vom Kfz-Verkehr produziert wird, bildet, stammt SO_2 hauptsächlich von Feuerungsanlagen und hat einen abweichenden Tagesgang. Die Analyse des Aerosols ergab einen hohen wasserunlöslichen Anteil (WINKLER u.a., 1983). Er nimmt mit abnehmender Temperatur zu und besteht vermutlich aus kondensierten organischen Verbindungen. Der Anteil der freien Säure im wasserlöslichen Material des Aerosols, im Mittel um 2%, stieg bis auf 39%. Als besonders effektive Senke für das Aerosol wirkte zeitweilig auftretender Nebel (am 19.), wobei die Aerosolkonzentration stark zurückging und im Nebelwasser pH-Werte von 2,9 und 2,5 gemessen wurden. Mit Ablösung der smogartigen Lage fallen die Luftbeimengungen nicht sofort auf den Mittelwert, sondern mit SW-Wind fließt nun erst ein Schub verschmutzter Stadtluft über den Standort.

3 FEBRUARLAGE

Lidarsondierungen während der 2. Periode im Februar zeigen die Inversionsgrenze im Tagesverlauf bis auf 500 m ansteigend. Die Akkumulation in Bodennähe ist längst nicht so stark wie in der 1. Periode. Auch der Bodenwind ist vergleichsweise stärker. Nur am 5.2. liegt die Inversionsgrenze um 100 m, steigt nur langsam an und die Schadstoffkonzentrationen erreichen ein relatives Maximum.

Eine Schneedecke, klarer Himmel und schwacher SO-Wind sind Voraussetzung für eine winterliche smogartige Situation. Zu ihrem Verständnis gehört, daß nicht allein eine Akkumulation von Schadstoffen wegen verringertem Austausch, sondern auch eine Umwandlung der Primäremissionen stattfindet. Die Konzentration der Umwandlungsprodukte (z.B. Säurebildung) kann dabei überproportional anwachsen.

LITERATUR

Klapheck, K.: Ann. Meteor. 15 (1980) 156-157.

UBA-Bericht: Jahrgang 7, Nr. 2,3 (1982).

Winkler, P., Klapheck, K., Kaminski, U.: VDI-Bericht 477 (1983).

Tabelle 1: Tagesmittel der Luftbeimengungen

Tag	Staub $\mu g/m^3$	Partikel cm^{-3}	SO_2 ppb	NO_2 ppb	Säure %	Wind Grad
1. Periode im Januar 1982							
12	98	72	43	45	5	240
13	105	78	42	37	10	190
14	281	288	43	50	5	170
15	461	506	41	65	3	160
16		361	46	60	2	150
17		283	48	49		140
18	523	448	45	49	7	140
19	545	489	42	56	39	170
20	574	491	46	62	4	150
21	401	322	48	52	27	170
22	133	108	44	37	35	210
23	69	59	23	32		280
2. Periode im Februar 1982							
31	23	8	2	16		310
1	46	41	11	28	14	170
2	78	69	19	19	4	160
3	83	67	26	20	2	150
4	124	124	41	26	3	150
5	210	158	42	36	2	170
6	141	99	21	35		220
7	111	82	9	25		260
Winterhalbjahresmittel 77/78-81/82							
	46	47	12	18	2	

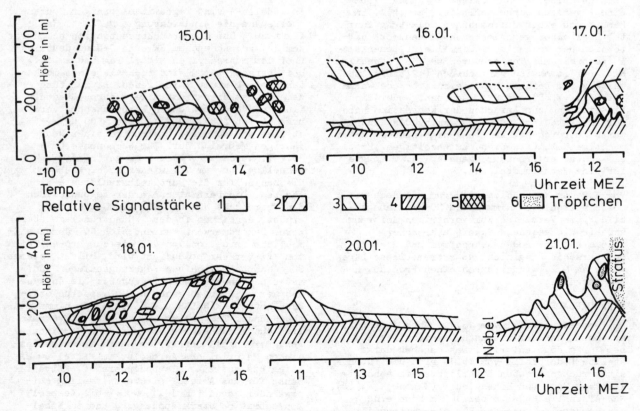

Abb. 1: Temperatursondierungen am Seewetteramt Hamburg vom 15.1. 9.15 MEZ (·---·) und 19.1. 9.40 MEZ (———) sowie Lidarprofile vom 15.1. bis 21.1. Am 19.1. wegen Nebels keine Lidarmessungen.

DIE HORIZONTALSICHT ZWISCHEN 2 UND 300 METER HÖHE ÜBER DER NORDDEUTSCHEN TIEFEBENE IN ABHÄNGIGKEIT VON TAGESGANG UND WETTERLAGE

B. Pietzner, R. Roth, K.-P. Wittich

Institut für Meteorologie und Klimatologie
Universität Hannover

1 EINLEITUNG

Seit Herbst 1982 werden am 300m hohen Funkübertragungsmasten der Deutschen Bundespost in Sprakensehl in 6 verschiedenen Höhen Sichtmessungen mit AEG-Streulichtschreibern durchgeführt. Ziel der Messungen, die zunächst für etwa zwei Jahre geplant sind, ist die Erstellung einer Klimatologie der Vertikalstruktur der Sichtweite.

Dem Sichtproblem wird seit Beginn der zwanziger Jahre verstärkt Aufmerksamkeit gewidmet. Genannt seien hier nur die Entwicklung der Sichttheorie (Kohschmieder, 1925) und die Karlsruher Sichtmessungen (Peppler, 1927). Jedoch nur die Minderzahl der bisher durchgeführten Untersuchungen befaßt sich mit gleichzeitig in verschiedenen Höhen gemessenen Sichtweiten, wobei neben dem Sprakensehl-Projekt hier die Messungen in Meppen mit Vertikalprofilen der unteren 80m der Atmosphäre zu erwähnen sind.

2 INSTRUMENTIERUNG

Um die Sichtweiten, die in 2m, 12m, 80m, 153m, 223m und 297m Höhe gemessen werden, mit der relativen Feuchte korellieren zu können, werden in jeder Meßhöhe zusätzlich Temperatur und Taupunkt (LiCl) registriert. Seit dem Frühjahr 1983 wird außerdem die Höhe der Wolkenuntergrenze bis 1500m erfaßt.

Die gemessenen Daten werden in Sprakensehl auf Magnetband gespeichert und können jederzeit per Telefonleitung von Hannover aus abgerufen werden, wo sie dann weiterverarbeitet werden.

Abb. 2.1 Streulichtschreiber, Taupunktgeber und Thermometer befestigt an der Plattform in 80m Höhe

3 ERGEBNISSE

Da aufgrund der noch zu kurzen Meßdauer keine Aussage zur Klimatologie der Sichtweite gemacht werden kann, sollen hier exemplarisch zwei Einzelfälle dargestellt werden.

Abb. 3.1 zeigt zeitliche Gänge der 10-Minuten-Mittelwerte der Sichtweiten in 12m, 80m, 153m und 297m Höhe während einer störungsfreien, herbstlichen Schönwetterlage (Hoch über Mitteleuropa) am 16./17. 9.1982.

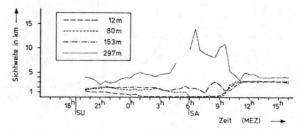

Abb. 3.1 Tagesgang der Sichtweiten in 12m, 80m, 153m und 297m Höhe am 16./17. 9.1982

In der Nacht bildet sich Bodennebel, der bis Sonnenaufgang nur die Meßhöhe 12m erfaßt (ab 0.30h MEZ ca. 60m Sichtweite). Die allmählich ansteigende Nebelobergrenze erreicht um 6h MEZ das 80m-Meßniveau, was dort durch einen steilen Abfall der Sicht auf 70m angezeigt wird. in 153m Höhe tritt keine wesentliche Sichtminderung ein (während der Nacht um 2km Sichtweite). Invers zu den zeitlichen Gängen in 12m und 80m verläuft die Sichtweite in 297m Höhe. Dieses Niveau liegt deutlich oberhalb der nächtlichen Grenzschicht und dürfte aus diesem Grund eine niedrigere Aerosolkonzentration aufweisen. Deshalb und wegen des Absinkens trockener, staubarmer Höhenluft des Hochdruckgebietes steigt die Sichtweite dort zwischen 21h und 6h MEZ von 4km auf 14km an. Um 7-8h MEZ wird ein relatives Sichtminimum erreicht (vermutlich aufgrund intensiver Durchmischung durch Aufheizen des Bodens), das um 9h MEZ von einer kurzzeitigen, starken Sichtminderung abgelöst wird. Dieser Rückgang der Sichtweite ist eventuell auf Verdampfen des Wassergehalts des Aerosols zurückzuführen. Ab 11h MEZ zeigen alle Streulichtschreiber Sichtweiten zwischen 3km und 5km an.

Die Beeinflussung der 10-Minuten-Mittelwerte der Sichtweite bei Durchgang einer Kaltfront ist in Abb. 3.2 zu sehen.

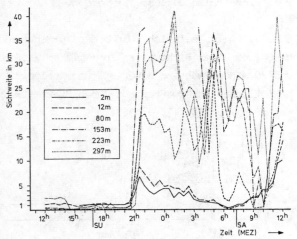

Abb. 3.2   Tagesgang der Sichtweiten in 2m, 12m, 80m, 153m, 223m und 297m Höhe am 2./3.11.1982

Bis 21h MEZ lag Sprakensehl im Bereich eines Warmsektors mit feucht-milder Luft subtropischen Ursprungs. Die Streulichtschreiber zeigen Sichtweiten zwischen 100m und 2.5km, wobei die Transparenz der Luft zwischen 80m und 223m am stärksten beeinträchtigt ist. Nach Frontpassage gegen 21h MEZ liegt der Meßort im Bereich maritimer Polarluft. Die Sichtweite in 2m und 12m steigt abrupt auf 6-9km an, während sie in 80m bis 297m Höhe einen Anstieg auf 20-40km zeigt. Anschließend nehmen alle Sichtweiten ab, wobei die zeitlichen Gänge mit der Höhe um bis zu 3 Std. phasenverschoben sind. Auffällig ist die große Schwankungsbreite der 10-Minuten-Mittelwerte in den oberen Meßniveaus. Nach Sonnenaufgang erfolgt mit zunehmender Erwärmung eine Sichtbesserung.

4   SCHLUSSBEMERKUNG

Um Feinstrukturen der zeitlichen Gänge der Sichtweiten noch besser erklären zu können, werden in naher Zukunft vertikal hochauflösende Wind- und Temperatursondierungen die bisherigen Registrierungen zeitweise begleiten. Außerdem wird durch die Erfassung der Wolkenhöhe eine Interpretation der Sichtmessungen erleichtert werden.

5   Literatur

Kohschmieder, H., Theorie der horizontalen Sichtweite, Beitr. Phys. Atmos. 12 S. 33-55, S. 171-181, 1925.

Peppler, A., Ergebnisse von Sichtmessungen in Karlsruhe mit vergleichenden Untersuchungen, Beitr. Phys. Atmos. 13, S. 64-114, 1927.

PHYSIKALISCH-NUMERISCHE STRUKTUR DES EUROPA-MODELLS

J.-U. Schwirner, E. Müller, A. Link, D. Majewski
Deutscher Wetterdienst Offenbach a.M.

ZIELSETZUNG

Das Europa-Modell des Deutschen Wetterdienstes ist ein regionales Wettervorhersagemodell, das die Kurzfristvorhersage wichtiger Wetterelemente wie Bewölkung, Niederschlag und bodennahe Wind- und Temperaturverhältnisse mit den folgenden Modelleigenschaften verbessern soll:
- hohe horizontale und vertikale Auflösung
- aufwendige Parametrisierung der subskaligen Prozesse
- detaillierte Erfassung der Antriebsfunktionen der Unterlage

PHYSIKALISCHER INHALT

Prognostische Gleichungen
Bilanzgleichungen im p/σ-System auf stereographischer Projektion für
- Horizontalimpuls (v)
- Gesamtwärme (fühlbar und latent; h)
- Gesamtwassergehalt (Wasserdampf und Wolkenwasser; q_{DW})
- Masse (Bodendruck; $\overset{*}{p}$)

Diagnostische Gleichungen
- Diagnostische Form der Kontinuitätsgleichung: Vertikalbewegung (ω / s^*)
- Sättigungsdampfdruck über Wasser: Temperatur (T), Wasserdampf (q_D) und Wolkenwasser (q_W) aus h und q_{DW}
- statische Grundgleichung und Gasgleichung: Geopotential (ξ)

Parametrisierungen
- Subskalige Horizontaldiffusion auf Modellflächen: Gradientansätze für v, h_p, q_{DW} unter Verwendung lokaler Diffusionskoeffizienten ($K^*_{M,H}$)
- Turbulente Vertikaldiffusion: Gradientansätze für v, h_p, q_{DW}; Bestimmung der turbulenten Diffusionskoeffizienten nach der Schließungstheorie 2.Ordnung unter Vernachlässigung der zeitlichen Änderungen der turbulenten Momente; Anwendung der Prandtl-Schicht-Theorie auf die Flüsse am unteren Rand
- Niederschlag: Behandlung der verschiedenen Prozesse zur Bildung von Regen und Schnee (Gefrierwärme!) bei vorausgesetzter Stationarität und horizontaler Homogenität der Niederschlagsgrößen
- Feuchtkonvektion: Berechnung konvektiver Tendenzen (zur statischen Stabilisierung und zum Austausch konservativer Eigenschaften) und Niederschläge gemäß individueller Zustandskurve aufsteigender Luft
- Erdboden und Strahlung: Prognose von Temperatur und Wassergehalt in zwei Bodenschichten und einem Schnee- bzw. Interzeptionsspeicher

AUSSCHNITTSGEBIET UND NUMERISCHE STRUKTUR

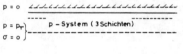

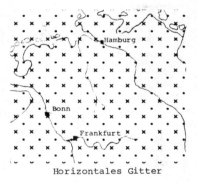

Ausschnittsgebiet, Randzone   Vertikalstruktur   Horizontales Gitter

18 Schichten, davon etwa
6 in der Grenzschicht
3 oberhalb der Tropopause

$\Delta = 63,5$ km Maschenweite, zwei diagonal versetzte Gitterpunktfamilien; somit 45 km effektive Maschenweite

Modellorographie

SEITLICHER RAND

Anwendung des Davies-Verfahrens: In einer Randzone wird den prognostischen Gleichungen ein Relaxationsterm mit nach innen abnehmendem Gewicht hinzugefügt, der die Lösung an diejenige des steuernden Rahmenmodells heranführt und gleichzeitig lärmdämpfend wirkt

ANFANGSZUSTAND UND INITIALISIERUNG

Interpolierte Felder grobmaschiger Analysen (Ist); spezielle auflösungsgerechte Analysen (Soll). Verfahren der zeitlichen Mittelbildung (4h/2h) der prognostischen Variablen ($v, h, q_{DW}, \overset{*}{p}$)

DIE GLEICHUNGEN DES PROGNOSTISCHEN SYSTEMS (ATMOSPHÄRE, σ-SYSTEM)

PROGNOSTISCH

$$\frac{D}{Dt}(p^*\mathbf{v}) = f p^* \mathbf{v} \times \mathbf{k} - m p^* [\nabla \phi + RT_v \nabla \ln p] + m^2 \nabla \cdot (p^* K_H^M \nabla \mathbf{v}) + g \frac{\partial \tau}{\partial \sigma} + p^* \left[\frac{\partial \mathbf{v}}{\partial t}\right]_K - p^* \mu_R (\mathbf{v} - \tilde{\mathbf{v}})$$

$$\frac{D}{Dt}(p^* h) = p^* \alpha \omega + m^2 \nabla \cdot (p^* K_H^H \nabla h) + g \frac{\partial \tau_h}{\partial \sigma} + p^* \left[\left(\frac{\partial h}{\partial t}\right)_N + \left(\frac{\partial h}{\partial t}\right)_K + \left(\frac{\partial h}{\partial t}\right)_R\right] - p^* \mu_R (h - \tilde{h})$$

$$\frac{D}{Dt}(p^* q_{DW}) = \qquad\qquad\qquad\qquad m^2 \nabla \cdot (p^* K_H^H \nabla q_{DW}) + g \frac{\partial \tau_{q_W}}{\partial \sigma} + p^* \left[\left(\frac{\partial q_D}{\partial t}\right)_N + \left(\frac{\partial q_D}{\partial t}\right)_K\right] - p^* \mu_R (q_{DW} - \tilde{q}_{DW})$$

$$\frac{D}{Dt}(p^*) = 0$$

Bilanzoperator — Quellterme — Horizontaldiffusion — Vertikaldiffusion — Subskalige Tendenzen (N: Niederschlag, K: Feuchtkonvektion, R: Strahlung) — Randrelaxation

DIAGNOSTISCH

$$\frac{\partial \phi}{\partial \ln p} = -RT_v$$

$$\alpha = \frac{1}{\rho} = \frac{RT_v}{p}$$

$$T = \frac{1}{c_p}\begin{cases} h - L_K q_D \\ h - L_K Q_D \end{cases}$$

$$\frac{D}{Dt}(p^* \psi) = \frac{\partial}{\partial t}(p^* \psi) + m^2 \nabla \cdot \left(\frac{\mathbf{v}}{m} p^* \psi\right) + \frac{\partial}{\partial \sigma}(s^* \psi)$$

$$\sigma = \frac{p - p_T}{p^*} \qquad p^* = p_B(x,y,t) - p_T \qquad s^* = p^* \dot{\sigma}$$

$$h = c_p T + L_K q_D \qquad q_D = \begin{cases} q_{DW} \\ Q_D \end{cases} \qquad q_W = \begin{cases} 0 \\ q_{DW} - Q_D \end{cases}$$

$$h_P = h + \phi \qquad T_v = T\left[1 + \left(\frac{R_D}{R} - 1\right) q_D\right]$$

$$\tau = \begin{cases} \frac{g g^2}{p^*} K_M^V \frac{\partial \mathbf{v}}{\partial \sigma} \\ -g_B C_M \mathbf{v}_P \end{cases}$$

$$\{\tau_P, \tau_{DW}\} = \begin{cases} \frac{g g^2}{p^*} K_H^V \frac{\partial}{\partial \sigma} \{h_P, q_{DW}\} \\ g_B C_H \{(h_{P,0} - h_{P,P}), (q_{DW,0} - q_{DW,P})\} \end{cases}$$

UNGESÄTTIGTER ZUSTAND — SÄTTIGUNGSGLEICHGEWICHT

ATMOSPHÄRE
UNTERER RAND (0: z_0, P: $z_P \approx 30$ M)

Autorenverzeichnis

Adams, L. J. 190
Ambach, W. 139
Amtmann, R. 143
Aufm Kampe, W. 30, 32

Balafoutis, C. 94, 113
Bauer, E. L. 213
Baumgartner, A. 107
Baumüller, J. 192
Becker, H. G. 202
Beckröge, W. 57
Behr, H. 198
Behr, H. D. 92
Bergholter, U. 101
Beyer, R. 96
Böhm, R. 22
Böjti, B. 181
Braden, H. 123
Brechtel, H.-M. 145
Bründl, W. 66
Brumme, B. 151
Bucher, K. 133

Cappel, A. 221
Czeplak, G. 47

Dehne, K. 115
Detering, H. W. 16
Dreißigacker, R. 177

Edelmann, W. 200
Egger, J. 8
Eggers, H. 151
Ehrhardt, O. 147
Emeis, S. 215, 217
Engels, M. 173
Etling, D. 16

Fimpel, H. P. 103
Fischer, G. 194
Fleer, H. 177
Frenzen, G. 185
Freytag, C. 11
Friesland, H. 125

Geb, M. 210
Gemein, H. P. 173, 219
Goßmann, H. 36
Groll, A. 30, 32

Groß, G. 59
Gutsche, A. 79

Hagemann, N. 190
Hantel, M. 215
Hauf, Th. 105
Heimann, D. 62
Hennemuth, B. 41
Hild, J. 127
Höppe, P. 108
Hoff, A. 43
Hoffmann, U. 192

Jacobsen, I. 208
Jendritzky, G. 110
Jochum, M. 105

Kaminski, U. 149, 223
Kasten, F. 49
Katzschner, L. 54
Kerschgens, M. J. 20
Kirchhofer, W. 161
Klapheck, K. 223
Kost, W.-J. 38
Kottmeier, Ch. 18
Krames, K. 82
Kramm, G. 64
Kraus, H. 4
Küsters, E. 99
Kurz, M. 179

Laude, H. 190
Lege, D. 18
Leykauf, H. 76
Link, A. 227
Löpmeier, F.-J. 129
Lux, G. 76, 221

Machalek, A. 135
Maheras, P. 94, 113
Majewski, D. 227
Malberg, H. 155
Mayer, H. 24, 143
Müller, E. 204, 227

Neuber, E. 88
Neumann-Hauf, G. 28
Neuwirth, F. 90
Noack, E.-M. 66

Otte, U. 70
Pander, R. v. 163
Paulus, R. F. 171
Pelechaty, J. 188
Pietzner, B. 225
Pistorius, H.-J. 167
Puls, K. E. 141

Queck, H. 188

Raden, H. van 153
Rapp, H.-J. 145
Rehwald, W. 139
Reimer, E. 183
Reinhardt, M. E. 188
Reuter, U. 192
Riedinger, F. P. 147
Roeckner, E. 198
Roth, R. 18, 45, 225
Rudolf, B. 84

Schaller, E. 14
Scharrer, H. 73
Scheele, G. 145
Schießl, D. 173
Schmidt, H. 41
Schmidt, R. 43
Schönwiese, C.-D. 34, 88
Schrödter, H. 119
Schwirner, J. 227
Skade, H. 173, 219
Sönning, W. 133
Speth, P. 185
Staudinger, M. 137
Stock, P. 57
Strobel, B. 86
Strüning, J.-O. 169
Szász, G. —

Tetzlaff, G. 43, 190
Trapp, R. 43

Vaitl, W. 131
Vent-Schmidt, V. 26
Vogel, B. 51

Weingärtner, H. 175
Wilcke, F. 62
Wilmers, F. 68
Winkler, P. 117, 149, 223
Wippermann, F. 1
Wittich, K.-P. 45, 225

Tagungen der Deutschen Meteorologischen Gesellschaft 1883 - 1983

1.	1883, 18.11.	Hamburg	Meteorol. Z. 1 (1884) S. 39
2.	1884, 19. - 20. 9.	Magdeburg	1 (1884) S. 411
3.	1885, 9. - 11. 8.	München	2 (1885) S. 275, 338
4.	1887, 12. - 14. 4.	Karlsruhe	4 (1887) S. 193, 229
5.	1889, 23. - 25. 4.	Berlin	6 (1889) S. 269
6.	1892, 6. - 9. 6.	Braunschweig	9 (1892) S. 287
7.	1895, 16. - 19. 4.	Bremen	12 (1895) S. 302
8.	1898, 13. - 16. 4.	Frankfurt	15 (1898) S. 201, 342
9.	1901, 1. - 3. 4.	Stuttgart	18 (1901) S. 193
10.	1904, 7. - 9. 4.	Berlin	21 (1904) S. 297
11.	1908, 28. - 30. 9.	Hamburg	26 (1909) S. 2
12.	1911, 2. - 4.10.	München	28 (1911) S. 555
13.	1920, 4. - 6.10.	Leipzig	37 (1920) S. 337
14.	1923, 1. - 2.10.	Berlin	40 (1923) S. 362
15.	1926, 3. - 7.10.	Karlsruhe	43 (1926) S. 456
16.	1929, 6. - 9.10.	Dresden	46 (1929) S. 449
17.	1931, 28. - 30. 9.	Wien	48 (1931) S. 449
18.	1933, 1. - 5.10.	Hamburg	50 (1933) S. 441
19.	1935, 25. - 27. 8.	Danzig	52 (1935) S. 385
20.	1937, 15. - 17.10.	Frankfurt	54 (1937) S. 433
	1948, 4. - 6. 9.	Hamburg	Ann.d.Meteorol. 1 (1948) S. 257
	1949, 1. - 3.10.	Bad Kissingen	Ber. DWD US-Zone Nr.12 (1950)
	1950, 23. - 28.10.	Hamburg	Ann. d. Meteorol. 4 (1951)
	1951, 12. - 14.10.	Bad Kissingen	Ber. DWD US-Zone Nr. 35 (1952)
	1952, 24. - 27. 8.	Hamburg	Ann. d. Meteorol. 5 (1953) S. 193
	1953, 28.9.-4.10.	Berlin	Meteorol. Abhdlg. Berlin 2 (1954)
	1954, 8. - 11.10	Hamburg	Ann. d. Meteorol. 7 (1955) S. 1
	1955, 16. - 19.10.	Frankfurt a.M.	Ber. DWD Nr. 22 (1956)
	1956, 25. - 29. 9.	Hamburg	Ann. d. Meteorol. 8 (1957), H. 1-4
	1958, 17. - 19. 9.	Garmisch-Partenkirchen	Ber. DWD Nr. 51 (1959)
	1959, 7. - 8.10.	Offenbach a.M.	Mitteilungen d. DWD Nr. 20 (1960)
	1962, 10. - 12.10.	Hamburg	Ber. DWD Nr. 91 (1963)
	1964, 16.3.	Offenbach a.M.	Meteorol. Rdsch. 17 (1964) S. 94
	1966, 27. - 30. 4.	München	Ann. d. Meteorol. (N.F.) Nr. 3 (1967)
	1968, 1. - 6. 4.	Hamburg	Nr. 4 (1969)
	1970, 22. - 26. 9.	Oberstdorf	Nr. 5 (1971)
	1971, 27.9.-2.10.	Essen	Nr. 6 (1973)
	1974, 27. - 29. 3.	Bad Homburg	Nr. 9 (1974)
	1977, 13. - 16. 4.	Garmisch-Partenkirchen	Nr.12 (1977)
	1980, 25. - 29. 2.	Berlin	Nr.15 (1980)
	1980, 13. - 15.10.	Mannheim	Nr.16 (1980)
	1983, 16. - 19. 5.	Bad Kissingen	Nr.20 (1983)

Lit.: Cappel,A.: 100 Jahre Deutsche Meteorologische Gesellschaft. Mitteilungen DMG 1/83.

ISSN 0072-4122

ISBN 3-88148-207-5